DIANQI KONGZHI YU PLC YINGYONG JISHU

电气控制与PLC应用技术

徐绍坤 主 编
程加堂 罗 瑞 副主编

U0260736

中国电力出版社
CHINA ELECTRIC POWER PRESS

内 容 提 要

本书以工厂电气控制系统为背景，以国内广泛使用的三菱FX系列PLC为主，从实际应用的角度，集传统继电器控制与现代PLC控制及工业网络于一体，整合了电气控制中的多种技术的综合应用；收录并分析了继电器—接触器控制、PLC与变频器等在工厂自动化系统中的应用实例，进一步阐述电气控制系统的分析方法和设计方法，提高读者的阅图能力和综合设计能力。内容包括常用低压电器、电气控制电路的基本环节、电气控制电路的分析与设计、FX_{2N}系列PLC的基本指令与步进指令及其应用、FX_{2N}系列PLC的步进指令及其编程、FX_{2N}系列PLC的功能指令及其编程、PLC监控组态技术的应用。本书既保留了传统的控制内容，又介绍了PLC网络通信、变频技术、监控组态等新技术的应用，充分表现了控制技术“强弱结合、软件硬件结合”的新思想、新理念。

本书可作为高等学校本科自动化、电气工程、电子信息、机电一体化及相关专业的教材，也可供高职机电类专业和电气、机电等领域的工程技术人员自学或作为培训教材使用。

图书在版编目（CIP）数据

电气控制与PLC应用技术/徐绍坤主编. —北京：中国电力出版社，2015.1

ISBN 978-7-5123-6351-9

Ⅰ.①电… Ⅱ.①徐… Ⅲ.①电气控制②plc技术 Ⅳ.①TM571.2②TM571.6

中国版本图书馆CIP数据核字（2014）第189021号

中国电力出版社出版、发行

（北京市东城区北京站西街19号 100005 http://www.cepp.sgcc.com.cn）

汇鑫印务有限公司印刷

各地新华书店经售

*

2015年1月第一版 2015年1月北京第一次印刷

787毫米×1092毫米 16开本 17.75印张 399千字

印数0001—3000册 定价**49.00**元

敬 告 读 者

本书封底贴有防伪标签，刮开涂层可查询真伪

本书如有印装质量问题，我社发行部负责退换

版 权 专 有 翻 印 必 究

前 言

本书的编写，集传统继电控制与现代 PLC 控制及工业网络、组态技术于一体，是电气控制中的多种技术综合应用的有机整合，充分表现了控制技术“强弱结合、软件硬件结合”的控制思想和理念。本书的着重点在于多种技术的综合应用，并符合自动化领域主流技术应用的发展趋势。

本书编写时力求由浅入深、通俗易懂、理论联系实际，编程方法灵活，技巧性强。从应用的角度出发，以国内使用较多的日本三菱公司 FX 系列 PLC 为背景，系统介绍了其指令系统及应用、PLC 程序设计的方法与技巧、PLC 控制系统设计应注意的问题。本书中主控指令在“FX_{2N}系列 PLC 步进指令及其编程”中的应用有所创新，解决了步进状态编程法中程序可控可停的问题；“FX_{2N}系列 PLC 多流程控制的程序编制”的编程模式易学易懂；经验编程法和状态编程法的混合使用使 PLC 程序设计更加灵活、设计思想更为丰富。为了适应新的发展需要，本书还介绍了监控组态技术的应用等内容。

全书共分 7 章。第 1 章常用低压电器，第 2 章电气控制电路的基本环节，第 3 章电气控制电路的分析与设计，第 4 章 FX_{2N}系列 PLC 的基本指令与步进指令及其应用，第 5 章 FX_{2N}系列 PLC 的步进指令及其编程，第 6 章 FX_{2N}系列 PLC 的功能指令及其编程，第 7 章 PLC 监控组态技术的应用。每章后附有习题，供读者练习与上机实践。本书同时配有多媒体教学课件及使用组态王开发的动感课件，若需要可与编者联系（E-mail：442902133@qq. com）。

本书由红河学院徐绍坤主编，副主编为程加堂、罗瑞。参加编写的还有红河学院艾莉、云锡职业技术学院徐天宏。其中，第 1 章、第 2 章由罗瑞编写，第 3 章、第 4 章由徐天宏编写，第 5 章由艾莉编写，第 6 章由徐绍坤编写，第 7 章由程加堂编写，最后由徐绍坤统稿。

由于编者水平及经验有限，书中难免存在不妥之处，恳请读者批评指正。

编 者

2015 年 1 月

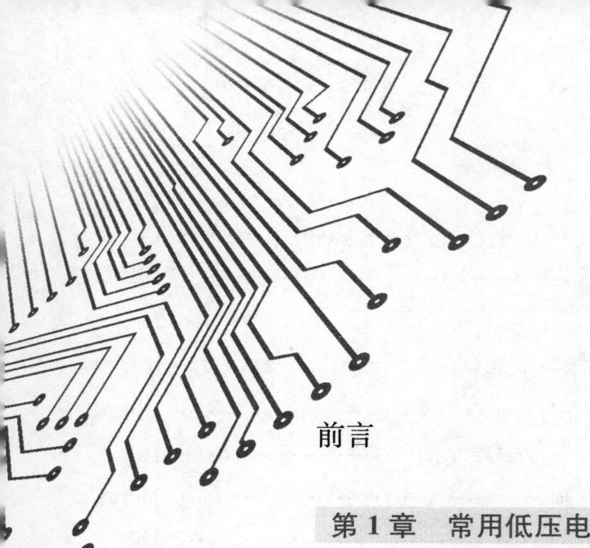

目 录

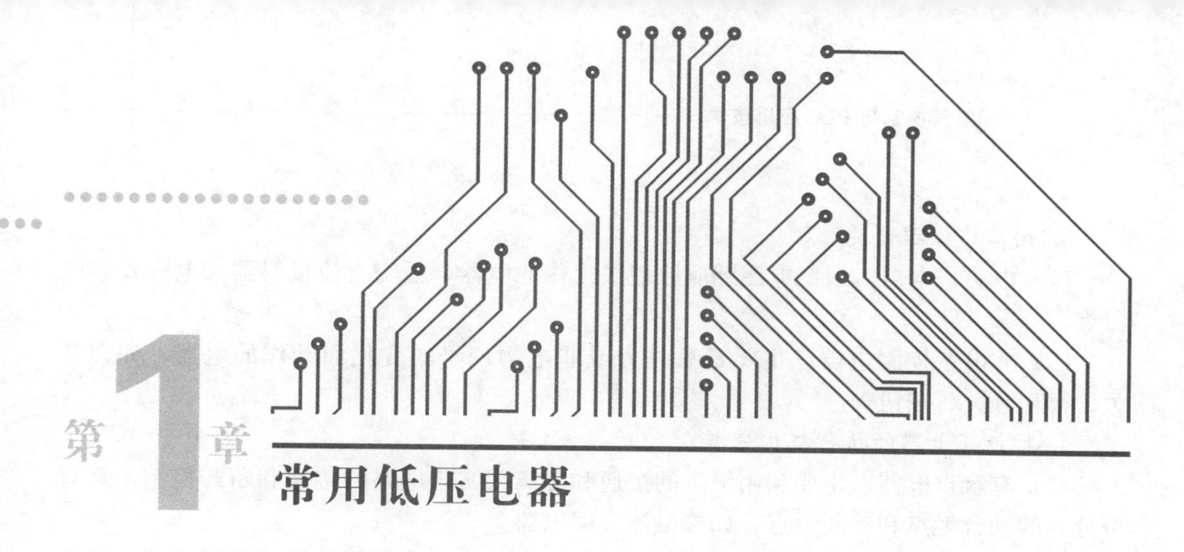

第1章 常用低压电器

本章首先介绍了低压电器的分类和常用术语，然后介绍了电气控制系统中常用的刀开关、组合开关、低压断路器、熔断器、接触器、继电器（电磁式继电器、时间继电器、速度继电器等）和主令电器（按钮、行程开关、接近开关、光电开关、万能转换开关、主令控制器等）的结构、基本工作原理、作用、应用场合、主要技术参数、典型产品、图形符号和文字符号及选择、使用方法等。

1.1 低压电器的作用与分类

凡是根据外界特定的信号或要求，自动或手动接通和断开电路，断续或连续地改变电路参数，实现对电路或非电现象的切换、控制、保护、检测和调节的电气元件或设备均称为电器。

所谓电器，就是一种根据外界的信号和要求，手动或自动地接通或断开电路，实现对电路或非电现象的切换、控制、保护、检测和调节的元件或设备。

根据工作电压的高低，电器可分为高压电器和低压电器。高压电器是指工作在交流1 200 V以上、直流1 500 V以上的电器；低压电器是工作在交流1 200 V、直流1 500 V及以下的电路中起通断、保护、控制或调节作用的电器。

低压电器作为一种基本器件，广泛应用于输、配电系统和电力拖动系统中，在实际生产中起着非常重要的作用。

1.1.1 低压电器的分类

1. 按操作方式分类

（1）非自动切换电器。主要依靠外力（如手控）直接操作来进行切换，如刀开关、按钮、转换开关及不具备伺服电动机操作的控制器。

（2）自动电器。主要依靠电器本身参数的变化或外来信号的作用，自动完成接通或分断等动作，如低压断路器、接触器、继电器。

2. 按用途分类

（1）低压配电电器。主要用于低压配电系统及动力设备中，如刀开关、低压断路器、熔断器等。

（2）低压控制电路。主要用于电力拖动与自动控制系统中，如接触器、继电器、控制器、按钮等。

3. 按工作原理分类

（1）电磁式电器。根据电磁感应原理来工作的电器，如交直流接触器、电磁式继电器等。

（2）非电量控制电器。主要是靠外力或非电物理量的变化而动作的电器，如刀开关、行程开关、按钮等。

4. 按低压电器的执行机构分类

（1）有触点电器。主要利用触点的接通和分离来实现电路的接通和断开控制，具有可分离的动合触点和动断触点，如接触器、继电器。

（2）无触点电器。主要利用半导体元器件的开关效应来实现电路的通断控制，没有可分离的触点，如接近开关、固态继电器等。

5. 其他分类方式

（1）按工作条件分为低压防爆电器、普通电器、矿用电器、通用电器、热带电器、高源电器等。

（2）按功能分为刀开关、主令开关、转换开关、自动开关、熔断器、控制器、控制继电器、起动器、接触器、电阻（变阻器）、电磁铁、调整器等。

（3）按低压电器的灭弧条件及工作制分类。

1）按灭弧条件可分为空气灭弧装置（消弧罩）、油冷灭弧和灭弧罩灭弧。

2）按工作制可分为对于低压电器的线圈来说，存在通电时间连续与否的问题，即有长期工作制和短期工作制。

1.1.2 低压电器的常用术语

低压电器常用术语见表1-1。

表1-1 低压电器常用术语

常用术语	常用术语的含义
通断时间	从电流开始在开关电器的一个极流过的瞬间起，到所有极的电弧最终熄灭的瞬间为止的时间间隔
燃弧时间	电器分断过程中，从触点断开（或熔体熔断）出现电弧的瞬间开始，至电弧完全熄灭为止的时间间隔
分断能力	电器在规定的条件下，能在给定的电压下分断的预期分断电流值
接通能力	开关电器在规定的条件上，能在给定的电压下接通的预期接通电流值
通断能力	开关电器在规定的条件上，能在给定的电压下接通和分断的预期电流值
短路接通能力	在规定条件下，包括开关电器的出线端短路在内的接通能力
短路分断能力	在规定条件下，包括电器的出线端短路在内的分断能力
操作频率	开关电器在每小时内可能实现的最高循环操作次数
通电持续率	电器的有载时间和工作周期之比，常以百分数表示
电寿命	在规定的正常工作条件下，机械开关电器不需要修理或更换零件的负载操作循环次数

1.1.3 我国低压电器的发展与趋势

我国低压电器产品大致可分为四代。

1. 第一代低压电器（20世纪60年代至70年代初）

主要产品为DW10、DZ10、CJ10等系列产品为代表的17个系列产品，性能水平相

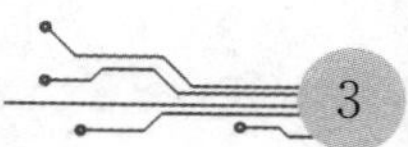

当于国外20世纪50年代水平，其性能指标低、体积大、耗材、耗能、保护特性单一、规格及品种少。现市场占有率为20%～30%（以产品台数计算）。

2. 第二代低压电器（20世纪70年代末至80年代）

主要产品以DW15、DZ20、CJ20为代表，共56个系列。技术引进产品以3TB、B系列为代表，共34个系列。达标攻关产品40个系列，技术指标明显提高，保护特性较完善，体积缩小，结构上适应成套装置要求。现有市场占有率为50%～60%。

3. 第三代低压电器（20世纪90年代）

主要产品有DW45、S、CJ45（CJ40）等系列产品。第三代电器产品具有高性能、小型化、电子化、智能化、模块化、组合化、多功能化等特征。但受制于通信能力的限制，不能很好地发挥智能产品的作用。现有市场占有率为5%～10%，如智能断路器、软起动器等。

4. 第四代低压电器（20世纪90年代末至今）

不断开发现场总线低压电器产品。这种产品除了具有第三代低压电器产品的特征外，其主要技术特征是可通信，能与现场总线系统连接。

我国从90年代起开发的第三代产品已带有智能化功能，但是单一智能化电器在传统的低压配电、控制系统中很难发挥其优越性，产品价格相对较高，难以全面推广。

预计今后5～10年内，随着通信电器的开发利用，我国第三代、第四代高档次低压电器产品市场占有率将从目前的5%增加到30%以上，从而大大促进我国低压电器总体水平的提高。

1.2　低　压　开　关

低压开关是低压配电电器中结构最简单、应用最广泛的电器，主要用在低压成套配电装置中，用于不频繁地手动接通和分断交直流电路或作隔离开关用，也可以用于不频繁地接通与分断额定电流以下的负载，如小型电动机等。

低压开关一般为非自动切换电器，常用的主要类型有刀开关、组合开关和低压断路器。

1.2.1　刀开关

刀开关主要的作用是隔离电源，不频繁通断电路。刀开关按级数分为单极、双极和三极；按灭弧装置分为带灭弧装置和不带灭弧装置；按刀的转换方向分为单掷和双掷；按接线方式分为板前接线和板后接线；按操作方式分为手柄操作和远距离联杆操作；按有无熔断器分为带熔断器和不带熔断器。

1. 开关板用刀开关

（1）功能。不频繁地手动接通、断开电路和隔离电源用。

（2）结构与符号。结构如图1-1所示，符号如图1-2所示。

2. 负荷开关

（1）开启式负荷开关（闸刀开关）。

1）功能。结构简单，价格便宜，手动操作，适用于交流频率50Hz、额定电压单相

220V 或三相 380V、额定电流 10～100A 的照明、电热设备及小容量电动机等不需要频繁带负荷操作和短路保护用。

2）结构。由刀开关和熔断器组合而成，如图 1-3 所示。

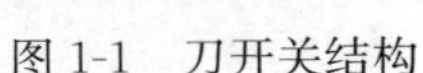
图 1-1　刀开关结构

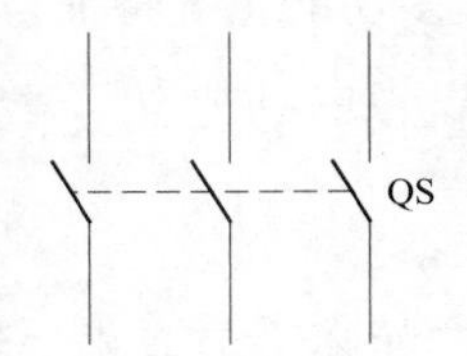

图 1-2　刀开关符号

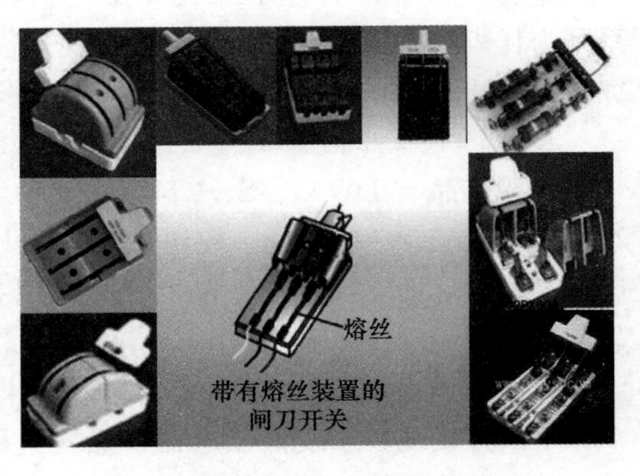

图 1-3　开启式负荷开关外形、结构

3）分类。单相双极和三相三极两种。

4）符号如图 1-4 所示。型号及含义如下：

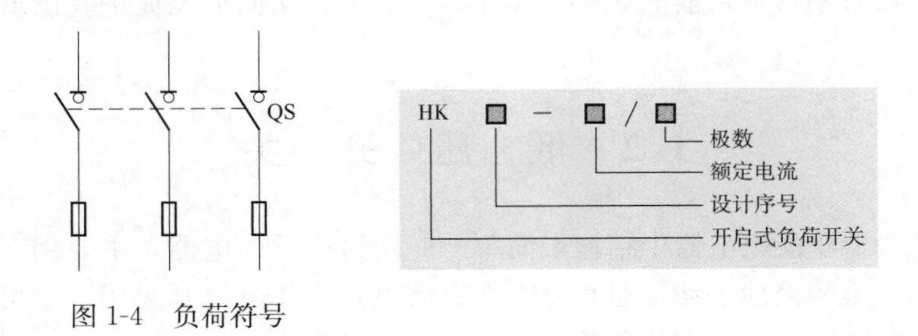

图 1-4　负荷符号

（2）封闭式负荷开关（铁壳开关）。

1）功能。封闭式负荷开关适用于交流频率 50Hz、额定工作电压 380V、额定工作电流至 400A 的电路中，用于手动不频繁地接通和分断带负载的电路及线路末端的短路保护，或控制 15kW 以下的小容量交流电动机的直接起动和停止。

2）结构。主要由操动机构、熔断器、触点系统和铁壳组成。

3）符号。封闭式负荷开关符号与开启式负荷开关相同。

1.2.2　组合开关

1. 功能

组合开关的结构紧凑，安装面积小，触点对数多，接线方式灵活，操作方便。其适用于交流频率 50Hz、电压至 380V 以下，或直流 220V 及以下的电气线路中，用于手动不频繁地接通和分断电路、换接电源和负载，或控制 5kW 以下小容量电动机起动、停止和正反转。

2. 结构

组合开关的种类很多，常用的有 HZ5、HZ10、HZ15。HZ10 组合开关是全国统一设计产品，性能可靠、结构简易、组合性强、寿命长，在生产中得到广泛应用。HZ10 组合开关静触点一端固定在胶木盒内，另一端伸出盒外，与电源或负载相连。动触片套在绝缘方杆上，绝缘方轴每次作 90°正或反方向的转动，带动静触点片。如图 1-5 所示。

3. 分类

组合开关按极数分类可分为单极、双极和多极。

按功能、结构、用途分类较多，常见的几种组合开关外形如图 1-6 所示。

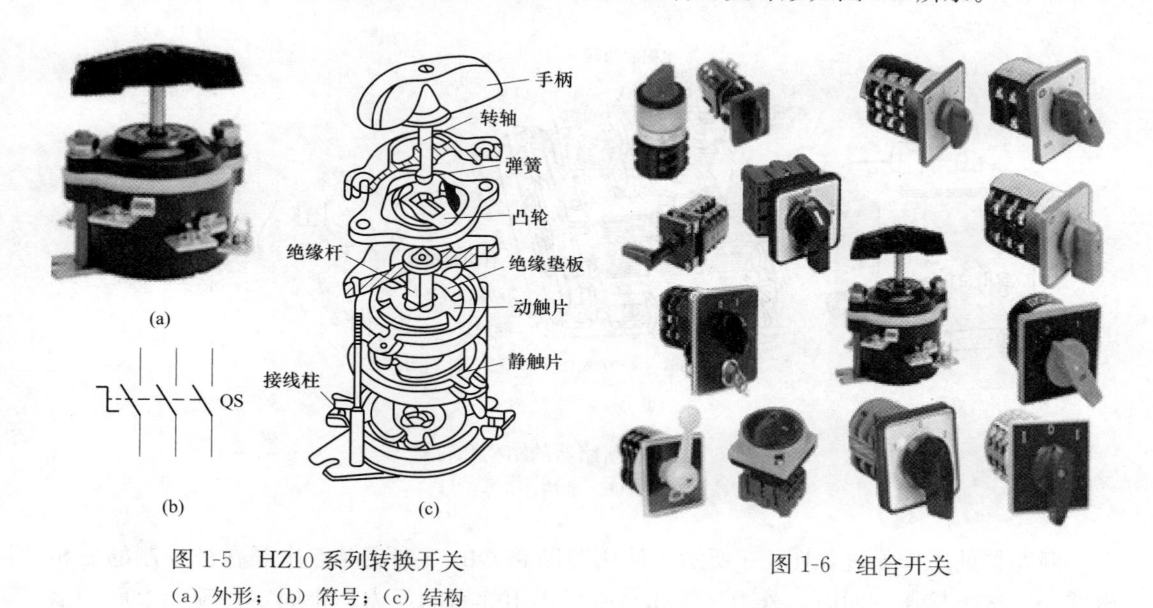

图 1-5　HZ10 系列转换开关

(a) 外形；(b) 符号；(c) 结构

图 1-6　组合开关

4. 符号与型号

组合开关的图形符号如图 1-5（b）所示。组合开关的型号如下。

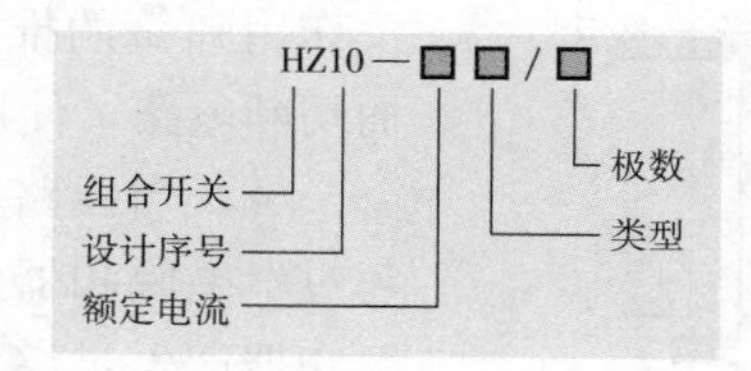

1.2.3　低压断路器

1. 功能

低压断路器又称自动开关或空气开关。它相当于刀开关、熔断器、热继电器和欠电压继电器的组合，是一种既有手动开关作用又能自动进行欠电压、失电压、过载和短路保护的电器。

2. 分类

低压断路器按结构型式分为塑壳式（装置式）、万能式（框架式）、限流式、直流快速式、灭磁式和漏电保护式等6类；按操作方式分为人力操作式、动力操作式和储能操作式；按极数分为单极、二极、三极和四极式；按安装方式分为固定式、插入式和抽屉式；按断路器在电路中的用途分为配电用断路器、电动机保护用断路器和其他负载用断路器。

3. 低压断路器结构及工作原理

DZ5系列低压断路器的结构如图1-7所示。它由触点系统、灭弧装置、操动机构、热脱扣器、电磁脱扣器及绝缘外壳等部分组成。

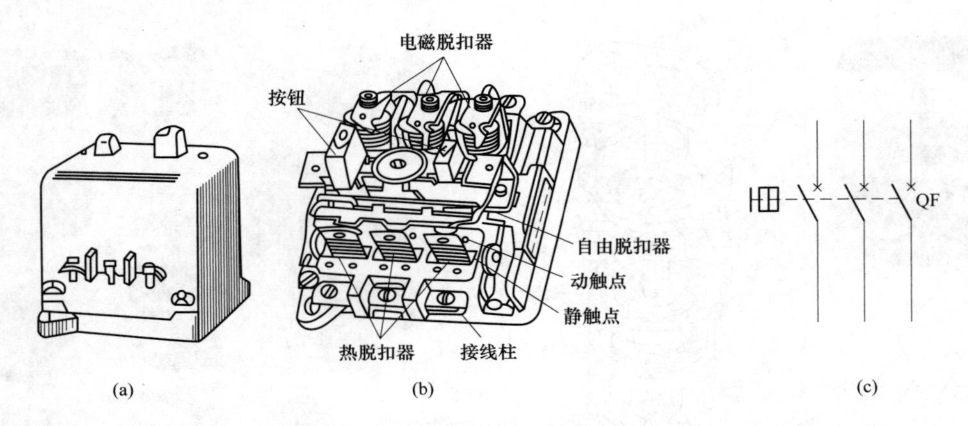

图1-7 低压断路器的结构和符号
（a）外形；（b）结构；（c）符号

断路器的工作原理如图1-8所示。使用时断路器的三副主触点串联在被控制的三相电路中，按下接通按钮时，外力使锁扣克服反作用弹簧的反力，将固定在锁扣上面的动触点与静触点闭合，并由锁扣锁住搭钩使动静触点保持闭合，开关处于接通状态。

（1）当线路发生过载时，过载电流流过热元件产生一定的热量，使双金属片受热向上弯曲，通过杠杆推动搭钩与锁扣脱开，在反作用弹簧的推动下，动、静触点分开，从而切断电路，使用电设备不致因过载而烧毁。

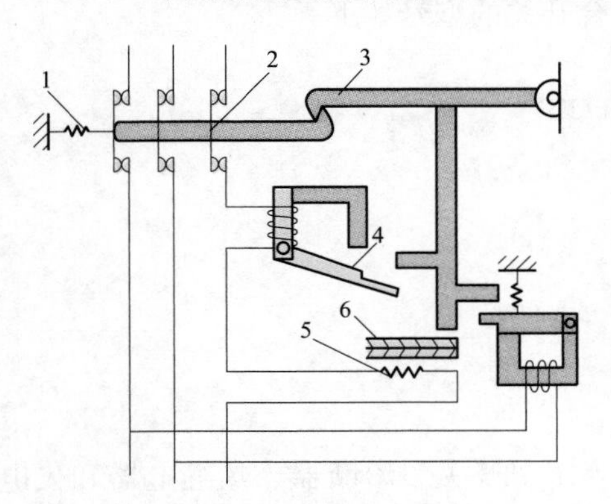

图1-8 断路器的工作原理图
1—弹簧；2—触点；3—搭钩；4—过电流脱扣器；5—欠电压脱扣器；6—热脱扣器

（2）当线路发生短路故障时，短路电流超过电磁脱扣器的瞬时脱扣整定电流，电磁脱扣器产生足够大的吸力将衔铁吸合，通过杠杆推动搭钩与锁扣分开，从而切断电路，实现短路保护。低压断路器出厂时，电磁脱扣器的瞬时脱扣整定电流一般整定为$10I_N$。

欠电压脱扣器的动作过程与电磁脱扣器恰好相反。当线路电压正常时，欠电压脱扣器的衔铁被吸合，衔铁与杠杆脱离，断路器的主触点能够闭合。当线路上的电压消失或下降到某一数值时，欠电压脱扣器的吸力消失或减小到不足以克服拉力弹簧的拉力时，衔铁在拉力弹簧的作用下撞击杠杆，将搭钩顶开，使触点分断。由此也可看出，具有欠电压脱扣器的断路器在欠电压脱扣器两端无电压或电压过低时，不能接通电路。

需手动分断电路时，按下分断按钮即可。

4. 符号和型号

低压断路器的符号如图 1-7（c）所示。低压断路器的型号如下。

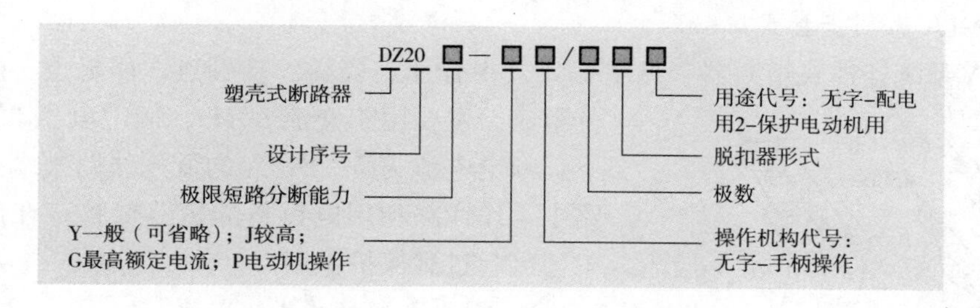

1.3 熔　断　器

熔断器是一种当电流超过规定值一定时间后，以它本身产生的热量使熔体熔化而分断电路的电器，广泛应用于低压配电系统及用电设备中作短路和过电流保护。

熔断器主体是低熔点金属丝或金属薄片制成的熔体，串联在被保护的电路中。

1.3.1 熔断器的结构及保护特性

熔断器主要由熔体、安装熔体的熔管和熔座组成。熔体是熔断器的核心，常做成丝状、片状或栅状，制作熔体的材料一般有铅锡合金、锌、铜、银等，根据受保护电路的要求而定。熔管是熔体的保护外壳，用耐热绝缘材料制成，在熔体熔断时兼有灭弧作用。熔管是熔断器的底座，用于固定熔管和外接引线。

1.3.2 熔断器的主要技术参数

（1）额定电压。指熔断器长期工作所能承受的电压。如果熔断器的实际工作电压大于其额定电压，熔体熔断时可能会发生电弧不能熄灭的危险。

（2）额定电流。指保证熔断器能长期正常工作的电流。它由熔断器各部分长期工作时允许的温升决定。

（3）极限分断能力。在规定的额定电压和功率因数的条件下，能分断的最大短路电流值。

（4）时间—电流特性（也称保护特性）。指在规定的条件下，表征流过熔体的电流与熔体熔断时间的关系曲线如图 1-9 所示。

一般熔断器的熔断电流 I_s 与熔断时间 t 的关系见表 1-2。

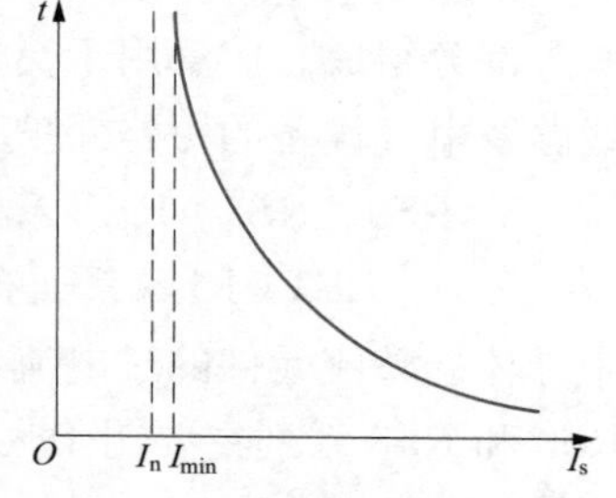

图 1-9　熔断器的保护特性

表 1-2 熔断器的熔断电流 I_s 与熔断时间 t 的关系

熔断电流 I_s（A）	$1.25I_N$	$1.6I_N$	$2.0I_N$	$2.5I_N$	$3.0I_N$	$4.0I_N$	$8.0I_N$	$10.0I_N$
熔断时间 t（s）	∞	3600	40	8.0	4.5	2.5	1.0	0.4

由表 1-2 可知，熔断器对过载的反应是不灵敏的，当电气设备发生轻度过载时，熔断器将持续很长时间才能熔断，有时甚至不熔断。除照明和电加热电路外，熔断器一般不宜作过载保护电器，主要用于短路保护。

1.3.3 常用的熔断器

1. RC1A 系列瓷插式熔断器

RC1A 系统瓷插式熔断器（见图 1-10）由瓷座、瓷盖、动触点、静触点、熔丝五部分组成。主要用于交流 50Hz、额定电压 380V 及以下，额定电流为 5～200A 的低压线路末端或分支电路中，作线路和用电设备的短路保护，在照明线路中还可起过载保护作用。

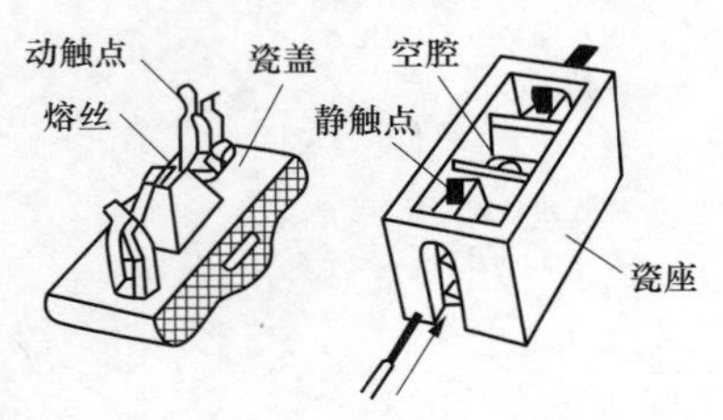

图 1-10 RC1A 系列瓷插式熔断器

2. RL1 系列螺旋式熔断器

如图 1-11 所示，由瓷帽、熔断管、瓷套、上接线座、下接线座及瓷底座等部分组成。主要用于控制箱、配电屏、机床设备及振动较大的场合，在交流额定电压 500V、额定电流 200A 及以下的电路中作为短路保护器件。

3. RM10 系列无填料封闭管式熔断器

由熔断管、熔体、夹头及夹座等部分组成。主要用于交流额定电压 380V 及以下、直流 440V 及以下、电流在 600A 以下的电力线路中，作导线、电缆及电气设备的短路和连接过载保护。

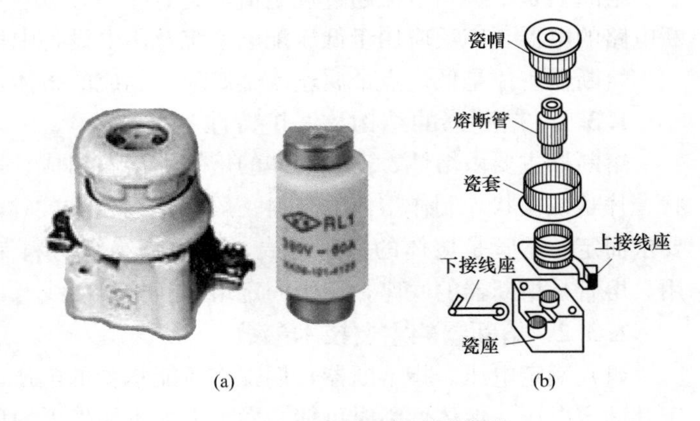

图 1-11 RL1 系列螺旋式熔断器
（a）外形；（b）结构

4. RT0 系列有填料封闭管式熔断器

由熔管、底座、夹头及夹座等部分组成。广泛用于交流 380V 及以下、短路电流较大的电力输配电系统中，作为线路及电气设备的短路保护及过载保护。

5. RS0、RS3、RLS 系列有填料快速熔断器

RS0、RS3、RLS 系列有填料快速熔断器又称半导体器件保护用熔断器。主要用于半导体硅整流元件的过电流保护。RLS 系列主要用于小容量硅元件及成套的短路保护，RS0 和 RS3 系列主要用于大容量晶闸管元件的短路和过载保护。其中 RS3 系列的动作更快，分断能力更高。

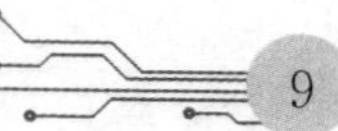

1.3.4　熔断器的符号和型号

熔断器型号如下。熔断器的符号如图1-12所示。

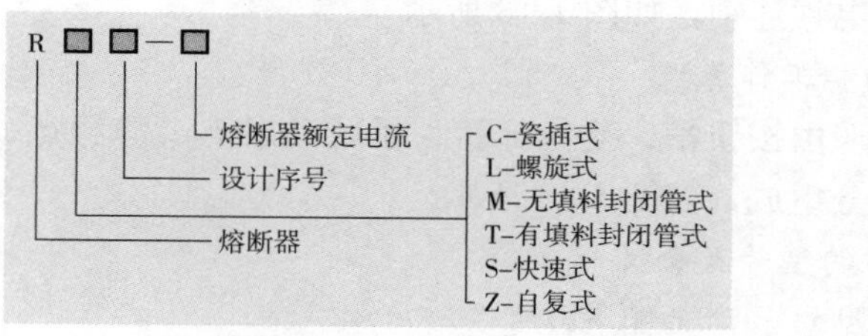

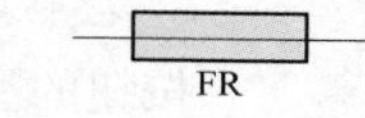

图1-12　熔断器的符号

1.3.5　熔断器的选择

1. 熔断器类型的选用

根据使用环境、负载性质和短路电流的大小选用适当类型的熔断器。

2. 熔断器额定电压和额定电流的选用

熔断器的额定电压必须等于或大于线路的额定电压，熔断器的额定电流必须等于或大于所装熔体的额定电流，熔断器的分断能力应大于电路中可能出现的最大短路电流。

3. 熔体额定电流的选用

(1) 对于照明和电热等电流较平稳、无冲击电流的负载的短路保护，熔体的额定电流应等于或稍大于负载的额定电流。

(2) 单台电动机。电动机能够正常起动，其冲击电流不大时可选用较小的熔件。而机械负载较重电机难以起动，起动电流较大或频繁起动的电动机则选用较大的熔件。一般按下式计算：

熔体额定电流 $I_{RN} \geqslant (1.5\sim2.5)\ I_N$

(3) 多台电动机。分支电路中主干线上熔断器的选择一般以计算电流 $I_{N\min}$ 为熔断器熔件的最大电流值（额定电流）。按一台容量最大的电动机的起动电流与其余电动机的额定电流的总和来考虑，则

$$I_{RN} \geqslant (1.5 \sim 2.5) I_{N\max} + \Sigma I_N$$

式中：$I_{N\max}$ 为容量最大的一台电动机的额定电流，ΣI_N 为其余电动机额定电流的总和。

1.4　主　令　电　器

主令电器主要用来接通或断开控制电路，以发布命令或信号，改变控制系统工作状态，以获得远距离控制的电器。主令电器应用广泛，种类繁多。常用的主令电器有控制按钮、行程开关、接近开关、万能转换开关、主令控制器等。

1.4.1　控制按钮

1. 功能

发出控制指令和信号的电器开关，是一种手动且一般自动复位的主令电器。按钮的触点允许通过的电流较小，一般不超过5A。因此，一般情况下，它不直接控制主电路

图 1-13　按钮外形

（或大电流电路）的通断，而是在控制电路（小电流电路）中发出指令或信号，控制接触器、继电器等电器，再由它们去控制主电路的通断、功能转换或电气连锁，如图 1-13 所示。

2. 结构和工作原理

按钮一般由按钮帽、复位弹簧、桥式动触点、静触点、支柱连杆及外壳等部分组成，如图 1-14 所示。

3. 按钮的型号及含义

按钮的型号及含义如下。

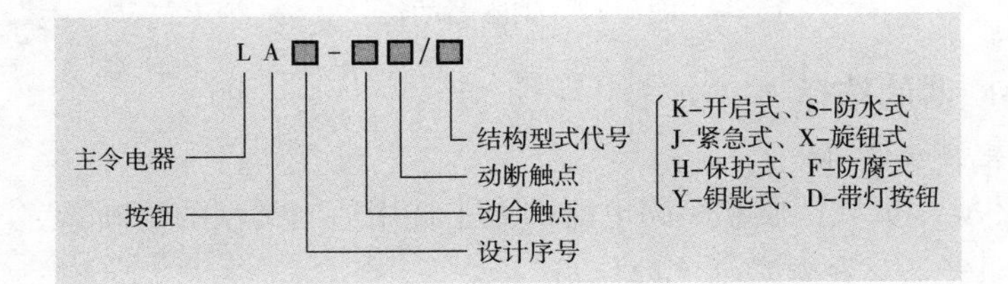

名称	动断按钮 (停止按钮)	动合按钮 (起动按钮)	复合按钮
结构			按钮帽 复位弹簧 支柱连杆 动断静触点 桥式动触点 动合静触点 外壳
符号	SB	SB	SB

图 1-14　按钮结构与符号

按钮的结构形式多种多样，适用于不同的场合；紧急式装有突出的蘑菇形钮帽，以便于紧急操作。指示灯式在透明的按钮内装入信号灯，用作信号显示。钥匙式为了安全起见，需用钥匙插入方可进行旋转操作等。

为了表明各个按钮的作用，避免误操作，通常将钮帽做成不同的颜色以示区别。

1.4.2　行程开关

1. 功能

行程开关是用以反应工作机械的行程，发出命令控制其运动方向或行程大小的主令电器。

行程开关的作用原理与按钮相同，不同点是利用生产机械运动部件的碰压使其触点动作，从而将机械信号转变为电信号，使运动机械按一定的位置或行程实现自动停止、反向运动、变速运动或自动往返运动等。

2. 结构与符号

行程开关由操作头、触点系统和外壳组成。常见的行程开关如图1-15所示，符号如图1-16所示。行程开关又称限位开关，能将机械位移转变为电信号，以控制机械运动。行程开关的种类按运动形式分为直动式、转动式；按结构分为直动式、滚动式、微动式；按操作方式有瞬动型和蠕动型。

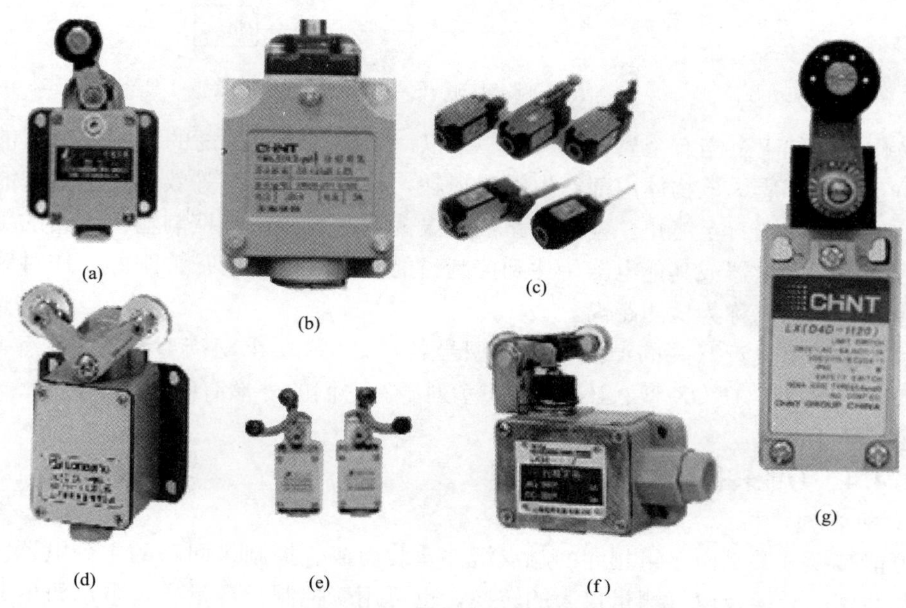

图1-15 常见的行程开关

(a) LX2系列行程开关；(b) YBLX行程开关；(c) LXK3系列行程开关；(d) LX2-212行程开关；(e) LX19系列行程开关；(f) LX32系列行程开关；(g) LX (D4D-1120)

3. 行程开关的选用

行程开关的主要参数是型号、工作行程、额定电压及触点的电流容量。主要根据动作要求、安装位置、触点数量以及电流、电压等级进行选择。

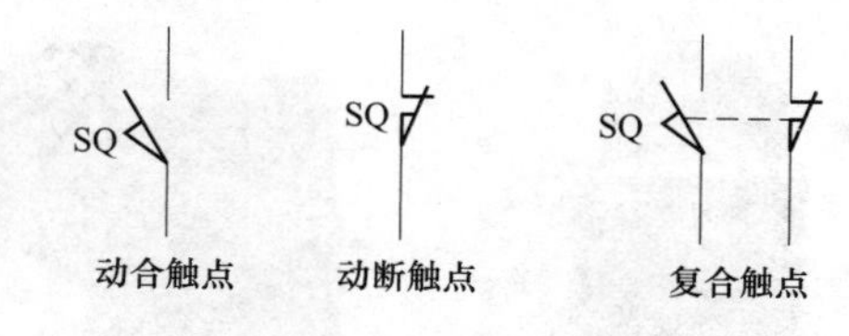

图1-16 行程开关符号

1.4.3 接近开关

1. 功能

接近开关是一种无接触式物体检测装置，也就是某一物体接近某一信号机构时，信号机构发出“动作”信号的开关。接近开关又称无触点行程开关，当检测物体接近它的工作面并达到一定距离时，不论检测体是运动的还是静止的，接近开关都会自动地发出物体接近而“动作”的信号，而不像机械式行程开关那样需施以机械力。

接近开关是一种无触点、与运动部件无机械接触而能操作的行程开关，具有动作可靠、性能稳定、频率响应快、使用寿命长、抗干扰能力强、防水、防震、耐腐蚀等特点，目前应用范围越来越广泛。

2. 结构和工作原理

接近开关的种类很多，按工作原理可分为高频振荡型、感应电桥型、霍尔效应型、光电型、永磁及磁敏元件型、电容型和超声波型，其中高频振荡型应用最为广泛。但不论何种类型的接近开关，其基本组成都是由信号发生机构（感测机构）、振荡器、检波器、鉴幅器和输出电路组成，如图 1-17 所示。

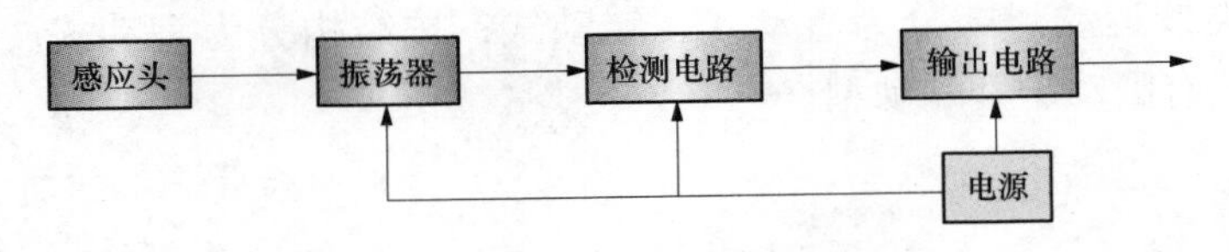

图 1-17 接近开关原理框图

工作原理如下。当有金属物体接近一个以一定频率稳定振荡的高频振荡器的感应头时，由于电磁感应，该物体内部产生涡流损耗，以致振荡回路等效电阻增大，能量损耗增加，使振荡减弱直至终止。检测电路根据振荡器的工作状态控制输出电路的工作，输出信号去控制继电器或其他电器，达到控制目的。通常把接近开关刚好动作时感应头与检测体之间的距离称为检测距离。

目前市场上接近开关的产品很多，型号各异，例如，LXJO 型、LJ-1 型、LJ-2 型、LJ-3 型、CJK 型、JKDX 型、JKS 型、J 系列型。它们的外形有圆柱形、方形、普通型、分离型、槽型等。

1.4.4 万能转换开关

1. 功能

万能转换开关是由多组相同的触点组件叠装而成、控制多回路的主令电器。主要用于控制线路的转换及电气测量仪表的转换，也可用于控制小容量异步电动机的起动、换向及变速。目前常用的万能转换开关有 LW2、LW5、LW6、LW8、LW9、LW10-10、LW12、LW15 和 3LB、3ST1、JXS2-20 等系列，外形如图 1-18 所示。

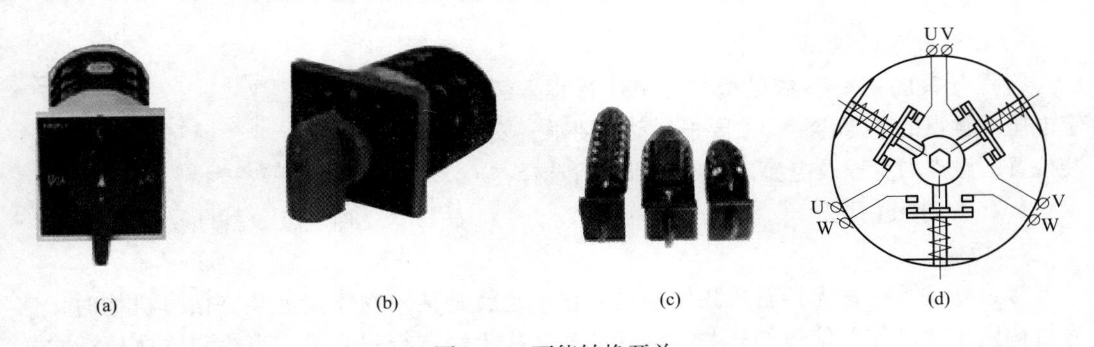

图 1-18 万能转换开关

(a) LW12 系列万能转换开关；(b) LW6 系列万能转换开关；(c) LW2 系列万能转换开关；(d) JXS2-20 系列

2. 结构、工作原理及符号

万能转换开关主要由接触系统、操作机构、转轴、手柄、定位机构等部件组成，用螺栓组装成一个整体。接触系统由许多接触元件组成，每一接触元件均有一个胶木触点座，中间装有一对或三对触点，分别由凸轮通过支架操作。操作时，手柄带动转轴和凸轮一起旋转，凸轮即可推动触点接通或断开。由于凸轮的形状不同，当手柄处于不同的操作位置时，触点的分合情况也不同，从而达到换接电路的目的。

万能转换开关在电路图中的符号如图 1-19（a）所示，图中“—o o—”代表一路触点，竖的虚线表示手柄位置。当手柄置于某一个位置上时，处于接通状态的触点下方虚线上就标注黑点“·”。触点的通断用触点分合表表示，如图 1-19（b）所示。

触点号	1	0	2
1	×	×	
2		×	×
3	×	×	
4		×	×
5		×	×
6		×	×

（a） （b）

图 1-19 万能转换开关电路图形符号和触点分合表

（a）符号；（b）触点分合表

3. 万能转换开关的选用

LW5 系列万能转换开关适用于交流频率 50Hz、额定电压至 500V 及以下，直流电压至 440V 的电路中转换电气控制线路（电磁线圈、电气测量仪表和伺服电动机等），也可直接控制 5.5kW 三相笼型异步电动机、可逆转换、变速等。

万能转换开关主要根据用途、接线方式、所需触点挡数和额定电流来选择。

1.4.5 主令控制器

1. 功能

主令控制器是按照程序换接控制电路接线的主令电器，主要用于电力拖动系统中，按照预定的程序分合触点，向控制系统发出指令，通过接触器达到控制电动机的起动、制动、调速及反转的目的，同时也可实现控制线路的连锁作用。它操作比较轻便允许每小时通电次数较多，触点为双断点桥式结构，特别适用于按顺序操作的多个控制回路。

目前生产中常用的主令控制器有 LK1、LK4、LK5、LK16 等系列，其外形如图 1-20 所示。

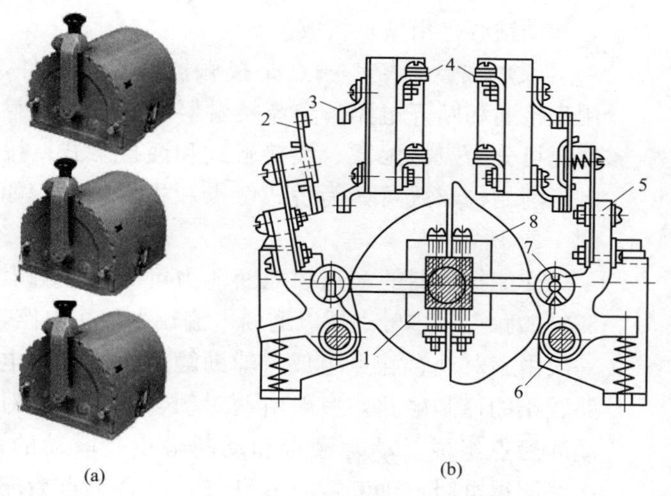

图 1-20 LK1 主令控制器

（a）外形；（b）结构

1、8—凸轮块；2—动触点；3—静触点；4—接线柱；5—支杆；6—转轴；7—小轮

2. 结构及工作原理

主令控制器一般由触点、凸轮、定位机构、转轴、面板及其支承件等部分组成。在图 1-20 所示 LK1 系列主令控制器结构图中，1 和 8 凸轮块固定于方轴上。4 是接线柱，由它连向被操作的回路。静触点 3 安装在绝缘板上，由桥式动触点 2 来闭合与断开。动触点 2 固定在能绕轴转动的支杆 5 上。多个凸轮块 8 嵌装成凸轮鼓，凸轮块根据触点系统的开闭顺序制成不同角度的凸出轮缘，每个凸轮块

控制两副触点。当转动手柄时，方形转轴带动凸轮块转动，凸轮块的凸出部分压动小轮7，使动触点2离开静触点3，分断电路。当转动手柄使小轮7位于凸轮块8的凹处时，在复位弹簧的作用下使动触点和静触点闭合，接通电路。可见触点的闭合和分断顺序是由凸轮块的形状决定的。

从结构形式来看，主令控制器有两种类型，一种是凸轮调整式主令控制器，其凸轮片上开有孔和槽，凸轮片的位置可根据给定的触点分合表进行调整，如LK4系列主令控制器。另一种是凸轮非调整式主令控制器，其凸轮不能调整，只能按触点分合表做适当的排列组合，如LK1、LK5、LK16系列主令控制器。

3. 主令控制器的选用

主令控制器主要根据使用环境、所需控制的回路数、触点闭合顺序等进行选择。

1.5 接触器

接触器是一种适用于远距离频繁地接通与断开交直流主电路及大容量控制电路的自动切换电器。接触器具有操作频率高、使用寿命长、工作可靠、性能稳定、维修方便等优点，同时具有欠压和失压自动释放保护功能，是用途广泛的控制电器之一。

接触器的品种较多，按其线圈通过电流的种类不同可分为交流接触器与直流接触器。

1.5.1 交流接触器

1. 交流接触器的结构和符号

交流接触器主要由电磁系统、触点系统、灭弧装置和辅助部件等组成。交流接触器的结构示意图如图1-21所示。

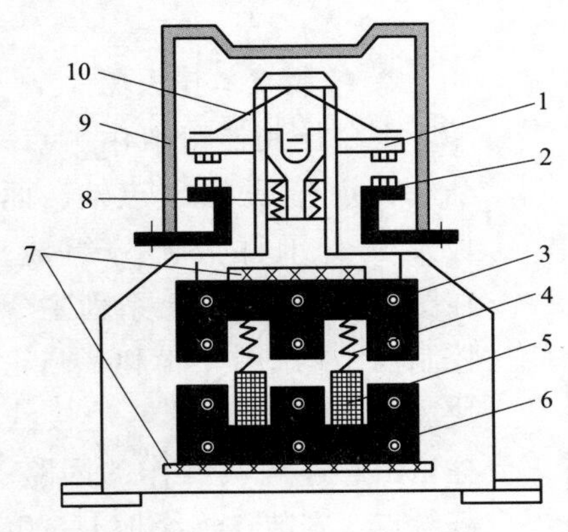

图1-21 交流接触器的结构示意图

1—动触点；2—静触点；3—衔铁；4—弹簧；5—线圈；6—铁心；7—垫毡；8—触点弹簧；9—灭弧罩；10—触点压力弹簧

(1) 电磁系统。电磁系统主要由线圈、静铁心和动铁心（衔铁）组成。

(2) 触点系统。触点是接触器的执行元件，用来接通和断开电路。交流接触器的触点按接触情况可分为点接触式、线接触式和面接触式；按触点的结构形式可分为桥式触点和指形触点，如图1-22所示。

交流接触器的触点按通断能力可分为主触点和辅助触点。主触点用以通断电流较大的主电路，一般由三对动合触点组成。辅助触点用以通断电路较小的控制电路，一般由两对动合触点和两对动断触点组成。动合触点和动断触点是联动的，当线圈得电时，动断触点先断开，动合触点后闭合，中间有一个很短的时间差。当线圈失电时，动合触点先恢复断开，动断触点后恢复闭合，中间也存在一个很短的时间差。

(3) 灭弧装置。交流接触器分断大电流电路时，往往会在动、静触点之间产生很强的电弧。电弧一方面会烧伤触点，另一方面会使电路切断时间延长，甚至会引起其他事故。因此，灭弧是接触器的重要任务之一。灭弧装置的作用是熄灭触点分断时产生的电弧，以减轻对触点的灼伤，保证可靠的分断电路。

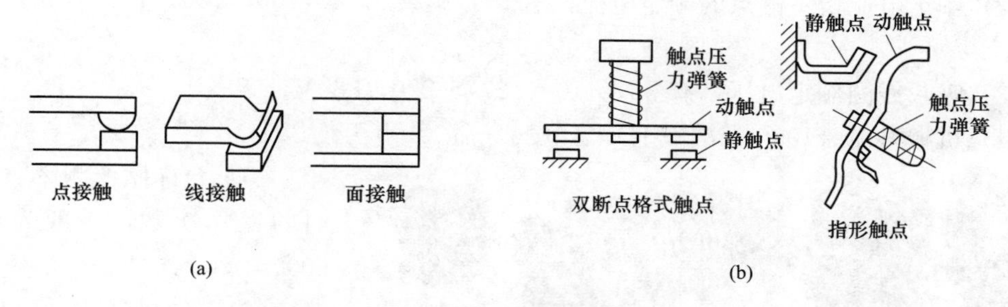

图 1-22　交流接触器触点系统结构图

（a）触点的三种接触形式；（b）触点的结构形式

（4）其他部分。交流接触器的其他部分有底座、反力弹簧、缓冲弹簧、触点压力弹簧、传动机构和接线柱等。交流接触器的符号如图 1-23 所示。

2. 工作原理

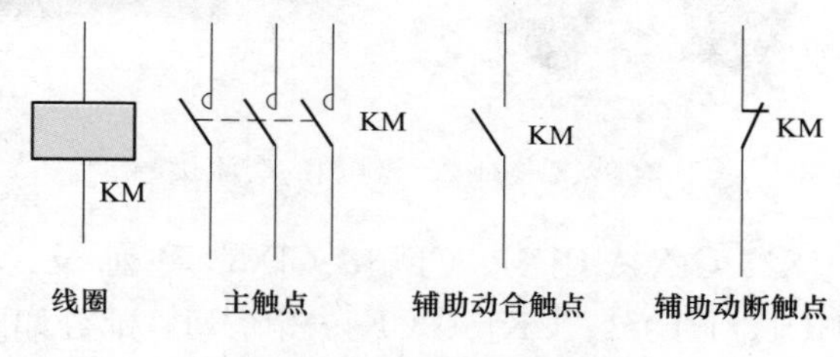

图 1-23　交流接触器的符号

交流接触器的工作原理如图 1-24 所示。当交流接触器电磁系统中的线圈 6、7 间通入交流电以后，铁心 8 被磁化，产生大于反力弹簧 10 的电磁力，将衔铁 9 吸合。一方面，带动了动合主触点 1、2、3 闭合，接通主电路；另一方面，辅助动断触点（4、5 处）首先断开，接着辅助动合触点（也在 4、5 处）后闭合。当线圈失电或外加电压太低时，在反力弹簧 10 的作用下衔铁 9 释放，动合主触点 1、2、3 断开，切断主电路；辅助动合触点首先断开，接着辅助动断触点后恢复闭合。

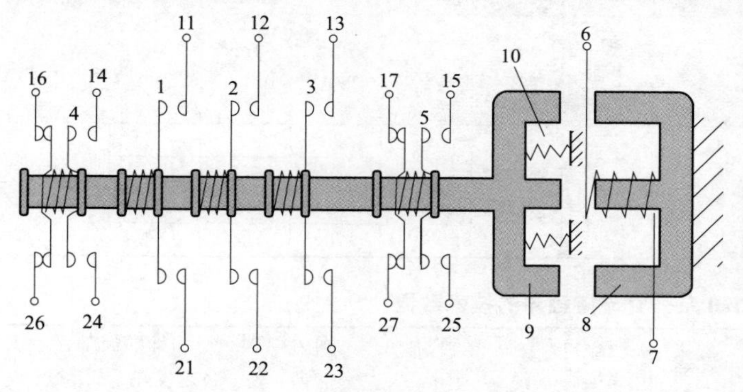

图 1-24　交流接触器的工作原理图

图 1-24 所示电路中，11～17、20～27 为各触点的接线柱。

3. 交流接触器的型号及含义

交流接触器的型号及含义如下：

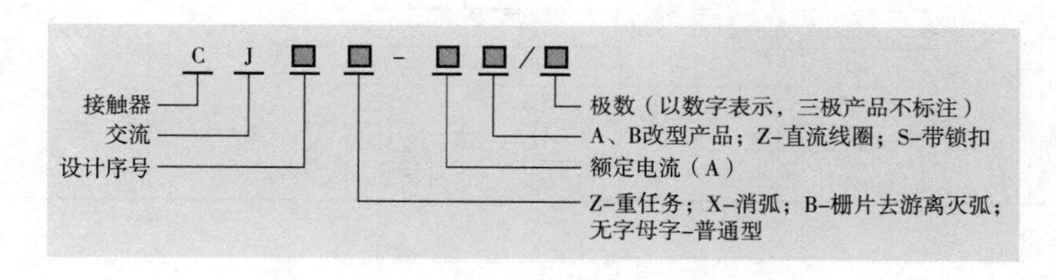

4. 交流接触器的主要技术参数及常用的接触器

（1）额定电压指主触点的额定工作电压，有36，127，220，380，500V。

（2）额定电流指主触点的额定电流，有5，10，20，40，60，100，150，250，400，600A。

（3）吸收线圈额定电压，有36，110（127），220，380V。

（4）机械寿命（1000万次以上）与电气寿命（100万次以上）。

图1-25 常用的交流接触器

（5）允许操作频率。每小时的操作次数，一般为300、600、1 200次/h。

（6）接通与分断能力。可靠接通和分断的电流值，在此电流值下，接通时，主触点不应发生熔焊，分断时，主触点不应发生长时间燃弧。

目前常用的交流接触器有CJ20、CJ24、CJ26、CJ28、CJ29、CJT1、CJ40和CJX1、CJX2、CJX3、CJX4、CJX5、CJX8系列及NC2、NC6、B、CDC、CK1、CK2、EB、HC1、HUC1、CKJ5、CKJ9等系列，部分如图1-25所示。技术数据见表1-3和表1-4。

表1-3 CJ10系列交流接触器的技术数据

型号	额定电压（V）	主触点		辅助触点		线圈		可控制电动机的最大功率（kW）		允许操作频率
		额定电流（A）	对数	额定电流（A）	对数	电压（V）	功率（VA）	200（V）	380（V）	
CJ10-10	380	10	3	5	2动合 2动断	36 110 220 380	11	2.2	4	≤ 600
CJ10-20		20					22	5.5	10	
CJ10-40		40					32	11	20	
CJ10-60		60					70	17	30	

表1-4 CJ20系列交流接触器的技术数据

型号	极数	额定电压（V）	额定发热电流（A）	额定电流（A）	允许操作频率（次/h）	机械寿命（万次）	辅助触点	
							额定发热电流（A）	触点组合
CJ20-10	3	220	10	10	≤1200	≥1000	10	2动合 2动断
		380		10	≤1200			
		660		5.8	≤600			
CJ20-25		220	32	25	≤1200			
		380		25	≤1200			
		660		16	≤600			
CJ20-100		220	125	100	≤1200			
		380		100	≤1200			
		660		53	≤600			

1.5.2 接触器的选择

(1) 类型的选择：直流或交流接触器。

(2) 主触点额定电压的选择：大于等于负载额定电压。

(3) 主触点额定电流的选择：要求额定电流大于计算值（单台电动机选择），则

主触点额定电流=电动机额定电流

(4) 线圈电压选择：

1) 交流。线路简单，线圈电压选择380V或220V，与电路电压一致。线路复杂，线圈电压选择127V、36V等，与电路电压一致。

2) 直流。线圈电压要与直流控制电路电压一致。

1.5.3 接触器的使用注意事项

(1) 因为分断负载时有火花和电弧产生，开启式的不能用于易燃易爆的场所和导电性粉尘多的场所，也不能在无防护措施的情况下在室外使用。

(2) 使用时，应注意触点和线圈是否过热。

(3) 交流接触器控制电动机或线路时，必须与过电流保护器配合使用。

(4) 短路环和电磁铁吸合面要保持完好、清洁。

(5) 接触器安装在控制箱或防护外壳内时，由于散热条件差，环境温度较高，应适当降低容量使用。

1.6 继 电 器

继电器是一种根据某种输入信号的变化，接通或断开控制电路，实现自动控制和保护电力拖动装置的电器。其输入量可以是电压、电流等电量，也可以是温度、压力、时间、速度等非电量。

继电器种类很多，按用途可分为控制电器、保护电器；按工作原理可分为电磁式继电器、感应式继电器、电动式继电器、热力式继电器、电子式继电器；按动作信号可分为电流继电器、电压继电器、时间继电器、速度继电器、温度继电器、压力继电器；按输出方式可分为有触点电器、无触点电器。

继电器一般由感测机构、中间机构和执行机构组成。感测机构把感测到的电量或非电量传递给中间机构，将它与预定值（整定值）进行比较，当达到整定值时，中间机构便使执行机构动作，从而接通或断开电路。

下面介绍电力拖动和自动控制系统常用的继电器。

1.6.1 电磁式继电器

电磁式继电器是以电磁力为驱动力的继电器，是电气控制设备中用得最多的一种电器。图1-26是电磁式继电器的典型结构，它由铁心、衔铁、线圈、反力弹簧和触点等部分组成。

常见的电磁式继电器有中间继电器、电流继电器和电压继电器。

1. 中间继电器

(1) 功能。中间继电器是用来增加控制电路中的信号数量或将信号放大的继电器，

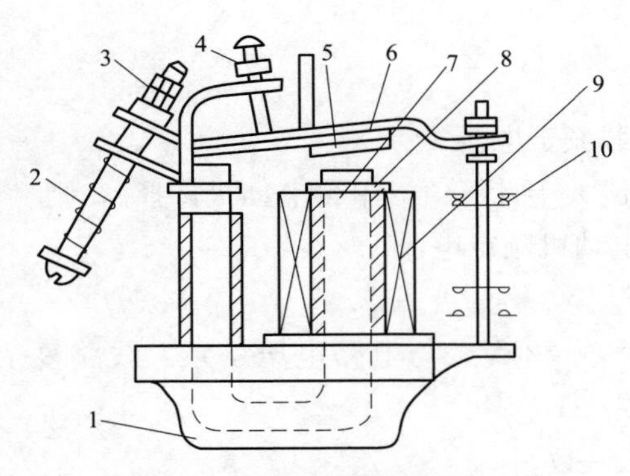

图 1-26 电磁式继电器的典型结构

1—底座；2—反力弹簧；3、4—调整螺钉；5—非磁性垫片；6—衔铁；7—铁心；8—极靴；9—电磁线圈；10—触点系统

将一个输入信号变成一个或多个输出信号。输入信号为线圈的通断，输出是触点的动作，将信号同时传给 N 个控制原件或回路。

（2）结构、符号、型号、主要技术数据。中间继电器结构与接触器基本相同，由线圈、静铁心、动铁心、触点系统（触点较多，没有主、辅触点之分，且通过的电流大小相同，多数为 5A）、反作用弹簧、复位弹簧等组成。中间继电器的型号含义及外形图和符号如图 1-27 所示。

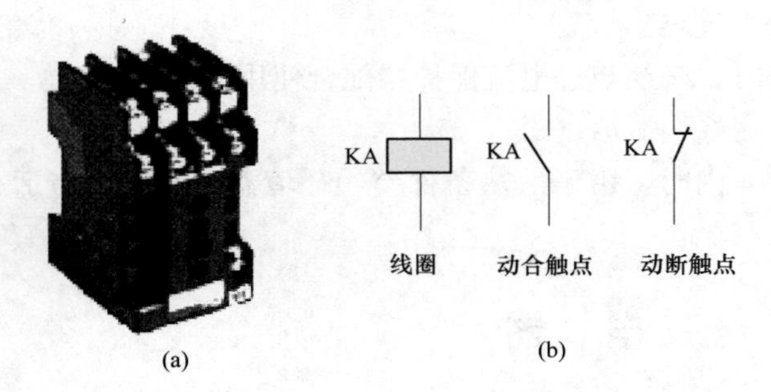

(a) (b)

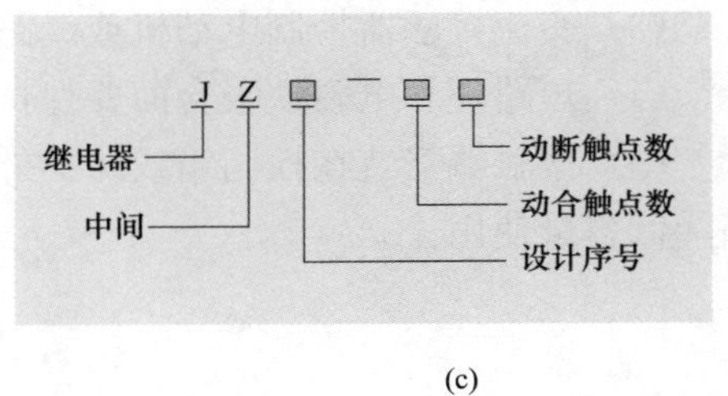

(c)

图 1-27 中间继电器

（a）JZ7 中间继电器外形图；（b）中间继电器符号；（c）中间继电器型号含义

（3）选用。中间继电器主要依据被控制电路的电压等级、所需触点的数量、种类、容量等要求来选择。中间继电器的技术数据见表 1-5。

表 1-5 中间继电器的技术数据

型号	电压种类	触点电压（V）	触点电流（A）	触点组合		通电持续率（%）	吸引线圈		允许操作频率（次/h）
				动合	动断		电压（V）	消耗功率	
JZ7-44 JZ7-62 JZ7-80	交流	380	5	4 6 8	4 2 0	40	12、24、36、48 110、127、380、420、440、500	12（VA）	≤1200
JZ14-J	交流	380	5	6 4 2	2 4 6	40	110、127、220、380	10（VA）	≤2000
JZ14-Z	直流	220					24、48、110、220	7（W）	
JZ15-J	交流	380	10	6 4 2	2 4 6	40	36、127、220、380	11（VA）	≤1200
JZ15-Z	直流	220					24、48、110、220	7（W）	

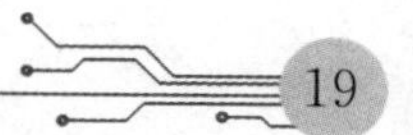

2. 电流继电器

电磁式电流继电器是反映输入量为电流的继电器，使用时线圈串联在被测电路中，以反映电路中电流的变化而动作。电流继电器常用于按电流原则控制的场合，如电动机的短路保护、直流电动机的磁场及失磁保护。电流继电器又分为过电流继电器和欠电流继电器。电流继电器的外形结构和动作原理如图 1-28 所示。

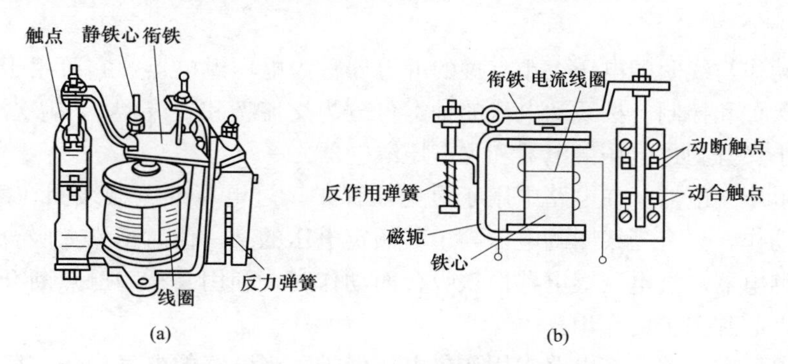

图 1-28　电流继电器

（a）外形结构；（b）动作原理

（1）过电流继电器。线圈电流高于整定值动作的继电器。正常工作时，线圈电流为额定电流，此时衔铁为释放状态；当电路中电流大于负载正常工作电流时，衔铁才产生吸合动作，从而带动触点动作，断开负载电路。电路中常用过电流继电器的动断触点串在线圈电路。通常交流过电流继电器吸合电流为 1.1～4 倍的额定电流，直流过电流继电器吸合电流为 0.7～3.5 倍的额定电流。

常用的过电流继电器有 JT4、JL5、JL12、JL14 等系列产品，广泛用于直流电动机或绕线转子电动机的控制电路中，用于频繁及重载起动的场合，作为电动机和主电路的过载或短路保护。

（2）欠电流继电器。线圈电流低于整定值动作的继电器。正常工作时，线圈电流为负载额定电流，衔铁处于吸合状态；当电路的电流小于负载额定电流，达到衔铁的释放电流时，衔铁则释放，同时带动触点动作，断开电路。电路中常用欠电流继电器的动合触点串在线圈电路。

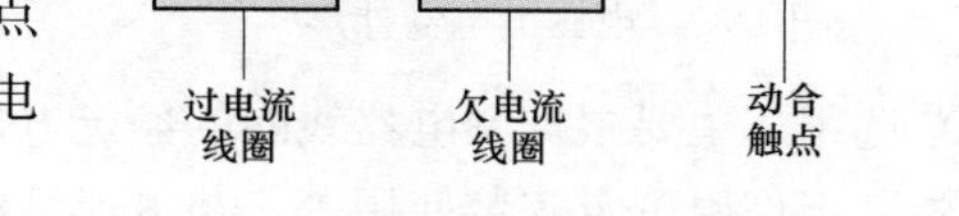

图 1-29　电流继电器符号

（3）电流继电器的符号如图 1-29 所示。

（4）型号如下：

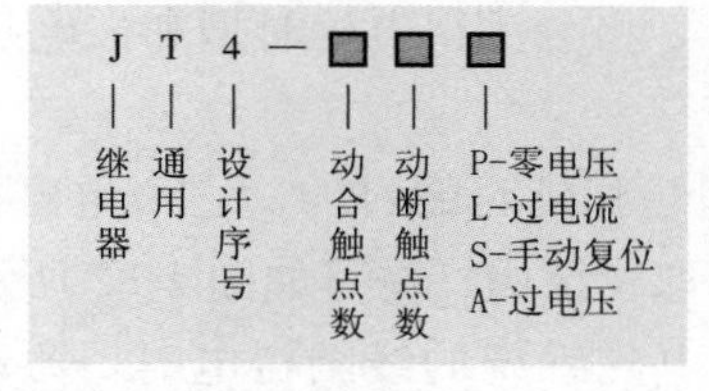

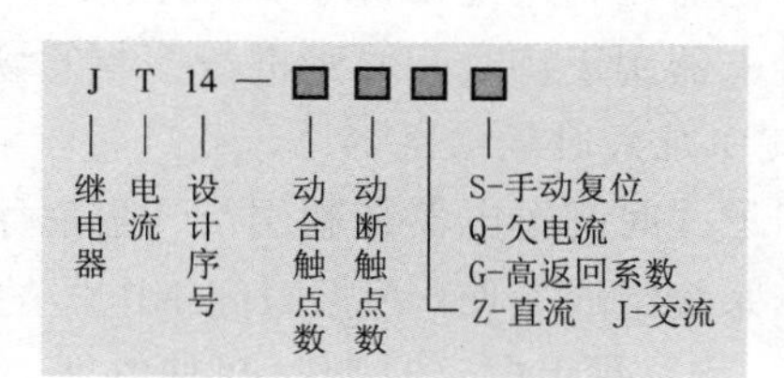

（5）电流继电器的选用。

1）电流继电器的额定电流一般可按电动机长期工作的额定电流来选择。对于频繁起动的电动机，额定电流可选大一个等级。

2）电流继电器的触点种类、数量、额定电流及复位方式应满足控制线路的要求。

3）过电流继电器的整定电流一般取电动机额定电流的1.7～2倍，频繁起动的场合可取2.25～2.5倍。欠电流继电器的整定电流一般取额定电流的0.1～0.2倍。

3. 电压继电器

触点的动作与线圈的电压大小有关的继电器称为电压继电器。它可用于电力拖动系统中的电压保护和控制。按线圈电流的种类可分为交流型和直流型；按吸合电压相对额定电压的大小又分为过电压继电器和欠电压继电器。

（1）过电压继电器。在电路中用于过电压保护。过电压继电器线圈在额定电压时，衔铁不吸合动作，只有当线圈的电压高于其额定电压的某一值时衔铁才吸合动作。所以称为过电压继电器。过电压继电器衔铁吸合而动作时，利用其常闭触点断开需保护电路的负荷开关，起到保护的作用。

（2）欠电压继电器。在电路中用作欠电压保护。当电路的电气设备在额定电压下正常工作时，欠电压继电器的衔铁处于吸合状态；如果电路出现电压降低至线圈的释放电压时，衔铁由吸合状态转为释放状态，同时断开与它相连的电路，实现欠电压保护。所以控制电路中常用欠电压继电器的动合触点。

零压继电器是欠压继电器的一种特殊形式，当电压降低接近零时释放的电压继电器。释放电压的调节范围为$U_l=(0.1\sim0.35)U_N$。常用的电压继电器外形如图1-30所示。

（3）电压继电器的符号如图1-31所示。

图1-30　电压继电器外形

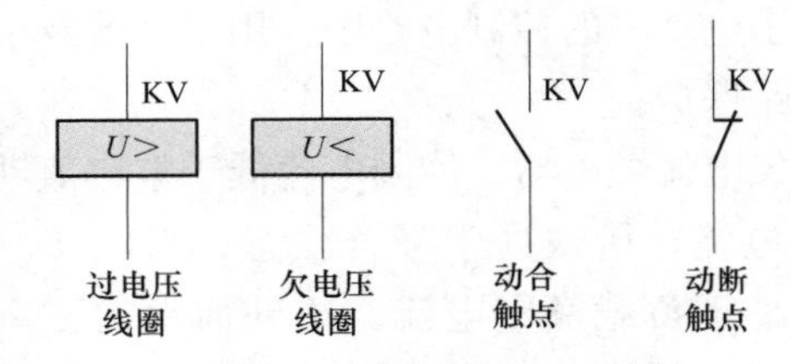

图1-31　电压继电器的符号

（4）选用。主要根据继电器线圈的额定电压、触点的数目和种类进行选择电压继电器的结构、工作原理及安装使用等，与电流继电器类似。

1.6.2　时间继电器

时间继电器是利用电磁原理或机械动作原理来延迟触点闭合或断开的自动控制电器。时间继电器用于按时间原则进行控制的场合，可分为得电延时型和失电延时型。

1. 空气阻尼式时间继电器

空气阻尼式时间继电器是利用空气阻尼原理达到延时的目的。它由电磁机构，延时机构和触点系统组成。JS7-A型时间继电器的外形、结构、符号如图1-32所示。

图1-33（a）是得电延时型时间继电器，当电磁系统的线圈得电时，微动开关SQ2的触点瞬时动作，而SQ1的触点由于气囊中空气阻尼的作用延时动作，其延时的长短取

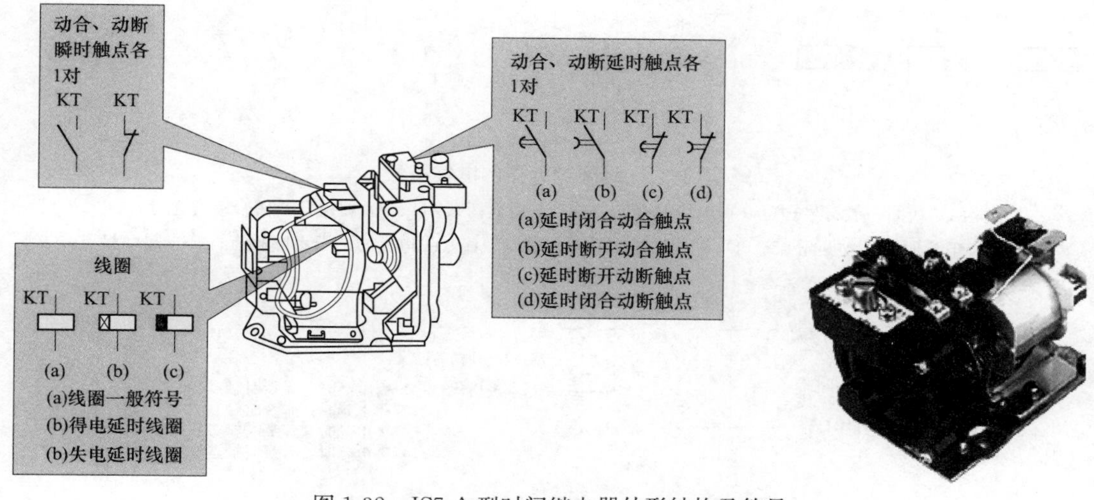

图 1-32 JS7-A 型时间继电器外形结构及符号

决于进气的快慢，可通过旋动螺钉 13 进行调节，延时范围有 0.4～60s 和 0.4～180s 两种。当线圈失电时，微动开关 SQ1 和 SQ2 的触点均瞬动复位。图 1-33（b）是 JS7-A 系列失电延时型，其工作原理读者可自行分析。

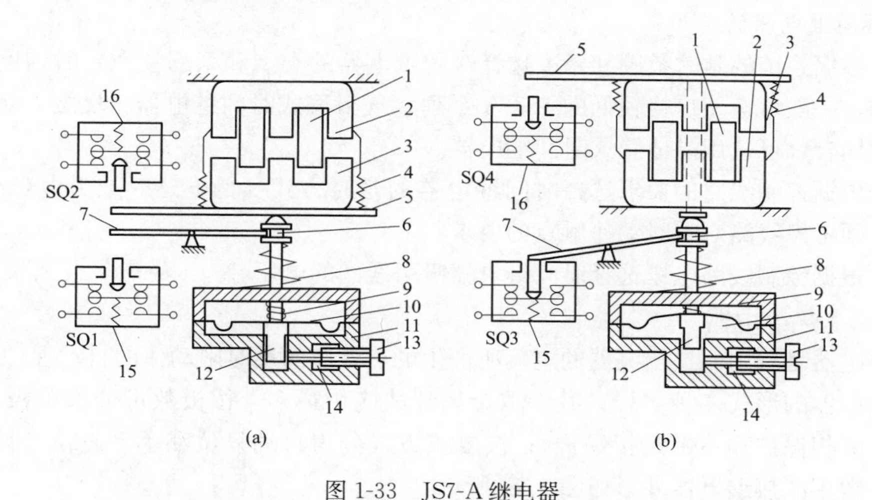

图 1-33 JS7-A 继电器

（a）得电延时型；（b）失电延时型

1—线圈；2—铁心；3—衔铁；4—反力弹簧；5—推板；6—活塞杆；7—杠杆；8—塔形弹簧；9—弱弹簧；10—橡皮膜；11—空气室壁；12—活塞；13—调节螺钉；14—进气孔；15、16—微动开关

JS7-A 系列失电延时型和得电延时型时间继电器的组成元件是通用的。只需将得电延时型时间继电器的电磁机构旋出固定螺钉后反转 180°安装，即可成为失电延时型时间继电器，但触点动合与动断要颠倒使用。时间继电器的符号如图 1-34 所示。

JS7-A 时间继电器的型号、含义如下：

2. 电磁式时间继电器

电磁式时间继电器一般在直流电气控制电路中应用较广，只能直流失电延时动作。

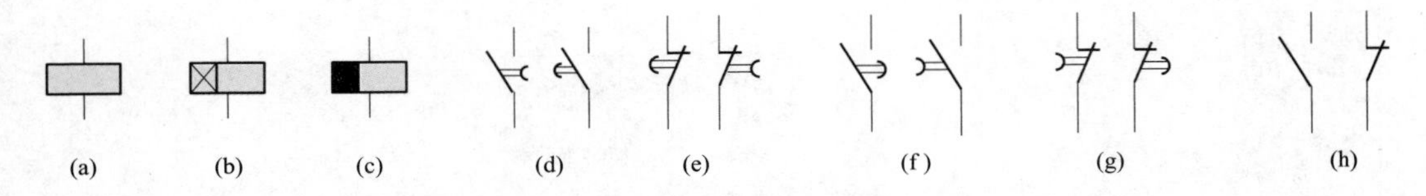

图 1-34 时间继电器的电气符号

(a) 线圈一般符号；(b) 得电延时线圈；(c) 失电延时线圈；(d) 得电延时闭合动合触点；(e) 得电延时断开动断触点；(f) 失电延时断开动合触点；(g) 失电延时闭合动断触点；(h) 瞬动触点

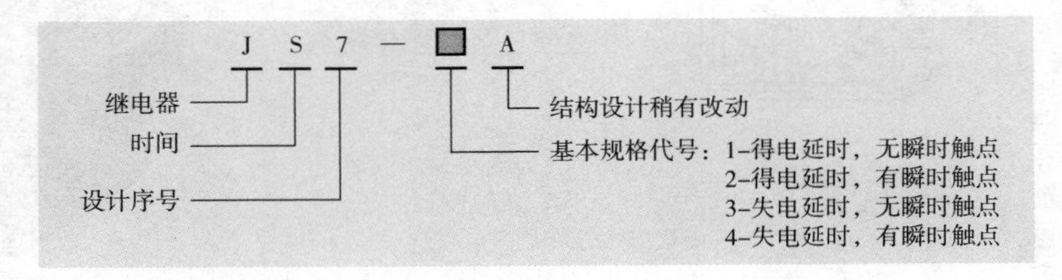

3. 晶体管式时间继电器

晶体管式时间继电器除了执行继电器外，均由电子元器件组成，没有机械部件，因而有较长的寿命和较高精度、体积小、延时时间长、调节范围宽、控制功率小、耐冲击、耐振动、调整方便等优点。

4. 时间继电器的选用

(1) 根据系统的延时范围和精度选择时间继电器的类型和系列。在延时精度要求不高的场合，一般可选用价格较低的 JS7-A 系列空气阻尼式时间继电器。反之，对精度要求较高的场合，可选用晶体管式时间继电器。

(2) 根据控制线路的要求选择时间继电器的延时方式（得电延时或失电延时）。同时，还必须考虑线路对瞬时动作触点的要求。

(3) 根据控制线路电压选择时间继电器吸引线圈的电压。

1.6.3 热继电器

热继电器是利用流过继电器的电流所产生的热效应而反时限动作的自动保护电器。

热继电器的形式多种多样，其中双金属片式应用最多。按极数可分为单极、两极、三极（带断相保护和不带断相保护）；按复位方式分为自动复位和手动复位。目前我国在生产中常用的热继电器外形如图 1-35 所示。

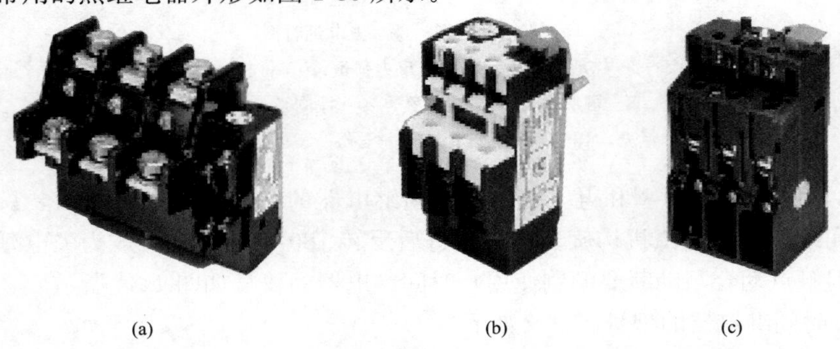

图 1-35 热继电器

(a) JR36B 系列热过载继电器；(b) JRS8（T）系列热过载继电器；(c) JRS5（TH-K）系列热过载继电器

1. 热继电器的结构及工作原理

（1）结构。图1-36所示为双金属片式热继电器的结构，它由热元件、动作机构、触点系统、电流整定装置、复位机构和温度补偿元件组成。热元件由主双金属片和绕在外面的电阻丝组成。

（2）工作原理。热继电器使用时，将热元件串联在主电路中，静触点串联在控制电路中。当电动机过载时，流过电阻丝的电流超过热继电器的整定电流，电阻丝发热增多，温度升高，由于两块金属片的热膨胀程度不同而使主双金属片向右弯曲，通过传动机构推动静触点断开，分断控制电路，再通过接触器切断主电路，实现对电动机的过载保护。电源切除后，主双金属片逐渐冷却恢复原位。热继电器的复位机构有手动复位和自动复位两种形式，可根据使用要求通过复位调节螺钉来自由调整选择。一般自动复位时间不大于5min，手动复位时间不大于2min。

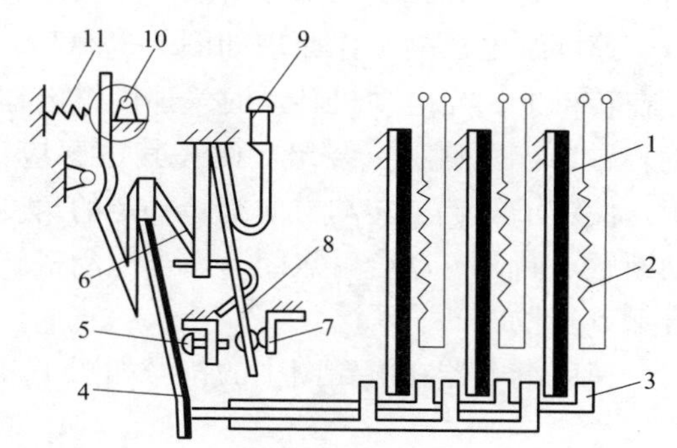

图1-36 双金属片式热继电器结构原理图
1—主双金属片；2—电阻丝；3—导板；4—补偿双金属片；5—螺钉；6—推杆；7—静触点；8—动触点；9—复位按钮；10—调节凸轮；11—弹簧

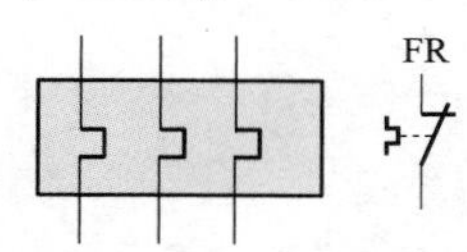

图1-37 热继电器符号

热继电器的整定电流是指热继电器连续工作而不动作的最大电流。其大小可通过旋转电流整定旋钮来调节。超过整定电流，热继电器将在负载未达到其允许的过载极限之前动作。

热继电器在电路中的符号如图1-37所示。

2. 带断相保护的热继电器

三相异步电动机的缺相运行是导致电动机过热烧毁的主要原因之一。对定子绕组接成Y的电动机，普通两极或三极结构的热继电器均能实现断相保护。而定子绕组接成△的电动机，必须采用三极带断相保护装置的热继电器，才能实现断相保护。

3. 热继电器的型号含义及技术数据

JR20系列热继电器主要技术参数参见表1-6。

表1-6 JR20系列热继电器主要技术参数

型　号	额定电流（A）	热元件号	整定电流调节范围（A）
JR20-10	10	1R～15H	0.1～11.6
JR20-16	16	1S～6S	3.6～18
JR20-62	63	1U～6U	16～71
JR20-160	160	1W～9W	33～176

4. 热继电器的选用

选择热继电器时，主要根据所保护的电动机的额定电流来确定热继电器的规格和热元件的电流等级。

（1）热电器的额定电流略大于电动机的额定电流。

（2）热元件的整定电流为电动机额定电流的0.95～1.05倍。

（3）热元件的额定电流大于热元件的整定电流。

（4）根据电动机定子绕组的连接方式选择热电器的结构形式（带或不带断相保护）。

1.6.4 速度继电器

速度继电器是反映转速和转向的继电器，其主要作用是以旋转速度的快慢为指令信号，与接触器配合实现对电动机的反接制动控制，因此也称为反接制动继电器。它主要由转子、定子和触点三部分组成［见图 1-38（a）］。

速度继电器的工作原理如图 1-38（b）所示。其转子轴与电动机轴相连接，定子空套在转子上。当电动机转动时，速度继电器的转子（永久磁铁）随之转动，在空间产生旋转磁场，切割定子绕组，而在其中感应出电流。此电流又在旋转磁场作用下产生转矩，使定子随转子转动方向旋转一定的角度，与定子装在一起的摆锤推动触点动作，使动断触点断开，动合触点闭合。当电动机转速低于某一值时，定子产生的转矩减小，动合触点复位。

速度继电器在电路图中的符号如图 1-38（c）所示。

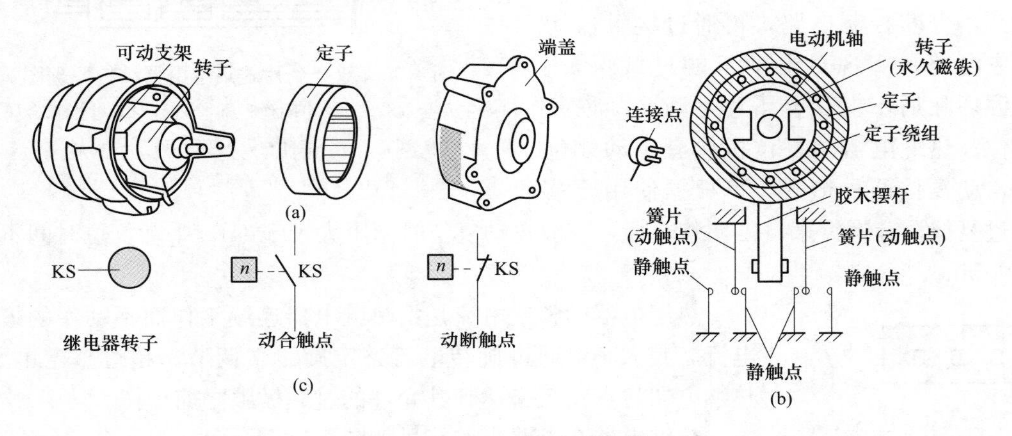

图 1-38　JY1 型速度继电器

（a）外形；（b）结构；（c）符号

速度继电器的动作转速一般不低于 100～300 r/min，复位转速约在 100 r/min 以下。JFZ0 型速度继电器型号的含义如下：

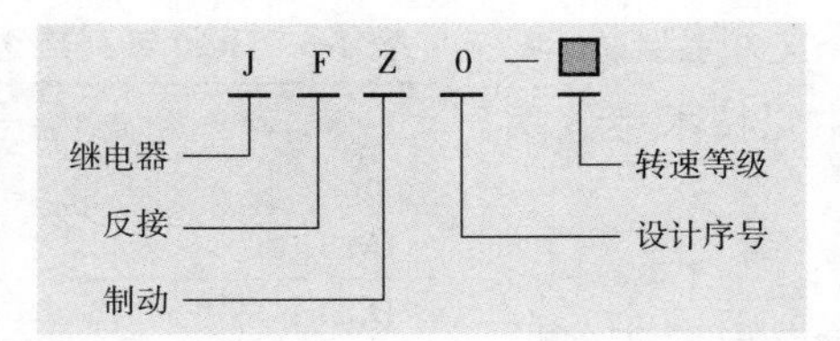

JY1 型和 JFZ0 型速度继电器的主要技术参数见表 1-7。

表 1-7　JY1 型和 JFZ0 型速度继电器的主要技术参数

型号	触点额定电压（V）	触点额定电流（A）	触点对数		额定工作转速（r/min）	允许操作频率（次/h）
			正转动作	反转动作		
JY1	380	2	1 组转换触点	1 组转换触点	100～300	≤30
JFZ0—1			1 动合、1 动断	1 动合、1 动断	300～1 000	
JFZ0—2			1 动合、1 动断	1 动合、1 动断	1 000～3 000	

速度继电器主要根据所需控制的转速大小、触点数量和电压、电流来选用。

习 题 1

1. 判断题（正确的打√，错误的打×）

（1）一台额定电压为220V的交流接触器在交流20V和直流220V的电源上均可使用。（ ）

（2）交流接触器得电后如果铁心吸合受阻，将导致线圈烧毁。（ ）

（3）低压断路器又称为自动空气开关。（ ）

（4）熔断器的保护特性是反时限的。（ ）

（5）低压断路器具有失电压保护的功能。（ ）

（6）无断相保护装置的热继电器不能对电动机的断相提供保护。（ ）

（7）热继电器的额定电流就是其触点的额定电流。（ ）

（8）热继电器的保护特性是反时限的。（ ）

（9）行程开关、限位开关、终端开关是同一种开关。（ ）

（10）万能转换开关本身带有各种保护。（ ）

（11）主令控制器除了手动式产品外，还有由电动机驱动的产品。（ ）

2. 选择题（将正确答案的序号填入括号中）

（1）关于接触电阻，下列说法中不正确的是（ ）。

A. 由于接触电阻的存在，会导致电压损失

B. 由于接触电阻的存在，触点的温度降低

C. 由于接触电阻的存在，触点容易产生熔焊现象

D. 由于接触电阻的存在，触点工作不可靠

（2）为了减小接触电阻，下列做法中不正确的是（ ）。

A. 在静铁心的端面上嵌有短路环　　B. 加一个触点弹簧

C. 触点接触面保持清洁　　D. 在触点上镶一块纯银块

（3）由于电弧的存在，将导致（ ）。

A. 电路的分断时间加长　　B. 电路的分断时间缩短

C. 电路的分断时间不变　　D. 分断能力提高

（4）CJ20—160型交流接触器在380V时的额定工作电流为160A，故它在380V时能控制的电动机的功率约为（ ）。

A. 85kW　　B. 100kW　　C. 20kW　　D. 160kW

（5）在接触器的铭牌上常见到AC3、AC4等字样，它们代表（ ）。

A. 生产厂家代号　　B. 使用类别代号　　C. 国标代号　　D. 电压级别代号

（6）CJ40—160型交流接触器在380V时的额定电流为（ ）。

A. 160A　　B. 40A　　C. 100A　　D. 80A

（7）交流接触器在不同的额定电压下，额定电流（ ）。

A. 相同　　B. 不相同　　C. 与电压无关　　D. 与电压成正比

(8) 熔断器的额定电流与熔体的额定电流（　　）。

A. 是一回事　　　　B. 不是一回事

(9) 电压继电器的线圈与电流继电器的线圈相比，具有的特点是（　　）。

A. 电压继电器的线圈与被测电路串联

B. 电压继电器的线圈匝数多、导线细、电阻大

C. 电压继电器的线圈匝数少、导线粗、电阻小

D. 电压继电器的线圈匝数少、导线粗、电阻大

(10) 失电延时型时间继电器，它的动合触点为（　　）。

A. 延时闭合的动合触点　　　　B. 瞬动动合触点

C. 瞬时闭合延时断开的动合触点　　　　D. 延时闭合瞬时断开的动合触点

(11) 在延时精度要求不高，电源电压波动较大的场合，应选用（　　）。

A. 空气阻尼式时间继电器　　　　B. 晶体管式时间继电器

C. 电动式时间继电器　　　　D. 上述三种都不合适

(12) 交流电压继电器和直流电压继电器铁心的主要区别是（　　）。

A. 交流电压继电器的铁心是由彼此绝缘的硅钢片叠压而成，而直流电压继电器的铁心则不是

B. 直流电压继电器的铁心是由彼此绝缘的硅钢片叠压而成，而交流电压继电器的铁心则不是

C. 交流电压继电器的铁心是由整块软钢制成，而直流电压继电器的铁心则不是

D. 交、直流电压继电器的铁心都是由整块软钢制成，但其大小和形状不同

(13) 得电延时型时间继电器，它的动作情况是（　　）。

A. 线圈得电时触点延时动作，失电时触点瞬时动作

B. 线圈得电时触点瞬时动作，失电时触点延时动作

C. 线圈得电时触点不动作，失电时触点瞬时动作

D. 线圈得电时触点不动作，失电时触点延时动作

3. 问答题

(1) 什么是低压电器？常用的低压电器有哪些？

(2) 电磁式低压电器有哪几部分组成？说明各部分的作用。

(3) 低压断路器可以起动哪些保护作用？说明其工作原理。

(4) 熔体的熔断电流一般是额定电流的多少倍？

(5) 如何选择熔体和熔断器规格？

(6) 交流接触器的铁心端面上为什么要安装短路环？

(7) 交流接触器能否串联使用？为什么？

(8) 从接触器的结构上，如何区分是交流接触器还是直流接触器？

(9) 什么是继电器？按用途不同可分为哪两大类？

(10) 中间继电器和接触器有何异同？在什么条件下可以用中间继电器来代替接触器？

(11) 什么是时间继电器？它有何用途？

(12) 电压继电器和电流继电器在电路中各起何作用？它们的线圈和触点各接于什

么电路中？

（13）在电动机起动过程中，热继电器会不会动作？为什么？

（14）既然在电动机的主电路中装有熔断器，为什么还要装热继电器？装有热继电器是否就可以不装熔断器？为什么？

（15）带断相保护的热继电器与不带断相保护的热继电器有何区别？它们接入电动机定子电路的方式有何不同？

（16）控制按钮与主令控制器在电路中各起什么作用？

（17）简述交流接触器的工作原理。

（18）中间继电器与交流接触器有什么异同？什么情况下可以用中间继电器代替接触器使用？

（19）什么是热继电器？双金属片式热继电器主要由哪几部分组成？

（20）简述双金属片式热继电器的工作原理，它的热元件和动断触点如何接入电路中？

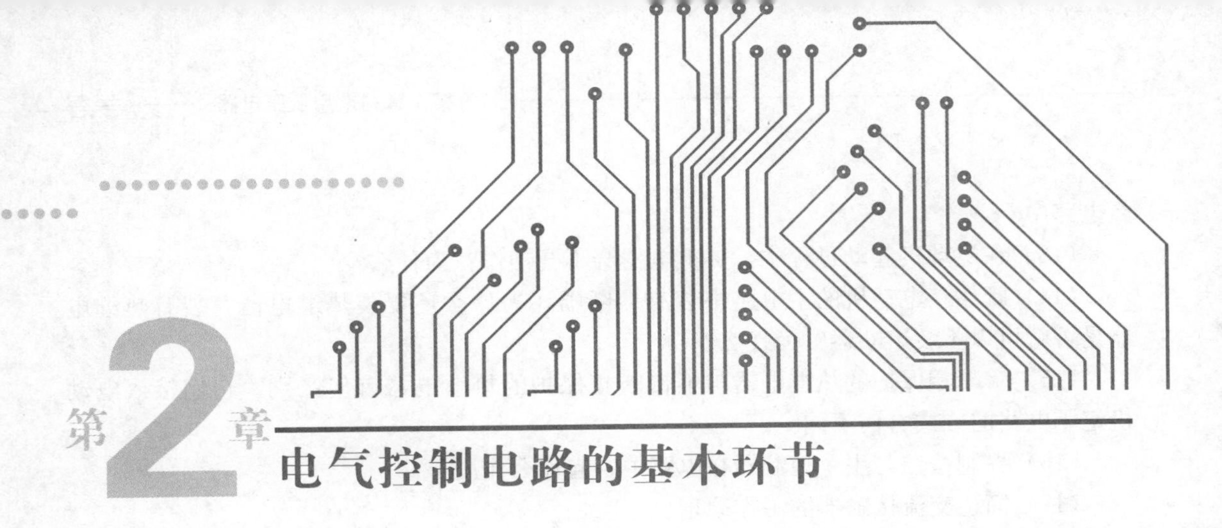

第2章 电气控制电路的基本环节

在生产实践中，由于各种生产机械的工作性质和加工工艺的不同，使得它们对电动机控制要求不同，需要的电器类型和数量不同，构成的控制线路也就不同，有的比较简单，有的则相当复杂。但任何复杂的控制线路也是由一些基本控制线路有机地组合起来的。电动机常见的基本线路有：点动控制线路、正转控制线路、正反转控制线路、位置控制线路、顺序控制线路、多地控制线路、降压起动控制线路、制动控制线路和调速控制线路等。

本章首先介绍电气图的类型、国家标准及电气图的绘制原则，然后介绍电动机的基本控制线路，了解控制线路的功能、工作原理、用途，介绍电器连锁、保护环节，介绍设计电气控制线路的基本原则和经验设计法。本章的任务是学习电动机的基本控制线路，是电气控制线路设计和分析的基础。

2.1 电气控制系统图的基本知识

2.1.1 图形符号和文字符号

1. 图形符号

图形符号通常用于图样或其他文件，用以表示一个设备或概念的图形、标记或字符。有符号要素、一般符号、限定符号。

(1) 符号要素。具有确定意义的简单图形，必须同其他图形组合构成一个设备或概念的完整符号。如接触器动合主触点符号，由接触器触点功能符号和动合触点符号组合而成。

(2) 一般符号。表示一类产品和此类产品特征的一种简单的符号，如电动机可用一个圆圈表示。

(3) 限定符号。提供附加信息的一种加在其他符号上的符号。

2. 文字符号

文字符号用于电气技术领域中技术文件的编制，表示电气设备、装置和元件的名称、功能、状态和特征。有基本文字符号，辅助文字符号，补助文字符号。

(1) 基本文字符号分为单字母符号和双字母符号。

1) 单字母符号。按拉丁字母顺序将各种电气设备、装置和元器件划分成为23大类，每一类用一个专用单字母符号表示，如“C”表示电容器类，“R”表示电阻器类等。

2）双字母符号。由一个表示种类的单字母符号与另一个字母组成，且以单字母符号在前，另一字母在后的次序列出，如“F”表示保护器件类，“FU”则表示为熔断器。

（2）辅助文字符号。表示电气设备、装置和元器件以及电路的功能、状态和特征。如“RD”表示红色，“L”表示限制等。

（3）补助文字符号。当规定的基本文字符号和辅助文字符号不够使用时，可按国家标准中文字符号组成规律和下述原则予以补充。

1）在不违背国家标准文字符号编制原则的条件下，可采用国家标准中规定的电气文字符号。

2）在优先采用基本和辅助文字符号的前提下，可补充国家标准中未列出的双字母文字符号和辅助文字符号。

3）使用文字符号时，应按电气名词术语国家标准或专业技术标准中规定的英文术语缩写而成。

4）基本文字符号不得超过两位字母，辅助文字符号一般不超过三位字母。文字符号采用拉丁字母大写正体字，且拉丁字母中“I”和“O”不允许单独作为文字符号使用。

2.1.2　绘制、识读电气控制系统图的原则

1. 电气控制系统图

电气控制系统是由许多电器元件按一定要求连接而成的。为了表达生产机械电气控制系统的结构、原理等设计意图，同时为了便于电器元件的安装、接线、运行、维护，将电气控制系统中各电器的连接用一定的图形表示出来，便形成电气控制系统图。

由于电气控制系统图的对象复杂，应用领域广泛，表达形式多种多样，因此表示一项电气工程或一种电器装置的电气控制系统图有多种，它们以不同的表达方式反映工程问题的不同侧面，但又有一定的对应关系，有时需要对照起来阅读。

电气控制系统图从功能分类，可以分为电气原理图、电气装配图、电气接线图和电气布置图；从类别分类，可以分为电气配电系统图、电气照明系统图、电力拖动电气原理图。

2. 常用电气控制系统图及其绘制规则

（1）电气原理图。

1）定义。用规定的图形符号和文字符号代表各种电器，用线条代表导线，按一定的规律连接绘制的电气线路图，如图2-1所示。

电气原理图是为了便于阅读、分析控制线路，根据生产机械运动形式对电气控制系统的要求，采用国家统一规定的电气图形符号和文字符号，按照电气设备和电器的工作顺序排列，详细表示电路、设备或成套装置的全部基本组成和连接关系的一种简图，它不涉及电器元件的结构尺寸、材料选用、安装位置和实际配线方法。

2）作用。表达电气设备和电器的用途、作用和工作原理，是线路安装、调试和维修的理论依据。

3）组成。电源电路、主电路、辅助电路（控制电路、照明电路、指示电路）。

4）特点。

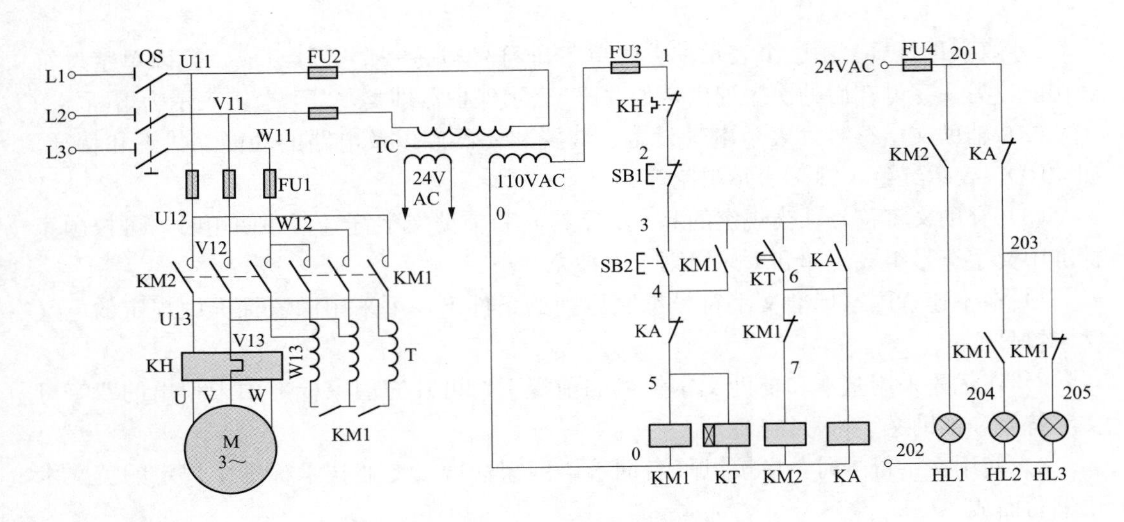

图 2-1　电气原理图示例

• 电源线水平绘制。三相交流电源相序自上而下 L1、L2、L3 依次排列，若有 N、PE，或直流“+”、“−”，则应依次画在相线之下。电源开关水平画出。

• 主电路是指受电的动力装置及控制、保护电器的支路等，是电源向负载提供电能的电路，它由主熔断器、接触器的主触点、热继电器的热元件以及电动机等组成。主电路用粗实线垂直于电源电路绘于电路图的左侧。

• 辅助电路一般包括控制主电路工作状态的控制电路、显示主电路工作状态的指示电路、提供机床设备局部照明的照明电路等。一般由主令电器的触点、接触器的线圈和辅助触点、继电器原线圈和触点、仪表、指示灯及照明灯等组成。通常按控制电路、指示电路、照明电路的顺序，用细实线依次垂直画在主电路的右侧。耗能元件（如接触器和继电器的线圈、指示灯、照明灯）画在最下方，电器触点画在耗能元件与电源线之间。

为了读图方便，一般应按照自左至右、自上而下的排列来表示操作顺序。

• 电器触点按未通电或不受外力作用时的正常状态绘制，电器动作按动作顺序从上到下，从左到右依次排列。分析原理时应从触点的常态位置出发。

• 电器元件用国家统一规定的电气图形符号画出。

• 同一电器的不同部件可以按其在电路中的作用，画在不同电路中，但它们的动作是相互关联的，必须用同一文字符号标注。

• 电路图中有直接电联系的交叉导线连接点，要用小圆圈或黑点表示。

• 电路图采用电路编号法，即对电路中的各个接点用字母或数字编号。

主电路从电源开关的出线端开始按相序依次编号为 U11、V11、W11，然后按从上至下、从左至右的顺序，每经过一个电器元件后，编号递增，如 U12、V12、W12，U13、V13、W13 等。单台三相交流电动机（或设备）的三根引出线，按相序依次编号为 U、V、W。对于多台电动机可在字母前面用不同的数字加以区别，如 1U、1V、1W，2U、2V、2W 等。

辅助电路编号按“等电位”原则从上至下，从左至右的顺序，用数字依次编号，每经一个电器元件后，编号依次递增。控制电路编号的起始数字是 1，其他辅助电路编号的起始数字依次递增 100，如照明电路编号的起始数字从 101 开始，指示电路编号的起始数字从 201 开始。

（2）接线图。

1）定义。用规定的图形符号和文字符号，按电器实际相对位置绘制的实际接线图和安装接线图，如图 2-2 所示。

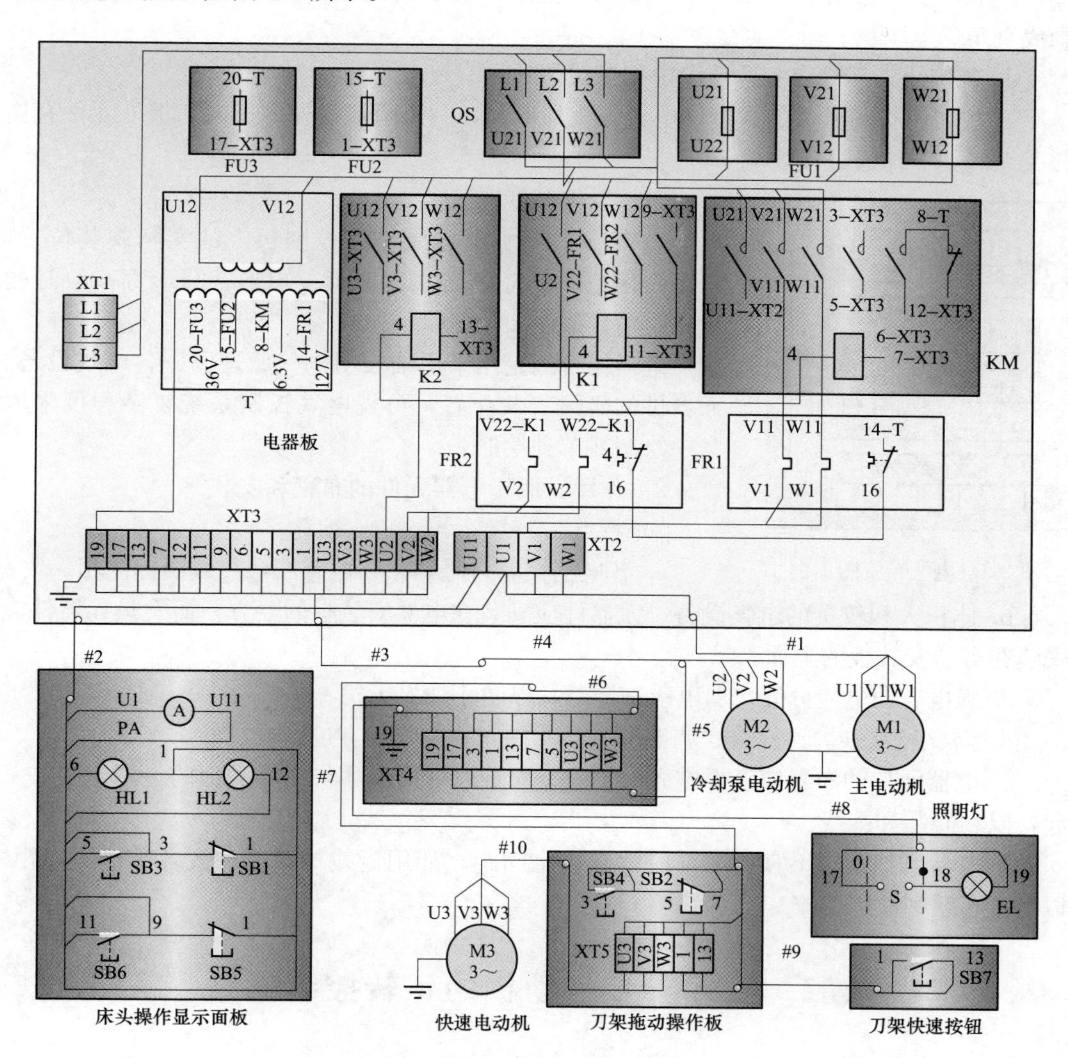

图 2-2　电气接线图示例

通常接线图与电气原理图和元件布置图一起使用。

2）作用。用于安装接线，线路检查维修和故障处理。

3）特点如下。

a. 接线图表示了元器件的相对位置，文字符号、端子号、导线类型、导线截面、屏蔽和导线绞合等。

b. 电器元件的图形、文字符号与原理图相同，元件按所在实际位置绘制在同一图纸上，且同一电器的不同部件集中画在一起，并用点画线框上。

c. 接线图导线有单根导线、导线组、电缆之分，可用连续线和中断线表示。凡导线走向相同的可以合并，用线束表示，到达接线端子板或电器元件的连接点时再分别画出。

一般，主电路用粗实线画出，控制回路用细实线画出，连接导线横平竖直，转弯处画成直角。

d. 各接线柱标号应和原理图中相应线端标号一致。

e. 按钮、行程开关、速度继电器等板外电器，一律画在板外，板内和板外元件有连接关系时，一律通过接线端子板。

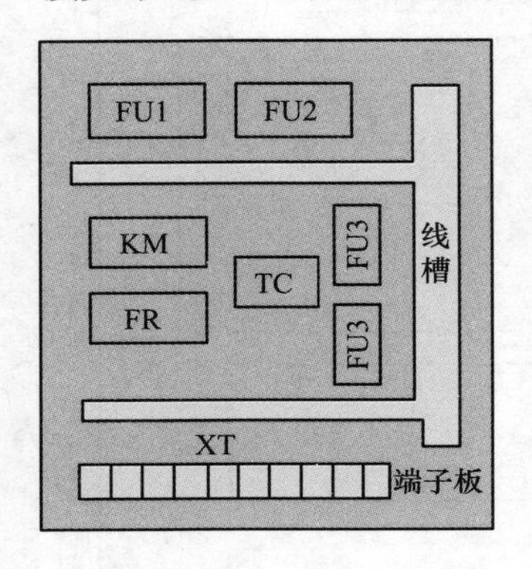

图 2-3　电气布置图示例

(3) 电气布置图。

1) 定义。根据电器元件在控制板上的实际安装位置，采用简化的外形符号（如正方形、矩形、圆形等）绘制的一种简图，如图 2-3 所示。

电器位置图是用来详细表明电气原理图中各电气设备、元器件的实际安装位置，可视电气控制系统复杂程度采取集中绘制或单独绘制。

2) 作用。用于电器元件的布置和安装。

3) 特点。

a. 各电器文字符号，须与电路图和接线图标注相一致。

b. 体积大和较重的电气设备、元器件应安装在电器安装板的下方，而发热元器件应安装在电器安装板的上面。

c. 强电、弱电应分开，弱电应加屏蔽，以防止外界干扰。

d. 需要经常维护、检修、调整的电器元件安装位置不宜过高或过低。

e. 电器元件的布置应考虑整齐、美观、对称。外形尺寸与结构类似的电器安装在一起，以利安装和配线。

f. 电器元件布置不宜过密，应留有一定间距。如用走线槽，应加大各排电器间距，以利于布线和故障维修。

2.2　三相异步电动机的正转控制电路

2.2.1　手动正转控制电路

图 2-4 手动正转控制电路是通过低压开关来控制电动机单向起动和停止的，在工厂中常被用来控制三相电风扇和砂轮机等设备。主电路低压断路器 QF 起隔离、短路、过载保护作用。

动作原理如下：

(1) 起动时，合上闸刀开关或铁壳开关等低压开关，电动机立即起动运行。

(2) 停车时，断开低压开关，电动机停转。

（3）手动正转控制电路适用于 5kW 以下电动机、三相风扇、砂轮机的控制。

手动正转控制电路的优点是所用电器元件少，线路简单。缺点是操作劳动强度大，安全性差，且不便于实现远距离控制和自动控制。

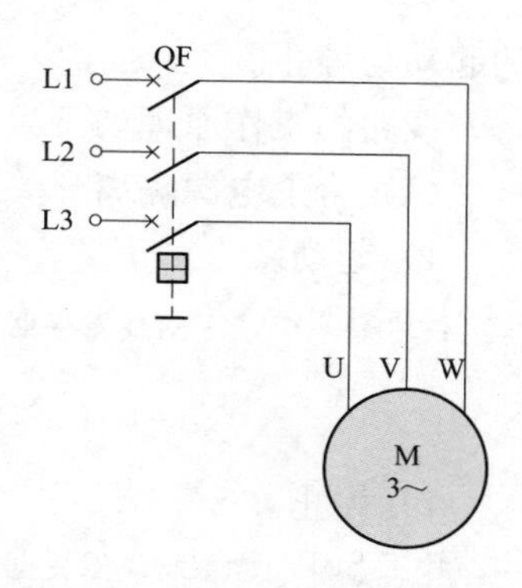

图 2-4　手动正转控制电路图

2.2.2　点动正转控制电路

点动正转控制电路是用按钮、接触器来控制电动机运转的最简单的正转控制线路，如图 2-5 所示。

图 2-5 所示电路中，隔离开关 QS 作电源隔离开关；熔断器 FU1、FU2 分别作主电路、控制电路的短路保护；起动按钮 SB 控制接触器 KM 的线圈得电、失电；接触器 KM 的主触点控制电动机 M 的起动与停止。

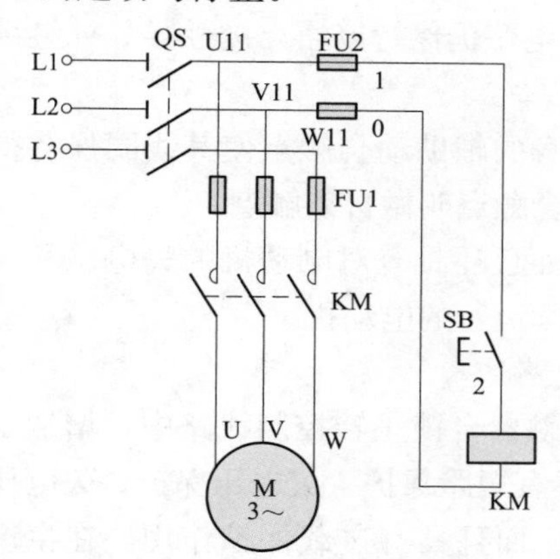

图 2-5　点动正转控制电路

点动控制是指按下按钮，电动机得电运转；松开按钮，电动机失电停转的控制方式。

电路的工作原理如下：

（1）合上电源隔离开关 QS。

（2）起动。

按下 SB ⟶ KM 线圈得电 ⟶ KM 主触点闭合 ⟶ 电动机 M 得电运转

（3）停止。

松开 SB ⟶ KM 线圈失电 ⟶ KM 主触点分断 ⟶ 电动机 M 失电停转

（4）停止使用时，断开电源隔离开关 QS。

点动控制适用于电葫芦的起重机控制、车床拖板快速移动电动机控制和机床设备的试车、调整。

2.2.3　自锁正转控制电路

自锁正转控制电路是在点动控制线路基础上发展起来的，能保证电动机起动后单方向连续运行，如图 2-6 所示，它在控制电路中串接了一个停止按钮 SB1，在起动按钮 SB2 的两端并接了接触器 KM 的一对辅助动合触点。

图 2-6 所示电路中，隔离开关 QS 作电源隔离开关；熔断器 FU1、FU2 分别作主电路、控制电路的短路保护；起动按钮 SB2 控制接触器 KM 的线圈得电；停止按钮 SB1 控制接触器 KM 的线路失电；接触器 KM 的主触点控制电动机 M

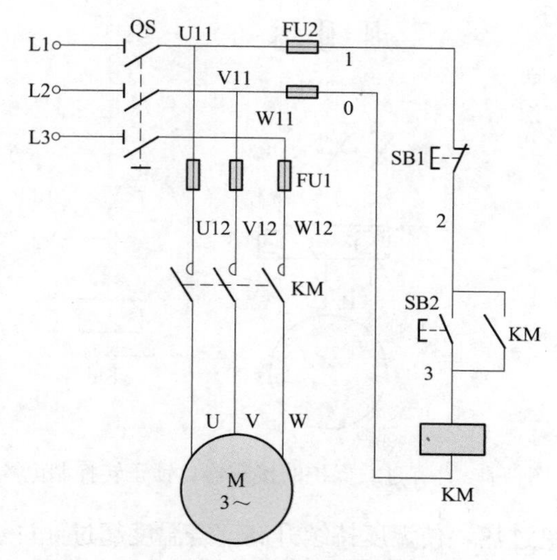

图 2-6　自锁正转控制电路

的起动与停止。

线路的工作原理如下：

（1）合上电源隔离开关QS。

1）起动。

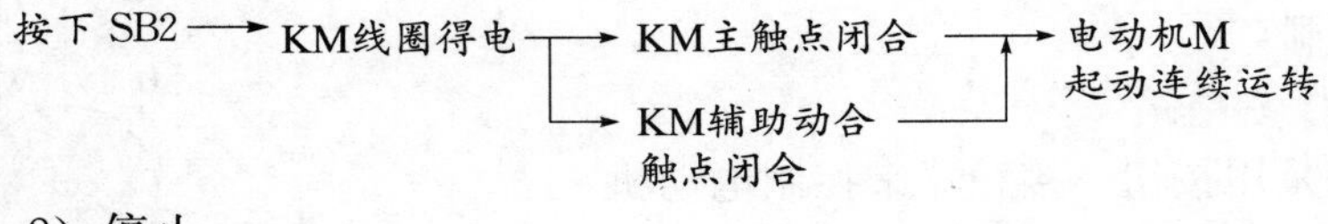

2）停止。

（2）停止使用时，断开电源隔离开关QS。

由以上分析可知，当松开起动按钮SB1后，SB1的动合按钮虽然恢复分断，但接触器KM的辅助动合触点闭合时已将SB1短接，使控制电路仍保持接通，接触器KM继续得电，电动机M实现了连续运转。

自锁控制就是当起动按钮松开后，接触器通过自身的辅助动合触点使其线圈保持得电的控制方式。与起动按钮并联起自锁作用的辅助动合触点叫做自锁触点。

接触器自锁控制电路不但能使电动机连续运转，而且还具有对电动机的失电压和欠电压（或零电压）保护作用。自锁控制适用于一切连续运行的电动机。

2.2.4 具有过载保护的接触器自锁正转控制电路

具有过载保护的接触器自锁正转控制电路是在接触器自锁正转控制线路中，增加了一只热继电器FR，电路如图2-7所示。该线路不但具有短路保护、欠电压保护、失电压保护、而且具有过载保护作用，在生产实际中获得广泛应用。

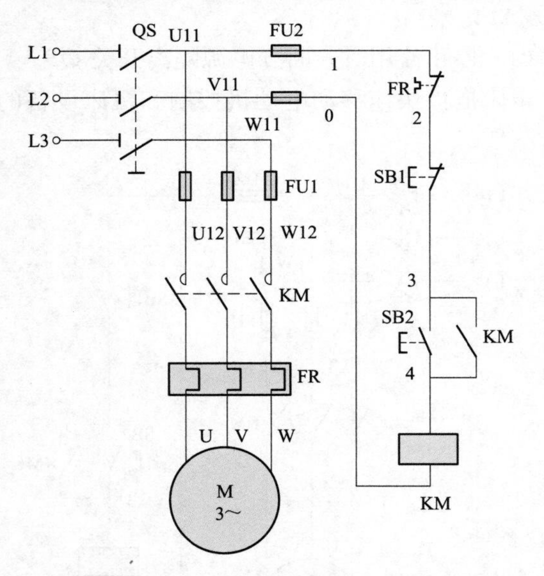

图2-7 具有过载保护的接触器自锁正转控制电路

图2-7所示电路中，隔离开关QS作电源隔离开关；熔断器FU1、FU2分别作主电路、控制电路的短路保护；FU作过载保护；KM作欠电压保护、失压保护；起动按钮SB1控制接触器KM的线圈得电；停止按钮SB2控制接触器KM的线路失电；接触器KM的主触点控制电动机M的起动与停止。

电动机在运行的过程中，如果长期负载过大，或起动操作频繁，或者缺相运行，都可能使电动机定子绕组的电流增大，超过其额定值。而在这种情况下，熔断器往往并不熔断，从而引起定子绕组过热，使温度持续升高。若温度超过允许温升，就会造成绝缘损坏，缩短电动机的使用寿命，严重时甚至会烧毁电动机的定子绕组。因此，对电动机必须采用过载保护措施。

过载保护是指当电动机过载时，能自行切断电动机的电源，使电动机停转的一种保护。

电动机控制线路中，最常用的过载保护电器是热继电器，它的热元件串接在三相主电路中，动断触点串接在控制电路中。在电动机运行过程中，若电动机出现长期过载或其他原因使电流超过额定值时，热继电器 FR 动作时，其动断触点断开，KM 线圈失电，主触点断开，电动机失电停止运转。

注意：熔断器和热继电器都是保护电器，两者不能相互代替使用。

2.2.5　连续与点动的控制电路

有些生产机械常常要求电动机既能连续运转，又能实现点动控制，实现这种工艺要求的线路是连续与点动混合正转控制电路，电路如图 2-8 所示。

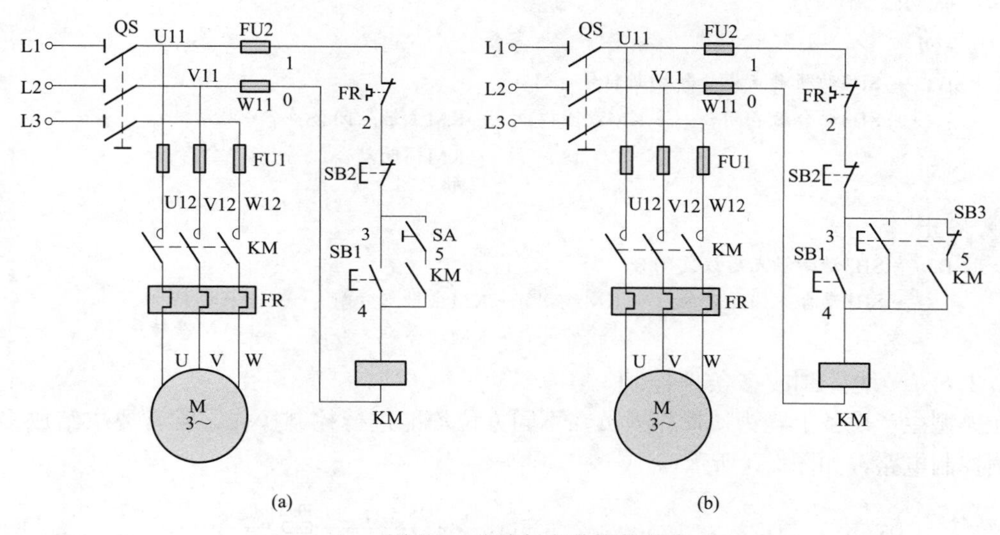

图 2-8　连续与点动控制电路

（a）控制电路 1；（b）控制电路 2

图 2-8（a）把手动开关 SA 串接在自锁电路中。SA 闭合或打开时，就可实现电动机的连续或点动控制。

工作原理如下：

（1）连续控制（SA 闭合）。

起动。

按下 SB1 ⟶ KM 线圈得电并自锁⟶电动机 M 起动连续运转

停止。

按下 SB2 ⟶ KM 线圈失电触点复位⟶电动机 M 失电停转

（2）点动控制（SA 断开）。

起动。

按下 SB1 ⟶ KM 线圈得电⟶ KM 主触点闭合⟶电动机 M 得电运转

停止。

松开 SB1 ⟶ KM 线圈失电⟶ KM 主触点分断⟶电动机 M 失电停转

图 2-8（b）是在起动按钮 SB1 的两端并接一个复合按钮 SB3。按下 SB3 时，动断触

点断开自锁动合触点，实现电动机的点动控制。

工作原理如下：

（1）连续控制。

1）起动。

按下SB1 → KM线圈得电 → KM主触点闭合 / KM辅助动合触点闭合 → 电动机M起动连续动转

2）停止。

按下SB2 → KM线圈失电 → KM主触点闭合 / KM辅助动合触点分断 → 电动机M失电停转

（2）点动控制。

1）起动。

按下SB3 → SB3动断触点先分断切断自锁电路
→ SB3动合触点闭合 → KM线圈得电 → KM主触点闭合 / KM辅助动合触点闭合 → 电动机M起动

2）停止。

松开SB3 → SB3动断触点后恢复闭合
→ SB3动合先恢复分断 → KM线圈失电 → KM主触点分断 / KM动合触点分断 → 电动机M停转

2.2.6 多地控制或多条件控制

在大型生产设备上，为使操作人员在不同方位均能进行控制操作，常常要求组成多地连锁控制电路，如图 2-9 所示。

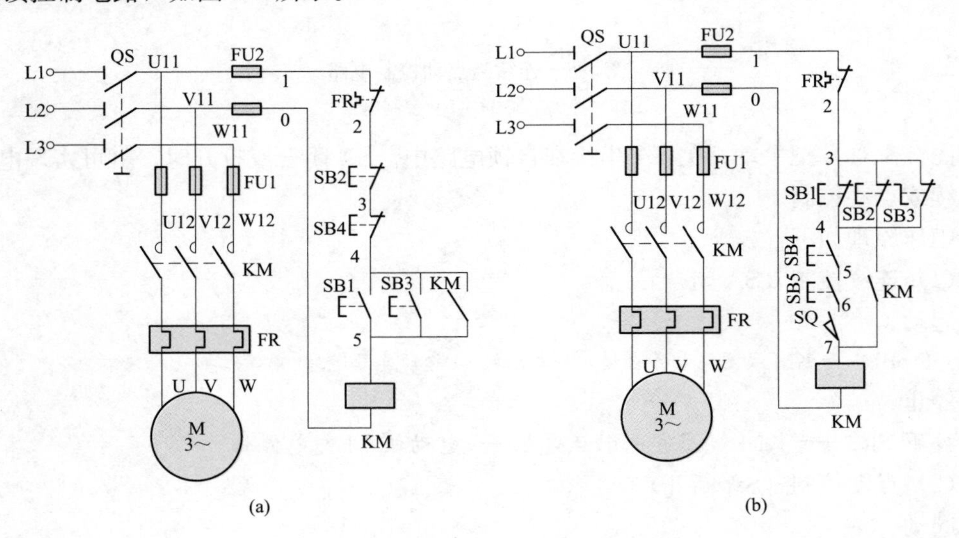

图 2-9 控制电路

（a）多地连锁控制电路；（b）多条件控制电路

从图 2-9（a）电路中可以看出，多地连锁控制电路只需多用几个起动按钮和停止按钮，无须增加其他电器元件。起动按钮应并联，停止按钮应串联，分别装在几个地方。

从电路工作分析可以得出以下结论：若几个电器都能控制某接触器得电，则几个电器的动合触点应并联接到某接触器的线圈控制电路，即形成逻辑“或”关系；若几个电器都能控制某接触器失电，则几个电器的动断触点应串联接到某接触器的线圈控制电路，形成逻辑“与”“非”的关系。

图 2-9（b）为多条件控制线路，适用于电路的多条件保护。电路中按钮或开关的动合触点串联，动断触点并联。多个条件都满足（动作）后，才可以起动或停止。

2.3　三相异步电动机的正反转控制电路

在实际工作中，生产机械常常需要运动部件可以正、反两个方向的运动，这就要求电动机能够实现可逆运行。由电机原理可知，三相交流电动机可改变定子绕组相序来改变电动机的旋转方向。因此，借助于接触器来实现三相电源相序的改变，即可实现电动机的可逆运行。下面介绍几种常用的正反转控制电路。

2.3.1　倒顺开关正反转控制电路

倒顺开关正反转控制电路如图 2-10 所示，通过倒顺开关进行换相，实现电动机的正反转。万能铣床主轴电动机的正反转控制就是采用倒顺开关来实现的。

电路的工作原理如下：

（1）QS 手柄置于“停”位置，QS 动、静触点不接触，电路不通，电动机不转。

（2）QS 手柄置于“顺”位置，QS 动触点的左边与静触点相接触，电路按 L1-U、L2-V，L3-W 接通，输入电动机定子绕组的电源相序为 L1-L2-L3，电动机正转。

（3）QS 手柄置于“倒”位置，QS 动触点的右边与静触点相接触，电路按 L1-W、L2-V，L3-U 接通，输入电动机定子绕组的电源相序为 L3-L2-L1，电动机反转。

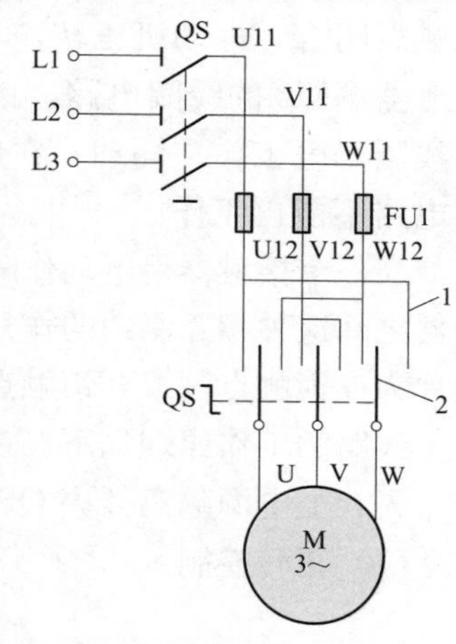

图 2-10　倒顺开关正反转控制电路

使用时，当电动机处于状态时，要使它反转，应先把手柄扳到“停”位置，使电动机先停转，然后再把手柄扳到“倒”位置，使它反转。若直接把手柄由“顺”扳至“倒”的位置，电动机的定子绕组会因为电源突然反接而产生很大的反接电流，易使电动机定子绕组因过热而损坏。

倒顺开关正反转控制电路使用电器较少，线路比较简单，但它是一种手动控制线路，在频繁换向时，操作人员劳动强度大，操作安全性差，所以这种线路一般用于控制额定电流 10A、功率在 3kW 及以下的小容量电动机。

2.3.2　接触器连锁正反转控制电路

接触器连锁正反转控制电路如图 2-11 所示。线路中采用了两个接触器，即正转用的接触器 KM1 和反转用的接触器 KM2，它们分别由正转按钮 SB2 和反转按钮 SB3 控制。从主电路中可以看出，这两个接触器的主触点所接通的电源相序不同，KM1 按 L1-L2-

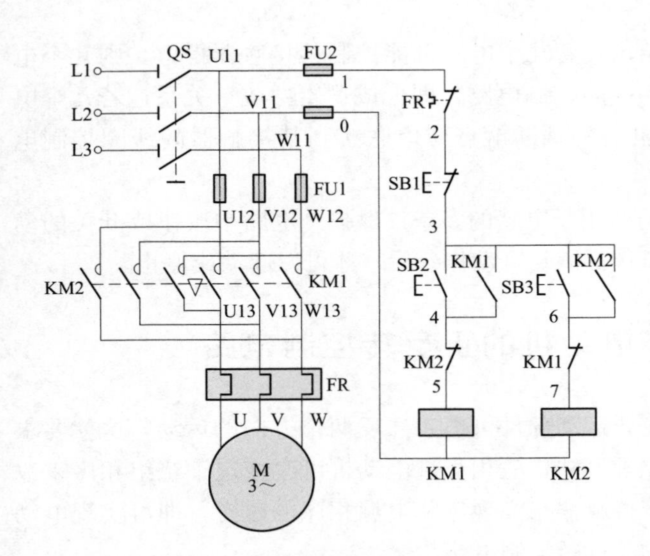

图 2-11 接触器连锁正反转控制电路

L3 相序接线，KM2 则按 L3-L2-L1 相序接线。相应地控制电路有两条，一条是由按钮 SB2 和接触器 KM1 线圈等组成的正转控制电路；另一条是由按钮 SB3 和接触器 KM2 线圈组成的反转控制电路。

必须指出，接触器 KM1 和 KM2 和主触点绝不允许同时闭合，否则将造成两相电源（L1 相和 L3 相）短路事故。为了避免两个接触器 KM1 和 KM2 同时得电动作，在正、反转控制电路中分别串接了对方接触器的一对辅助动断触点。这样当按下正转起动按钮 SB2 时，正转接触器 KM1 线圈得电，主触点闭合，电动机正转，与此同时，由于 KM1 的辅助动断触点断开而切断了反转接触器 KM2 的线圈电路。因此，即使按下反转起动按钮 SB3，也不会使反转接触器的线圈得电工作。同理，在反转接触器 KM2 动作后，也保证了正转接触器 KM1 的线圈电路不能再工作。

当一个接触器得电动作时，通过其辅助动断触点使另一个接触器不能得电动作，接触器之间这种相互制约的作用叫做接触器连锁（或互锁）。实现连锁作用的辅助动断触点称为连锁触点（或互锁触点），连锁用符号“▼”表示。

线路的工作原理如下：

先合上电源隔离开关 QS。

（1）正转控制。

按下SB2 → KM1线圈得电 → KM1自锁触点闭合自锁
→ KM1主触点闭合 → 电动机M起动连续正转
→ KM1连锁触点断开对KM2连锁

（2）反转控制。

按下SB3 → KM2线圈得电 → KM2自锁触点闭合自锁
→ KM2主触点闭合 → 电动机M起动连续反转
→ KM2连锁触点断开对KM2连锁

（3）停车。

按下 SB1，整个控制电路失电，主触点分断，电动机 M 失电停转

接触器连锁正反转控制线路中，电动机从正转变为反转时，必须先按下停止按钮后，才能按反转起动按钮，否则由于接触器的连锁，不能实现反转。因此线路工作台安全可靠，但操作不便。

2.3.3　按钮、接触器双重连锁正反转控制电路

按钮、接触器双重连锁正反转控制电路如图2-12所示。线路中把正转按钮SB2和反转按钮SB3换成两个复合按钮，并把两个复合按钮的动断触点也串接在对方的控制电路中，这样就克服了接触器连锁正反转控制线路操作不便的缺点，使线路操作方便，工作可靠。线路工作原理如下：

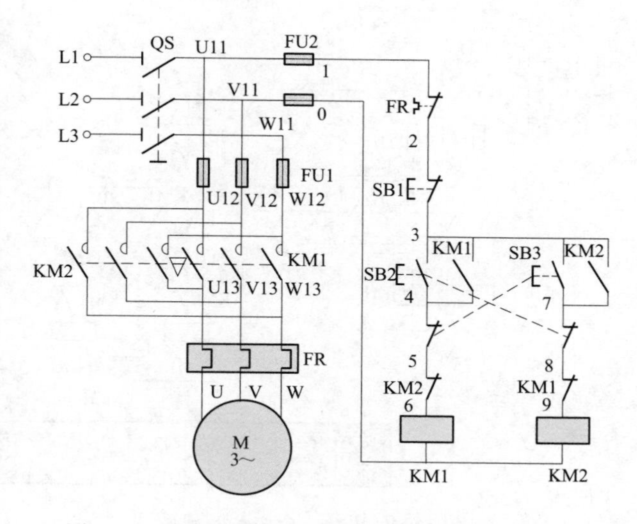

图2-12　按钮、接触器双重连锁正反转控制电路

先合上电源隔离开关QS。

（1）正转控制。

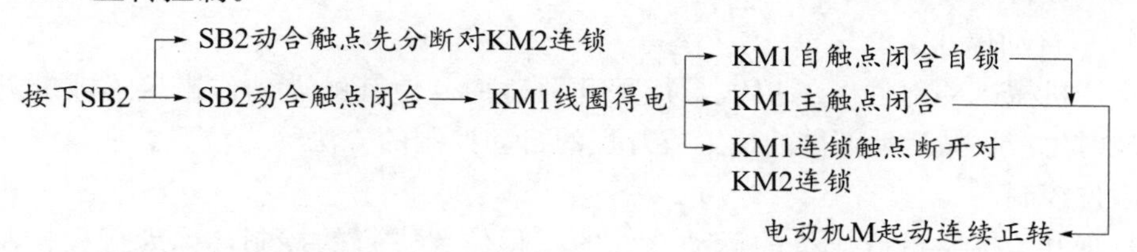

（2）反转控制。

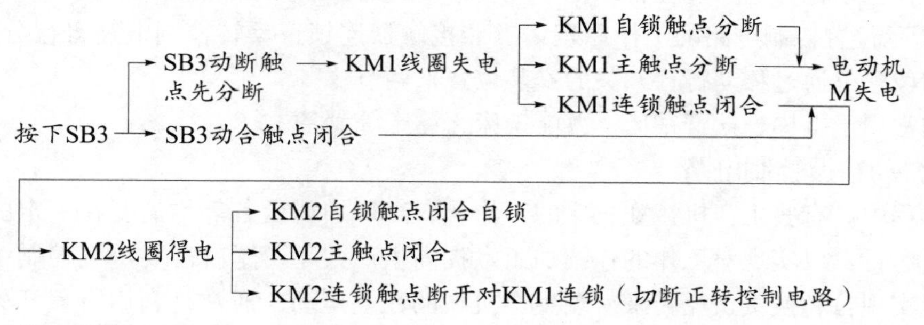

（3）停车。

按下SB1，整个控制电路失电，主触点分断，电动机M失电停转

2.4　位置控制与自动往返控制电路

2.4.1　位置控制电路

在生产过程中，一些生产机械运动部件的行程或位置受到限制，如在摇臂钻床、万能铣床、镗床、桥式起重机及各种自动或半自动控制的机床设备中就经常遇到这种控制要求。

位置开关是一种将机械信号转换为电气信号，以控制运动部件位置或行程的自动控制电器。位置控制电路就是利用生产机械运动部件上的挡铁与位置开关碰撞，使其触点动作，来接通或分断电路，以实现对生产机械运动部件的位置或行程进行自动控。

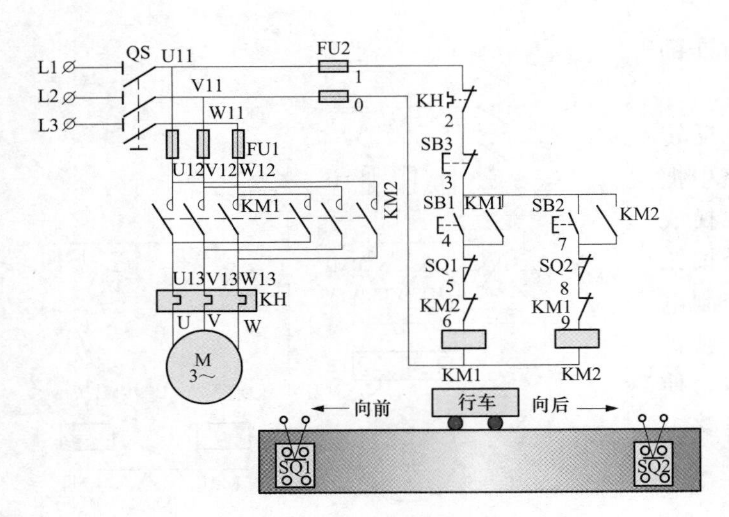

图 2-13 位置控制电路

位置控制电路如图 2-13 所示，在接触器连锁正反转控制电路的基础上，利用行程开关实现位置控制。图 2-13 电路中，图的右下角是行车运动示意图，在行车运行路线的两头终点各安装一个行程开关 SQ1 和 SQ2，它们的动断触点分别串接在正转控制电路和反转控制电路中，当安装在行车前后的挡铁撞击行程开关的滚轮时，行程开关的动断触点分断，切断控制电路，使行车自动停止。

利用生产机械运动部件上的挡铁与行程开关碰撞，使其触点动作来接通或断开电路，以实现对生产机械运动部件的位置或行程的自动控制的方法称为位置控制，又称行程控制或限位控制。

利用行程开关按照机械设备的运动部件的行程位置进行的控制，称为行程控制原则，是机械设备自动化和生产过程自动化中应用最广泛的控制方法之一。

图 2-13 所示位置控制电路的工作原理请参照接触器连锁正反转控制电路自行分析。行车的行程和位置可通过移动行程开关的安装位置来调节。

位置控制常用于电梯、摇臂钻床、万能铣床、镗床等设备。

2.4.2 自动往返控制电路

在生产过程中，有些生产机械如机床的工作台、高炉加料设备等均需要在一定的行程内自动往复运行，以实现对工作的连续加工，提高生产效率。这就需要电气控制线路能控制电动机实现自动换接正反转来实现生产机械的往复运动。通常是利用行程开关来检测往复运动的相对位置，进而控制电动机的正反转。

图 2-14 为自动往复循环运动示意图及控制电路图。为了使电动机的正反转控制与工作台的左右运动相配合，在控制线路中设置了 4 个行程开关，并把它们安装在工作台需限位的地方。其中，SQ1 为正向转反向行程开关，SQ2 为反向转正向行程开关，SQ3、SQ4 为正反向终端保护行程开关，以防止 SQ1、SQ2 失灵，工作台越过限定位置而造成事故。在工作台边的 T 形槽中装有两块挡铁。当工作台运动到所限位置时，挡铁碰撞行程开关，使其触点动作，自动换接电动机正反转控制电路，通过机械传动机构使工作台自动往返运动。工作台行程可通过移动挡铁位置来调节，拉开两块挡铁间的距离，行程变短，反之则变长。

线路的工作原理如下：

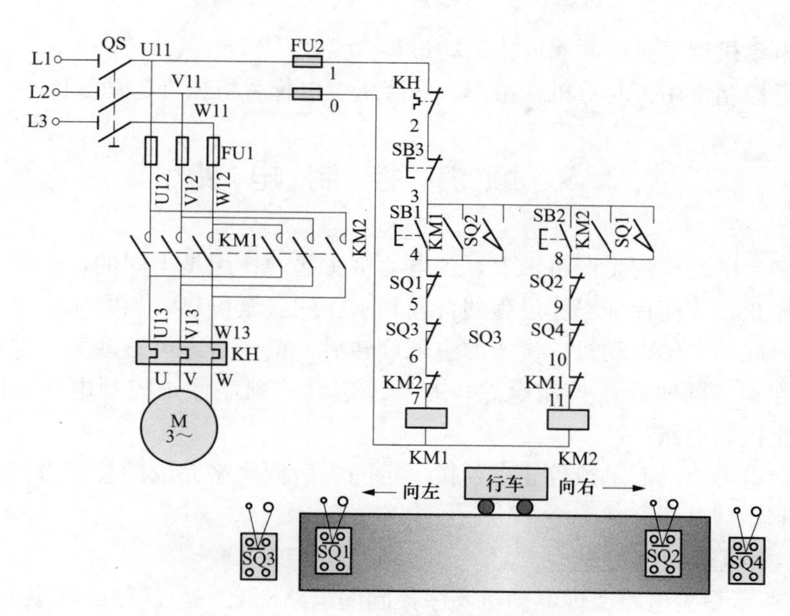

图 2-14　自动往复循环运动控制电路图

（1）自动往返运动。

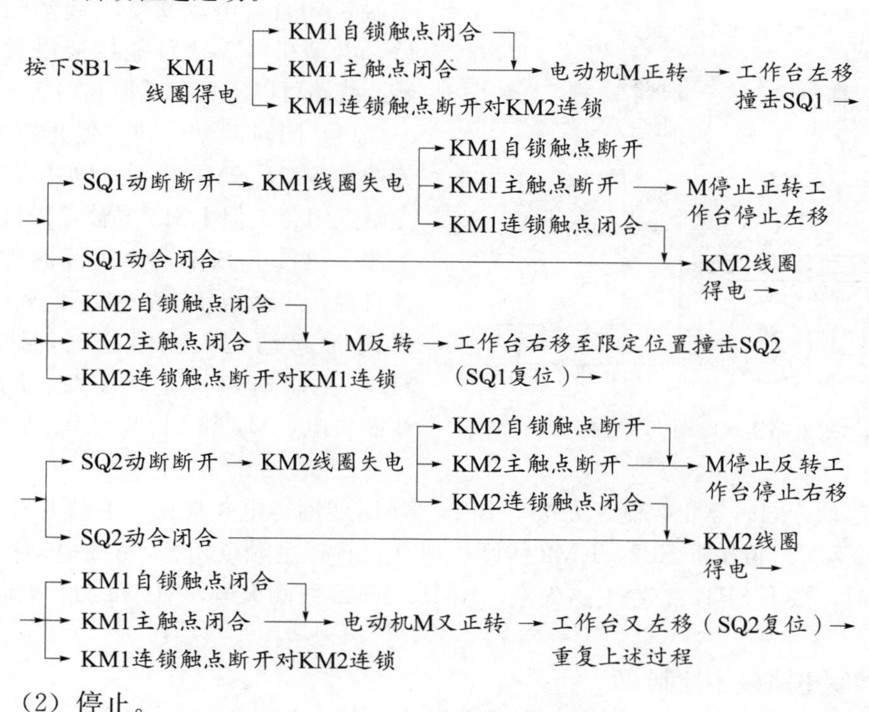

（2）停止。

按下 SB3 整个控制电路失电，主触点分断，电动机 M 失电停转

SB1、SB2 分别作为正转起动按钮和反转起动按钮，若起动进工作台在左端，则应按下 SB2 进行起动。

显然，自动往返控制线路，不仅能实现位置或行程控制，还具有终端保护，但它每一次往返，电动机都要经历两次反接制动过程。

自动往返控制常用于起重机、吊车、升降机、电梯、机床等运动部件。

2.5 顺序控制电路

在装有多台电动机的生产机械上，各电动机所起的作用是不同的，有时需按一定的顺序起动或停止，才能保证操作过程的合理和工作的安全可靠。如磨床要求先起动润滑油泵，然后再起动主轴电动机；铣床的主轴旋转后，工作台方可移动等。顺序工作控制电路有顺序起动，同时停止控制电路；有顺序起动、顺序停止控制电路，还有顺序起动、逆序停止控制电路。

要求几台电动机的起动或停止必须按一定的先后顺序来完成的控制方式，叫作电动机的顺序控制。

2.5.1 主电路顺序控制

图 2-15 所示是主电路实现电动机顺序控制的电路图之一，线路的特点是电动机 M1 和 M2 分别通过接触器 KM1 和 KM2 来控制，接触器 KM2 的主触点接在接触器 KM1 主触点的下面，这样就保证了当 KM1 主触点闭合，电动机 M1 起动运转后，电动机 M2 才可能接通电源运转。线路可以实现如下控制功能：

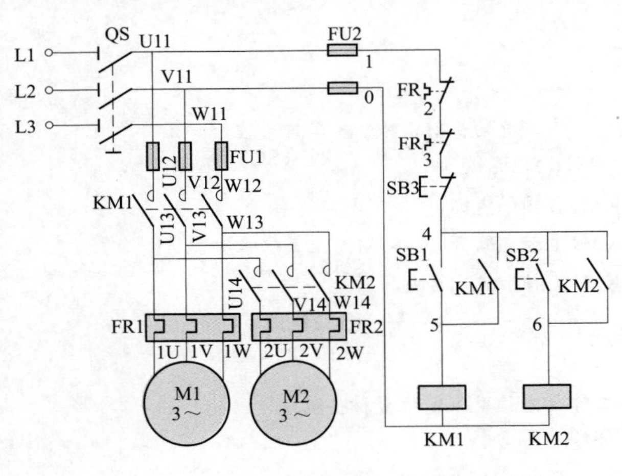

图 2-15　主电路实现电动机顺序控制

（1）同时起动、同时停止控制。先按下 SB2，KM2 线圈得电并自锁，主触点闭合，但 KM2 主触点未接通电源。再按下 SB1，KM1 线圈得电并自锁，主触点闭合，M1 和 M2 电机同时起动运行。停止时，按下 SB3，控制电路失电，KM1、KM2 线圈失电，M1 和 M2 电动机同时失电停转。

（2）顺序起动，同时停止控制。先按下 SB1，KM1 线圈得电并自锁，主触点闭合，M1 电动机起动运行。再按下 SB2，KM2 线圈得电并自锁，主触点闭合，M2 电动机起动运行。停止时，按下 SB3，控制电路失电，KM1、KM2 线圈失电，M1 和 M2 电动机同时失电停转。

2.5.2 控制电路顺序控制

几种在控制电路实现电动机顺序控制的电路图如图 2-16 所示。

图 2-16（a）所示控制电路的特点是：电动机 M2 的控制电路先与接触器 KM1 的线圈并接后再与 KM1 的自锁触点串接，这样就保证了 M1 起动后，M2 才能起动的顺序控制要求。线路可达到两台电动机顺序起动、同时停止的控制功能。

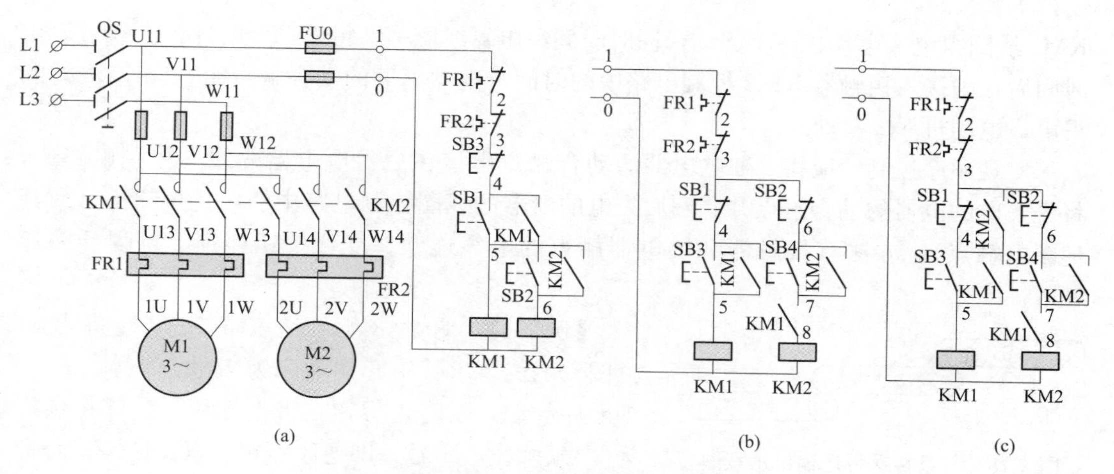

图 2-16 几种控制电路实现电动机顺序控制

(a) 控制电路 1；(b) 控制电路 2；(c) 控制电路 3

图 2-16（b）所示控制电路的特点是：只有 KM1 线圈得电后，其串入 KM2 线圈控制电路中的动合触点 KM1 闭合，才能使 KM2 线圈存在得电的可能，以此制约了 M2 电动机的起动顺序。当按下 SB1 按钮时，接触器 KM1 线圈失电，其串接在 KM2 线圈控制电路中的动合辅助触点失开，保证了 KM1 和 KM2 线圈同时失电，其动合主触点断开，两台电动机 M1、M2 同时停止，可实现两台电动机顺序起动、同时停止的控制功能。M1、M2 顺序起动后，当按下 SB2 时，接触器 KM2 线圈失电，其动合主触点断开，电动机 M2 停转；再按下 SB1 时，接触器 KM1 线圈才失电，其动合主触点才断开，电动机 M1 才停转，这样，可实现两台电动机顺序起动、单独停止的控制功能。

图 2-16（c）所示控制电路的特点是：在 KM1 停止按钮 SB1 的两端并接了接触器 KM2 的辅助动合触点。此控制电路停车时，必须先按下 SB2 按钮，切断 KM2 线圈的供电，电动机 M2 停止运转，其并联在按钮 SB1 下的动合辅助触点 KM2 断开；再按下 SB1，才能使 KM1 线圈失电，电动机 M1 停止运转。这样，可实现 M1 起动后 M2 才能起动、M2 停止后 M1 才能停止，即两台电动机顺序起动、逆序停止的控制功能。

图 2-17 为时间继电器顺序控制电路。其特点是利用时间继电器自动控制 KM2 线圈的得电。当按下 SB2 按钮时，

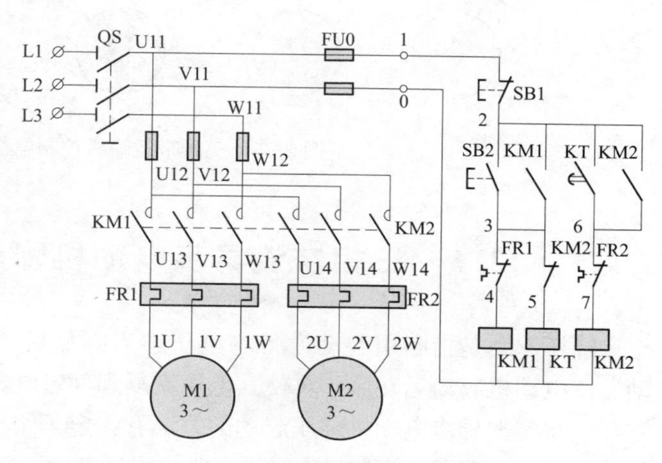

图 2-17 时间继电器顺序控制电路

KM1 线圈得电，电动机 M1 起动，同时时间继电器线圈 KT 得电，延时开始。经过设定时间后，串接入接触器 KM2 控制电路中的时间继电器 KT 的动合触点闭合，KM2 线圈得电，电动机 M2 起动。

实现顺序控制，应将先通电电器的动合触点串接在后得电电器的线圈控制电路中，将先失电的电器的动合触点并联到后失电的电器的线圈控制电路中的停止按钮上（或其他断电触点）。方法有接触器和继电器触点的电气连锁、复合按钮连锁、行程开关连锁等。

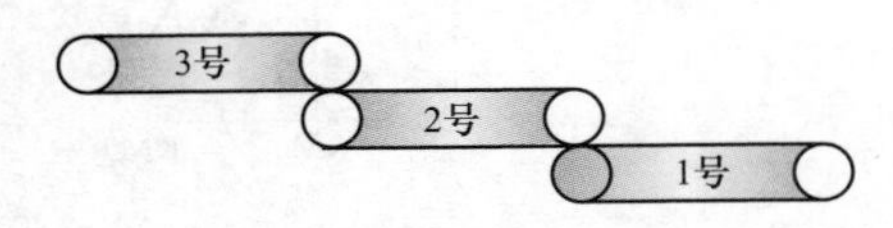

图 2-18 三条传送带运输机示意图

【例 2-1】 图 2-18 所示是三条传送带运输机示意图。电气要求：①起动顺序为 1 号、2 号、3 号，即顺序起动，以防止货物在带上堆积；②停止顺序为 3 号、2 号、1 号，即逆序停止，以保证停车后带上不残存货物；③当 1 号或 2 号出现故障停止时，3 号能随即停止，以免继续进料。试画出三条带运输机的电路图。

解： 分析题意，可知三条带运输机控制功能为顺序起动（M1-M2-M3）、逆序停止（M3-M2-M1），可选择图 2-16（c）所示控制电路为基本电路，并考虑短路和过载保护，其电路图如图 2-19 所示。

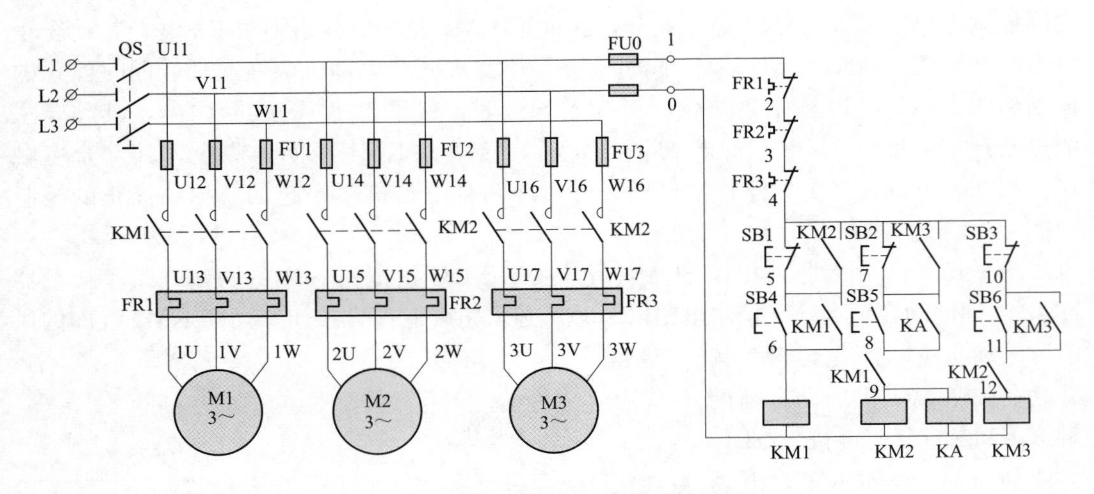

图 2-19 三条带运输机控制电气原理图

2.6 三相交流异步电动机降压起动控制电路

降压起动是指利用起动设备将电压适当降低后，加到电动机的定子绕组上进行起动，待电动机起动运转后，再使其电压恢复到额定电压正常运转。

三相笼型异步电动机降压起动的方法有：定子绕组电路串电阻（或串电抗器）降压起动、自耦变压器降压起动、Y—△联接降压起动；延边三角形降压起动等。

2.6.1　定子绕组电路串电阻降压起动

定子绕组串接电阻降压起动是在电动机起动时，把电阻串接在电动机定子绕组与电源之间，通过电阻的分压作用来降低定子绕组上的起动电压，待电动机起动后，再将电阻短接，使电动机在额定电压下正常运行。

1. 时间继电器自动控制线路

图 2-20 所示是按照时间控制原则设计的控制电路图。图中利用 KT 时间继电器控制切除 R 电阻的时间，避免过早切除 R 电阻引起大的起动电流，造成电压波动。

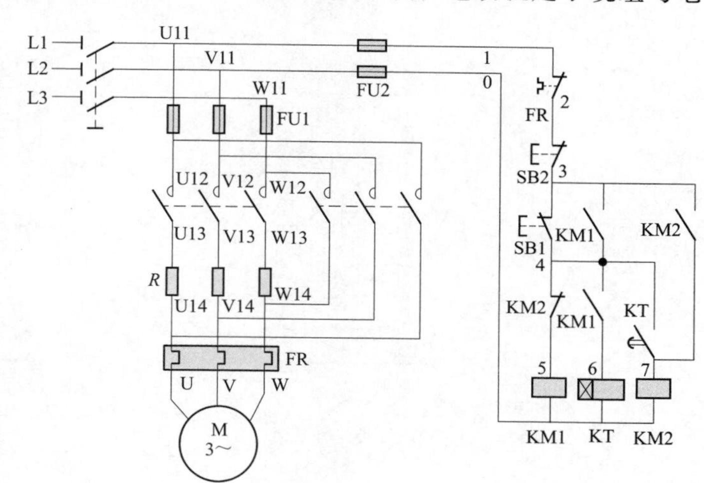

图 2-20　定子绕组串接电阻降压起动控制

电路工作原理如下：

（1）降压起动。

先合上电源隔离开关 QS。

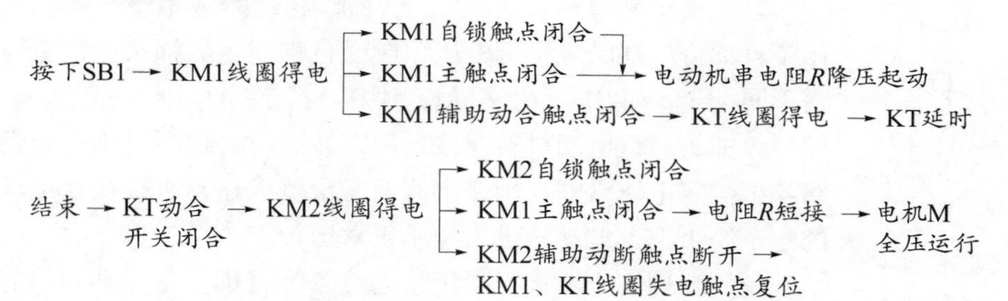

（2）停止时，按下 SB2，控制电路失电，KM2 线圈失电，M 电动机失电停转。

2. 手动、自动控制线路

手动、自动控制定子绕组串接电阻降压起动如图 2-21 所示。

在图 2-21 手动、自动控制定子绕组串接电阻降压起动控制线路中，SA 为手动、自动控制转换开关，SA 置于手动位置时，M 点接通；SA 置于自动位置时，A 点接通。其工作原理自行分析。

由以上分析可见，只要调整好时间继电器 KT 触点的动作时间，电动机由降压起动过程切换成全压运行过程就能准确可靠地自动完成。

定子串电阻降压起动的方法不受电动机接线形式的限制，设备简单，在中小型生产机械上应用广泛。但是，能量损耗较大。为了节省能量可用电抗器来代替电阻，但其成本较高。

定子串电阻降压起动减小了电动机的起动转矩，且在起动时在电阻上功率消耗较大。如果频繁起动，电阻的温度将会很高，对于精密的机床会产生一定的影响，因此，目前这种降压起动的方法，在生产实际中的应用正在逐步减少。

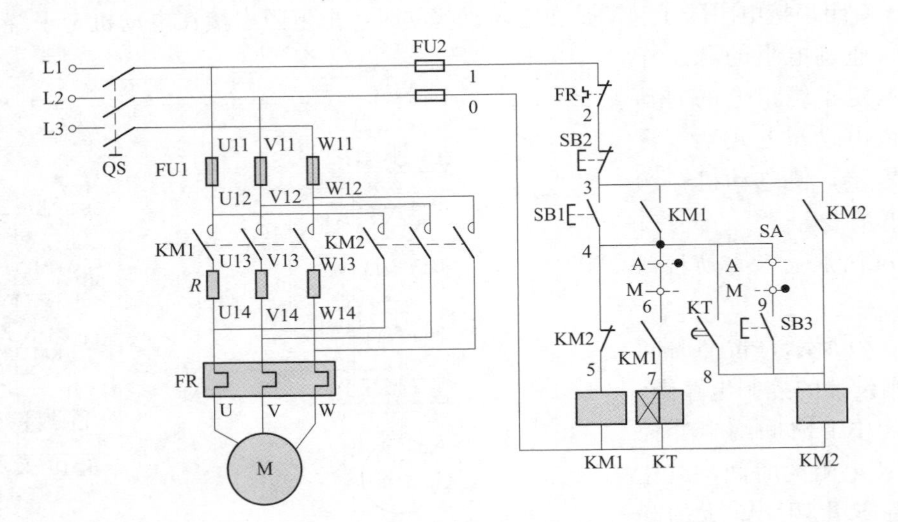

图 2-21 手动、自动控制定子绕组串接电阻降压起动

2.6.2 自耦变压器降压起动

自耦变压器降压起动是将自耦变压器一次侧接在电网上，起动时定子绕组接在自耦变压器二次侧上（见图 2-22）。这样，起动时定子绕组得到的电压是自耦变压器的二次侧电压，改变自耦变压器抽头的位置可获得不同的起动电压。在实际应用中，自耦变压器一般有 65%、85%等抽头。待电动机转速接近额定转速时，切断自耦变压器电路，把额定电压（即自耦变压器的一次侧电压）直接加在电动机的定子绕组上，电动机进入全压正常运行。

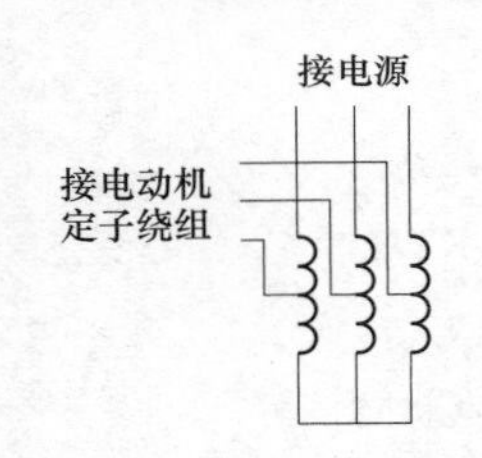

图 2-22 星形连接自耦变压器示意图

利用自耦变压器进行降压起动装置为自耦减压起动器，有手动式和自动式两种。

1. 手动自耦减压起动器

常用的手动自耦减压起动器有 QJD3 系列油浸式和 QJ10 系列空气式两种。

（1）QJD3 系列油浸式手动自耦减压起动器。QJD3 系列油浸式手动自耦减压器主要由薄钢板制成的防护式外壳、自耦变压器、接触系统（触点浸在油中）、操作机构及保护系统组成，具有过载和失压保护功能。适用于一般工业用交流 50Hz 或 60Hz、额定电压 380V、功率 10～75kW 的三相鼠笼型异步电动机，作不频繁降压起动和停止用。

QJD3 系列油浸式手动自耦减压器电路图如图 2-23 所示，其动作原理如下：

当操作手柄扳到“停止”位置时，装在主轴上的动触点与上、下两排静触点都不接触，电动机处于失电停止状态。

当操作手柄向前推到“起动”位置时，装在主轴上的动触点与上面一排起动静触点接触，三相电源 L1、L2、L3 通过右边三个动、静触点接入自耦变压器，又经自耦变压器的三个 65%（或 80%）抽头接入电动机进行降压起动；左边两个动、静触点接触则把自耦变压器接成Y形。

当电动机的转速上升到一定值时，将操作手柄向后迅速扳到“运行”位置，使右边三个动触点与下面一排的三个运行静触点接触，这时自耦变压器脱离，电动机与三相电源 L1、L2、L3 直接相接全压运行。

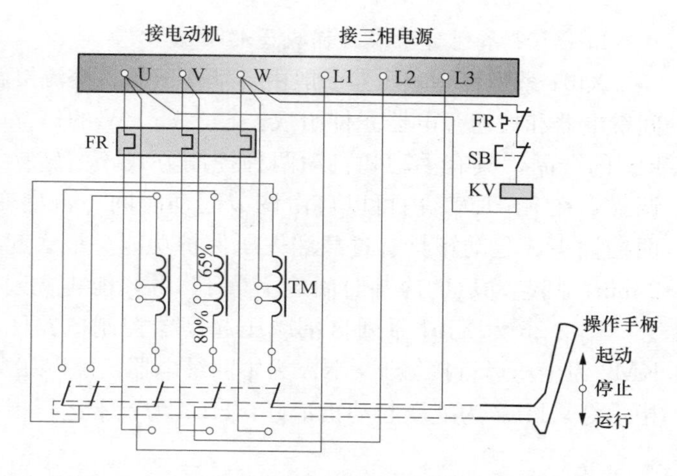

图 2-23　QJD3 系列油浸式手动自耦减压起动器电路图

停止时，只要按下停止按钮 SB，失压脱扣器 KV 线圈失电，衔铁下落释放，通过机械操作机构使起动器掉闸，操作手柄便自动回到“停止”位置，电动机失电停转。

由于热继电器 FR 的动断触点、停止按钮 SB、失压脱扣器线圈 KV 串接在 U、W 两相电源上，所以当出现电源电压不足、突然停电、电动机过载和停车等情况时都能使起动器掉闸，电动机失电停转。

（2）QJ10 系列空气式手动自耦减压起动器。QJ10 系列空气式手动自耦减压器主要由箱体、自耦变压器、触点系统（由一组起动触点、一组中性触点和一组运行触点构成）、手柄操作机构及保护装置五部分组成。适用于一般工业用交流 50Hz、额定电压 380V、功率 75kW 及以下的三相鼠笼型异步电动机，作不频繁降压起动和停止用。

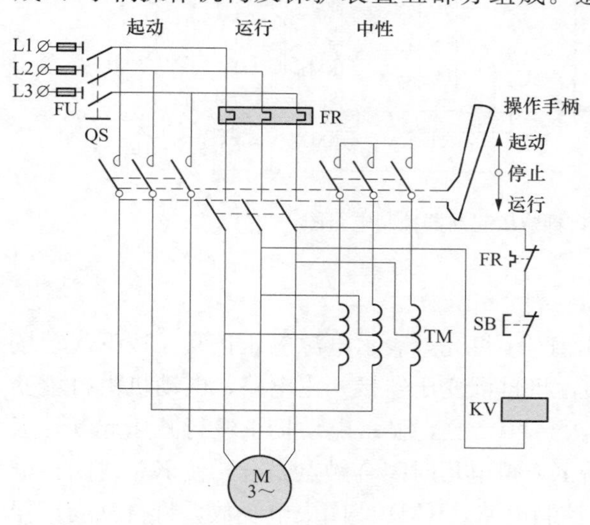

图 2-24　QJ10 系列空气式手动自耦减压器电路图

QJ10 系列空气式手动自耦减压器电路图如图 2-24 所示，其动作原理如下。当操作手柄扳到“停止”位置时，所有的动、静触点均断开，电动机处于失电停止状态。

当操作手柄向前推到“起动”位置时，起动触点和中性触点同时闭合，三相电源经起动触点接入自耦变压器 TM，又经自耦变压器的三个抽头接入电动机进行降压起动，中性触点则把自耦变压器接成 Y 形。

当电动机的转速上升到一定值后，将操作手柄迅速扳到“运行”位置，起动触点和中性触点先同时断开，运行触点随后闭合，这时自耦变压器脱离，电动机与三相电源 L1、L2、L3 直接相接全压运行。停止时，按下 SB 即可。

2. XJ01 系列自动式自耦减压起动器

XJ01 系列自耦减压器一般由自耦变压器、交流接触器、中间继电器、热继电器、时间继电器和按钮等电器元件组成。14～75 kW 的产品，采用自动控制方式；100～300 kW 的产品，具有手动和自动两种控制方式，由转换开关进行切换。时间继电器为可调式，在 5～120 s 内可以自由调节起动时间。自耦变压器备有额定电压 60％和 80％两挡抽头。起动箱具有过载和失压保护功能，最大起动时间为 2min，若起动时间超过 2 min，则起动后的冷却时间应不少于 4 h 才能再次起动。

图 2-25 为 XJ01 系列自耦减压起动器控制电路图。图中 KM1 为减压起动接触器，KM2 为全压运行接触器，KA 为中间继电器，KT 为减压起动时间继电器，HL1 为电源指示灯，HL2 为减压起动指示灯，HL3 为正常运行指示灯。

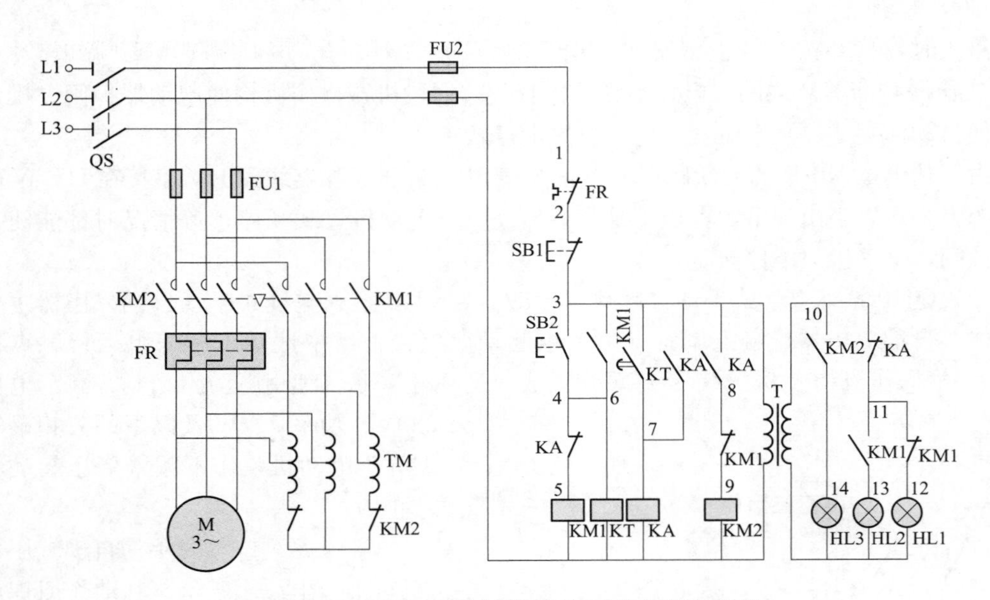

图 2-25　XJ01 系列自耦减压起动器控制电路图

电路工作分析如下：

合上主电路与控制电路电源开关 QS，HL1 灯亮，表示电源电压正常。按下起动按钮 SB2，KM1、KT 线圈同时得电并自锁，将自耦变压器接入主电路，电动机由自耦变压器供电作减压起动，同时指示灯 HL1 灭，HL2 亮，显示电动机正进行减压起动。当电动机转速接近额定转速时，时间继电器 KT 得电延时闭合触点闭合，使 KA 线圈得电并自锁，其动断触点断开 KM1 线圈供电控制电路，KM1 线圈失电释放，将自耦变压器从主电路切除；KA 的另一对动断触点断开，HL2 指示灯灭；KA 的动合触点闭合，接触器 KM2 线圈得电吸合，电源电压全部加在电动机定子上，电动机在额定电压下正常运转，同时，KM2 动合触点闭合，HL3 指示灯亮，表示电动机减压起动结束。由于自耦变压器星形连接部分的电流为自耦变压器一、二次电流之差，所以用 KM2 辅助触点来连接。

3. 其他形式的自耦变压器降压起动控制线路

(1) 按钮、接触器控制的自耦变压器降压起动控制线路如图 2-26 所示。

(2) 时间继电器控制的自耦变压器降压起动控制线路如图 2-27 所示。

2.6.3　Y/△降压起动控制电路

正常运行时定子绕组接成三角形的笼型三相异步电动机可采用星形/三角形降压起动的方法达到限制起动电流的目的。

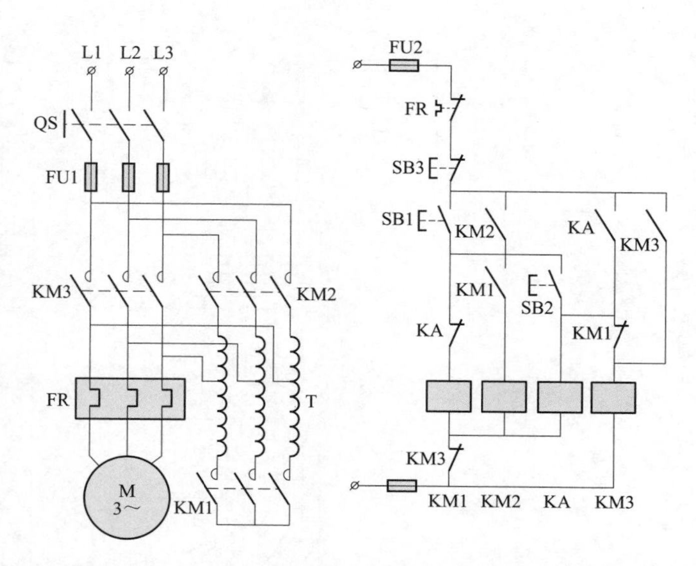

图 2-26　按钮、接触器控制的自耦变压器降压起动控制线路

图 2-28 为电动机定子绕组星形/三角形接线示意图。起动时，定子绕组接成星形，使电动机每相绕组承受的电压降低，待转速上升到接近额定转速时，再将定子绕组的接线换接成三角形，电动机进入全电压正常运行状态。

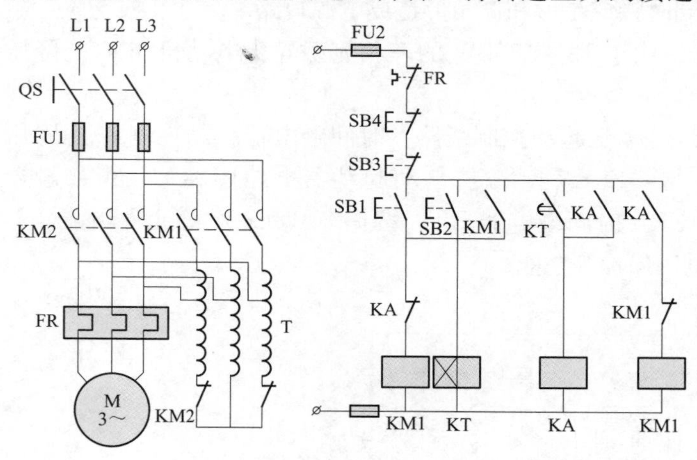

图 2-27　时间继电器控制的自耦变压器降压起动控制线路

(1) Y/△降压起动自动成型产品有 QX3 和 QX4 系列起动器。QX3-13 型 Y/△自动起动器电路图如图 2-29 所示。该电路由接触器 KM1、KM2、KM3，热继电器 FR，时间继电器 KT，按钮 SB1、SB2 等元件组成，并具有短路保护、过载保护和失电压保护等功能。

(2) 线路工作原理如下。合上电源隔离开关 QS，按下起动按钮 SB2，KM1、KT、KM2 线圈同时得电并自锁，电动机三相定子绕组联结成星形接入三相交流电源进行减压起动；当电动机转速接近额定转速时，得电延时型时间继电器动作，KT 动断触点断开，KM2 线圈失电释放；同时 KT 动合触点闭合，KM3 线圈得电吸合并自锁，电动机绕组联结成三角形全压运行。当 KM3 得电吸合后，KM3 动断触点断开，使 KT 线圈失电，避免时间继电器长期工作。KM2、

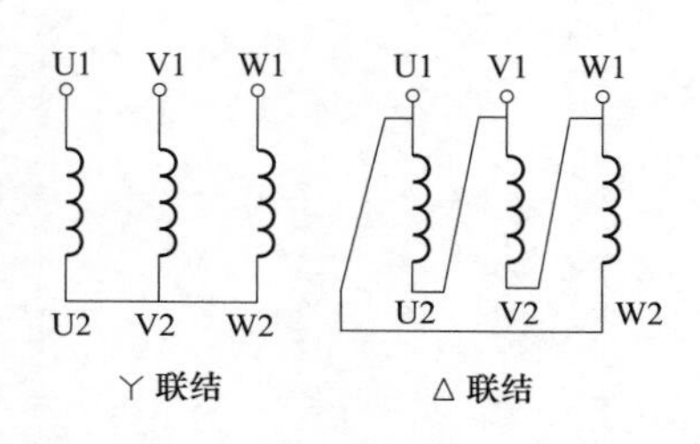

图 2-28　Y/△接线示意图

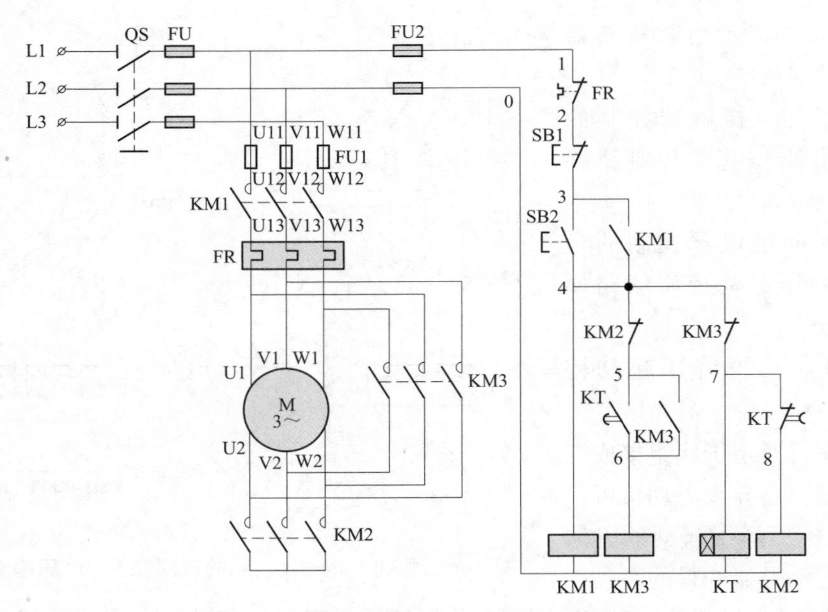

图 2-29　QX3-13 型Y/△降压起动电路图

KM3 触点为互锁触点，以防止同时接成星形和三角形造成电源短路。

QX3-13 型Y/△自动起动器适用于 13～125kW 的三相笼型异步电动机作Y/△降压起动和停止控制。

（3）时间继电器自动控制Y/△降压起动控制线路。时间继电器自动控制Y/△降压起动控制线路如图 2-30 所示。与 QX3-13 型Y/△自动起动器电路图相似，由接触器 KM1、KM2、KM3，热继电器 FR，时间继电器 KT，按钮 SB1、SB2 等元件组成，并具有短路保护、过载保护和失电压保护等功能。

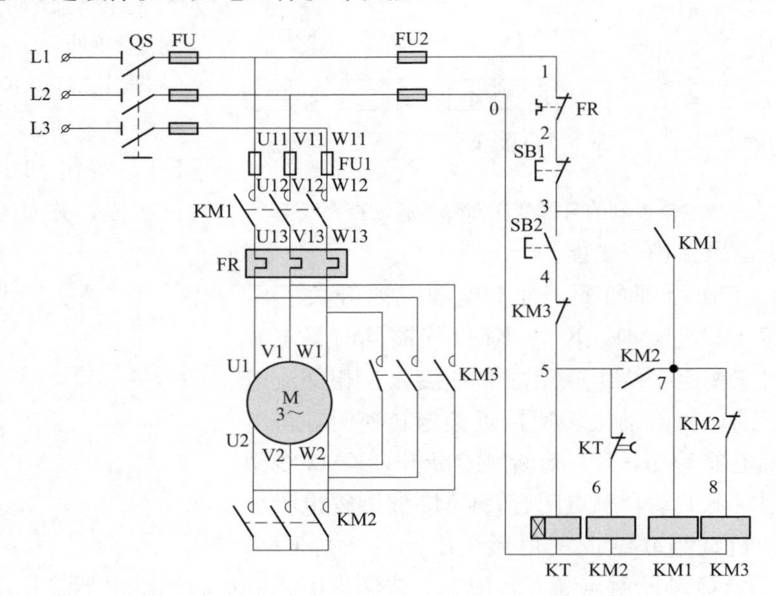

图 2-30　时间继电器控制的Y/△降压起动电路图

线路的工作原理为：合上电源隔离开关 QS，按下起动按钮 SB2，KT、KM2 线圈同时得电，触点闭合，KM1 线圈得电并自锁，电动机三相定子绕组连接成星形接入三相交流电源进行减压起动；当电动机转速接近额定转速时，得电延时型时间继电器动作，KT 动断触点断开，KM2 线圈失电释放，触点复位；KM3 线圈得电吸合并自锁，电动机绕组联结成三角形全压运行。当 KM2 失电释放、触点复位时，使 KT 线圈失电，避免时间继电器长期工作。KM2、KM3 触点为互锁触点，以防止同时接成星形和三角形造成电源短路。

停止时，按下 SB1 即可。

该电路具有如下特点：

1）与 SB2 串联 KM3 动断触点，可防止两种意外事故的发生。第一种，电动机运行时，误操作按下 SB2，使 KT、KM2 线圈得电，造成电源短路；第二种，KM3 触点熔焊或机械故障没有断开时，若按下 SB2，使 KT、KM2 线圈得电，造成电源短路。

2）接触器 KM2 得电后，通过 KM2 的辅助动合触点使接触器 KM1 得电动作，这样 KM2 的主触点是在无负载的条件下进行闭合的，故可延长接触器 KM2 主触点的使用寿命。

2.6.4　延边三角形降压起动控制电路

Y/△降压起动起动方法起动电压偏低，起动转矩偏小，只适用于三角形接法的电动机轻载或空载起动。为此，改进而形成一种新的起动方式，它把星形和三角形两种接法结合起来，使电动机每相定子绕组承受的电压小于△接法时的相电压，而大于Y形接法时的相电压，并且每相绕组电压的大小可通过改变电动机绕组抽头的位置来调节。

延边三角形降压起动是指电动机起动时，把电动机定子绕组的一部分接三角形，而另一部分接成星形，使整个定子绕组接成延边三角形，待电动机起动后，再把定子绕组切换成三角形全压运行，如图 2-31 所示。

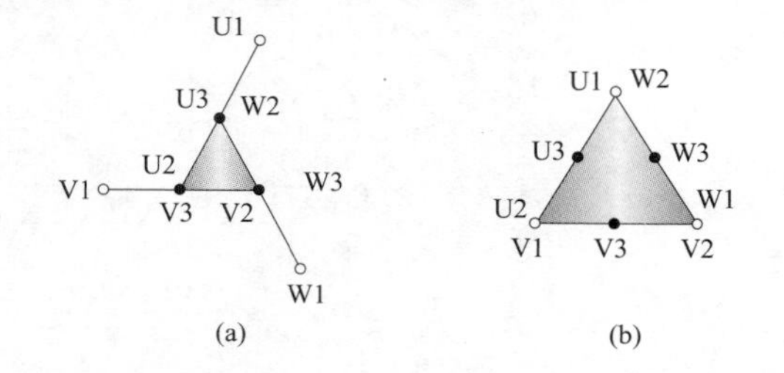

图 2-31　延边三角形接法电动机定子绕组连接方式

（a）延边三角形接法；（b）三角形接法

1. XJ1 系列减压起动箱

XJ1 系列减压起动箱是应用延边三角形降压起动方法而制成的一种起动设备，箱内无降压自耦变压器，可允许频繁操作，并可作Y/△降压起动。电路图如图 2-32 所示，图中采用多地控制。

电路的工作原理为：合上电源隔离开关 QS，按下起动按钮 SB2 或 SB22，KM3 线圈得电并自锁，电动机三相定子绕组联结成延边三角形，然后 KM1 线圈得电并自锁，接入三相交流电源进行减压起动；当电动机转速接近额定转速时，得电延时型时间继电器动作，KT 动合触点闭合，KA 线圈得电并自锁；KA 动合触点闭合后 KM2 线圈得电，触点闭合，电动机三相定子绕组连接成三角形全压运行。

停止时，按下 SB1 或 SB11 即可。

2. 时间继电器自动控制的延边三角形降压起动控制电路

电气控制原理图如图 2-33 所示，工作原理如下：

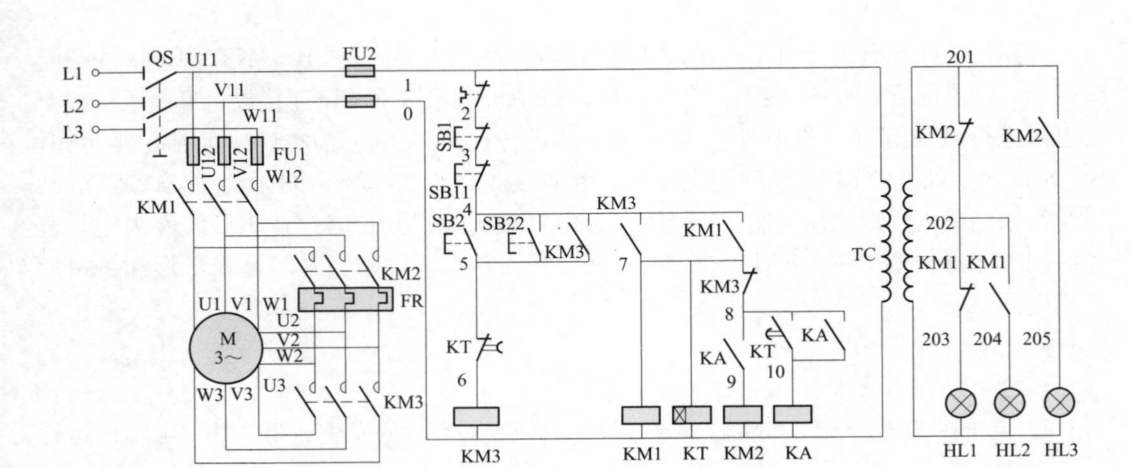

图 2-32　XJ1 系列延边三角形降压起动控制

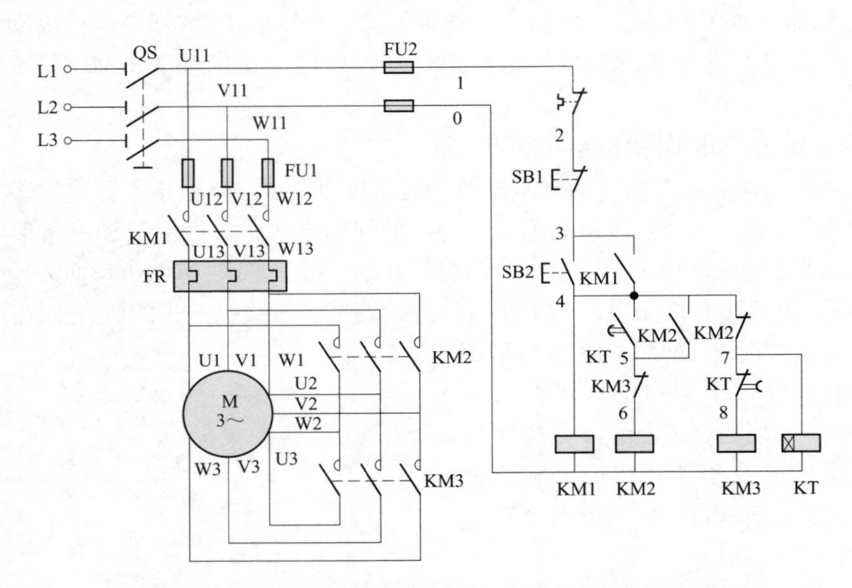

图 2-33　时间继电器自动控制的延边三角形降压起动控制线路

合上电源隔离开关 QS，按下起动按钮 SB2，KM1、KM3、KT 线圈得电，KM1、KM3 触点闭合并自锁，电动机三相定子绕组联结成延边三角形，接入三相交流电源进行降压起动；当电动机转速接近额定转速时，得电延时型时间继电器动作，KT 动断触点先分断，KM3 线圈失电，触点复位，然后，KT 动合触点后闭合，KM2 线圈得电并自锁，电动机三相定子绕组联结成三角形全压运行。

停止时，按下 SB1 即可。

2.6.5　软起动控制

软起动器 Soft Starter 是一种集软起动、软停车、轻载节能和多功能保护于一体的电机控制装备。实现在整个起动过程中无冲击而平滑的起动电动机，而且可根据电动机负载的特性来调节起动过程中的各种参数，如限流值、起动时间等。图 2-34 所示是

GDS系列固态起动器，主要用于交流380V 50Hz、功率为630kW以下的三相交流异步电动机的降压起动。其主要特点有：全数字自动控制；起动电流小、起动转矩大而平稳；起动参数可根据负载类型任意调整；可连续、频繁起动；可分别起动多台电机；具有完善、可靠的保护功能。

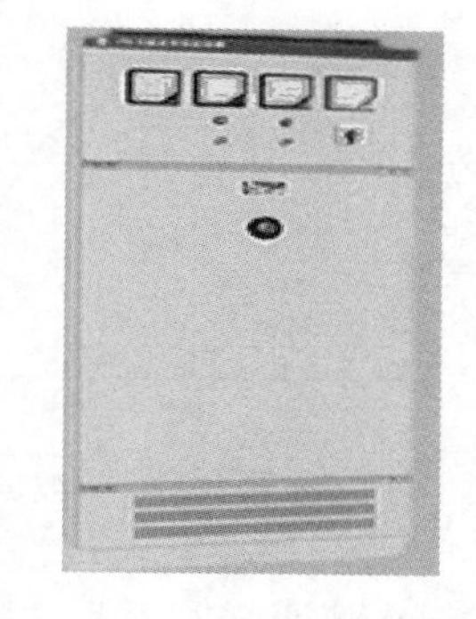

图2-34 GDS系列固态起动器

1. 固态降压起动器组成及工作原理

固态降压起动器由电动机的起停控制装置和软起动控制器组成。软起动控制器是其核心部件，由功率半导体器件和其他电子元器件组成，是利用电力电子技术与自动控制技术，将强电和弱电结合起来的控制技术，其主要结构是一组串接于电源与被控电动机之间的三相反并联晶闸管及其电子控制电路，利用晶闸管移相控制原理，控制三相反并联晶闸管的导通角，使被控电动机的输入电压按不同的要求而变化，从而实现不同的起动功能。可见，软起动实际上是一个晶闸管交流调压器。通过改变晶闸管的触发角，就可以调节晶闸管调压电路的输出电压。

软起动控制器工作原理是：软起动器采用三相反并联晶闸管作为调压器，将其接入电源和电动机定子之间，如同三相全控桥式整流电路。起动时，晶闸管的输出电压逐渐增加，电动机逐渐加速，直到晶闸管全导通，电动机工作在额定电压的机械特性上，实现平滑起动，降低起动电流，避免起动过流跳闸。待电动机达到额定转数时，起动过程结束，软起动器自动用旁路接触器取代已完成任务的晶闸管，为电动机正常运转提供额定电压，以降低晶闸管的热损耗，延长软起动器的使用寿命，提高其工作效率，又使电网避免了谐波污染。软起动器同时还提供软停车功能，软停车与软起动过程相反，电压逐渐降低，转数逐渐下降到零，避免自由停车引起的转矩冲击。

2. 软起动控制器的工作特性

在异步电动机的软起动过程中，软起动控制器是通过控制加到电动机上的平均电压来控制电动机的起动电流和转矩的，一般软起动控制器可以通过设定得到不同的起动特性，以满足不同的负载特性的要求。

(1) 斜坡恒流升压起动。斜坡恒流升压起动曲线如图2-35所示。这种起动方式是在晶闸管的移相电路中引入电动机电流反馈使电动机在起动过程中保持恒流，使起动平稳。

在电动机起动的初始阶段起动电流逐渐增加，当电流达到预先所设定的限流值后保持恒定，直至起动完毕。当电网电压波动时，通过控制电路自动增大或减小晶闸管导通角，可以维持原设定值不变，保持起动电流恒定，不受电网电压波动的影响。这种软起动方式应用最多，尤其适用于风机和泵类负载的起动。

(2) 脉冲阶跃起动。脉冲阶跃起动特性曲线如图2-36所示。在起动开始阶段，晶闸管在极短时间内以较大电流导通，经过一段时间后回落，再按原设定值线性上升，进入恒流起动状态。该起动方法适用于重载并需克服较大静摩擦的起动场合。

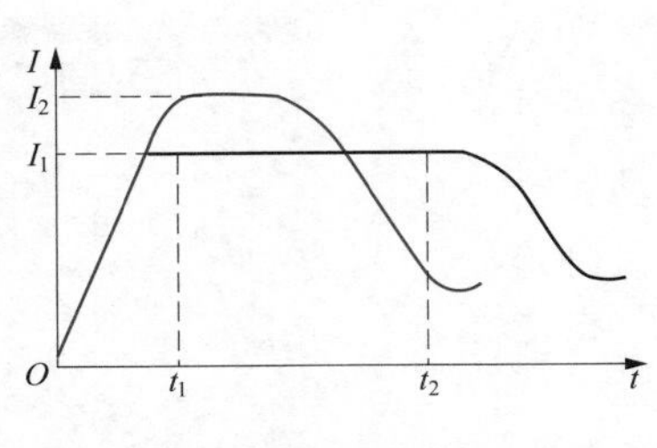

图 2-35 斜坡恒流升压起动

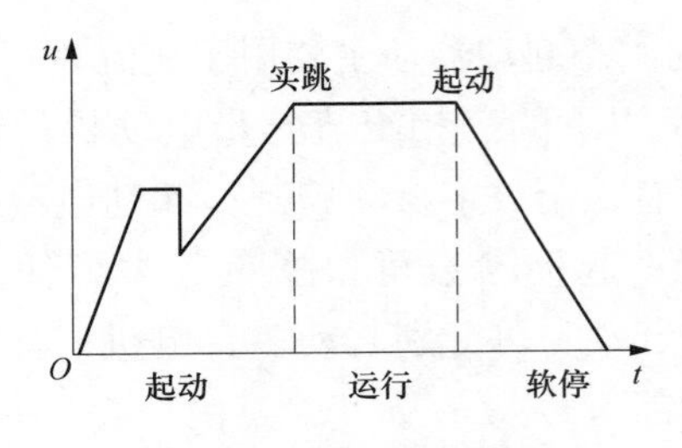

图 2-36 脉冲阶跃起动

（3）减速软停控制。减速软停控制在电动机需要停机时，不是立即切断电动机的电源，而是通过调节晶闸管的导通角，从全导通状态逐渐减小，从而使电动机的端电压逐渐降低，此过程时间较长故称为软停控制。停车的时间根据实际需要可在 0～120s 范围内调整。

（4）节能特性。软起动控制器可以根据电动机功率因数的高低，自动判断电动机的负载率，当电动机处于空载或负载率很低时，通过相位控制使晶闸管的导通角发生变化，从而改变输入电动机的功率，达到节能的目的。

（5）制动特性。当电动机需要快速停止时，软起动控制器具有能耗制动功能。能耗制动功能即当接到制动命令后，软起动控制器改变晶闸管的触发方式，使交流电转变为直流电，然后在关闭电路后，立即将直流电压加到电动机定子绕组上，利用转子感应电流与静止磁场的作用达到制动的目的。

3. 固态降压起动器的应用

在工业自动化程度要求比较高的场合，为便于控制和应用，通常将软起动控制器、断路器和控制电路组成一个较完整的电动机控制中心，以实现电动机的软起动、软停车、故障保护、报警、自动控制等功能。控制中心同时具有运行和故障状态监视、接触器操作次数、电动机运行时间和触点弹跳监视、试验等辅助功能。另外还可以附加通信单元、图形显示操作单元和编程器单元等，还可直接与通信总线连网。

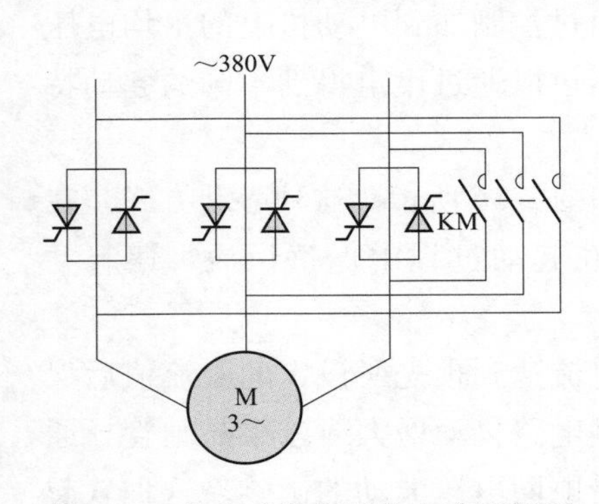

图 2-37 软起动控制器主电路原理图

（1）软起动控制器与旁路接触器。软起动控制器可以实现软起动、软停车。但软起动器并不需要一直运行。集成的旁路接触器在电动机达到正常运行速度之后起用，将电动机连到线路上，这时软起动器就可以关闭了。在图 2-37 所示电路中，在软起动控制器两端并联接触器 KM，当电动机软起动结束后，KM 闭合，工作电流将通过 KM 送至电动机。若要求电动机软停车，一旦发出停车信号，先将 KM 分断，然后再由软起动器对电动机进行软停车。该电路有如下优点。

1）在电动机运行时可以避免软起动器产生的谐波。

2）软起动器仅在起动和停车时工作，可以避免长期运行使晶闸管发热，延长了使用寿命。

3）一旦软起动器发生故障，可由旁路接触器作为应急备用。

（2）单台软起动器控制器起动多台电动机。往往有多台电动机需要起动，每台单独安装一台软起动控制器，这样既方便控制，又能充分发挥软起动控制器的故障检测等功能。但在一些情况下，也可用一台软起动控制器对多台电动机进行软起动，以节约资金投入。图 2-38 所示就是用一台软起动器分别控制两台电动机起动和停止的控制线路。

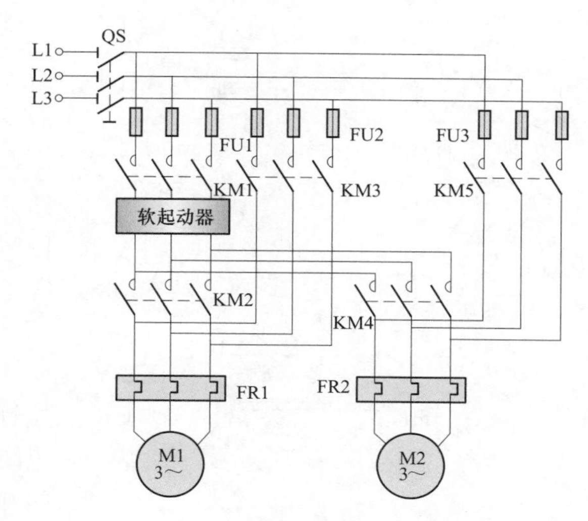

图 2-38　一台软起动器分别控制两台电动机起动和停止的控制线路

2.7　三相交流异步电动机的制动控制电路

电动机断开电源后，由于惯性不会马上停止转动，而是需要转动一段时间才会完全停下来。在生产过程中，许多机床（如万能铣床、组合机床等）都要求能迅速停车和准确定位，这就要求必须对拖动电动机采取有效的制动措施。制动就是给电动机一个与转动方向相反的转矩使它迅速停转（或限制其转速）。

制动控制的方法有机械制动和电气制动。

机械制动是采用机械装置产生机械力来强迫电动机迅速停车，常用的方法有电磁抱闸制动和电磁离合器制动（多用于失电制动）两种。电气制动是使电动机产生的电磁转矩方向与电动机旋转方向相反，起制动作用。电气制动有反接制动、能耗制动、再生制动，以及派生的电容制动等，其中最常用的两种方法是反接制动和能耗制动。这些制动方法各有特点，适用于不同的环境。本节介绍几种类型的制动控制电路。

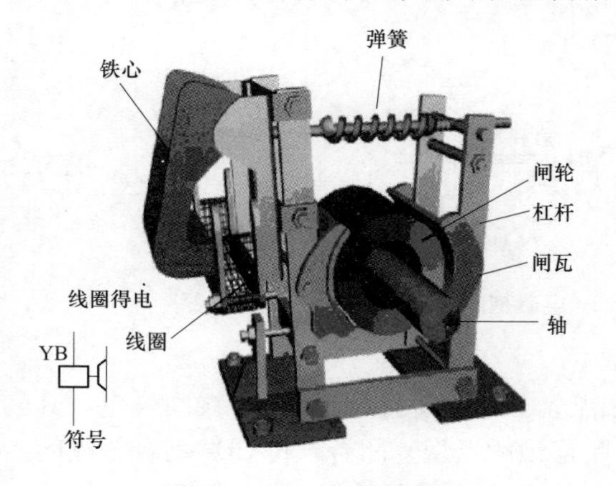

图 2-39　电磁抱闸制动器

2.7.1　机械制动

1. 电磁抱闸制动

（1）制动原理。电磁抱闸制动器由电磁铁（铁心、线圈、衔铁），闸瓦制动器（闸轮、闸瓦、杠杆、弹簧）组成，如图 2-39 所示。

断电电磁抱闸制动原理：电磁抱闸的电磁线圈得电时，电磁力克服弹簧的作用，闸瓦与闸轮松开，无制动作用，电动机可以运转；当线圈失电时，闸瓦紧紧抱住闸轮制动。

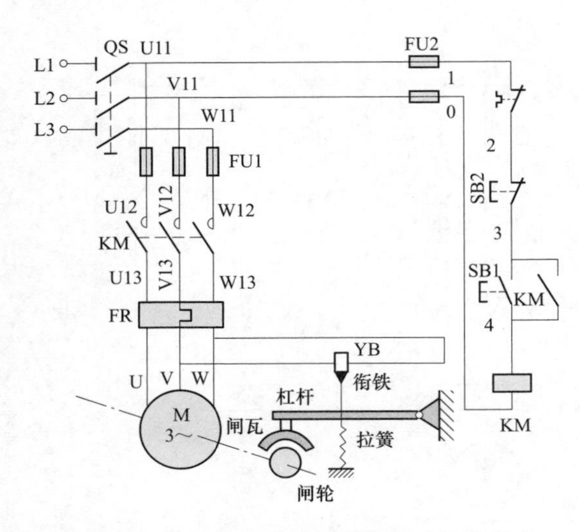

图 2-40　电磁抱闸制动器断电制动控制线路

得电电磁抱闸制动原理：当线圈得电时，闸瓦紧紧抱住闸轮制动；当线圈失电时，闸瓦与闸轮分开，无制动作用。

（2）电磁抱闸制动器断电制动控制线路。电磁抱闸制动器失电制动控制线路如图 2-40 所示。

线路工作原理如下：

先合上电源开关 QS。

1）起动运转。按下起动按钮 SB1，接触器 KM 线圈得电，其自锁触点和主触点闭合，电动机 M 接通电源，同时电磁抱闸制动器 YB 线圈得电，衔铁与铁心吸合，衔铁克服弹簧拉力，迫使制动杠杆向上移动，从而使制动器的闸瓦与闸轮分开，电动机正常运转。

2）制动停转。按下停止按钮 SB2，接触器 KM 线圈失电，其自锁触点和主触点分断，电动机 M 失电，同时电磁抱闸制动器 YB 线圈失电，衔铁与铁心分开，在弹簧拉力的作用下，制动器的闸瓦紧紧抱住闸轮，使电动机被迅速制动而停转。

电磁抱闸制动器失电制动在起重机械上被广泛采用。其优点是能够准确定位，同时可防止电动机突然失电时重物自行坠落。但由于电磁抱闸制动器线圈耗电时间与电动机一样长，不够经济。另外，由于电磁抱闸制动器在切断电源后的制动作用，使手动调整工作很困难。

（3）电磁抱闸制动器通电制动控制线路。电磁抱闸制动器通电制动控制线路如图 2-41 所示。

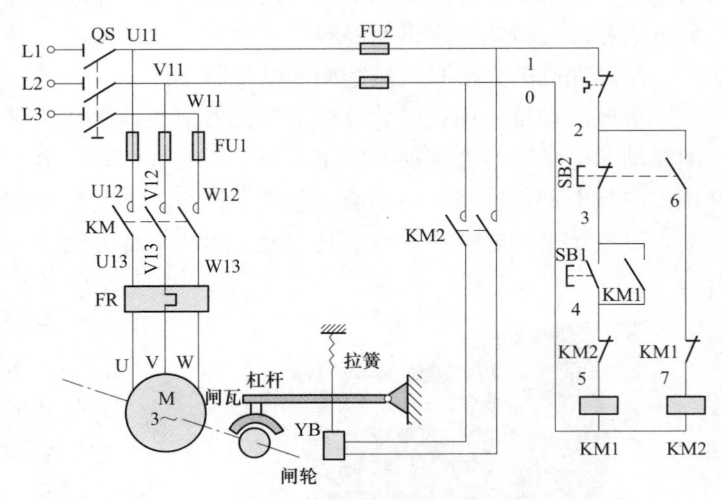

图 2-41　电磁抱闸制动器通电制动控制线路

起动运转。按下起动按钮 SB1，接触器 KM 线圈得电，其自锁触点和主触点闭合，电动机 M 起动运转。同时 KM1 连锁触点分断，KM2 线圈不能得电，即电磁抱闸制动器 YB 线圈不会得电，衔铁与铁心分开，在弹簧拉力的作用下，制动器的闸瓦与闸轮分开，电动机不受制动正常运转。

制动停转。按下复合按钮 SB2，其动断触点先分断，使接触器 KM1 线圈失电，其自锁触点和主触点分断，电动机 M 失电，KM1 连锁触点恢复闭合，待 SB2 动合触点闭合后，接触器 KM2 线圈得电，KM2 主触点闭合，电磁抱闸制动器 YB 线圈得电，铁心吸合衔铁，衔铁克服弹簧拉力，带动杠杆向下移动，使闸瓦紧抱闸轮，电动机被迅速制动而停转，KM2 连锁触点分断对 KM1 连锁。

显然，电磁抱闸制动器得电制动型在电动机停止时，闸瓦与闸轮是分开的，这样操作人员可以用手板动主轴进行调整工件、对刀等操作。

2. 电磁离合器制动

（1）电磁离合器结构。失电制动型电磁离合器的结构示意图如图 2-42 所示，主要由制动电磁铁（包括动铁心、静铁心、线圈）、静摩擦片、动摩擦片、制动弹簧等组成。

电磁铁的静铁电靠导向轴连接在电动葫芦本体上，动铁心与静摩擦片固定在一起，并只能作轴向移动而不能绕轴转动。动摩擦片通过连接法兰与绳轮轴由键固定在一起，可随电动机一起转动。

（2）制动原理。电动机静止时，线圈无电，制动弹簧将静摩擦片紧紧地压在动摩擦片上，此时电动机通过绳轮轴被制动。当电动机得电运转时，线圈也同时得电，电磁铁的动铁心被静铁心吸合，使静摩擦片与动摩擦片分开，于是动摩擦片连同绳轮轴在电动机的带动下正常起动运转。当电动机切断电源时，线圈同时失电，制动弹簧立即将静摩擦片连同铁心推向转动的动摩擦片，强大的弹簧张力迫使动、静摩擦片之间足够大的摩擦力，使电动机失电后立即制动停转。电磁离合器的制动控制线路与图 2-42 所示线路基本相同，读者可自行画出并进行分析。

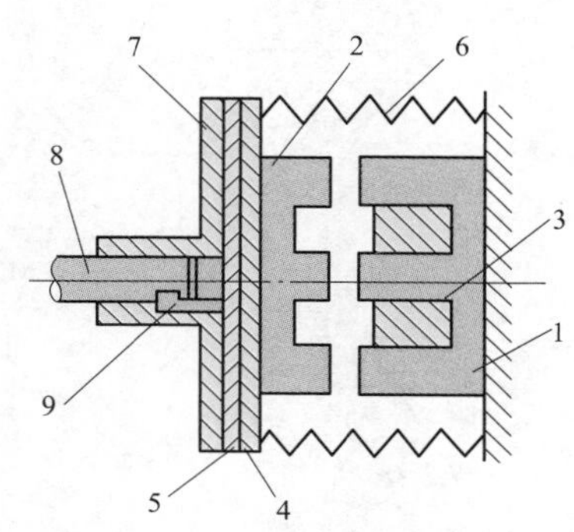

图 2-42　失电制动型电磁离合器的结构示意图
1—静铁心；2—动铁心；3—线圈；4—静摩擦片；5—动摩擦片；6—制动弹簧；7—法兰；8—绳轮轴；9—键

2.7.2　反接制动

在图 2-43 所示电路中，当 QS 向上投合时，电动机定子绕组电源电压相序为 L1-L2-L3，电动机将沿旋转磁场方向（顺时针方向），以 $n<n_1$ 的转速正常运转。

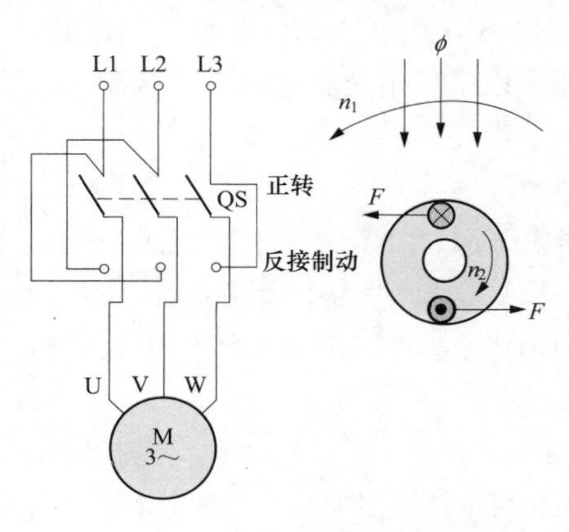

图 2-43　反接制动原理

当电动机需要停转时，接下开关 QS，使电动机先脱离电源，此时转子由于惯性继续顺时针旋转，随后，将开关迅速向下投合，由于 L1、L2 两相电源线对调，旋转磁场反转（逆时针方向），电动机以 $n+n_1$ 的相对转速沿原转动方向切割旋转磁场，在转子绕组中产生感应电流，用右手定则判断出其方向。而转子绕组一旦产生电流，又受到旋转磁场的作用，产生电磁转矩，其方向由左手定则判断，如图 2-43 所示。可见，此转矩方向与电动机的转动方向相反，使电动机受制动迅速停转。

反接制动就是依靠改变电动机定子绕组的电源相序来产生制动力矩，迫使电动机迅速停转的制动方法。

电动机反接制动时，转子与旋转磁场的相对速度为 $n+n_1$，接近于两倍的同步转速，所以定子绕组流过的反接制动电流相当于全压起动电流的两倍，因此反接制动的制动转矩大，制动迅速，但冲击大，通常适用于 10kW 及以下的小容量电动机。为防止绕组过热、减小冲击电流，通常在笼型异步电动机定子电路中串入反接制动电阻。另外，采用反接制动，当电动机转速降至零时，要及时将反接电源切断，防止电动机反向再起动，通常控制电路是用速度继电器来检测电动机转速并控制电动机反接电源的断开。

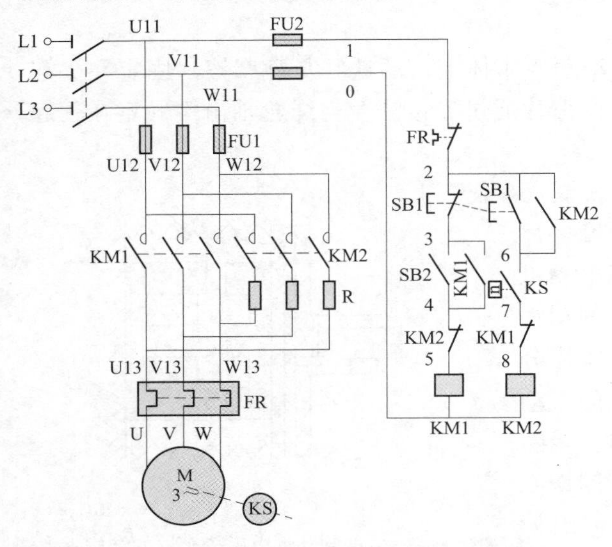

图 2-44 电动机单向反接制动控制电路

1. 电动机单向反接制动控制

图 2-44 为电动机单向反接制动控制电路。图中 KM1 为电动机单向运行接触器，KM2 为反接制动接触器，KS 为速度继电器，R 为反接制动电阻。

电路工作分析：单向启动及运行。合上电源开关 QS，按下 SB2，KM1 得电并自锁，电动机全压起动并正常运行，与电动机有机械连接的速度继电器 KS 转速超过其动作值（通常为大于 120r/min）时，其相应的触点闭合，为反接制动做准备。

反接制动。停车时，按下 SB1，其动断触点断开，KM1 线圈失电释放，KM1 动合主触点和动合辅助触点同时断开，切断电动机原相序三相电源，电动机惯性运转。当 SB1 按到底时，其动合触点闭合，使 KM2 线圈得电并自锁，KM2 动断辅助触点断开，切断 KM1 线圈控制电路。同时其动合主触点闭合，电动机串三相对称电阻接入反相序三相电源进行反接制动，电动机转速迅速下降。当转速下降到速度继电器 KS 释放转速（通常小于 100r/min）时，KS 释放，其动合触点复位断开，切断 KM2 线圈控制电路，KM2 线圈失电释放，其动合主触点断开，切断电动机反相序三相交流电源，反接制动结束，电动机自然停车。

2. 电动机可逆运行反接制动控制

图 2-45 为电动机可逆运行反接制动控制电路。图中 KM1、KM2 为电动机正、反向控制接触器，KM3 为短接电阻接触器，KA1、KA2、KA3、KA4 为中间继电器，KS 为速度继电器，其中 KS-1 为正向闭合触点、KS-2 为反向闭合触点，R 为限流电阻，具有限制起动电流和制动电流的双重作用。

电路工作分析如下：

正向减压起动。合上电源开关 QS，按下 SB2，正向中间继电器 KA3 线圈得电并自锁，其动断触点断开互锁了反向中间继电器 KA4 的线圈控制电路；KA3 动合触点闭合，

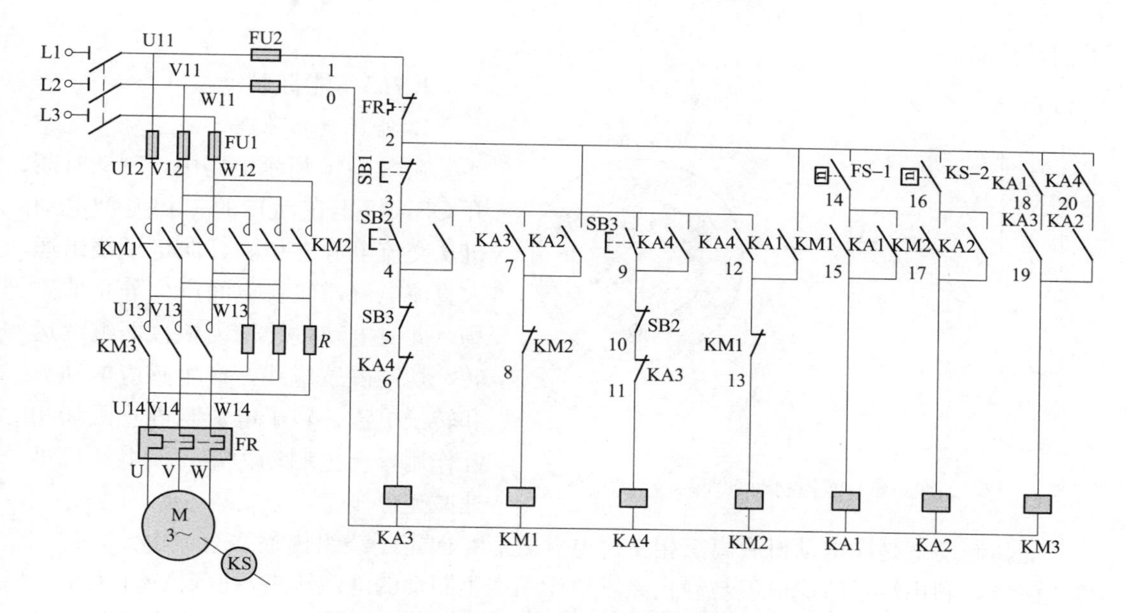

图 2-45　电动机可逆运行反接制动控制电路

使 KM1 线圈控制电路得电，KM1 主触点闭合使电动机定子绕组串电阻 R 接通正相序三相交流电源，电动机减压起动。同时 KM1 动断触点断开互锁了反向接触器 KM2，其动合触点闭合为 KA1 线圈得电作准备。

全压运行。当电动机转速上升至一定值（通常为大于 120r/min）时，速度继电器 KS 正转动合触点 KS-1 闭合，KA1 线圈得电并自锁。此时 KA1、KA3 的动合触点均闭合，接触器 KM3 线圈得电，其动合主触点闭合短接限流电阻 R，电动机全压运行。

反接制动。需停车时，按下 SB1，KA3、KM1、KM3 线圈相继失电释放，KM1 主触点断开，电动机惯性高速旋转，使 KS-1 维持闭合状态，同时 KM3 主触点断开，定子绕组串电阻 R。由于 KS-1 维持闭合状态，使得中间继电器 SA1 仍处于吸合状态，KM1 动断触点复位后，反向接触器 KM2 线圈得电，其动合主触点闭合，使电动机定子绕组串电阻 R 获得反相序三相交流电源，对电动机进行反接制动，电动机转速迅速下降。同时，KM2 动断触点断开互锁正向接触器 KM1 线圈控制电路。当电动机转速低于速度继电器释放值（通常小于 100r/min）时，速度继电器动合触点 KS-1 复位断开，KA1 线圈失电释放，其动合触点断开，切断接触器 KM2 线圈控制电路，KM2 线圈失电释放，其动合主触点断开，反接制动过程结束。

电动机反向起动和反接制动停车控制电路工作情况与上述相似，在此不再复述。所不同的是速度继电器起作用的是反向触点 KS-2，中间继电器 KA2 替代了 KA1，请读者自行分析。

3. 反接制动的优缺点

反接制动的优点是制动力强，制动迅速。缺点是制动准确性差，制动过程中冲击强烈，易损坏传动零件，制动能量消耗大，不宜经常制动。因此，反接制动一般适用于制动要求迅速、系统惯性大、不经常起动与制动的场合，台铣床、镗床、中型车床等主轴的制动控制。

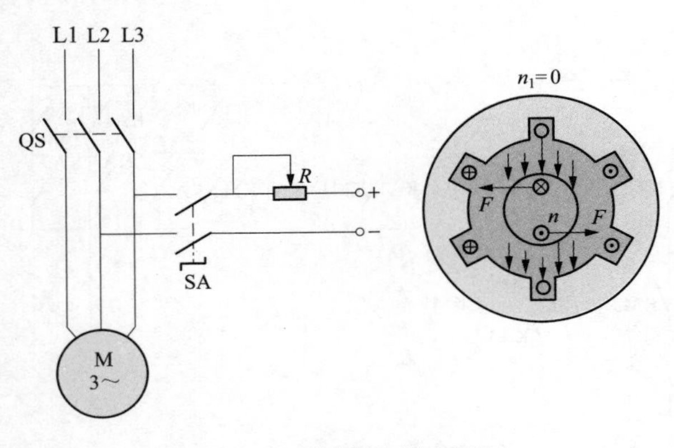

图 2-46 能耗制动原理图

2.7.3 能耗制动

1. 能耗制动原理

在图 2-46 所示电路中，制动时断开 QS，将正在动转的三相笼型电动机从交流电源上切除，向定子绕组通入直流电流，便在空间产生静止的磁场，此时电动机转子因惯性而继续运转，切割磁感应线，产生感应电动势和转子电流，转子电流与静止磁场相互作用，产生制动力矩，使电动机迅速减速停车。

能耗制动就是在电动机脱离三相交流电源之后，向定子绕组内通入直流电流，建立静止磁场，利用转子感应电流与静止磁场的作用产生制动的电磁转矩，达到制动目的。

这种方法是通过在定子绕组中通入直流电以消耗转子惯性运转的动能来进行制动的，所以又称动能制动。

在制动过程中，电流、转速和时间三个参量都在变化，原则上可以任取其中一个参量作为控制信号。以时间原则和速度原则控制能耗制动电路为例进行分析。

2. 电动机单向运行能耗制动控制

图 2-47 为电动机单向运行时间原则控制能耗制动电路图。图中 KM1 为单向运行接触器，KM2 为能耗制动接触器，KT 为时间继电器，T 为整流变压器，UR 为桥式整流电路。

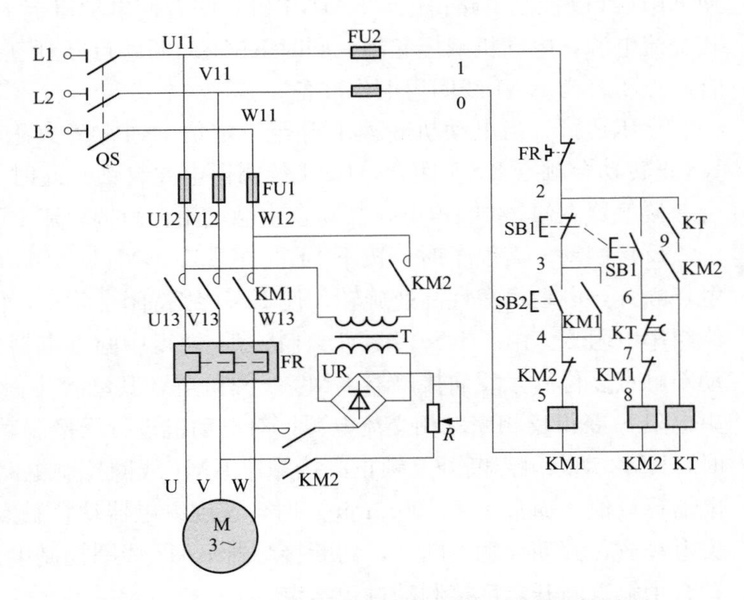

图 2-47 电动机单向运行时间原则控制能耗制动电路

电路工作原理如下：

首先合上电源隔离开关 QS。按下 SB2，KM1 得电并自锁，电动机单向正常运行。此时若要停机。按下停止按钮 SB1，KM1 失电，电动机定子脱离三相交流电源；同时 KM2 得电并自锁，将二相定子接入直流电源进行能耗制动，在 KM2 得电同时 KT 也得电。电动机在能耗制动作用下转速迅速下降，当接近零时，KT 延时时间到，其延时触点动作，使 KM2，KT 相继失电，制动过程结束。

图中 KT 的瞬动动合触点与 KM2 自锁触点串接，其作用是，当发生 KT 线圈断线或机械卡住故障，致使KT动断得电延时断开触点断不开，动合瞬动触点也合不上时，只有按下停止按钮SB1，成为点动能耗制动。若无KT的动合瞬动触点串接KM2动合触点，在发生上述故障时，按下停止按钮SB1后，将使KM2线圈长期得电吸合，使电动机两相定子绕组长期接入直接电源。

3. 电动机可逆运行能耗制动控制

图2-48为速度原则控制电动机可逆运行能耗制动电路。图中KM1、KM2为电动机正、反向接触器，KM3为能耗制动接触器，KS为速度继电器。

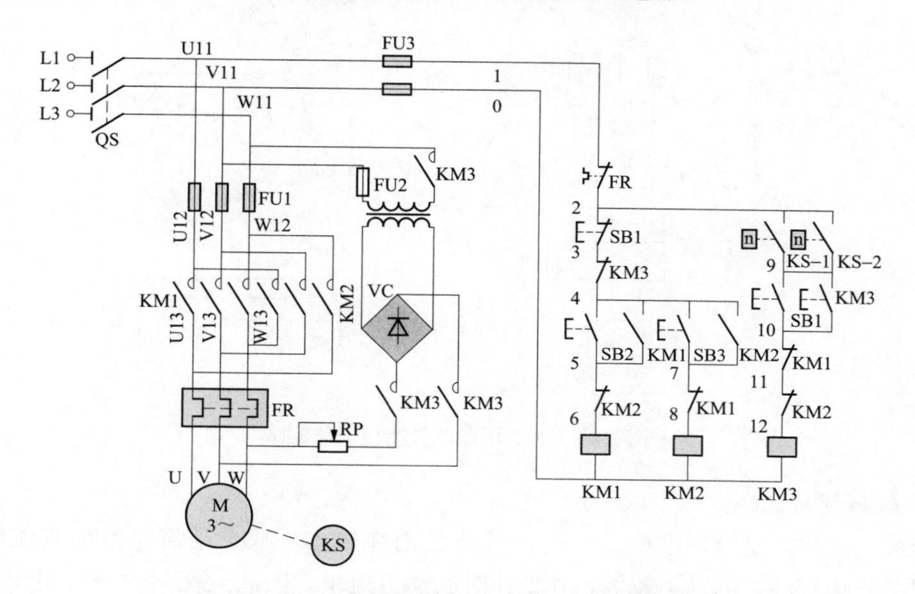

图2-48 速度原则控制电动机可逆运行能耗制动电路

电路工作分析如下。

正、反向起动。合上电源开关QS，按下正转或反转起动按钮SB2或SB3，相应接触器KM1或KM2得电并自锁，电动机正常运转。速度继电器相应触点KS-1或KS-2闭合，为停车接通KM3，实现能耗制动作准备。

能耗制动。停车时，按下停止按钮SB1，定子绕组脱离三相交流电源，同时KM3得电，电动机定子接入直流电源进行能耗制动，转速迅速下降，当转速降至100r/min时，速度继电器释放，其KS-1或KS-2触点复位断开，此时KM3失电。能耗制动结束，以后电动机自然停车。

对于负载转矩较为稳定的电动机，能耗制动时采用时间原则控制为宜，因为此时对时间继电器的延时整定较为固定。而对于那么能够通过传动机构来反映电动机转速时，采用速度原则控制较为合适，应视具体情况而定。

4. 无变压器单管能耗制动控制电路

为简化能耗制动电路，减少附加设备，在制动要求不高、电动机功率在10kW以下时，可采用无变压器的单管能耗制动电路。它是采用无变压器的单管半波整流作为直流电源，这种电源体积小、成本低。

图2-49为无变压器单管能耗制动电路。图中KM1为线路接触器，KM2为制动接触器，KT为能耗制动时间继电器。该电路其整流电源电压为220V，它由制动接触器KM2主触点接至电动机定子两相绕组，并由另一相绕组经整流二极管VD和电阻R接到零线，构成回路。该电路工作情况与图2-49相似，读者可自行分析。

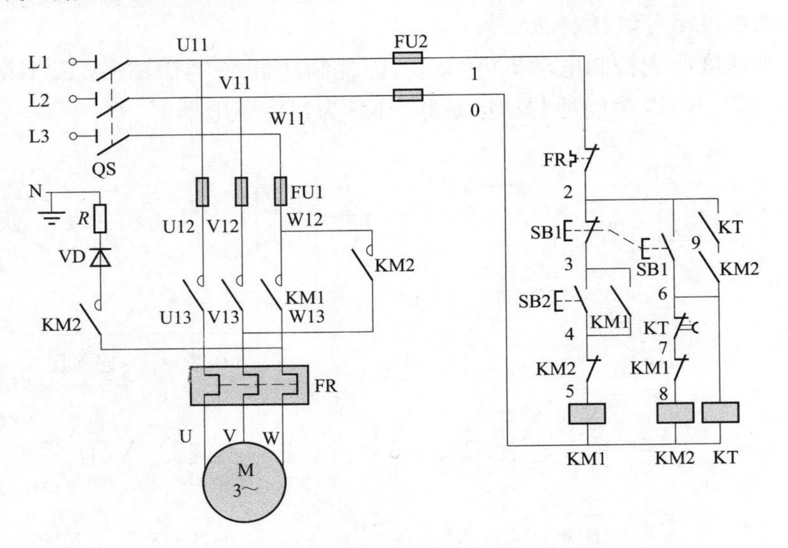

图2-49 无变压器单管能耗制动电路

5. 能耗制动优缺点

能耗制动优点是制动准确、平稳，且能量消耗较小。缺点是需是附加直流电源装置，设备费用较高，制动力较弱，在低速时制动力矩小。因此能耗制动一般用于要求制动准确、平稳的场合，如磨床、立式铣床等的控制线路中。

2.8 多速异步电动机控制电路

为使生产机械获得更大的调速范围，除采用机械变速外，还可采用电气控制方法实现电动机的多速运行。

由三相异步电动机感应电动机转速公式$n=60f_1(1-s)/p$可知，改变三相异步电动机转速可通过三种方法来实现：变极调速、变转差率调速和变频调速。变极调速是通过改变定子绕组的连接方式来实现的，它是有极调速，一般仅适用于笼型异步电动机；变转差率调速可通过调节定子电压、改变转子电路中的电阻以及采用串级调速来实现，一般适用于绕线式异步电动机；变频调速是现代电力传动的一个主要发展方向，已广泛应用于工业自动控制中。本节介绍三相笼型异步电动机变极调速控制电路及三相异步电动机变频调速的基础知识。

2.8.1 变极调速控制电路

变极调速是通过接触器触点来改变电动机绕组的接线方式，以获得不同的极对数来达到调速目的。变极电动机一般有双速、三速、四速之分。

1. 笼型双速异步电动机控制电路

（1）笼型双速异步电动机定子绕组的连接。笼型双速异步电动机定子绕组的连接图如图 2-50 所示。图中，三相定子绕组有 6 个接线端，分别为 U1、V1、W1、U2、V2、W2。

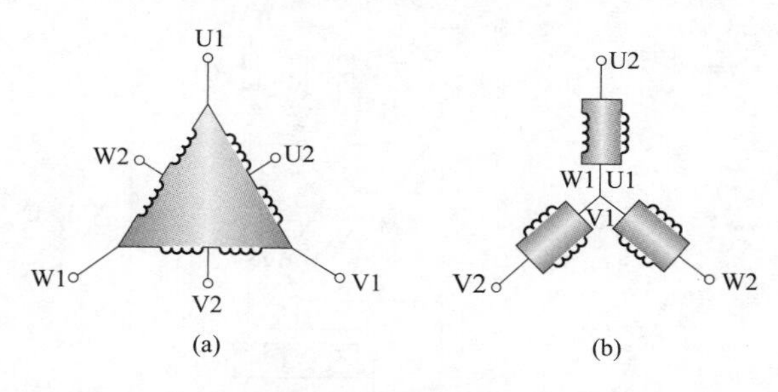

图 2-50　笼型双速异步电动机定子绕组连接图

图 2-50（a）是将电动机定子绕组的 U1、V1、W1 三个接线端接三相交流电源，而将电动机定子绕组的 U2、V2、W2 三个接线端空着不接，构成△接法，磁极为 4 极，同步转速为 1500r/min，电动机低速运行。

图 2-50（b）将电动机定子绕组的 U1、V1、W1 并接在一起，U2、V2、W2 三个接线端接三相交流电源，构成YY接法，磁极为 2 极，同步转速为 3000r/min，电动机高速运行。

可见，双速电动机高速运行时的转速是低速运行时转速的两倍。

值得注意的是，绕组改极后，其相序方向与原来相序相反。所以，在变极时，必须把电动机任意两个出线端对调，以保持高速和低速时的转向相同。

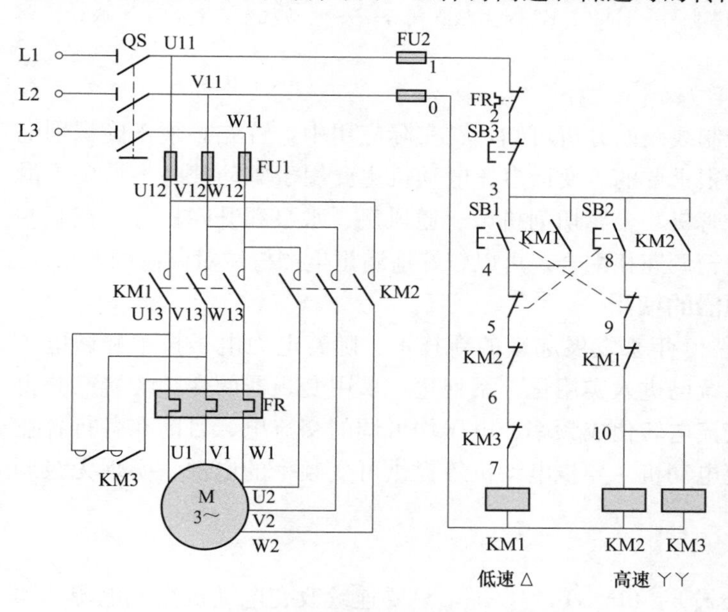

图 2-51　接触器控制双速电动机控制电路

（2）接触器控制双速电动机控制电路。接触器控制双速电动机控制线路图如图 2-51 所示，工作原理自行分析。

（3）时间继电器控制双速电动机控制线路。图 2-52 为双速电动机变极调速控制线路图。图中 KM1 为电动机三角形联结接触器，KM2、KM3 为电动机双星形联结接触器。KT 为电动机低速换高速时间继电器，SA 为高、低速选择开关，其有三个位置：“左”位为低速，“右”位为高速，“中间”位为停止。

2. 电路工作原理

合上电源隔离开关 QS。

选择开关 SA 打向低速⟶ KM1 线圈得电⟶ KM1 主触点闭合→定子绕组的接线端 U1、V1、W1 接到三相电源上，而此时 KM1、KM2 线圈不得电，主触点不闭合，电动机定子绕组△联结，电动机 M 低速运行

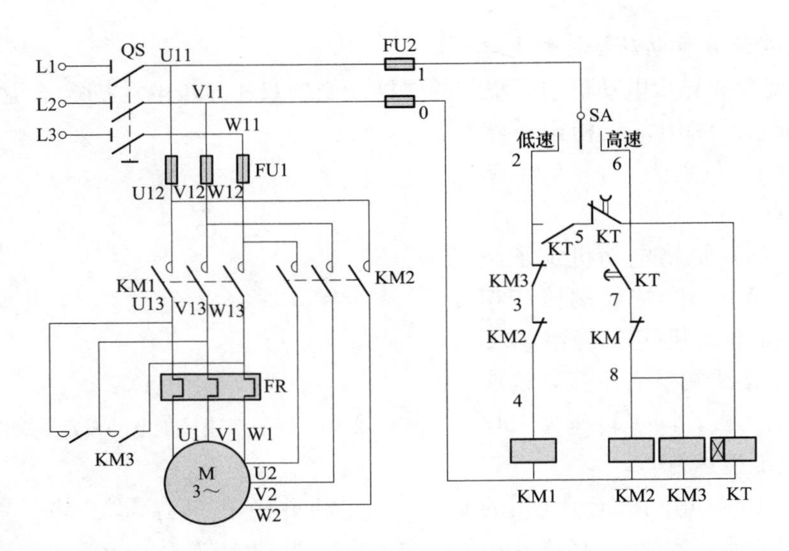

图 2-52　双速电动机变极调速控制电路图

选择开关 SA 打向高速⟶时间继电器 KT 线圈得电延时→KM1 线圈得电⟶ KM1 主触点闭合，电动机定子绕组△联结，电动机 M 低速运行⟶ KT 延时时间到⟶ KT 延时动断触点断开→KM1 线圈失电复位⟶ KM2、KM3 线圈得电⟶ KM2、KM3 主触点闭合⟶电动机定子绕组丫丫联结，电动机 M 高速运行

选择开关 SA 合向中间位时，电动机停止运行

通过对笼形异步电动机控制线路的分析可知，在实际应用中，首先必须正确识别电动机的各接线端子，这一点是很重要的。变极多速电动机主要用于驱动某些不需要平滑调速的生产机械上，如冷拔拉管机、金属切削机床、通风机、水泵和升降机等。在某些机床上，采用变极调速与齿轮箱调速相配合，可以较好地满足生产机械对调速的要求。

2.8.2　变频调速与变频器的使用

交流电动机变频调速是近 20 年来发展起来的新技术。随着电力电子技术和微电子技术的迅速发展，交流调速系统已进入实用化、系列化，采用变频器的变频装置已获得广泛应用。变频器可将工频交流电转化成频率、电压均可调的交流电，目前在各行各业中广泛应用，主要向三相交流电动机。异步电动机等提供可变频率的电源，实现无级调速、自动控制和高精度控制。

1. 变频调速原理

由三相异步电动机转速公式 $n=(1-s)60f_1/p_1$，只要连续改变电动机交流电源的频率 f_1，就可实现连续调速。交流电源的额定频率 $f_{1N}=50\text{Hz}$，所以变频调速有额定频率以下调速和额定频率以上调速两种。

（1）额定频率以下的调速。当电源频率 f_1 在额定频率以下调速时，电动机转速下降，但在调节电源频率的同时，必须同时调节电动机的定子电压 U_1，且始终保持 $U_1/f_1=$常数，否则电动机无法正常工作。电动机额定频率以下的调速为恒磁通调速，由于 Φ_m 不变，调速过程中电磁转矩 $T=C_1\Phi_m I_{2s}\cos\varphi_2$ 不变，属于恒转矩调速。

（2）额定频率以上的调速。当电源频率 f_1 在额定频率以上调节时，电动机的定子相电压是不允许在额定相电压以上调节的，否则会危及电动机的绝缘。所以，电源频率上调时，只能维持电动机定子额定相电压 U_{1N} 不变。于是，随着 f_1 升高 Φ_m 将下降，但 n 上升，故属于恒功率调速。

2. 变频器

三相异步电动机变频调速所用的变频电源有两种：一种是变频机组，另一种是静止的变频器。变频机组由直流电动机和交流发电机组成，调节直流电动机转速就能改变交流发电机的频率，变频机组设备庞大，可靠性差。随着现代电力电子技术的飞速发展，静止式变频器已完全取代了早期的旋转变频机组。

（1）变频器按变频的原理分为交—交变频器和交—直—交变频器，目前使用最多的变频器均为交—直—交变频器。交—直—交变频器主要由整流调压、滤波及逆变三部分组成，如图 2-53 所示。

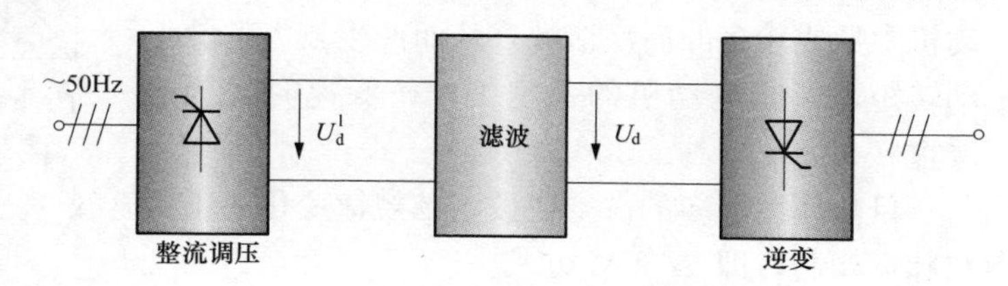

图 2-53　交—直—交变频器结构示意图

（2）根据直流环节的储能方式不同，交—直—交变频器分为电压型和电流型两种。

电压型变频器是指变频器整流后是由电容来滤波，现在使用的交—直—交变频器大部分是电压型变频器。其三相桥式逆变电路及电压波形如图 2-54、图 2-55 所示。

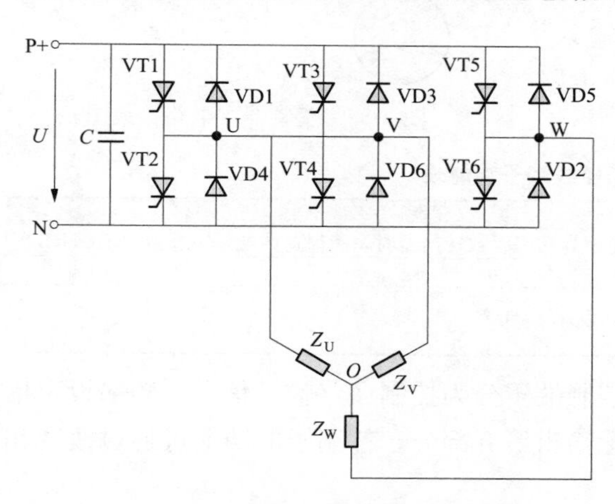

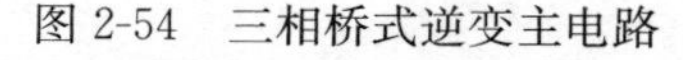
图 2-54　三相桥式逆变主电路

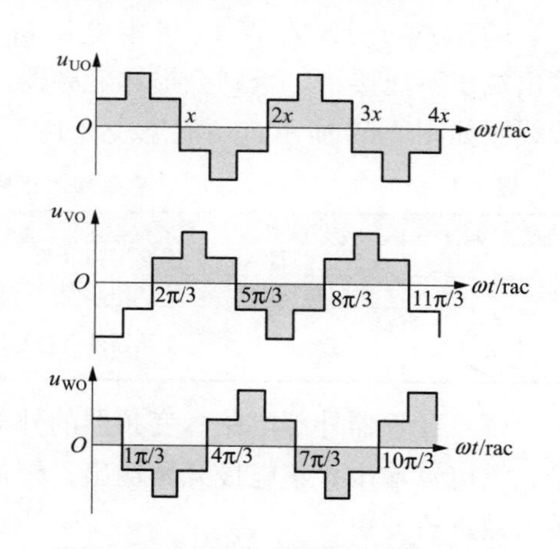

图 2-55　三相逆变器输出电压波形图

电流型变频器是指变频器整流后是由电感元件来滤波的，目前少见。

（3）根据调压方式不同，交—直—交变频器又分为脉幅调制型和脉宽调制型。脉幅调制是指变频器输出电压大小是通过改变直流电压大小来实现的。常用 PAM 表示，这种调压方式已很少使用。

脉宽调制是指变频器输出电压大小是通过改变输出脉冲的占空比来实现的，常用 PWM 表示，其结构示意图如图 2-56 所示。

采用 PWM 控制方式可以解决在一般的交—直—交变频器供电的变压、变频调速

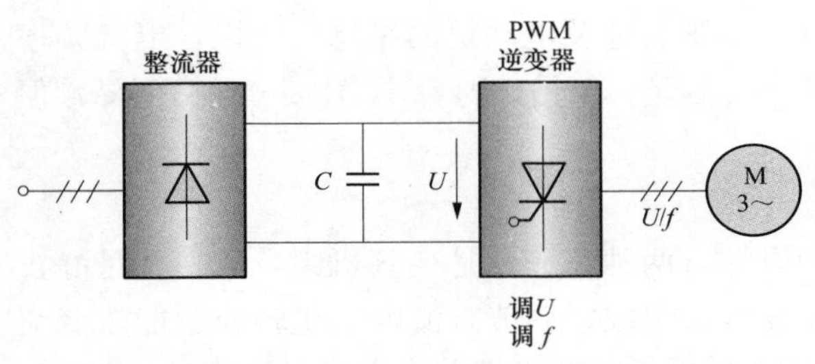

图 2-56　PWM 逆变器结构示意图

中，为获得变频调速所要求的变频与变压的协调控制，整流器必须是可控整流，这样在变频调速时要同时控制整流器和逆变器时存在的问题：①主电路中有两个可控功率环节；②由于中间环节存在动态元件，使系统的动态响应缓慢；③由于整流器是可控的，使供电电源的功率因数随变频装置输出频率的降低而变差，并产生高次谐波电流；④逆变器输出为六拍阶梯波交变电压，在拖动电动机中形成较多的高次谐波，从而产生较大的脉动转矩，影响电动机的稳定工作，低速时尤为严重。

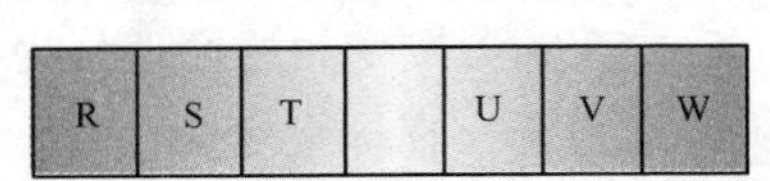

图 2-57　变频器主电路接线端子号

目前使用最多的占空比按正弦规律变化的正弦脉宽调制，即 SPWM 方式。

3. 变频器的使用

（1）变频器主电路的接线。以日本三菱变频器为例，变频器主电路的接线端子有 6 个，如图 2-57 所示，其中输入端子 R/S/T 接三相电源（没有必要考虑相序，使用单相电源时必须接 R，S)，输出端子 U/V/W 接三相电动机。输入、输出端子不能接错，否则会损坏变频器。主电路接线图如图 2-58 所示，功能见表 2-1。

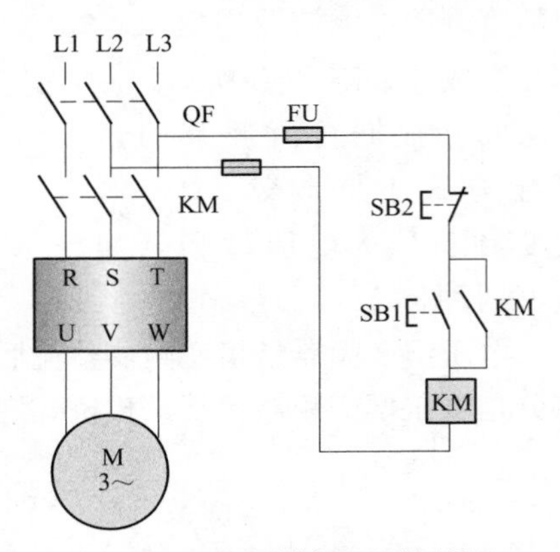

图 2-58　变频器主电路接线图

表 2-1　　变频器主电路接线端子功能表

端子记号	端子名称	说明
R，S，T	交流电源输入	连接工频电源。当使用高功率因数转换器时，确保这些端子不连接（FR-HC）
U，V，W	变频器输出	接三相笼型电动机
⏚	接地	变频器外壳接地用，必须接大地

（2）变频器外部电路。变频器的外部控制端子分为控制回路输入信号、频率设定信号、继电器输出、集电极开路输出、模拟量输出等五部分。各端子的功能可通过改变相关参数进行变更。

1）端子排的排列。

在变频器控制回路，端子安排如图 2-59 所示。

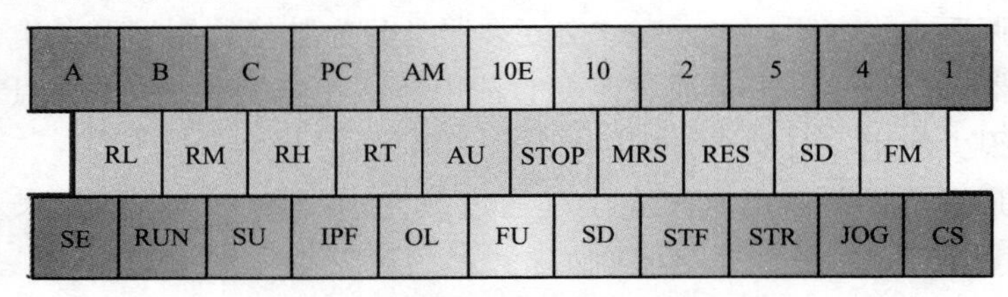

图 2-59　变频器控制回路接线端子号

2）控制回路端子说明见表 2-2。

表 2-2　　变频器控制回路路接线端子功能表

类型		端子记号	端子名称	说明	
输入信号	起动接点·功能设定	STF	正转起动	STF 信号为 ON 便正转，处于 OFF 为停止	STF 和 STR 信号同时为 ON 时，相当于停止指令
		STR	反转起动	STR 信号为 ON 为逆转，处于 OFF 为停止	
		STOP	起动自保持	STOP 信号处于 ON，可以选择起动信号自保持	
		RH，RM，RL	多段速度	用 RH，RM 和 RL 信号的组合可以选择多段速度	
		JOG	点动模式	JOG 信号 ON 时选择点动运行（出厂设定）	
		RT	第 2 加/减速时间选择	RT 信号处于 ON 时选择第 2 加减速时间	
		MRS	输出停止	MRS 信号为 ON 时，变频器输出停止	
		RES	复位	用于解除保护回路动作的保持状态	
		AU	电流输入选择	端子 AU 信号 ON 时，变频器才可用直流 4～20mA 作为频率设定	
		CS	瞬停电再起动选择	CS 信号预先处于 ON，瞬时停电再恢复时变频器便可自动起动	
		SD	公共输入端	接点输入端子和 FM 端子的公共端	
		PC	直流 24V 电源和外部晶体管公共端接点输入公共端	当连接晶体管输出（集电极开路输出）	
模拟输出信号	频率设定接点	10E	频率设定用电源	10VDC，允许负载电流 10mA	
		10		5VDC，允许负载电流 10mA	
		2	频率设定（电压）	输入 0～5VDC（或 0～10VDC）时 5V（10VDC）对应于为最大输出频率。输入输出成比例	
		4	频率设定（电流）	DC4～20mA，20mA 为最大输出频率，输入，输出成比例	
		5	频率设定公共端	频率设定信号（端子 2，1 或 4）和模拟输出端子 AM 的公共端子。请不要接大地	
		A，B，C	异常输出	指示变频器因保护功能动作而输出停止的转换接点	
	集电极开路	RUN	变频器正在运行		
		SU	频率到达	输出频率达到设定频率的±10%（出厂设定，可变更）时为低电平，正在加/减速或停止时为高电平	
		OL	过负载报警	失速保护功能动作时为低电平，失速保护解除时为高电平	
		IPF	瞬时停电	瞬时停电，电压不足保护动作时为低电平 *1	
		FU	频率检测	输出频率为设定的检测频率以上时为低电平，以下时为高电平	
		SE	集电极开路公共端	端子 RUN，SU，OL，IPF，FU 的公共端子	
	脉冲	FM	指示仪表用	可以从 16 种监示项目中选一种作为输出	
	模拟	AM	模拟信号输出		
	通信	RS485	PU 接口	通过操作面板的接口，进行 RS-485 通信	

（3）变频器多速运行。变频器的外部端子 RH、RM、RL 是速度控制端子。通过这些端子的组合可以实现电动机的高、中、低三段速控制。接线图如图 2-60 所示。

通过按钮控制 PLC 的输出动作（按下正转起动按钮 X6 或者反转起动按钮 X7），

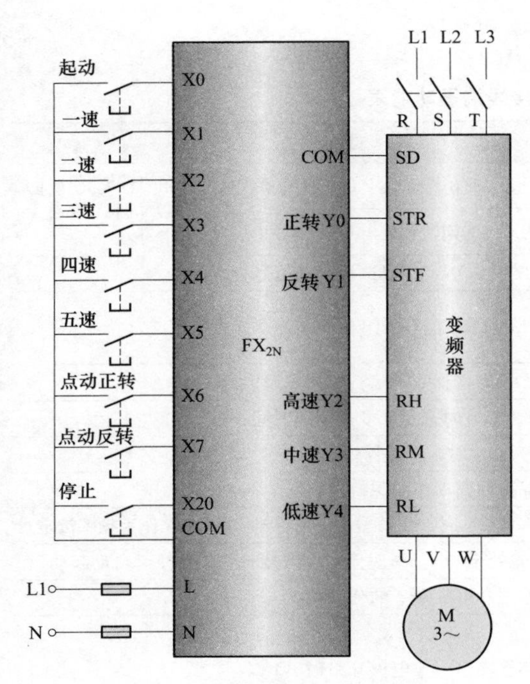

图 2-60 变频器多速运行接线图

PLC 的 Y0 和 Y1 口输出相应的信号。若 X6 按下则 Y0 输出有效信号，若 X7 按下则 Y1 输出有效信号，控制电动机的正反转、停止。按下调速按钮 X1、X2、X3、X4、X5 时，在 PLC 程序的运行下，PLC 输出端口 Y2、Y3、Y4 输出不同的信号组合，与变频器相接，这样在变频器内部 24V 电压下，根据变频器频率值的设定（如：低速 20Hz，中速 40Hz，高速 50Hz），变频器模拟输入端将有连续变化的数值，所以与变频器相连的电动机就可以在不同的频率下多速运行。

采用变频器实现的多速控制，电路接线简单，操作简单，固定频率的设定值可根据实际需要灵活设置，设备投资少，成本低，控制效果好，同时优化了系统，并提高了系统的可靠性。

习　题　2

1. 判断题（正确的打√，错误的打×）

（1）三相笼型异步电动机的电气控制线路，如果使用热继电器作过载保护，就不必要再装设熔断器作短路保护。（　　）

（2）在反接制动的控制线路中，必须采用以时间为变化量进行控制。（　　）

（3）失压保护的目的是防止电压恢复时电动机自起动。（　　）

（4）接触器不具有欠压保护的功能。（　　）

（5）电动机采用制动措施的目的是为了停车平稳。（　　）

（6）交流电动机的控制线路必须采用交流操作。（　　）

（7）现有四个按钮，欲使它们都能控制接触器 KM 得电，则它们的动合触点应串联到 KM 的线圈电路中。（　　）

（8）自耦变压器降压起动的方法适用于频繁起动的场合。（　　）

2. 选择题（将正确答案的序号填入括号中）

（1）甲、乙两个接触器，欲实现互锁控制，则应（　　）。

A. 在甲接触器的线圈电路中串入乙接触器的动断触点

B. 在乙接触器的线圈电路中串入甲接触器的动断触点

C. 在两接触器的线圈电路中互串对方的动断触点

D. 在两接触器的线圈电路中互串对方的动合触点

（2）甲、乙两个接触器，若要求甲工作后允许乙接触器工作，则应（　　）。

A. 在乙接触器的线圈电路中串入甲接触器的动断触点

B. 在乙接触器的线圈电路中串入甲接触器的动合触点

C. 在甲接触器的线圈电路中串入乙接触器的动断触点

D. 在甲接触器的线圈电路中串入乙接触器的动合触点

(3) 下列电器中不能实现短路保护的是（　　）。

A. 熔断器　　B. 热继电器　　C. 过电流继电器　　D. 空气开关

(4) 同一电器的各个部件在图中可以不画在一起的图是（　　）。

A. 电气原理图　　B. 电气布置图　　C. 电气安装接线图　　D. 电气系统图

3. 问答题

(1) 电动机点动控制与连续运转控制的关键控制环节是什么？其主电路又有何区别？

(2) 何为互锁控制？实现电动机正反转互锁控制的方法有哪两种？它们有何不同？

(3) 电动机可逆运行控制电路中何为机械互锁？何为电气互锁？

(4) 电动机常用的保护环节有哪些？通常它们各由哪些电器来实现其保护？

(5) 何为电动机的欠电压与失电压保护？接触器和按钮控制电路如何实现欠电压与失电压保护的？

(6) 什么叫制动，制动的方法有哪两类？

(7) 什么叫电气制动？常用的电气制动方法有哪两种？比较说明两种制动方法的主要不同点。

(8) 什么是交流异步电动机的软起动和软制动？其作用是什么？

(9) 什么是变频器？它具有哪些特点？

(10) 三相异步电动机的调速方法有哪三种？笼型异步电动机的变极调速是如何实现的？

4. 设计题

(1) 试画出点动的双重连锁正反转控制线路图。

(2) 某车床有两台电动机，一台是主轴电动机，要求能正反转控制；另一台是冷却液泵电动机，只要求正转控制；两台电动机都要求具有短路、过载、欠电压和失电压保护，设计满足要求的控制线路图。

(3) 题图 2-61 所示是两条传送带运输机的示意图。请按下述要求画出两条传送带运输机的控制电路图。

①1 号起动后，2 号才能起动；②1 号必须在 2 号停止后才能停止；③具有短路、过载、欠电压及失电压保护。

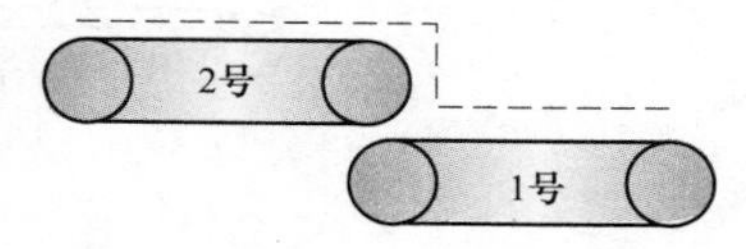

图 2-61　传送带运输机示意图

(4) 现有一双速电动机，试按下述要求设计控制线路：①分别用两个按钮操作电动机的高速起动与低速起动，用一个总停止按钮操作电动机停止；②起动高速时，应先接成低速，然后经延时后再换接到高速；③有短路保护和过载保护。

(5) 某机床主轴电动机 M1，要求。

①可进行可逆运行；②可正向点动、两处起动、停止；③可进行反接制动；④有短路和过载保护。试画出其电气控制线路图。

（6）有两台电动机 M1、M2，要求如下。

1）按下控制按钮 SB1 后，两电动机正转，过 10 s 后电动机自动停止，再过 15 s 电动机自动反转；

2）M1、M2 能同时或分别停止；

3）控制电路应有短路、过载和零压保护环节。

试画出其电气控制线路图。

（7）某台三相笼型异步电动机 M1，要求如下。

①能正反转；②采用能耗制动停转；③有过载、短路、失电压及欠电压保护。试画出其电气控制线路图。

（8）利用失电延时型时间继电器设计三相交流异步电动机的Y—△起动控制线路。

（9）用继电接触器设计三台交流电机相隔 3 s 顺序起动同时停止的控制线路。

（10）一台电动机起动后经过一段时间，另一台电动机就能自行起动，试设计控制电路。

（11）两台电机能同时起动和同时停止，并能分别起动和分别停止，试设计控制电路原理图。

（12）某生产机械要求由 M1、M2 两台电动机拖动，M2 能在 M1 起动一段时间后自行起动，但 M1、M2 可单独控制起动和停止。

（13）设计一个小车运行的控制线路，小车由三相交流异步电动机拖动，其动作要求如下。

1）小车由原位开始前进，到终端后自动停止；

2）在终端停留 3 s 钟后自动返回原位停止；

3）要求能在前进或后退途中任意位置都能停止或起动。

（14）图 2-62 为一台四级皮带输送机，由四台笼型电动机 M1～M4 拖动，试按如下要求设计电路图。

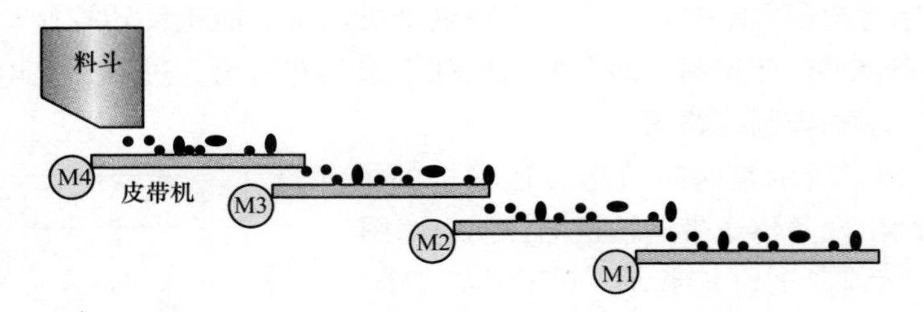

图 2-62　四级皮带输送机示意图

1）起动时，要求按 M1—M2—M3—M4 顺序进行；

2）正常停车时，要求按 M4—M3—M2—M1 顺序进行；

3）事故停车时，若 M2 停车，则 M3、M4 立即停车而 M1 延时停车；

4）上述所有动作均按时间原则控制；

5）各电动机均可单独起停运行。

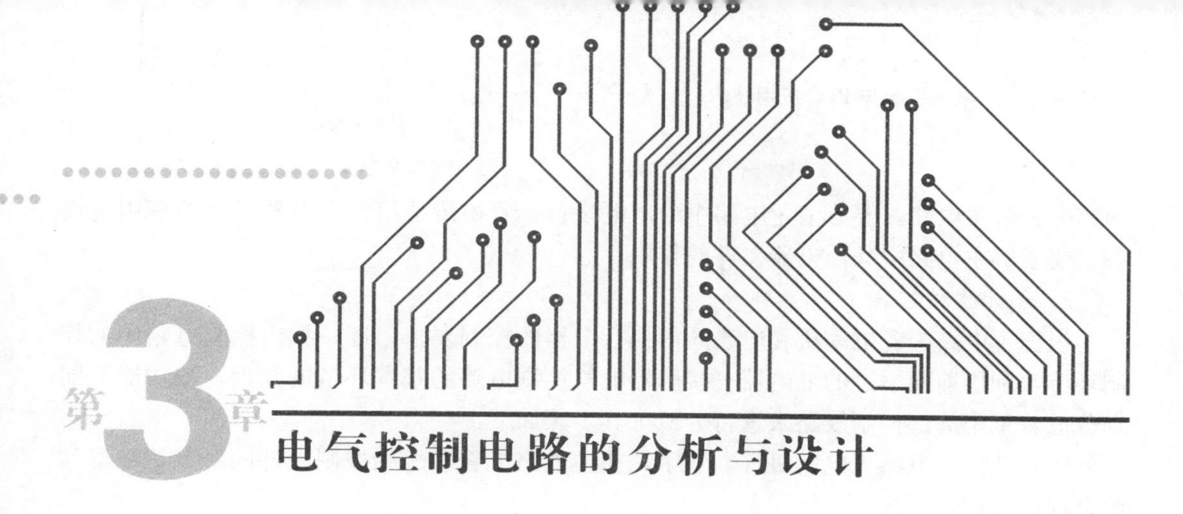

第3章 电气控制电路的分析与设计

目前，绝大多数生产机械仍采用继电器、接触器等电器元件控制，也就是继电器—接触器控制。时至今日，尽管可编程控制器等各种现代控制技术和控制系统不断问世，并且一些控制技术成了工业控制领域的主流技术，但由于继电器—接触器电气控制系统线路简单、价格低廉，数十年来在各种生产机械的电气控制系统领域中广为应用并不断发展。时至今日，工厂底层的自动化、生产一线最前端的控制与执行仍然是传统技术的继电器—接触器控制。因此，掌握传统生产机械电器控制线路的分析方法具有重要的现实意义。

本章首先介绍典型生产机械继电接触式控制线路读图方法，并列举了实例，以车床、钻床桥式起重机为例，通过对工厂典型生产机械及其控制系统的实例分析，进一步阐述电气控制系统的分析步骤和分析方法，使读者掌握阅读分析电气控制系统原理图的方法，提高读图能力和综合设计能力，了解继电器—接触器控制在工控领域中应用与发展的实际，同时为学习 PLC 等其他控制系统打下良好的基础。

3.1 继电器—接触器电气控制系统分析

电气控制系统图从功能分类，可以分为电气原理图、电气装配图、电气接线图和电气布置图。本节主要介绍阅读分析机床电气控制原理图的方法。阅读分析电气控制原理图，主要包括主电路、控制电路和辅助电路等几部分。在阅读分析之前，应注意以下几个问题：

（1）对机床的主要结构、运动形式、加工工艺要求等应有一定的了解，做到了解控制对象，明确控制要求。

（2）应了解机械操作手柄与电器元件的关系，了解机床液压系统与电气控制的关系等。

（3）将整个控制电路按动能不同分成若干局部控制电路，逐一分析，分析时应注意各局部电路之间的连锁关系，然后再统观整个电路，形成一个整体观念。

（4）抓住各机床电气控制的特点，深刻理解电路中各电器元件、各接点的作用，掌握分析方法，养成分析习惯。

3.1.1 电气控制电路的读图方法

1. 分析主电路

从主电路入手，根据每台电动机和电磁阀等执行电器的控制要求去分析它们的控制内容。分析主电路，要分清主电路中的用电设备、要搞清楚用什么电器元件控制用电设备、要了解主电路中其他电器元件的作用。

2. 分析控制电路

根据主电路中各电动机和电磁阀等执行电器的控制要求，逐一找出控制电路中的控制环节，利用前面学过的继电器—接触器电气控制电路的基本环节的知识，按功能不同划分成若干个局部控制线路来进行分析。其步骤如下：

(1) 从执行电器（电动机等）着手，在主电路上看有哪些控制元件的触点，根据其组合规律看控制方式。

(2) 在控制电路中由主电路控制元件的主触点的文字符号找到有关的控制环节及环节间的联系。

(3) 从按动起动按钮开始，查对线路，观察元件的触点符号是如何控制其他控制元件动作的，再查看这些被带动的控制元件的触点是如何控制执行电器或其他元件动作的，并随时注意控制元件的触点使执行电器有何运动或动作，进而驱动被控机械有何运动。

在分析过程中，要一边分析一边记录，最终得出执行电器及被控机械的运动规律。

3. 分析辅助电路

辅助电路包括电源显示、工作状态显示、照明和故障报警等部分，它们大多由控制电路中的元件来控制，所以在分析时，要对照控制电路进行分析。

4. 分析连锁与保护环节

生产机械对于安全性和可靠性有很高的要求，实现这些要求，除了合理地选择拖动和控制方案以外，在控制线路中还设置了一系列电气保护和必要的电气连锁。

5. 总体检查

经过“化整为零”，逐步分析了每一个局部电路的工作原理以及各部分之间的控制关系之后，还必须用“集零为整”的方法，检查整个控制线路，看是否有遗漏。特别要从整体角度去进一步检查和理解各控制环节之间的联系，理解电路中每个元件所起的作用。

3.1.2 车床的电气控制

在各种金属切削机床中，车床占的比重最大，应用也最广泛。车床的种类很多，有卧式车床、落地车床、立式车床、转塔车床等，生产中以普通车床应用最普遍，数量最多。本节以C650普通卧式车床为例进行电气控制线路分析。

1. C650卧式车床的主要结构及运动形式

C650卧式车床属于中型车床，可加工的最大工件回转直径为1 020 mm，最大工件长度为3 000 mm，车床的结构形式如图3-1所示，由主轴变速箱、挂轮箱、进给箱、溜板箱、尾座、滑板与刀架、光杠与丝杠等部件组成。

车床有三种运动形式，主轴通过卡盘或顶尖带动工件的旋转运动，称为主运动；刀具与滑板一起随溜板箱实现进给运动，称为进给运动；其他运动称为辅助运动。

主轴的旋动运动由主轴电动机拖动，经传动机构实现。车削加工时，要求车床主轴能在较大范围内变速。通常根据被加工零件的材料性能、车刀材料、零件尺寸精度要求、加工方式及冷却条件等来选择切削速度，采用机械变速方法。对于卧式车床，调速比一般应大于70。为满足加工螺纹的需求，主轴有正反转。由于加工的工件比较大，其转动惯量也较大，停车时采取电气制动。

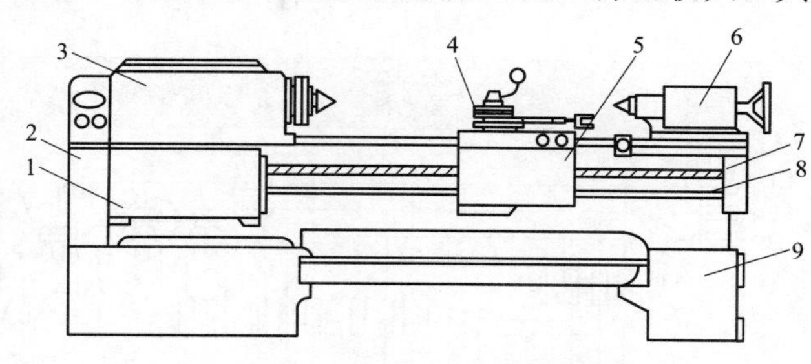

图3-1　C650卧式车床的结构

1—进给箱；2—挂轮箱；3—主轴变速箱；4—滑板与刀架；5—溜板箱；6—尾座；7—丝杠；8—光杠；9—床身

车床纵、横两个方向的进给运动是由主轴箱的输出轴，经挂轮箱、进给箱、光杠传入溜板箱而获得，其运行形式有手动和自动控制。

车床的辅助运动为溜板箱的快速移动、尾座的移动和工件的夹紧与放松。

2. 电力拖动要求与控制特点

（1）车削加工近似于恒功率负载，主轴电动机M1选用鼠笼型异步电动机，完成主轴主运动和刀具进给运动的驱动。电动机采用直接起动的方式起动，可正反两个方向旋转，并可实现正反两个旋转方向的电气制动。为加工调整方便，还具有点动功能。

（2）车削螺纹时，刀架移动与主轴旋转运动之间必须保持准确的比例关系，因此，车床主轴运动和进给运动只由一台电动机拖动，刀架移动由主轴箱通过机械传动链来实现。

（3）为了提高生产效率、减轻工人劳动强度，拖板的快速移动电动机M3单独拖动，根据使用需要，可随时手动控制起停。

（4）车削加工中，为防止刀具和工件的温度过高，延长刀具使用寿命，提高加工质量，车床附有一台单方向旋转的冷却泵电动机M2，与主轴电动机实现顺序起停，也可单独操作。

（5）必要的保护环节、连锁环节、照明和信号电路。

3. C650卧式车床电气控制线路分析

（1）主电路分析。C650卧式车床控制线路如图3-2所示。主电路中有三台电动机。隔离开关QS将三相电源引入，电动机主电路接线分为3部分，第一部分由正转控制交流接触器KM1和反转控制交流接触器KM2的两组主触点构成电动机的正反转接线；第二部分为电流表A经电流互感器TA接在主电动机M1的动力回路上，以监视电动机工作时绕组的电流变化。为防止电流表被起动电流冲击损坏，利用一时间继电器KT的延时动断触点，在起动的短时间内将电流表暂时短接；第三部分线路通过交流接触器KM3的主触点控制限流电阻R的接入和切除。在进行点动调整时，为防止连续的起动电流造成电动机过载，串入限流电阻R，以保证电路设备正常工作。在电动机反接制动时，通常串入电阻R限流。速度继电器KS与电动机同轴连接。在停车制动过程中，当主电动机转速为零时，其动合触点可将控制电路中反接制动相应电路切断，完成停车制动。

电动机M2由交流接触器KM4的主触点控制其动力电路的接通与断开，电动机M3由交流接触器KM5控制。

为了保证主电路的正常运行，主电路中还设置了采用熔断器的短路保护环节和采用热继电器的电动机过载保护环节。

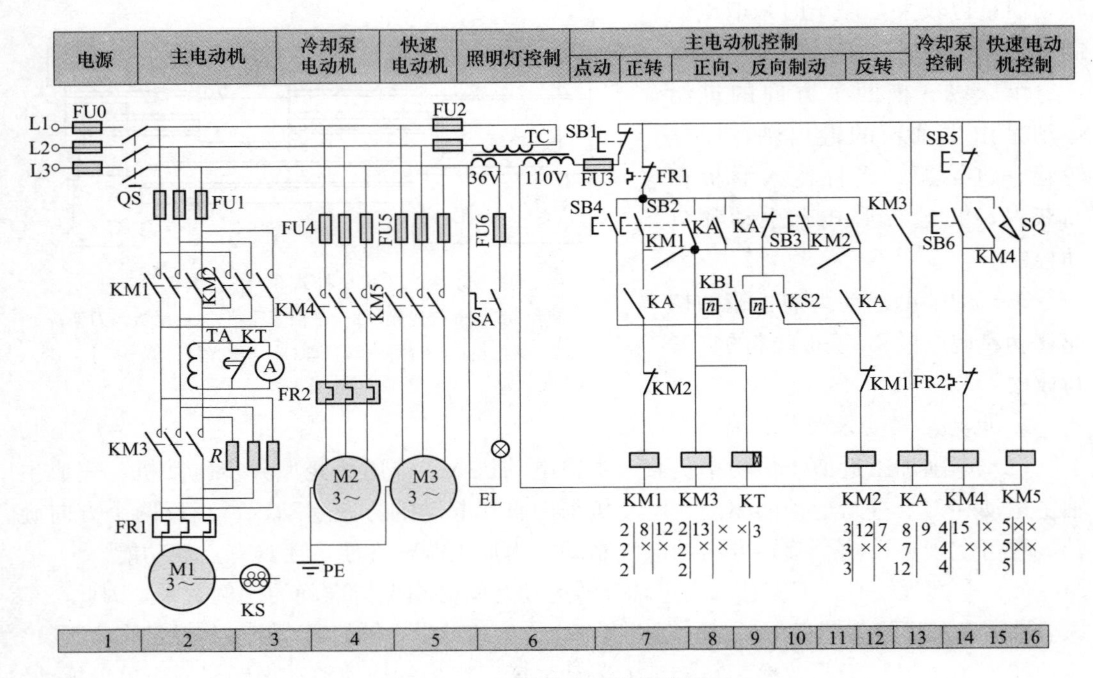

图 3-2　C650 卧式车床控制线路图

（2）控制电路分析。

主电动机 M1 的控制电路过程如下。

1）M1 正向起动控制。按下正向起动按钮 SB2→KM3、KT 线圈得电→KM3 主触点将主电路中限流电阻 R 短接，同时辅助动合触点闭合→KA 线圈得电，动断触点断开切除停车制动电路；动合触点闭合→KM1 线圈得电→KM1 主触点闭合，动合触点闭合自锁→电动机正向直接起动→转速高于 120 r/min 后，速度继电器动合触点 KS2 闭合。KT 线圈得电后，动断触点延时断开，电流表接入电路正常工作。

2）M1 正向反接制动。按下停车按钮 SB1→KM1、KM3、KA 线圈失电，触点复位，电动机 M1 惯性继续运转→松开停车按钮 SB1→KM2 线圈得电→KM2 主触点闭合，电动机 M1 串入限流电阻 R 反接制动，强迫电动机迅速停车→转速低于 100r/min 时，KS2 断开→KM2 线圈失电→触点复位→电动机失电，反接制动过程结束。

3）M1 正向点动控制。按下 SB4→KM1 线圈得电→主触点闭合→电动机 M1 串入限流电阻 R 正向点动→松开 SB4→KM1 线圈失电→主触点复位→电动机 M1 停转。

4）M1 反向控制。M1 反向起动控制由 SB3 控制，反向反接制动由 SB1 控制。工作过程自行分析。

刀架的快速移动和冷却泵电动机的控制分析如下。

刀架快速移动是由转动刀架手柄压动位置开关 SQ，接通控制快速移动电动机 M3 的接触器 KM5 的线圈电路，KM5 的主触点闭合，M3 起动，经传动系统驱动溜板箱带动刀架快速移动。刀架快速移动电动机 M3 是短时间工作，故未设置过载保护。

冷却泵电动机 M2 由起动按钮 SB6、停止按钮 SB5 控制接触器 KM4 线圈电路的通断，以实现电动机 M2 的控制。

(3) 照明电路分析。控制变压器 TC 的二次侧输出 36 V、110 V 电压，分别作为车床低压照明和控制电路电源。EL 为车床的低压照明灯，由开关 SA 控制，FU6 作短路保护。

4. C650 车床常见电气故障

(1) 主轴电动机不能起动。可能的原因有：电源没有接通；热继电器已动作，其动断触点尚未复位；起动按钮或停止按钮内的触点接触不良；交流接触器的线圈烧毁或接线脱落等。

(2) 按下起动按钮后，电动机发出嗡嗡声，不能起动。这是电动机的三相电流缺相造成的。可能的原因有：熔断器某一相熔丝烧断；接触器一对主触点没接触好；电动机接线某一处断线等。

(3) 按下停止按钮，主轴电动机不能停止。可能的原因有：接触器触点熔焊、主触点被杂物卡阻；停止按钮动断触点被卡阻。

(4) 主轴电动机不能点动。可能的原因有：点动按钮 SB4 其动合触点损坏或接线脱落。

(5) 不能检测主轴电动机负载。可能的原因有：电流表损坏、时间继电器设定时间太短或损坏、电流互感器损坏。

3.1.3 钻床的电气控制

机械加工过程中经常需要加工各种各样的孔，钻床就是一种用途广泛的孔加工机床，它主要用于钻削精度要求不太高的孔。还可以用来扩孔、铰孔、镗孔以及攻螺纹等。

钻床的种类很多，有台钻、立钻、卧钻、专门化钻床和摇臂钻床。台钻和立钻的电气线路比较简单，其他形式的钻床在控制系统上也大同小异，本节以 Z37 和 Z3050 为例分析它的电气控制线路。

Z3040 摇臂钻床电气控制线路如下。

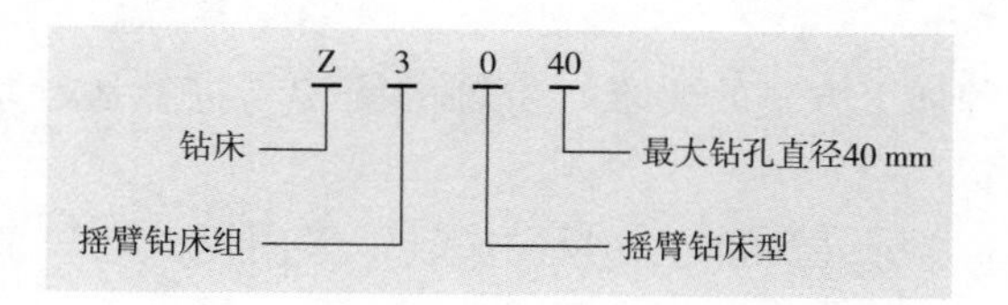

1. Z3040 摇臂钻床的主要结构及运行

Z3040 摇臂钻床是一种立式钻床，它具有性能完善、适用范围广、操作灵活及工作可靠等优点，适合加工单件和批量生产中带有多孔的大型零件。

Z3040 摇臂钻床主要由底座、内立柱、外立柱、摇臂、主轴箱、工作台等部分组成。如图 3-3 所示。内立柱固定在底座上，在它的外面套着空心的外立柱，外立柱可绕着内立柱回转 360°。摇臂一端的套筒部分与外立柱滑动配合，借助丝杠的正反转可使摇臂沿外立柱作上下移动，但两者不能做相对运动，因此摇臂只能与外立柱一起绕内立柱回转。主轴箱是一个复合部件，它包括主轴及主轴旋转和进给运动的全部传动变速和操作机构。主轴箱安装于摇臂的水平导轨上，可以通过手轮操作使其在水平导轨上沿摇臂移动。

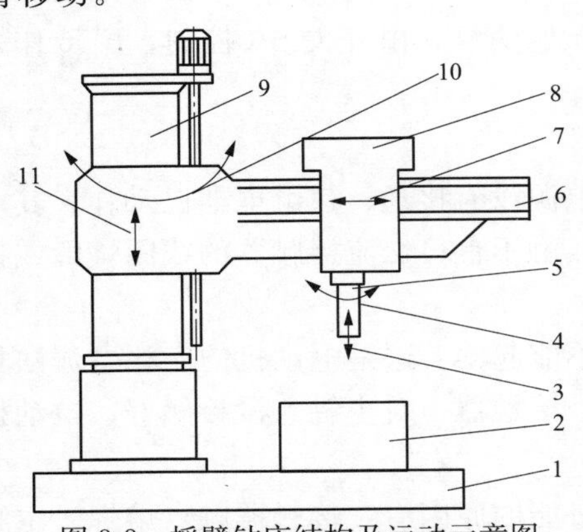

图 3-3　摇臂钻床结构及运动示意图

1—底座；2—工作台；3—主轴纵向进给；4—主轴旋转主运动；5—主轴；6—摇臂；7—主轴箱沿摇臂径向运动；8—主轴箱；9—内外立柱；10—摇臂回转运动；11—摇臂上下垂直运动

钻削加工时，主轴箱可由夹紧装置将其固定在摇臂的水平导轨上，外立柱紧固在内立柱上，摇臂紧固在外立柱上，然后进行钻削加工。

钻削加工时，主轴旋转为主运动，而主轴的直线移动为进给运动。即钻孔时钻头一面做旋转运动，同时作纵向进给运动。主轴变速和进给变速的机构都在主轴箱内，用变速机构分别调节主轴转速和上、下进给量。摇臂钻床的主轴旋转运动和进给运动由一台交流异步电动机 M1 拖动。

摇臂钻床的辅助运动有：摇臂沿外立柱的上升、下降，立柱的夹紧和松开以及摇臂与外立柱一起绕内立柱的回转运动。摇臂的上升、下降由一台交流异步电动机 M2 拖动，立柱的夹紧和松开，摇臂的夹紧和松开以及主轴箱的夹紧和松开由另一台交流电动机 M3 拖动一台液压泵，供给夹紧装置所需要的压力油，从而推动夹紧机构液压系统实现的。而摇臂的回转和主轴箱摇臂水平导轨方向的左右移动通常采用手动。此外还有一台冷却泵电动机 M4 对加工的刀具进行冷却。

2. 电力拖动的特点和控制要求

（1）摇臂钻床运动部件较多，为简化传动装置，采用多台电动机拖动，通常设有主轴电动机、摇臂升降电动机、立柱夹紧和放松电动机及冷却泵电动机。

（2）主轴的旋转运动、纵向进给运动及其变速机构均在主轴箱内，由一台主电动机拖动。

（3）为了适应多种加工方式的要求，主轴的旋转与进给运动均有较大的调速范围，由机械变速机构实现。

（4）加工螺纹时，要求主轴能正、反向旋转，采用机械方法来实现。因此，主电动机只需单方向旋转，可直接起动，不需要制动。

（5）摇臂的升降由升降电动机拖动，要求电动机能正、反向旋转，采用笼型异步电动机。可直接起动，不需要调速和制动。

（6）内外立柱、主轴箱与摇臂的夹紧与松开，是通过控制电动机的正、反转，带动液压泵送出不同流向的压力油，推动活塞，带动菱形块动作来实现。因此拖动液压泵的电动机要求正、反向旋转，采用点动控制。

（7）摇臂钻床主轴箱、立柱的夹紧与松开由一条油路控制，且同时动作。而摇臂的夹紧与松开是与摇臂升降工作连成一体的，由另一条油路控制。两条油路哪一条处于工作状态，是根据工作要求通过控制电磁阀操纵的。

（8）根据加工需要，操作者可以手控操作冷却泵电动机单向旋转。

（9）必要的连锁和保护环节。

（10）机床安全照明及信号指示电路。

3. Z3040 摇臂钻床电气控制线路分析

Z3040 摇臂钻床主要有两种主要运动和其他辅助运动，主运动是指主轴带动钻头的旋转运动；进给运动是指钻头的垂直运动；辅助运动是指主轴箱沿摇臂水平移动，摇臂沿外立柱上下移动以及摇臂和外立柱一起相对于内立柱的回转运动。

Z3040 摇臂钻床具有两套液压控制系统：一套是由主轴电动机拖动齿轮泵送出压力油，通过操纵机构实现主轴正反转、停车制动、空挡、预选与变速；另一套是由液压泵电动机拖动液压泵送出压力油来实现摇臂的夹紧与松开、主轴箱的夹紧与松开、立柱的夹紧与松开。前者安装在主轴箱内，后者安装于摇臂电器盒下部。

（1）操纵机构液压系统。该系统压力油由主轴电动机拖动齿轮泵送出，由主轴操作手柄来改变两个操纵阀的相互位置，获得不同的动作。操作手柄有五个空间位置：上、下、里、外和中间位置。其中上为“空挡”，下为“变速”，外为“正转”，里为“反转”，中间位置为“停车”。而主轴转速及主轴进给量各由一个旋钮预选，然后再操作主轴手柄。

主轴旋转时，首先按下主轴电动机起动按钮，主轴电动机起动旋转，拖动齿轮泵，送出压力油。然后操纵主轴手柄，扳至所需转向位置（里或外），于是两个操纵阀相互位置改变，使一股压力油将制动摩擦离合器松开，为主轴旋转创造条件；另一股压力油压紧正转（反转）摩擦离合器，接通主轴电动机到主轴的传动链，驱动主轴正转或反转。

在主轴正转或反转的过程中，可转动变速旋钮，改变主轴转速或主轴进给量。

主轴停车时，将操作手柄扳回中间位置，这时主轴电动机仍拖动齿轮泵旋转，但此时整个液压系统为低压油，无法松开制动摩擦离合器，而在制动弹簧作用下将制动摩擦离合器压紧，使制动轴上的齿轮不能转动，实现主轴停车。所以主轴停车时主轴发动机仍在旋转，只是不能将动力传到主轴。

主轴变速与进给变速：将主轴操作手柄扳至“变速”位置，于是改变两个操纵阀的相互位置，使齿轮泵送出的压力油进入主轴转速预选阀和主轴进给量预选阀，然后进入各变速油缸。与此同时，另一油路系统推动拨叉缓慢移动，逐渐压紧主轴正转摩擦离合器，接通主轴电动机到主轴的传动链，带动主轴缓慢旋转，称为缓速，有利于齿轮的顺利啮合。当变速完成，松开操作手柄，此时手柄在弹簧作用下由“变速”位置自动复位到主轴“停车”位置，然后再操纵主轴正转或反转，主轴将在新的转速或进给量下工作。

（2）夹紧机构液压系统。主轴箱、内外立柱和摇臂的夹紧和松开是由液压泵电动机拖动液压泵送出压力油，推动活塞，菱形块来实现的。其中由一个油路控制主轴箱和立柱的夹紧，另一油路控制摇臂的夹紧和松开，这两个油路均由电磁阀控制。

Z3040 摇臂钻床电气控制线路如图 3-5 所示。该机床共有 4 台电动机：主电动机 M1，摇臂升降电动机 M2，液压泵电动机 M3 和冷却泵电动机 M4。

（3）主电路分析。

1）主电动机 M1 单向旋转，它由接触器 KM1 控制，而主轴的正反转依靠机床液压系统并配合正、反转摩擦离合器来实现。

2）摇臂升降电动机 M2 具有正反转控制，控制电路保证在操纵摇臂升降时先通过液压系统，将摇臂松开后 M2 才能起动，带动摇臂上升或下降，当移动达到所需位置时控制电路又保证升降电动机先停止，然后自动液压系统将摇臂夹紧。由于 M2 是短时运转的，所以没有设置过载保护。

3）液压泵电动机 M3 送出压力油作为摇臂的松开与夹紧、立柱和主轴箱的松开与夹紧的动力源。为此，M3 采用由接触器 KM4、KM5 来实现正反转控制，并设有热继电器 FR2 作为过载保护。

4）冷却泵电动机 M4 容量小所以用组合开关 SA1 直接控制其运行和停止。

（4）控制电路分析。该机床控制电路同样采用 380/127 V 隔离变压器供电，但其二次绕组增设 36 V 安全电压供局部照明使用。

1）摇臂升降的控制。按上升（或下降）按钮 SB3（或 SB4），时间继电器 KT 吸合，其延时断开的动合触点与瞬时动合触点使电磁铁 YV 和接触器 KM4 同时吸合，液压泵电动机 M3 旋转，供给压力油。压力油经二位六通阀进入摇臂松开的油腔，推动活塞和菱形块，使摇臂松开。同时活塞杆通过弹簧片压下限位开关 SQ2，使接触器 KM4 线圈失电释放，液压泵电动机 M3 停转，与此同时 KM2（或 KM3）吸合，升降电动机 M2 旋转，带动摇臂上升（或下降）。如果摇臂没有松开，SQ2 的动合触点也不能闭合，KM2（或 KM3）就不能吸合，摇臂也就不可能升降。

当摇臂上升（或下降）到所需位置时，松开按钮 SB3（或 SB4），KM2（或 KM3）和时间继电器 KT 释放，升降电动机 M2 停转，摇臂停止升降。由于 KT 释放，其延时闭合的动断触点经 1～3 s 延时后，接触器 KM5 吸合，液压电动机 M3 反向起动旋转，供给压力油。压力油经二位六通阀（此时电磁铁 YV 仍处于吸合状态）进入摇臂夹紧油腔，向相反方向推动活塞和菱形块，使摇臂夹紧。同时，活塞和菱形块，使摇臂夹紧，活塞杆通过弹簧片压下限位开关 SQ3，KM5 和 YV 同时失电释放，液压泵电动机停止旋转，夹紧动作结束，电气控制线路如图 3-4 所示。

摇臂上升的动作过程如下：

$$\text{按 SB3}\left\{\begin{matrix}\text{KT 吸合}\\ \text{KM4 吸合}\end{matrix}\right\}\text{M3 正转、YV 吸合}\rightarrow\text{压下 SQ2}\left\{\begin{matrix}\text{KM2 吸合}\rightarrow\text{M2 正转}\\ \text{KM4 失电}\rightarrow\text{M3 停止}\end{matrix}\right\}\text{摇臂上升到预定位置，松开 SB3}$$

摇臂下降的动作过程如下：

$$\text{按 SB4}\left\{\begin{matrix}\text{KT 吸合}\\ \text{KM4 吸合}\end{matrix}\right\}\text{M3 正转、YV 吸合}\rightarrow\text{压下 SQ2}\left\{\begin{matrix}\text{KM3 吸合}\rightarrow\text{M3 反转}\\ \text{KM4 失电}\rightarrow\text{M3 停止}\end{matrix}\right\}\text{摇臂下降到预定位置，松开 SB4}$$

这里还应注意，在摇臂松开后，限位开关 SQ3 复位，其触点 1 到 17 闭合，而在摇臂夹紧后，SQ3 被压合。时间继电器 KT 的作用是：控制接触器 KM5 在升降电动机 M2 失电后的吸合时间，从而保证在升降电动机停转后再夹紧摇臂的动作顺序。时间继电器 KT 的延时，可根据需要整定在 1～3 s。

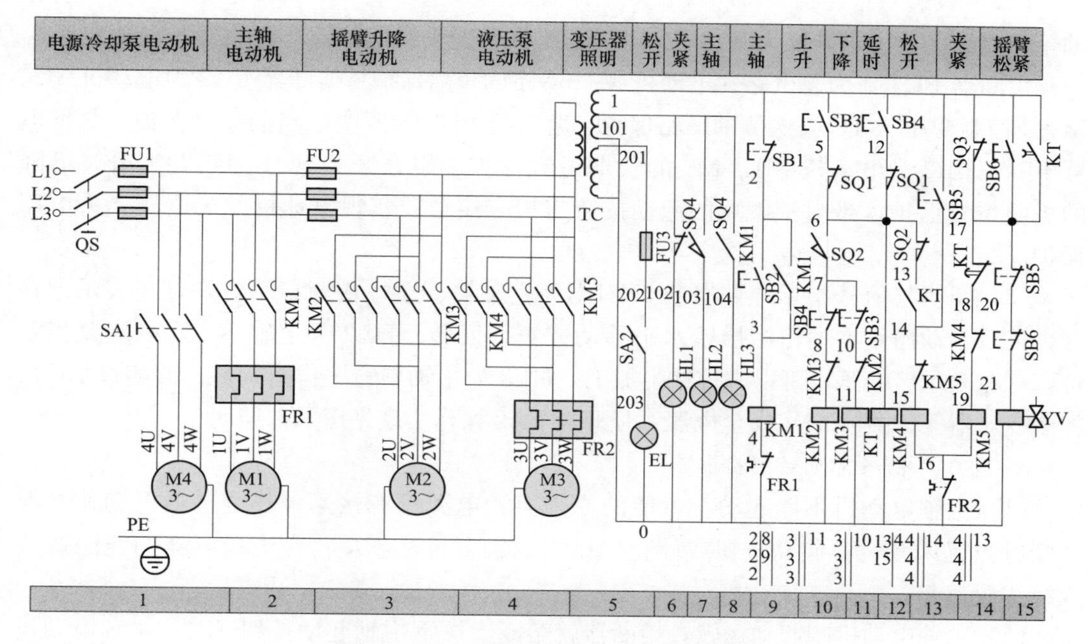

图 3-4　Z3040 摇臂钻床电气控制线路图

摇臂升降的限位保护，由组合开关 SQ1 来实现。当摇臂上升到极限位置时，SQ1 动作，将电路断开，则 KM2 失电释放，升降电动机 M2 停止旋转。但 SQ1 的另一组触点仍处于闭合状态，保证摇臂能够下降。同理，当摇臂下降到极限位置时，SQ1 动作，电路断开，KM3 释放，M2 停转。而 SQ1 的另一动断触点仍闭合，以保证摇臂能够上升。

摇臂的自动夹紧是由行程开关 SQ3 来控制的。如果液压夹紧系统出现故障而不能自动夹紧摇臂，或者由于 SQ3 调整不当，在摇臂夹紧后不能使 SQ3 的动断触点断开，都会使液压泵电动机处于长期过载运行状态，这是不允许的。为了防止损坏液压泵电动机，电路中使用了热继电器 FR2。

摇臂夹紧动作过程如下：

摇臂升（或降）到预定位置，松开 SB3（或 SB4）→KT 失电延时→KM5 吸合、M3 反转、YV 吸合→摇臂夹紧→SQ3 受压断开→KM5、M3、YV 均失电释放

2）立柱和主轴箱的松开与夹紧控制。立柱和主轴箱的松开与夹紧是同时进行的。首先按下按钮 SB5（或夹紧按钮 SB6），接触器 KM4（或 KM5）吸合，液压电动机 M3 旋转，供给压力油，压力油经二位六通阀（此时电磁铁 YV 处于释放状态）进入立柱松开及夹紧液压缸和主轴箱松开及夹紧液压缸，推动活塞和菱形块，使立柱和主轴箱分别松开（或夹紧）。同时松开（或夹紧）指示灯（HL1、HL2）显示。

3）冷却泵电动机 M4 的控制。由开关 SA1 进行单向旋转的控制。

4）连锁、保护环节。行程开关SQ2实现摇臂松开到位与开始升降的连锁；行程开关SQ3实现摇臂完全夹紧与液压泵电动机M3停止旋转的连锁。时间继电器KT实现摇臂升降电动机M2断开电源待惯性旋转停止后再进行摇臂夹紧的连锁。摇臂升降电动机M2正反转具有双重连锁。SB5与SB6动断触点接入电磁阀YV线圈电路实现在进行主轴箱与立柱夹紧、松开操作时，压力油不能进入摇臂夹紧油腔的连锁。

熔断器FU1作为总电路和电动机M1、M4的短路保护。熔断器FU2为电动机M2、M3及控制变压器TC一次侧的短路保护。熔断器FU3为照明电路的短路保护。热继电器FR1、FR2为电动机M1、M3的长期过载保护。组合开关SQ1为摇臂上升、下降的极限位置保护。带自锁触点的起动按钮与相应接触器实现电动机的欠电压、失电压保护。

（5）照明与信号指示电路分析。HL1为主轴箱、立柱松开指示灯，灯亮表示已松开，可以手动操作主轴箱沿摇臂水平移动或摇臂回转。HL2为主轴箱、立柱夹紧指示灯，灯亮表示已夹紧，可以进行钻削加工。HL3为主轴旋转工作指示灯。照明灯EL由控制变压器TC供给36V安全电压，经开关SA2操作实现钻床局部照明。

4. Z3040钻床常见故障分析

（1）主轴电动机不能起动。可能的原因有：电源没有接通；热继电器已动作，但动断触点仍未复位；起动按钮或停止按钮内的触点接触不良；交流接触器的线圈烧毁或接线脱落等。

（2）主轴电动机刚起动运转，熔断器就熔断。按下主轴起动按钮SB2，主轴电动机刚旋转，就发生熔断器熔断故障。可能原因有：机械机构发生卡住现象，或者是钻头被铁屑卡住，进给量太大，造成电动机堵转；负载太大，主轴电动机电流剧增，热继电器来不及动作，使熔断器熔断。也可能因为电动机本身的故障造成熔断器熔断。

（3）摇臂不能上升（或下降）。可能的原因有：行程开关SQ2动作时，故障发生在接触器KM2或摇臂升降电动机M2上；行程开关SQ2没有动作，可能是SQ2位置改变，造成活塞杆压不上SQ2，使KM2不能吸合，升降电动机不能得电旋转，摇臂不能上升。液压系统发生故障，如液压泵卡死、不转，油路堵塞或气温太低时油的黏度增大，使摇臂不能完全松开，压不下SQ2，摇臂也不能上升。电源相序接反，按下SB3摇臂上升按钮，液压泵电动机反转，使摇臂夹紧，压不上SQ2，摇臂也就不能上升或下降。

3.1.4 桥式起重机电气控制线路

起重机是一种用来吊起或放下重物并使重物在短距离内水平移动的起重设备。起重设备按结构分为桥式、塔式、门式、旋转式和缆索式等。不同结构的起重设备分别应用于不同的场所，如建筑工地使用的是塔式起重机；码头、港口使用的是旋转式起重机；生产车间使用的是桥式起重机；货场使用的是门式起重机。

桥式起重机一般通称行车或天车。常见的桥式起重机有5 t、10 t单钩及15/3 t、20/5 t双钩等几种。

以下以20/5 t双钩桥式起重机为例，分析起重设备的电气控制线路。

1. 主要结构及运动形式

桥式起重机的结构示意图如图 3-5 所示。桥式起重机桥架机构主要由大车和小车组成，主钩（20 t）和副钩（5 t）组成提升机构。

大车的轨道铺设在沿车间两侧的立柱上，大车可在轨道上沿车间纵向移动；大车上装有小车轨道，供小车横向移动；主钩和副钩都装在小车上，主钩用来提升重物，副钩除可提升轻物外，还可以协同主钩完成工作的吊运，但不允许主、副钩同时提升两个物件。当主、副钩同时工作时，物件的重量不允许超过主钩的额定起重量。这样，桥式起重机可以在大车能够行走的整个车间范围内进行起重运输。

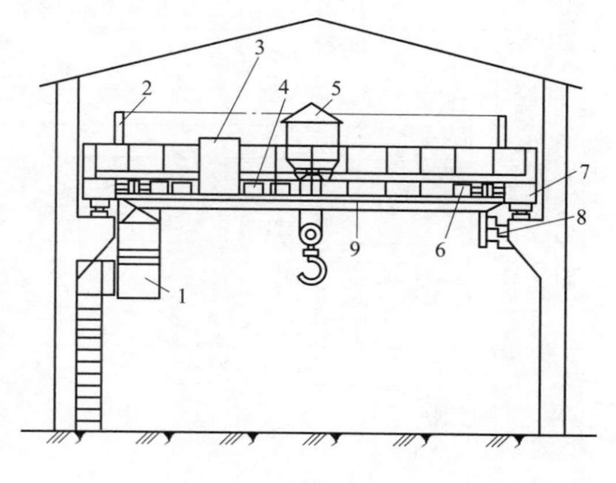

图 3-5　桥式起重机结构示意图

1—驾驶室；2—辅助滑线架；3—交流磁力控制盘；4—电阻箱；5—起重小车；6—大车拖动电动机与传动机构；7—端梁；8—主滑线；9—主梁

20/5 t 桥式起重机采用三相交流电源供电，由于起重机工作时经常移动，因此需采用可移动的电源供电。小型起重机常采用软电缆供电，软电缆可随大、小车的移动而伸展和叠卷。大型起重机一般采用滑触线和集电刷供电。三根主滑触线沿着平行于大车轨道的方向铺设在车间厂房的一侧。三相交流电源经由主滑触线和集电刷引入起重机驾驶室内的保护控制柜上，再从保护控制柜上引起两相电源至凸轮控制器，另一相称为电源公用相，直接从保护控制柜接到电动机的定子接线端。

滑触线通常采用角钢、圆钢、V 形钢或工字钢等刚性导体制成。

2. 电力拖动要求与控制特点

（1）桥式起重机的工作环境较恶劣，经常带负载起动，要求电动机的起动转矩大、起动电流小，且有一定的调速要求，因此多选用绕线转子异步电动机拖动，用转子绕组串电阻实现调速。

（2）要有合理的升降速度，空载、轻载速度要快，重载速度要慢。

（3）提升开始和重物下降到预定位置附近时，需要低速，因此在 30%额定速度内应分为几挡，以便灵活操作。

（4）提升的第一挡作为预备级，用来削除传动的间隙和张紧钢丝绳，以避免过大的机械冲击，所以起动转矩不能太大。

（5）为保证人身和设备安全，停车必须采用安全可靠的制动方式，因此采用电磁抱闸制动。

（6）具有完备的保护环节：具有短路、过载、终端及零位保护。

3. 电气控制线路分析

20/5 t 桥式起重机电路图见图 3-6，凸轮控制器触点分合表见表 3-1～表 3-4。

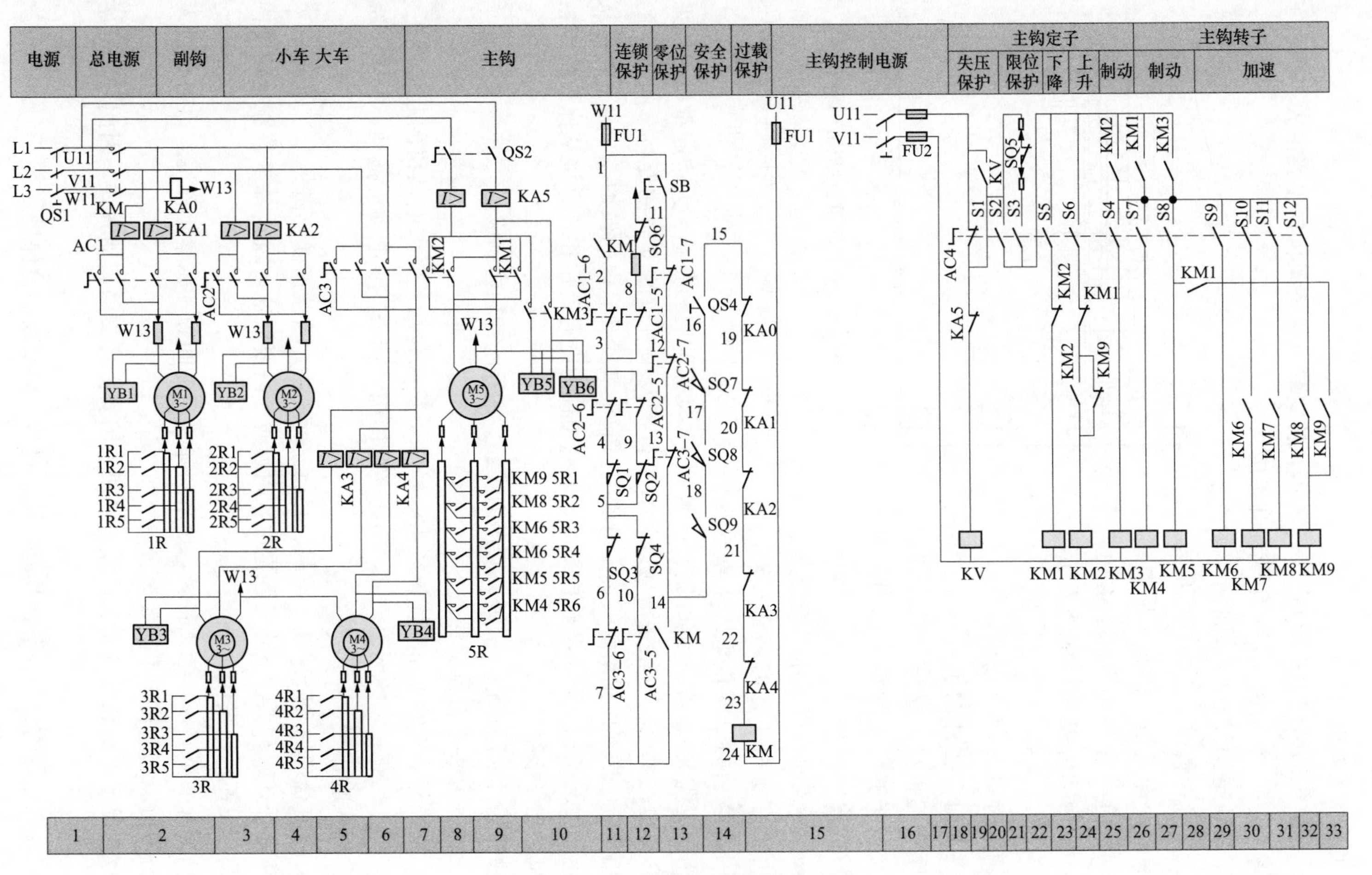

图3-6 20/5t桥式起重机电路图

表 3-1　　AC1 触点分合表

AC1	向下						向上				
	5	4	3	2	1	0	1	2	3	4	5
V13-1W							×	×	×	×	×
V13-1U	×	×	×	×	×						
U13-1U							×	×	×	×	×
U13-1W	×	×	×	×	×						
1R5	×	×	×	×				×	×	×	×
1R4	×	×	×						×	×	×
1R2	×	×								×	×
1R2	×										×
1R1	×										×
AC1-5						×	×	×	×	×	×
AC1-6	×	×	×	×	×	×					
AC1-7						×					

表 3-2　　AC2 触点分合表

AC2	向下						向上				
	5	4	3	2	1	0	1	2	3	4	5
V14-2W							×	×	×	×	×
V14-2U	×	×	×	×	×						
U14-2U							×	×	×	×	×
U14-2W	×	×	×	×	×						
2R5	×	×	×	×				×	×	×	×
2R4	×	×	×						×	×	×
2R2	×	×								×	×
2R2	×										×
2R1	×										×
AC2-5						×	×	×	×	×	×
AC2-6	×	×	×	×	×	×					
AC2-7						×					

表 3-3　　AC3 触点分合表

AC3	向下						向上				
	5	4	3	2	1	0	1	2	3	4	5
V12-3W、4U							×	×	×	×	×
V12-3U、4W	×	×	×	×	×						
U12-3U、4W							×	×	×	×	×
U12-3W、4U	×	×	×	×	×						
3R5	×	×	×	×				×	×	×	×
3R4	×	×	×						×	×	×

续表

AC3	向下						向上				
	5	4	3	2	1	0	1	2	3	4	5
3R2	×	×								×	×
3R2	×										×
3R1	×										×
4R5	×	×	×	×				×	×	×	×
4R4	×	×	×						×	×	×
4R2	×	×								×	×
4R2	×										×
4R1	×										×
AC3-5						×	×	×	×	×	×
AC3-6	×	×	×	×	×	×					
AC3-7						×					

表 3-4　　AC4 触点分合表

AC4		下降							上升					
		强力			制动									
		5	4	3	2	1	J	0	1	2	3	4	5	6
	S1							×						
	S2	×	×	×										
	S3				×	×	×		×	×	×	×	×	×
KM3	S4	×	×	×	×	×			×	×	×	×	×	×
KM1	S5	×	×	×										
KM2	S6				×	×	×		×	×	×	×	×	×
KM4	S7	×	×	×		×	×		×	×	×	×	×	×
KM5	S8	×	×	×			×			×	×	×	×	×
KM6	S9	×	×								×	×	×	×
KM7	S10	×										×	×	×
KM8	S11	×											×	×
KM9	S12	×	0	0										×

（1）20/5 t 桥式起重机的电气设备及控制、保护装置。20/5 t 桥式起重机共有五台绕线式转子异步电动机，其控制和保护电器见表 3-5。

起重机的控制和保护由交流保护柜和交流磁力控制屏来实现。总电源由隔离开关 QS1 控制，由过电流继电器 KA0 实现过流保护。KA0 的线圈串联在公用相中，其整定值不超过全部电动机额定电流总和的 1.5 倍。各控制电路由熔断器 FU1、FU2 实现短路保护。

表 3-5　　20/5 t 桥式起重机中电动机的控制和保护电器

名称及代号	控制电器	过电流和过载保护电器	终端限位保护电器	电磁抱闸制动器
大车电动机 M3、M4	凸轮控制器 AC3	KA3、KA4	SQ3、SQ4	YB3、YB4
小车电动机 M2	凸轮控制器 AC2	KA2	SQ1、SQ2	YB2
副钩升降电动机 M1	凸轮控制器 AC1	KA1	SQ5 提升限位	YB1
主钩升降电动机 M5	主令控制器 AC4	KA5	SQ6 提升限位	YB5、YB6

为了保障维修人员的安全，在驾驶室舱门盖上装有安全开关 SQ7，在横梁两侧栏杆门上分别装有安全开关 SQ8、SQ9，在保护柜上还装有一只单刀单掷的紧急开关 QS4。上述各开关的动合触点与副钩、大车、小车的过电流继电器及总过电流继电器的动断触点串联，这样，当驾驶室舱门或横梁栏杆门开起时，主接触器 KM 不能得电，起重机的所有电动机都不能起动运行，从而保证了人身安全。

起重机还设置了零位连锁保护，只有当所有的控制器的手柄都处于零位时，起重机才能起动运行，其目的是为了防止电动机在转子回路电阻被切除的情况下直接起动，产生很大的冲击电流造成事故。

电源总开关 QS1、熔断器 FU1 和 FU2、主接触器 KM、紧急开关 QS4 以及过电流继电器 KA0～KA5 都安装在保护柜上。保护柜、凸轮控制器及主令控制器均安装在驾驶室内，便于司机操作。电动机转子的串联电阻及磁力控制屏则安装在大车桥架上。

由于桥式起重机在工作过程中小车要在大车上横向移动，为了方便供电及各电气设备之间的连接，在桥架的一侧装设了 21 根辅助滑触线，它们的作用分别是：

用于主钩部分 10 根，其中 3 根连接主钩电动机 M5 的定子绕组接线端；3 根连接转子绕组与转子附加电阻 5*R*；2 根用于主钩电磁抱闸制动器 YB5、YB6 与交流磁力控制屏的连接；另外 2 根用于主钩上升行程开关 SQ5 与交流磁力控制屏及主令控制器 AC4 的连接。

用于副钩部分 6 根，其中 3 根连接副钩电动机 M1 的转子绕组与转子附加电阻 1*R*；2 根连接定子绕组接线端与凸轮控制器 AC1；另 1 根将副钩上升行程开关 SQ6 接到交流保护柜上。

用于小车部分 5 根，其中 3 根连接小车电动机 M2 的转子绕组与附加电阻 2*R*；2 根连接 M2 定子绕组接线端与凸轮控制器 AC2。

起重机的导轨及金属桥架应可靠接地。

（2）主接触器 KM 的控制。准备阶段。在起重机投入运行前，应将所有凸轮控制器手柄置于零位，使零位连锁触点 AC1-7、AC2-7、AC3-7 闭合；合上紧急开关 QS4，关好舱门和横梁杆门，使行程开关 SQ7、SQ8、SQ9 的动合触点也处于闭合状态。

起动运行阶段。合上电源开关 QS1，按下起动按钮 SB，主接触器 KM 得电吸合，KM 主触点闭合，使两相电源引入各凸轮控制器。同时，KM 的两副辅助动合触点闭合自锁，主接触器 KM 的线圈，主接触器的线圈经 1-2-3-4-5-6-7-14-18-17-16-15-19-20-21-22-23-24 至 FU1 形成通路得电。

（3）凸轮控制器的控制。20/5 t 桥式起重机的大车、小车和副钩电动机的容量都较小，一般采用凸轮控制器的控制。

由于大车被两台电动机 M3 和 M4 同时拖动，所以大车凸轮控制器 AC3 比 AC1、AC2 多了 5 对动合触点，以供切除电动机 M4 的转子电阻 4R1～4R5 用。大车、小车和副钩的控制过程基本相同，下面以副钩为例，说明控制过程。

副钩凸轮控制器 AC1 的手轮共有 11 个位置，中间位置是零位，左、右两边各有 5 个位置，用来控制电动机 M1 在不同转速下的正、反转，即用来控制副钩的升降。

在主接触器 KM 得电吸合、总电源接通的情况下，转动凸轮控制器 AC1 的手轮至向上位置任一挡时，AC1 的主触点 V13-1W 和 U13-1U 闭合，电动机接通三相电源正转，副钩上升。反之将手轮扳至向下位置的任一挡时，AC1 的主触点 V13-1U 和 U13-1W 闭合，M1 反转，带动副钩下降。

当将 AC1 的手柄扳到“1”时，AC1 的五对辅助动合触点 1R1～1R5 均断开，副钩电动机 M1 的转子回路串入全部电阻起动，M1 以最低转速带动副钩运动。依次扳到“2～5”挡时，五对辅助动合触点 1R1～1R5 逐个闭合，依次短接电阻 1R1～1R5，电动机 M1 的电阻转速逐步升高，直至达到预定转速。

当失电或将手轮转至“0”位时，电动机 M1 失电，同时电磁抱闸制动器 YB1 也失电，M1 被迅速制动停转。当副钩带有重负载时，考虑到负载的重力作用，在下降负载时，应先把手轮逐级扳到“下降”的最后一挡，然后根据速度要求逐级退回升速，以免下降过快造成事故。

（4）主令控制器的控制。主钩电动机容量较大，一般采用主令控制器配合磁力控制屏进行控制，即用主令控制器，再由接触器控制电动机。为提高主钩运行的稳定性，在切除转子附加电阻时，采用三相平衡切除，使三相转子电流平衡。

主钩上升与副钩上升的工作过程基本相似，区别仅在于它是通过接触器控制的。

主钩下降时与副钩的工作过程有明显的差异，主钩下降有 6 挡位置，“J”“1”“2”为制动位置，用于重负载低速下降，电动机处于倒拉反接制动运行状态；“3”“4”“5”挡为强力下降位置，主要用于轻负载快速下降。

先合上电源开关 QS1、QS2、QS3，接通主电路和控制电路电源，将主令控制器 AC4 的手柄置于零位，其触点 S1 闭合，电压继电器 KV 得电吸合，其动合触点闭合，为主钩电动机 M5 起动做准备。手柄处于各挡时主钩的工作情况见表 3-6。

表 3-6　　手柄处于各挡时主钩的工作情况

AC4 手柄位置	AC4 闭合触点	得电动作的接触器	主钩的工作状态
制动下降位置“J”挡	S3、S6、S7、S8	KM2、KM4、KM5	电动机 M5 接正序电压产生提升方向的电磁转矩，但由于 YB5、YB6 线圈未得电而仍处于制动状态，在制动器和载重的重力作用下，M5 不能起动旋转。此时，M5 转子电路接入四段电阻，为起动做好准备
制动下降位置“1”挡	S3、S4、S6、S7	KM2、KM3、KM4	电动机 M5 仍接正序电压，但由于 KM3 得电动作，YB5、YB6 得电松开，M5 能自由旋转；由于 KM5 失电释放，转子回路接入五段电阻，M5 产生的提升转矩减小，此时若重物产生的负载倒拉力矩大于 M5 的电磁转矩，M5 运转在倒拉反接制动状态，低速下放重物。反之，重物反而被提升，此时必须将 AC4 的手柄迅速扳到下一挡

续表

AC4 手柄位置	AC4 闭合触点	得电动作 的接触器	主钩的工作状态
制动下降 位置“2”挡	S3、S4、 S6	KM2、KM3	电动机M5仍接正序电压，但S7断开，KM4失电释放，附加电阻全部串入转子回路，M5产生的电磁转矩减小，重负载的下降速度比“1”挡时加快
强力下降 位置“3”挡	S2、S4、 S5、S7、 S8	KM1、KM3、 KM4、KM5	KM1得电吸合，电动机M5接负序电压，产生下降方向的电磁转矩；KM4、KM5吸合，转子回路切除两级电阻5R6和5R5；KM3吸合，YB5、YB6的抱闸松开，此时若负载较轻，M5处于反转电动状态，强力下降重物；若负载较重，使电动机的转速超过其同步转速，M5将进入再生发电制动状态，限制下降速度
强力下降 位置“4”挡	S2、S4、 S5、S7、 S8、S9	KM1、KM3、 KM4、KM5、 KM6	KM6得电吸合，转子附加电阻5R4被切除，M5进一步加速，轻负载下降速度加快。另外，KM6的辅助动合触点闭合，为KM7得电做准备
强力下降 位置“5”挡	S2、S4、 S5、 S7～S12	KM1、KM3、 KM4～KM9	AC4闭合的触点较“4”挡又增加了S10、S11、S12，KM7～KM9依次得电吸合，转子附加电阻5R3、5R2、5R1依次逐级切除，以避免地过大的冲击电流；M5旋转速度逐渐增加，最后以最高速度运转，负载以最快速度下降。此时若负载较重，使实际下降速度超过电动机的同步转速，电动机将进入再生发电制动状态，电磁转矩变成制动力矩，限制负载下降速度的继续增加

桥式起重机在实际运行过程中，操作人员要根据具体情况选择不同的挡位。例如，主令控制器AC4的手柄在强力下降位置“5”挡时，仅适用于起重负载较小的场合。如果需要较低的下降速度，或起重较大负载的情况下，就需要将AC4的手柄扳回到制动下降位置“1”或“2”挡进行反接制动下降。为了避免转换过程中可能产生过高的下降速度，在接触器KM9电路中常用辅助动合触点KM9自锁，同时为了不影响提升调速，在该支路中再串联一个辅助动合触点KM1，以保证AC4的手柄由强力下降位置向制动下降位置转换时，接触器KM9线圈始终得电，只有将手柄扳至制动下降位置后，KM9的线圈才失电。

在AC4的触点分合表中，强力下降位置“3”和“4”挡上有“0”符号，表示手柄由“5”挡回转时，触点S12接通。如果没有以上连锁措施，在手柄由强力下降位置向制动下降位置转换时，若操作人员不小心，误将手柄停在了“3”或“4”挡，那么正在高速下降的负载速度不但得不到控制，反而会增加，很可能造成事故。

另外，串接在接触器KM2线圈电路中的KM2动合触点与KM9动断触点并联，主要作用是当接触器KM1线圈失电释放后，只有在KM9失电释放的情况下，接触器KM2才能得电自锁，从而保证了只有在转子电路中串接一定附加电阻的前提下，才能进行反接制动，以防止反接制动时产生过大的冲击电流。

4．桥式起重机变频改造

（1）桥式起重机变频调速原理。桥式起重机电气传动共有大车电动机2台，小车电动机1台，主副钩电动机2台，工5台，采用转子串电阻的方法起动和调速。由于工作环境恶劣，任务重，操作程序难以保证，冲击电流大、触点销蚀严重、电刷冒火，电动机转子所串电阻因长期发热而烧损、断裂，因此故障率高。电动机转子串电阻调速，机械特性软，负载变化时转速也变化，调速效果差，效率低，对生产影响较大。因此，要解决各种弊端，可采用变频器变频调速技术来解决。系统方框原理图如图 3-7 所示。

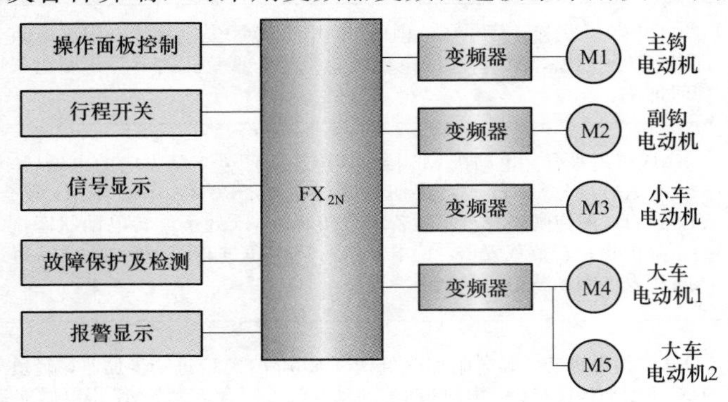

图 3-7　桥式起重机系统组成方框原理图

（2）控制系统的主要特点。主钩电动机变频器接线原理如图 3-8 所示。

1）吊钩起动时，由控制开关发出起动指令时，PLC 立即输出变频器运行指令，变频器获得零速指令，输出一个零频率电流建立电动机磁场，但不产生电磁转矩。

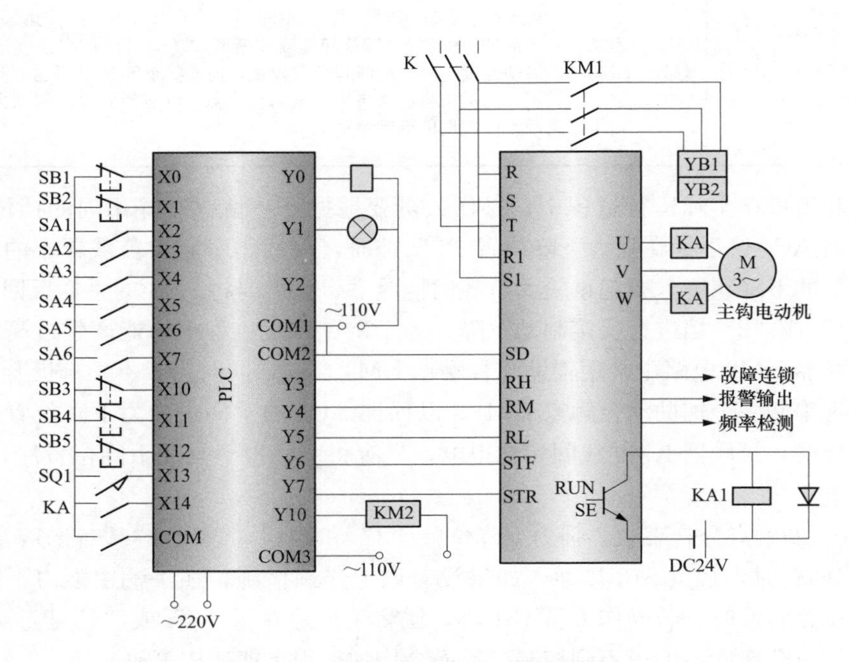

图 3-8　主钩电动机变频器接线原理图

2）当 PLC 得到松闸允许信号后输出制动器开起指令，在制动器闸瓦松开瞬间，变频器检测到下溜的速度与变频器所得零速信号产生的差速信号后，会迅速产生一个对应的电磁转矩将其稳住，延时后再获得 PLC 发出的实际转速频率指令，频率迅速升高后开始起动。

3）吊钩主令开关归零位时，PLC 输出零速指令，但不撤销对变频器的运行指令，变频器输出频率下降，实际转速跟踪理想曲线，待变频器通过速度反馈检测出零速信号后传送给 PLC，PLC 即输出制动器闭合指令，经延时待电动机转速为零时，制动器制动后才撤销运行指令，确保机械制动可靠动作后才撤销电磁转矩。

4）由操作主令控制器向PLC发出起、停、加速、升、降等指令，相应PLC输出指令控制变频器正反转和多段速度运行，以达最佳控制状态。

5）PLC根据控制开关量输入信号，如操作指令、开关、继电器及接触器辅助触点信号、变频器的运行/停止、故障信号等，程序处理后输出给开关量如制动器、风机接触器、变频器继电器等，完成对起重机在各种工况下的协调控制。

6）变频器制动转矩时，通过变频器连接制动单元和制动电阻，将桥式起重机在下降减速、制动过程中产生的能量通过能耗制动释放在制动电阻上，有效地避免了电动机从负载接收机械能变为电能，反送到变频器，使直流回路电容过充电而引起过压保护动作。

变频调速起重机能迅速准确地移动和定位，并具有良好的低速性能，不但提高了起重机的工作效率，而且可满足某些精密安装设备需要的准确定位要求，大大提高了作业效率。设备故障率低，而且变频器及PLC机具有较完善的故障诊断显示功能，便于检修维护，在精密吊装和高速频繁的起重作业领域具有广泛的应用价值。

3.2　继电器—接触器控制的典型应用

3.2.1　水泵自动控制电气原理图分析

在化工、冶金、选矿等领域的工厂中，水泵、砂泵的使用十分广泛。本节以某选矿厂的一台水泵自动控制系统为例，分析继电器—接触器控制在本应用中顺序控制、逻辑控制功能的具体实现方法。

1. 控制设备的工艺简介

水泵自动控制电气设备及其系统组成如图3-9所示。吸入式水泵抽水前需进行排气灌水，待泵体内空气排出后方可起动电动机拖动水泵抽水。当水泵电动机起动完成后，开起闸门，则开泵抽水动作结束。抽水过程中，水池液位逐渐上升，浮漂随即上升，当水位升至上限高度时，浮漂触点动作自动停泵。

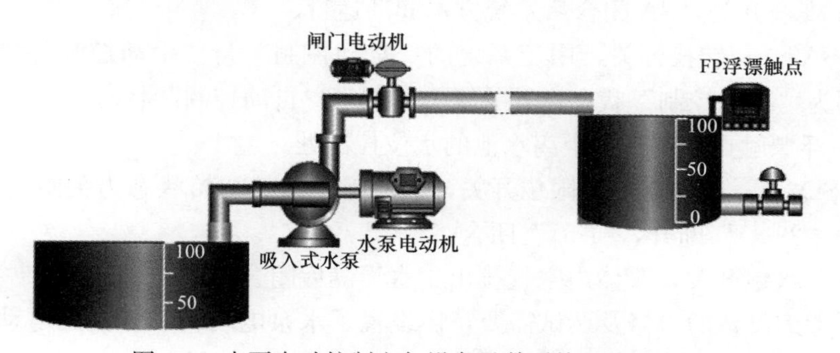

图3-9　水泵自动控制电气设备及其系统组成示意图

2. 水泵自动控制电气原理图分析

（1）主电路。水泵自动控制电气原理图如图3-11所示。主电路中，QF1、QF2为自动空气开关，分别对水泵电动机和闸门电动机进行短路保护并起隔离作用。FR为热继电器的热元件，由于水泵电动机电流较大，故使用电流互感器连接进行水泵电动机的过载保护。闸门电动机开关闸门由电动机正反转实现，且电动机属短期工作制，不需设置热保护。

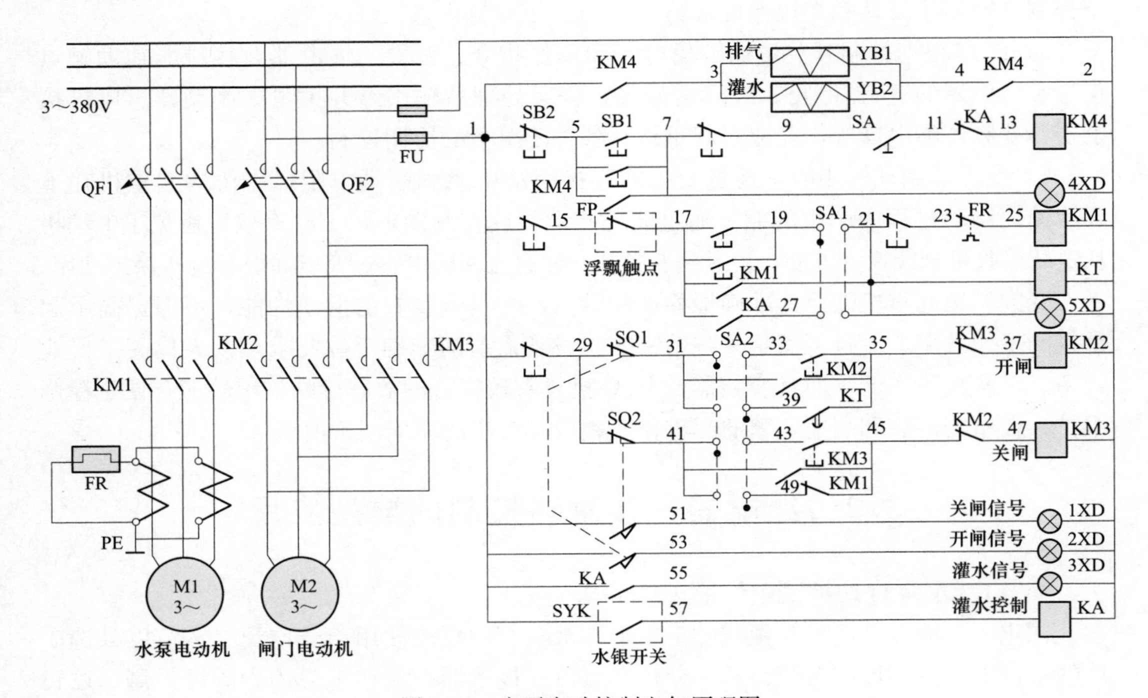

图 3-10　水泵自动控制电气原理图

（2）控制电路。

1）元件说明如下。

YB1、YB2——电磁阀，得电后即对水泵进行灌水和排气。

SB1、SB2——起动、停止按钮，两两串联和并联为两地控制。

SA——安全开关，SA 闭合后系统方可起动运行。

SA1、SA2——转换开关，用于系统的“自动控制”与“手动控制”状态选择。开关置于左侧为“手动控制”状态；开关置于右侧为“自动控制”状态。

FP——浮漂触点，位于远距离水池的水位控制处。

SQ1、SQ2——开关闸门的限位开关，水泵起动前的初始状态为关闸门，即 SQ2 已动作，此时“29-41”断开，“1-51”闭合。

SYK——水银开关，泵体内空气排出、水灌满后闭合。

此外，考虑设备的检修及调试需要，还设置了水泵电动机、开关闸电动机各自独立的起动与停止控制，且水泵电动机的单独起停为两地控制。

2）自动控制过程如下。

① 开机前，先闭合 QF1、QF2 自动空气开关使系统上电，此时 1XD 信号灯亮，作“关闸”状态指示

② 闭合 SA 安全开关，将 SA1、SA2 转换开关置“自动控制”状态，为系统起动运行做准备

③ 按 SB1 → KM4得电 → YB1、YB2 得电(排气灌水)，灌满后 SYK 闭合 → KA 得电
　　　　 → 4XD 起动指示

→ KM4失电 → 排气灌水结束；同时4XD指示灯灭。
→ 3XD灌满水的指示
→ KM1得电 → 水泵电动机起动运行并自保持，断开"49-45"为关闸做准备。
→ 5XD水泵运行指示
→ KT得电计时 → 到整定时限 → KT触点"39-35"闭合 → KM2得电开闸
(自保、连锁)，→ 开闸全开后，SQ1动作开闸停止，并使2XD亮作开闸指示

注：开闸动作时，只要闸门一松开，SQ2 即可复位，为关闸控制做准备

④ 当水池水满后，FP 断开，KM1 失电停泵，KM1 触点"49-45"复位，使 KM3 得电自动关闸门，闸门关到底时 SQ2 动作自动停

手动控制过程请读者阅读分析。

(3) 控制电路的点评。

1）通过转换开关 SA1、SA2 的选择，实现了两台设备既可单独运行，又可连动控制。

2）起动后，"从排气灌水→水泵起动→自动开闸"几个环节自控性、连贯性强。

3）KT 延时动合触点"39-35"用于自动开闸，KM1 动断辅助触点"49-45"用于自动关闸。两触点的应用十分巧妙，构成了本控制系统设计的精妙之处。

3.2.2　原矿自动除铁装置电气控制分析

原矿自动除铁装置是选矿系统较为常见的典型电气设备，其自动化程度高，是继电—接触器控制与电子技术的综合应用，具有很强的代表性，在多个方面表现了设计的精妙之处，是不可多得的典型范例。

1. 系统简介与控制要求

某碎矿系统，由皮带运输机自动运送矿料，碎矿圆锥磨将矿料磨细后送下道工序加工，圆锥磨齿为合金材料制成。圆锥磨工作中，矿料内不得有铁块混入，否则将使圆锥磨损坏。为确保圆锥磨正常工作，同时减轻劳动强度，需与皮带运输机配套安装自动除铁装置，将矿料中含混的铁块自动清除。根据生产和控制工艺要求，系统的结构示意图如图 3-11 所示。

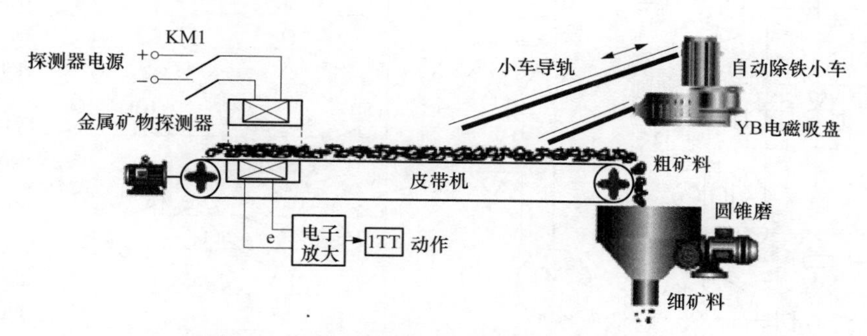

图 3-11　原矿自动除铁装置系统结构示意图

金属矿物探测器由线圈、铁心等组成"开口"的磁路系统，并在线圈中通入直流电

源，使磁路中产生恒定磁场，将皮带机运送的原矿从开口处穿过，当有铁块时→铁心气隙等效长度发生变化→磁路的磁阻发生变化→引起磁通 Φ 变化→在感应线圈中产生感应电势 E，经电子放大→驱动 1TT 继电器动作，发出相应的控制指令。

控制要求如下：

1TT 继电器发出控制指令后，自动除铁小车在 4s 内起动前进，并使小车上的电磁吸盘得电，若小车在 4s 内不能起动前进则系统停机。当小车行至皮带机正上方时，小车自动停止等待铁块。从小车起动前进并吸附铁块返回设置时间为 10s，到整定时限10s 后，小车自动返回，返回到终端小车停止、电磁吸盘 YB 失电，铁块落入收集箱中。

若小车吸附铁块并返回的途中，金属矿物探测器又探出铁块（1TT 再次发出控制指令），则小车自动停止返回，改为前进再次等待吸收铁块。如此重复，但最多能执行 9 次（90s），到时限后系统停止工作。

金属矿物探测器和小车自动除铁两套装置在系统起动运行时需同时投运。

此外，为检修及调试方便，要求小车自动除铁装置及金属矿物探测器除上述连动控制外，还能单独起动停止控制，并设置必要的电气连锁等保护环节。

该系统要求自动化程度高、控制准确、反应灵敏，电磁吸力强，能在 700mm 的高度吸取 5kg 以下的铁块。

2. 原矿自动除铁装置电气控制分析

（1）主电路分析。原矿自动除铁装置电气原理图如图 3-12 所示。M 为驱动小车运行的交流异步电动机，由 KM3、KM4 控制其正反转（前进、后退）。由于小车的工作属短期工作制，故电动机不需设置过载过热保护。

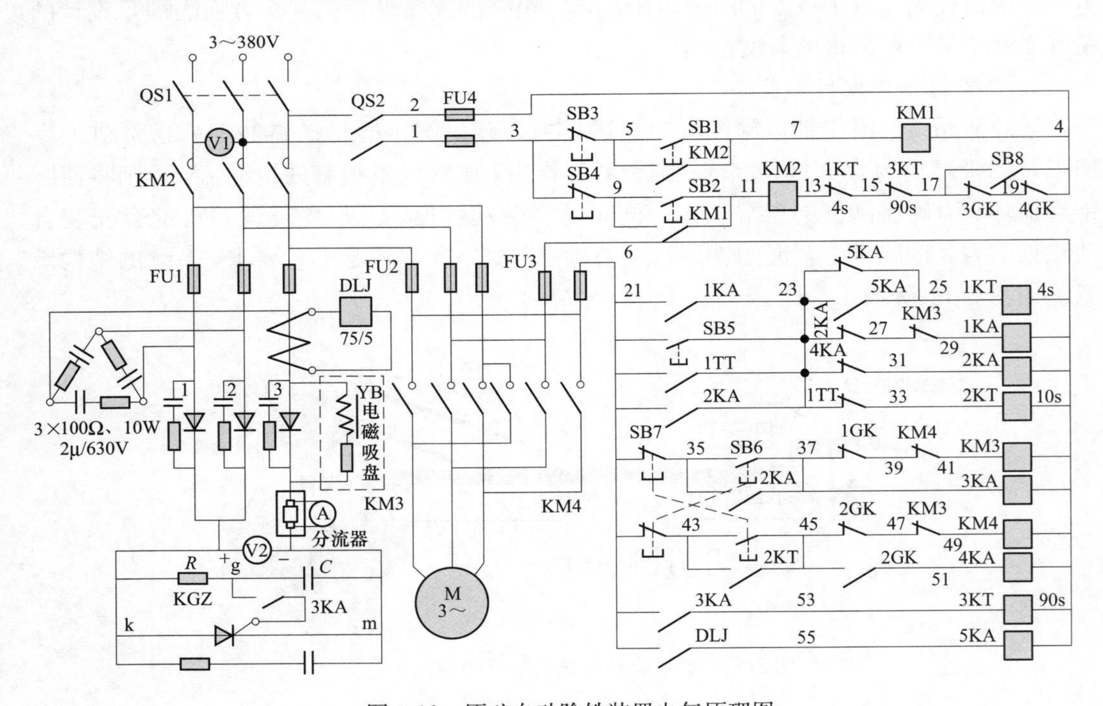

图 3-12 原矿自动除铁装置电气原理图

在电磁吸盘的电源控制环节中，设置了RC阻容吸收保护环节。其中，三角形接法的阻容吸收保护环节用于吸收电源的过电压，与各二极管和晶闸管并联的阻容吸收保护环节用于吸收整流换相时的尖峰过电压。

晶闸管KGZ在本电路中起开关作用。与晶闸管控制极相联的电阻和电容RC，构成了触发晶闸管的阻容移相触发电路。当中间继电器3KA触点闭合后，晶闸管的阳极—阴极、控制极—阴极之间均承受正向电压，满足导通条件被触发导通，此时整流二极管对电磁吸盘整流供电。

二极管1、2为整流二极管，3为续流二极管。如图3-13所示，$t_1 \sim t_2$区间，1相电位高于2、3相，则1相电源经“二极管—KGZ—电磁吸盘”回到3相；$t_2 \sim t_3$区间，2相电位高于1、3相，则2相电源经“二极管—KGZ—电磁吸盘”回到3相；$t_3 \sim t_4$区间，3相电位高于1、2相，则3相二极管与电磁吸盘形成回路，放电续流，反复循环。

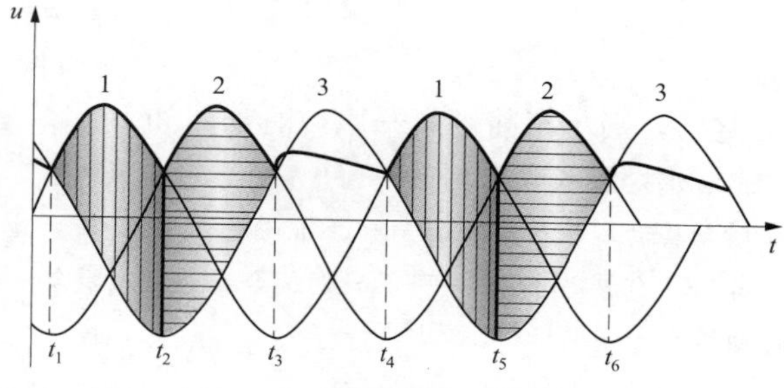

图3-13 二极管整流工作波形图

电磁吸盘通过电流后，并经电流互感器变换供电流继电器DLJ对控制电路实施控制，以确保小车“行动”时电磁吸盘已具备吸附铁块能力的可靠性。此外，控制柜上的电流表指示需经分流器接入。

点评：电磁吸盘的直流电源及其控制由二极管1、2、3和晶闸管KGZ等组成。通过整流、续流、开关等不同功能的组合应用，使电源系统结构简单，输出电压高、电流大，可控性强。利用线电压的电位变化作相似于“三相半波整流”这一设计十分巧妙，可控性的整流技术应用较为灵活。

（2）控制电路分析。本系统控制电路分为两个环节：一是金属矿物探测器和小车自动除铁两套装置的电源供给控制；二是小车自动除铁的自动控制部分。

1）两套装置的电源供给控制分析。金属矿物探测器和小车自动除铁两套装置的电源供给采用两地控制。按SB1或SB2后，通过KM1和KM2自保持触点的互换使用，都能同时接通KM1和KM2接触器线圈，使两套装置的控制电源同时上电工作。电路中时间继电器延时断开动断触点1KT、3KT为小车自动除铁中的保护停车触点；光电开关3GK、4GK为小车前进、后退的终端保护开关；SB8为终端保护动作后的复位按钮。

点评：本设计两套装置的两地控制很特别，两套装置形成了“捆绑式”控制，简化了控制电路结构。此时的1KT、3KT、3GK、4GK各保护环节，串联于KM2线圈支路的功能与串联于KM1线圈支路或总线上的保护功能相同。

2）金属矿物探测器探有铁块后的自动除铁控制分析。初始状态时，小车在原位，控制电路中光电开关2GK已经发生动作，1GK不动作。当金属矿物探测器探有铁块后动作如下。

继电器1TT作瞬间动作，控制电路中动合及动断触点1TT瞬动
→ 1KA得电（若2KA不能正常工作则通过1KT使系统保护停车）
→ 1KT得电计时（若小车不能正常前进则通过1KT使系统保护停车）
→ 2KA得电
  → 自保、切断1KA线圈（表明2KA正常正常）
  → KM3得电
    → 连锁保护、断开1KA（表明KM3工作正常）
    → 小车前进 → 到皮带机上方1GK断开，小车停。
  → 3KA得电
    → 3KT得电（作系统保护）
    → 触点闭合KGZ导通 → 电磁吸盘得电 → DLJ触点动作 → 5KA得电 → 5KA动断触点断 → 1KT失电（上述动作在1KT定时4s内完成）

此外，当小车前进离开原位时动作如下。

光电开关 2GK 动作复位 → 小车前进到皮带机上方 1GK 断开，KM3 失电时连锁触点复位 → 1TT 瞬动其动断触点复位后 → 2KT 得电作10 s计时，为小车吸附铁块后返回作准备

当 2KT 到整定时限后 → 其延时闭合动合触点闭合 → KM4 得电 → 小车返回 → 到终端时 → 2GK 动作
→ KM4 失电，小车停
→ 4KA 得电 → 2KA 失电
  → “35-37” 断开 → 3KA 失电丢铁块
  → 自保复位 → 2KT 失电 → 4KA 失电结束

点评：1TT 瞬动后进行了一系列的顺序逻辑控制，其中还包含了一些逻辑保护环节。全套动作连贯性好，逻辑性和可靠性强。利用 2KA “35-37” 动合触点控制小车前进并使电磁吸盘得电工作、利用 2KT 触点 “43-45” 闭合使小车自动返回，两个触点的巧妙搭配使用是本系统设计的又一亮点。

3）小车吸铁块返回途中又探有铁块后的自动控制分析。小车吸附铁块返回途中，靠 2KT 触点 “43-45” 闭合使 KM4 得电返回；靠 2KA “35-37” 闭合使 3KA 得电吸附铁块；KM4 的连锁保护使 KM3 接触器不能得电。

返回途中再次检有铁块时动作如下。

继电器 1TT 动作，“21-23” 已有 2KA 自保护，1TT 动合动作不起作用；1TT 动断动作 → 2KT 失电再次计时 → 触点 “43-45” 复位 → KM4 失电小车停 → 连锁保护触点 “39-41” 复位 → KM3 得电小车前进 → 到皮带机上方 1GK 断开，小车停等待再次吸铁。

当 2KT 到整定时限后 → “43-45” 闭合 → KM4 通电 → 小车返回 → 到终 2GK 动作 KM4 失电小车停；同时 4KA 得电 → 2KA 失电
  → “35-37” 断开 → 3KA 失电丢铁块
  → 自保复位 → 2KT 断电 → 4KA 失电结束

第二次吸铁返回途中若又探有铁块后，再次重复上述动作。但从第一次动作后 3KT 得电计时作系统保护，整定时限为 90 s，即 90 s 到时限后系统停止工作，最多能重复执行 9 次。

点评：小车吸附铁块返回途中又探有铁块后，靠 1TT 动断触点的瞬间动作切断 2KT 线圈使其触点 “43-45” 复位实现小车停止返回并改为前进，1TT 动断触点与 2KT 线圈的配合使用是本系统设计的又一精妙之处。

3.2.3 浓缩机自动提升装置电气控制

浓缩机（又名：浓密机）自动提升装置是选矿、化工常用的典型设备。在选矿行业

中用于将低浓度的矿料进行浓缩，分离出高密度的矿料供下一生产工序加工，同时进行清水回收再利用，有效降低生产成本。

1. 系统简介

浓缩机结构示意图如图 3-14 所示。浓缩机池的直径有十多米至数十米，由主传动电动机拖动耙子在池底做低速转动，把沉淀的高浓度矿料经耙子括向池底，浓度较高的矿料经高密矿出口处供下一生产工序加工，清水从回水出口处回收。

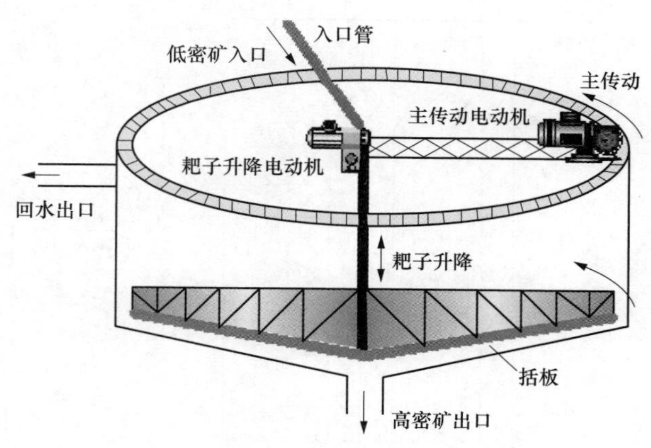

图 3-14 浓缩机结构示意图

耙子可由耙子升降电动机拖动实现提升和下放。耙子在低速旋转中若沉淀的高浓度矿料太多，受的阻力过大时，则拖动耙子转动的主传动电动机过载，在主传动继续工作的同时，通过过流继电器动作使耙子边作低速转动边缓慢提升；耙子缓慢提升后阻力减小，电动机过流减小，直至过电流状态消除后，耙子又边作低速转动边缓慢下放。耙子提升和下放均有限位开关进行限位控制。

2. 电气控制

浓缩机自动提升装置电气控制原理图如图 3-15 所示。

（1）主电路。两电动机使用自动空气开关 QF1、QF2 作为隔离开关，并有短路等保护功能。主传动电动机单向运行，由交流接触器 KM1 进行通断控制。电动机容量较大，但起动时属重负载起动，一般不使用降压起动，且通过电流互感器 1LH、2LH 的二次侧接入过流检测控制、过载保护及控制盘上的电流指示。耙子升降电动机由 KM2、KM3 进行正反转控制，且属短期工作制，不设热继电器过负载保护。

（2）控制电路。

1）元件使用分析。过电流继电器 GLJ，它是线圈电流高于整定值动作的继电器。是反映输入量为电流的继电器，使用时线圈串联在被测电路中，以反映电路中电流的变化而动作。用于按电流原则控制的场合。正常工作时，线圈电流为额定电流，此时衔铁处于释放状态；当电路中电流大于负载正常工作电流时，衔铁才产生吸合动作，从而带动触点动作，控制相应的电路动作。

本装置的电气控制原理图中，使用了两个过电流继电器，分别串入电流互感器 1LH、2LH 的二次侧回路，它进行相同的检测及控制功能，故其文字符号同名。

控制按钮，在端子号“1-3”、“3-5”、“5-7”、“1-27”、“27-29”、“33-35”、“41-45”等串联或并联了动合或动断按钮，同行都知道这是起动及停止且为两地控制，故其文字符号在工程图中也省略了。上述这种不规范的特征在工业现场的应用中会时常见到，通过本例可增强读者对实际应用的适应性。

安全开关 SA1，是普通的单极开关，只有在 SA1 闭合后，才能起动主传动电动机。类似这种应用较多，还可根据安全级，把 SA1 设为操作员或工程师专用的钥匙开关。

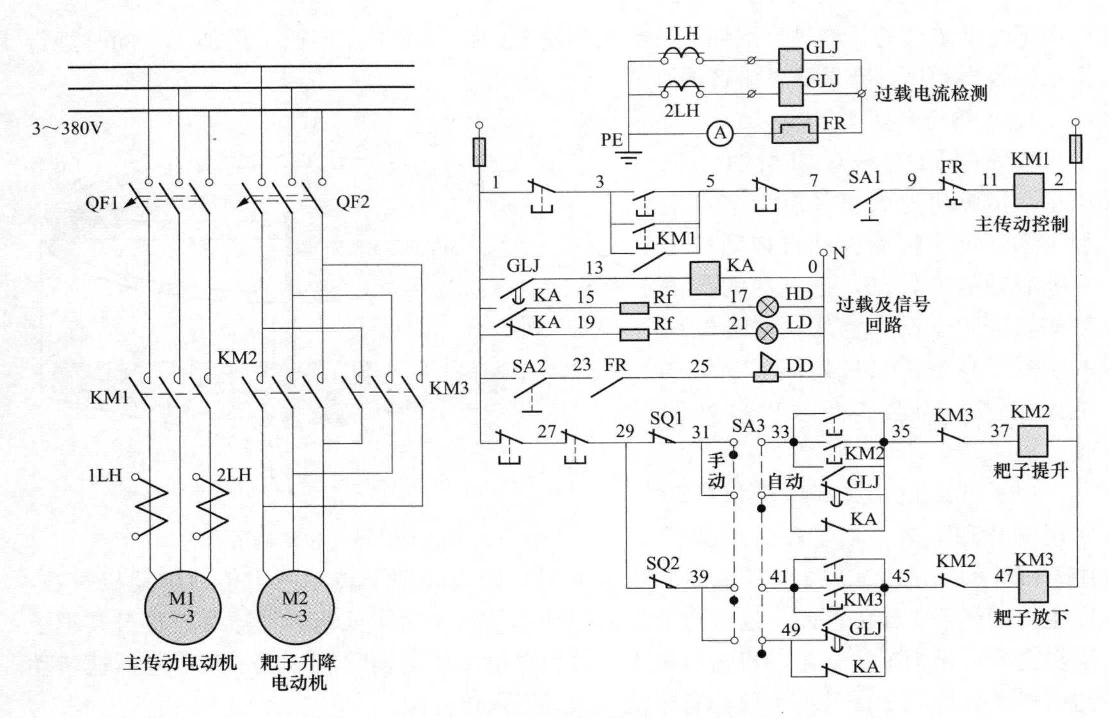

图 3-15　浓缩机自动提升装置电气控制原理图

电笛 DD：电动机过电流时，通过热继电器 FR 触点接通电笛 DD 进行声音报警，不需要报警时断开普通的单极开关 SA2 即可。

信号灯 LD、HD，LD 为绿色信号灯，电动机正常工作时 LD 亮。HD 为红色信号灯，电动机正常工作但耙子有较大阻力，由过流继电器 GLJ 动作接通中间继电器 KA 后 HD 亮。发出灯光警示信号。

信号灯 LD、HD、电笛 DD、中间继电器 KA 均为交流 220V，检修时应注意其电压等级。

转换开关 SA3，用于耙子上升或下降控制的“自动”、“手动”选择。设备运行时一般使用“自动”状态，检修和调试时用“手动”状态。

限位开关 SQ1、SQ2，SQ1 为耙子提升上限位，SQ2 为耙子放下的下限位。正常运行时耙子放下到最底，故 SQ2 为断开状态，只要耙子不在最底，接触器 KM3 线圈都将被接通升降电动机自动将耙子放下到最底，直到 SQ2 动作后才停。

2）电路控制过程分析。浓缩机自动提升装置电气控制较为简单，控制过程分析读者可作阅图练习。

3.3　电气控制电路设计基础

传统继电—接触器控制系统设计的重点是电气原理图设计，同时对电路进行必要的工艺设计；单片机控制系统设计中必须对单片机本身作系统配置；PLC 控制系统是将硬件和软件分开，着力进行软件的编程设计。但是，不论什么控制系统，在设计规划时，必须符合设计的基本要求。

3.3.1　电气控制设计的主要内容和基本原则

1. 基本要求

（1）熟悉所设计设备电气线路的总体技术要求及工作过程，取得电气设计的基本依据，最大限度地满足生产机械和工艺对电气控制的要求。

（2）优化设计方案、妥善处理机械与电气的关系，通过技术经济分析，选用性能价格比最佳的电气设计方案。在满足要求的前提下，设计出简单合理、技术先进、工作可靠、维修方便的电路。

（3）正确合理地选用电气元器件，尽可能减少元器件的品种和规格，降低生产成本，确保使用的安全可靠。

（4）设计中贯彻最新的国家标准。

2. 主要内容

电气控制系统设计的基本任务是根据生产机械的控制要求，设计和完成电控装置在制造、使用和维护过程中所需的图样和资料。这些工作主要反映在电气原理和工艺设计中，具体来说，需完成下列设计项目：

（1）拟定电气设计技术任务书。

电气设计任务书是电气设计的依据，是由电气设计人员、机械设计及企业管理决策人员共同分析设备的原理及动作要求、控制技术及经济指标而后确定的。

（2）提出电气控制原理性方案及总体框图，编写系统参数计算书。

（3）合理选择系统的电气元器件，提出专用元器件的技术指标并给出元器件明细表。

（4）设计电气原理图（总图及分图）。通过电气原理图表达设计思想和控制的工作原理。绘制电控装置总装、部件、组件、单元装配图、出线端子图和设备接线图。

（5）对电控箱（柜）的结构与尺寸、散热器、导线、支架等进行标准构件选用与非标准构件设计，编制设计说明书和使用说明书。

3. 基本原则

当电力拖动方案和控制方案确定后，就可以进行电气控制线路的设计。电气控制线路的设计是电力拖动方案和控制方案的具体化。电气控制线路的设计没有固定的方法和模式，下面介绍在设计中应遵循的一般原则。

（1）实现并满足生产机械和工艺的控制要求。应最大限度地实现并满足生产机械和工艺对电气控制线路的要求。设计之前，首先要调查清楚生产要求。

（2）控制线路应简单经济。在满足生产要求的前提下，选用标准的控制线路环节，力求使控制线路简单、经济。

（3）保证控制线路工作的可靠和安全。为了使控制线路可靠、安全，尽量选用机械和电气寿命长、结构坚实、动作可靠、抗干扰性能好的电器。在具体线路设计中应注意以下几点。

1）正确连接电器的线圈；

2）应尽量避免电器依次动作的现象；

3）避免出现寄生电路；

4）避免发生触点“竞争”与“冒险”现象；

5）应考虑各种连锁关系。

3.3.2 电力拖动方案与电气控制方案的确定

电力拖动方案是指根据生产机械的精度、工作效率、结构、运动部件的数量、运动要求、负载性质、调速要求以及投资额等条件去确定电动机的类型、数量、传动方式及拟订电动机的起动、运行、调速、转向、制动等控制要求。它是电气设计的主要内容之一，作为电气控制原理图设计及电气元器件选择的依据，是后续各部分设计内容的基础和先决条件。

1. 电力拖动方案的确定

（1）确定拖动方式。

1）单机拖动。单机拖动就是一台设备只由一台电动机拖动。

2）分立拖动。通过机械传动链将动力传送到达每个工作机构，一台设备由多台电动机分别驱动各个工作机构。

（2）确定调速方案。不同的对象有不同的调速要求。为了达到一定的调速范围，可采用齿轮变速箱、液压调速装置、双速或多速电动机以及电气的无级调速传动方案。

（3）电动机的选择和电动机的起动、制动和反向要求。

1）电动机的选择。电动机的选择包括电动机的种类、结构形式、额定转速和额定功率。

2）电动机起动、制动和反向要求。一般说来，由电动机完成设备的起动、制动和反向要比机械方法简单容易。因此，机电设备主轴的起动、停止、正反转运动调整操作，只要条件允许最好由电动机完成。

2. 电气控制方案的确定

电力传动方案确定之后，传动电动机的类型、数量及其控制要求就基本确定了。采用什么方法去实现这些控制要求就是控制方式的选择问题。也就是说，在考虑拖动方案时，实际上对电气控制的方案也同时进行了考虑，因为这两者具有密切的关系。只有通过这两种方案的相互实施，才能实现生产机械的工艺要求。

（1）电气控制方案的可靠性设计的可靠性就是使一个系统设计满足可靠性指标。如果一个系统的可靠性不在设计阶段进行考虑，没有一些具体的可靠性指标，那么保证一个控制系统的可靠性是困难的。需要确定采用何种控制方案时，应该根据实际情况，实事求是地进行设计。要提高控制系统的可靠性，则应把控制系统的复杂性降至保持工作功能所需要的最低限度。也就是说，控制系统应该尽可能简单化、非工作所需的元器件及不必要的复杂结构尽量不用，否则会增加控制系统失效的概率。因此，必须利用可靠性设计的方法，来提高控制系统的可靠程度。

（2）电气控制方案的确定是指控制方案应与通用性和专用性的程序相适应。一般的简单生产设备需要的控制元器件数很少，其工作程序往往是固定的，使用中一般不需经常改变原有程序，因此，可采用有触点的继电—接触器控制系统。虽然该控制系统在电路结构上是呈“固定式”的，但它能控制较大的功率，而且控制方法简单，价格便宜，目前仍使用很广。

对于在控制中需要进行模拟量处理及数字运算的，输入/输出信号多、控制要求复杂或控制要求经常变动的，控制系统要求体积小、动作频率高、响应时间快的，可根据情况采用可编程控制或其他控制方案。

在自动生产线中，可根据控制要求和连锁条件的复杂程度，采用分散控制或集中控制的方案。但各台单机的控制方案和基本控制环节应尽量一致，以简化设计及制造过程。

为满足生产工艺的某些要求，在电气控制方案中还应考虑下述诸方面的问题：采用自动循环或半自动循环、手动调整、工序变更、系统的检测、各个运动之间的连锁、各种安全保护、故障诊断、信号指标、照明及人机关系等。

3.3.3　电动机的控制、保护、常用元器件的选择

1. 电动机的控制原则

以上介绍了电动机的各种电气控制线路，而生产机械的电气控制线路都是在这些控制线路的基础上，根据生产工艺过程的控制要求设计的，而生产工艺过程必然伴随着一些物理量的变化，根据这些量的变化对电动机实现自动控制。对电动机控制的一般原则归纳起来，有以下几种：行程控制原则、时间控制原则、速度控制原则和电流控制原则。

（1）行程控制原则。根据生产机械运动部件的行程或位置，利用行程开关来控制电动机工作状态的原则称为行程控制原则。行程控制原则是生产机械电气自动化中应用最多和作用原理最简单的一种方式。

（2）时间控制原则。利用时间继电器按一定时间间隔来控制电动机工作状态的原则称为时间控制原则。如在电动机的降压起动、制动以及变速过程中，利用时间继电器按一定的时间间隔改变线路的接线方式来自动完成电动机的各种控制要求。

（3）速度控制原则。根据电动机的速度变化，利用速度继电器等电器来控制电动机工作状态的原则称为速度控制原则。

（4）电流控制原则。根据电动机主回路电流的大小，利用电流继电器来控制电动机工作状态的原则称为电流控制原则。

2. 电动机的保护

电气控制系统除了要能满足生产机械加工工艺要求外，还应保证设备长期安全、可靠、无故障地运行，因此保护环节是所有电气控制系统不可缺少的组成部分，用来保护电动机、电网、电气控制设备以及人身安全等。

选择和设置保护装置在使电动机免受损坏的同时，还应使电动机得到充分的利用。因此，一个正确的保护方案应该是：在免受损坏的情况下使电动机充分发挥过载能力，使其在工作过程中功率被充分利用，温升达到国家标准规定的数值，同时还能提高电力拖动系统的可靠性和生产的连续性。

电气控制系统中常用的保护环节有短路保护，过电流保护，过载保护，零电压、欠电压保护及弱磁保护。

（1）短路保护。电动机、电器以及导线的绝缘损坏或线路发生故障时，都可能造成短路事故。很大的短路电流和电功率可能使电器设备损坏。因此要求一旦发生短路故障时，控制电路应能迅速、可靠地切断电路进行保护，并且保护装置不应受起动电流的影响而误动作。

常用的短路保护元件有熔断器和自动开关。

（2）过电流保护。电动机不正确地起动或负载转矩剧烈增加会引起电动机过电流运行。一般情况下这种过电流比短路电流小，但比电动机额定电流却大得多，过电流的危害虽没有短路那么严重，但同样会造成电动机的损坏。常用瞬时动作的过电流继电器与接触器配合起来作过电流保护。

（3）过载保护。电动机长期超载运行，电动机绕组温升将超过其允许值，造成绝缘材料变脆，寿命减少，严重时会使电动机损坏。过载电流越大，达到允许温升的时间就越短。

常用的过载保护元件是热继电器。

（4）零电压和欠电压保护。为防止电网失电后恢复供电时电动机自行起动的保护叫做零电压保护。在电源电压降到允许值以下时，需要采用保护措施，及时切断电源，这就是欠电压保护。通常是采用接触器、中间继电器、欠电压继电器，或设置专门的零电压继电器来实现。

（5）弱磁保护。直流电动机在磁场有一定强度情况下才能起动。如果磁场太弱，电动机的起动电流就会很大；直流电动机正在运行时磁场突然减弱或消失，电动机转速就会迅速升高，甚至发生“飞车”，因此需要采取弱磁保护。常用的弱磁保护是通过在电动机励磁回路串入欠电流继电器来实现的。

除了上述几种保护措施外，控制系统中还可能有其他各种保护，如连锁保护、行程保护、油压保护、温度保护等。只要在控制电路中串接上能反映这些参数的控制电器的动合触点或动断触点，就可实现有关保护。

3. 常用电气元器件的选择

（1）常用电气元器件的选择原则。在控制系统原理图设计完成之后，就可根据线路要求，选择各种控制电器，并以元器件目录表形式列在标题栏上方。正确、合理地选用各种电气元器件，是控制线路安全、可靠工作的保证，也是使电气控制设备具有一定的先进性和良好经济性的重要环节。

1）根据对控制元器件功能的要求，确定电气元器件的类型。例如，当元器件用于通、断功率较大的主电路时，应选用交流接触器；若有延时要求，应选用延时继电器。

2）确定元器件承载能力的临界值及使用寿命。主要是根据电气控制的电压、电流及功率大小来确定元器件的规格。

3）确定元器件预期的工作环境及供应情况，如防油、防尘、货源等。

4）确定元器件在供应时所需的可靠性等。确定用以改善元器件失效率用的老化或其他筛选实验。采用与可靠性预计相适应的降额系数等，进行一些必要的核算和校核。

（2）电气元器件的选用。常用低压电器元件的功能、结构、分类、电气符号与规格型号及其主要技术数据、选择择使用等已在第1章中已作了介绍，读者可参阅相关内容，这里不再讨论。

3.3.4 电气控制原理图的设计方法

电气控制线路的设计方法通常使用一般设计法，也叫做经验设计法。它是根据生产工艺要求，利用各种典型的线路环节，直接设计控制线路。它的特点是无固定的设计程序和设计模式，灵活性很大，主要靠经验进行。

另一种是逻辑设计法，它根据生产工艺要求，利用逻辑代数来分析、设计线路。用这种方法设计的线路比较合理，特别适合完成较复杂的生产工艺所要求的控制线路。本节通过龙门刨床（或立车）横梁升降自动控制线路设计实例来说明电气控制线路的一般设计方法。

1. 控制系统的工艺要求

设计一个龙门刨床的横梁升降控制系统。在龙门刨床（或立车）上装有横梁机构，刀架装在横梁上，用来加工工件。由于加工工件位置高低不同，要求横梁能沿立柱上下移动，而在加工过程中，横梁又需要夹紧在立柱上，不允许松动。因此，横梁机构对电气控制系统提出了如下要求：

（1）保证横梁能上下移动，夹紧机构能实现横梁的夹紧或放松。

（2）横梁夹紧与横梁移动之间必须有一定的操作程序。当横梁上下移动时，应能自动按照“放松横梁→横梁上下移动→夹紧横梁→夹紧电动机自动停止运动”的顺序动作。

（3）横梁在上升与下降时应有限位保护。

（4）横梁夹紧与横梁移动之间及正反向运动之间应有必要的连锁。

2. 电气控制线路设计步骤

（1）设计主电路。根据工艺要求可知，横梁移动和横梁夹紧需用两台异步电动机（横梁升降电动机M1和夹紧放松电动机M2）拖动。为了保证实现上下移动和夹紧放松的要求，电动机必须能实现正反转，因此需要四个接触器KM1、KM2、KM3、KM4分别控制两个电动机的正反转。那么，主电路就是两台电动机的正反转电路。

（2）设计基本控制电路。根据上述要求，可以设计出图3-16所示的控制电路，但它还不能实现在横梁放松后自动向上或向下移动，也不能在横梁夹紧后使夹紧电动机自动停止。为了实现这两个自动控制要求，还需要做相应地改进，这需要恰当地选择控制过程中的变化参量来实现。

（3）选择控制参量、确定控制方案。对于第一个自动控制要求，可选行程这个变化参量来反映横梁的放松程度，采用行程开关SQ1来控制。

对于第二个自动控制要求，即在横梁夹紧后使夹紧电动机自动停止，也需要选择一个变化参量来反映夹紧程度。可以用行程、时间和反映夹紧力的电流作为变化参量。这里选用电流参量进行控制，如图3-17所示。

（4）设计连锁保护环节。这里采用KA1和KA2的动断触点实现横梁移动电动机和夹紧电动机正反转工作的连锁保护。横梁上下需要有限位保护，采用行程开关SQ2和SQ3分别实现向上和向下限位保护。

（5）线路的完善和校核。控制线路初步设计完毕后，可能还有不合理的地方，应仔细校核。特别应该对照生产要求再次分析设计线路是否逐条予以实现，线路在误操作时是否会发生事故。

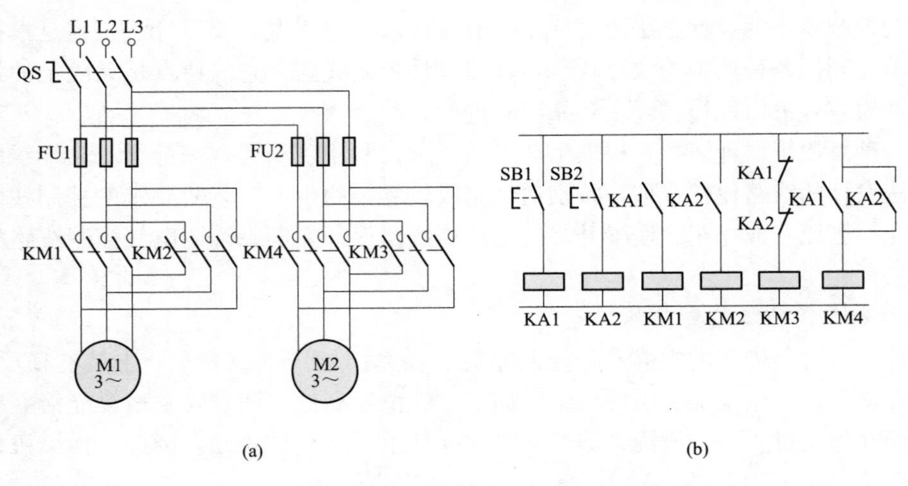

图 3-16　横梁控制电路

（a）主电路；（b）控制电路

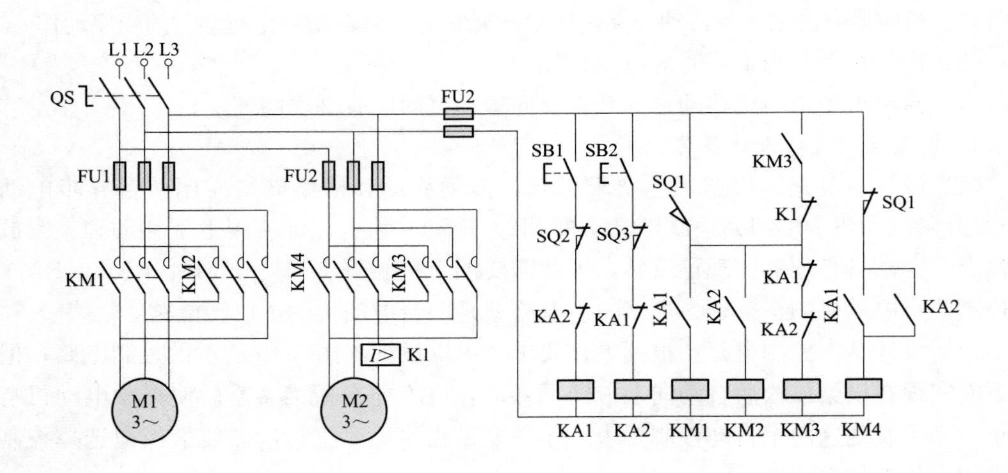

图 3-17　完整的电气控制原理图

3.3.5　电气控制的安装工艺设计

工艺设计的目的是为了满足电气控制设备的制造和使用要求，工艺设计必须在原理设计完成之后进行。在完成电气原理设计及电气元器件选择之后，就可以进行电气控制设备总体配置，即总装配图、总接线图设计，然后再设计各部分的电器装配图与接线图，并列出各部分的元器件目录、进出线号以及主要材料清单等技术资料，最后编写使用说明书。

1. 电气控制系统工艺设计的内容

（1）电气设备总体配置设计。各种电动机及各类电气元器件根据各自的作用，都有一定的装配位置。例如，拖动电动机与各种执行元器件（电磁铁、电磁阀、电磁离合器、电磁吸盘等）以及各种检测元器件（限位开关、传感器、温度、压力、速度继电器等）必须安装在生产机械的相应部位。各种控制电器（接触器、继电器、电阻、自动开关、控制变压器、放大器等），保护电器（熔断器、电流、电压保护继电器等）可以安放在单独的电器箱内，而各种控制按钮、控制开关、各种指示灯、指示仪表、需经常调节的电位器等，则必须安放在控制台面板上。由于各种电气元器件安装位置不同，在构成一个完整的自动控制系统时，必须划分组件，同时要解决组件之间、电气箱之间以及电气箱与被控制装置之间的连线问题。划分组件的原则是：

1）功能类似的元器件组合在一起。例如，用于操作的各类按钮、开关、键盘、指示检测、调节等元器件集中为控制面板组件，各种继电器、接触器、熔断器，照明变压器等控制电器集中为电气板组件，各类控制电源、整流、滤波元器件集中为电源组件等。

2）尽可能减少组件之间的连线数量，接线关系密切的控制电器置于同一组件中。

3）强弱电控制器分离，以减少干扰。

4）力求整齐美观，外形尺寸，重量相近的电器组合在一起。

5）使于检查与调试，需经常调节、维护和易损元器件组合在一起。

（2）元器件布置图的设计及电器部件接线图的绘制。电气元器件布置图是某些电气元器件按一定原则的组合。电气元器件布置图的设计依据是部件原理图（总原理图的一部分）。同一组件中电气元器件的布置要注意以下问题：

1）体积大和较重的电气元器件应装在电器板的下面，而发热元器件应安装在电器板的上面。

2）强电弱电分开并注意弱电屏蔽，防止外界干扰。

3）需要经常维护、检修、调整的电气元器件安装位置不宜过高或过低。

4）电气元器件的布置应考虑整齐、美观、对称、外形尺寸与结构类似的电器安放在一起，以利加工、安装和配线。

5）电气元器件布置不宜过密，要留有一定的间距，若采用板前走线槽配线方式，应适当加大各排电器间距，以利布线和维护。

（3）电气箱及非标准零件图的设计。在电气控制系统比较简单时，控制电器可以附在生产机械内部，而在控制系统比较复杂或由于生产环境及操作的需要，通常都带有单独的电气控制箱，以利制造、使用和维护。电气控制箱设计要考虑以下几个问题。

1）根据控制面板及箱内各电气部件的尺寸确定电气箱总体尺寸及结构方式。

2）结构紧凑外形美观，要与生产机械相匹配，应提出一定的装饰要求。

3）根据控制面板及箱内电气部件的安装尺寸，设计箱内安装支架，并标出安装孔或焊接安装螺栓尺寸。

4）根据方便安装、调整及维修要求，设计其开门方式。

5）为利于箱内电器的通风散热，在箱体适当部位设计通风孔或通风槽。

6）为便于电气箱的搬动，应设计合适的起吊钩、起吊孔、扶手架或箱体底部带活动轮。

（4）填汇总清单及编写说明书。在电气控制系统原理设计及工艺设计结束后，应根据各种图样，对设备需要的各种零件及材料进行综合统计，按类别划出外购成件汇总清单表、标准件清单表、主要材料消耗定额表及辅助材料消耗定额表，以便采购人员，生产管理部门按设备制造需要备料，做好生产准备工作。设计说明及使用说明是设计审定及调试、使用、维护过程中必不可少的技术资料。

设计及使用说明书应包含以下主要内容：

1）拖动方案选择依据及本设计的主要特点。

2）主要参数的计算过程。

3）设计任务书中要求各项技术指标的核算与评价。

4）设备调试要求与调试方法。

5）使用、维护要求及注意事项。

2. 电气控制系统工艺设计实例

结合电气控制设备制造的工程实际，以一台小型电动机控制线路设计为例，根据电气接线图和电气互连图的绘制原则，进一步说明电气控制系统工艺设计的过程。

（1）电动机起停控制电气原理图。电动机起/停控制电路如图 3-18 所示，为便于施工，设计电气接线图，电气原理图中依据线号标注原则标出了各导线标号，大电流导线标出了载流面积（根据电动机工作电流计算出导线的截面积）。

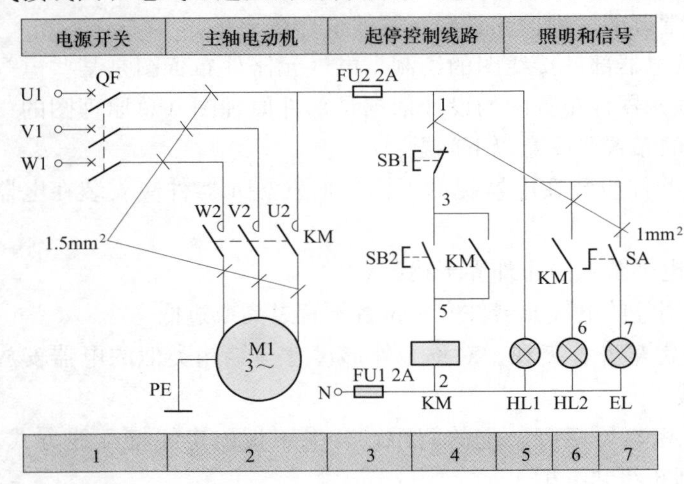

图 3-18　电动机起/停控制电路

图中接触器线圈符号的下方数字分别说明其动合主触点，动合、动断辅助触点所在的列号，用于分析工作原理时查找该接触器控制的器件。元件明细见表 3-7 和表 3-8。

表 3-7　元件明细表

序　号	符　号	名　称	型　号	规　格	数　量
1	M	异步电动机	Y80	1.5kW，380V，1440r/min	1
2	QF	低压断路器	C45N	3 级，500V，32A	1
3	KM	交流接触器	CJ21-10	380V，10A，线圈电压 229V	1

续表

序号	符号	名称	型号	规格	数量
4	SB1	控制按钮	LAY3	红	1
5	SB2	控制按钮	LAY3	绿	1
6	SA	旋转开关	NP2	220V	1
7	HL	指示信号灯	ND16	380V，5A	2
8	EL	照明灯		220V，40W	1
9	FU	熔断器	KT18	250V，4A	2

表 3-8　管内铺线明细表

序号	穿线用管类型	电线		接线端子号
		截面积（mm^2）	根数	
1	ϕ10 包塑金属软管	1	2	9、10
2	ϕ20 金属软管	0.75	6	1～6
3	ϕ20 金属软管	1.5	4	U、V、W、PE
4	YHZ 橡套电缆	1.5	4	R、S、T、N

（2）电气安装位置图。电气安装位置图又称布置图，主要用来表示原理图所有电器元件在设备上的实际位置。为电气设备的制造、安装提供必要的资料。图中各电器符号与电气原理图和元器件清单中的器件代号一致。根据此图可以设计相应器件安装打孔位置图，用于器件的安装固定。电气安装位置图同时也是电气接线图设计的依据。电气安装位置图如图 3-19 和图 3-20 所示。

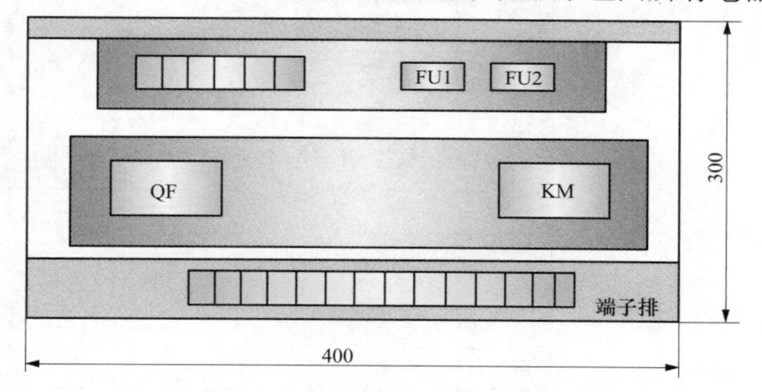

图 3-19　主盘电气安装位置图

（3）电气接线图。根据电气安装位置图绘制电气接线图的具体原则，分别绘制操作面板和电器安装底板的电气接线图。如图 3-21 所示，电器安装板（配电盘）的电气接线图，图中，元件所有电气符号均集中在本元件框的方框内；各个器件编号，连同电器符号标注在器件方框的右上方；电气接线图采用二维标注法，表示导线的连接关系，线侧数字表示线号；线端数字 20～25表示器件编号，用于指示导线去向，布线路径可由电气安装人员自行确定。

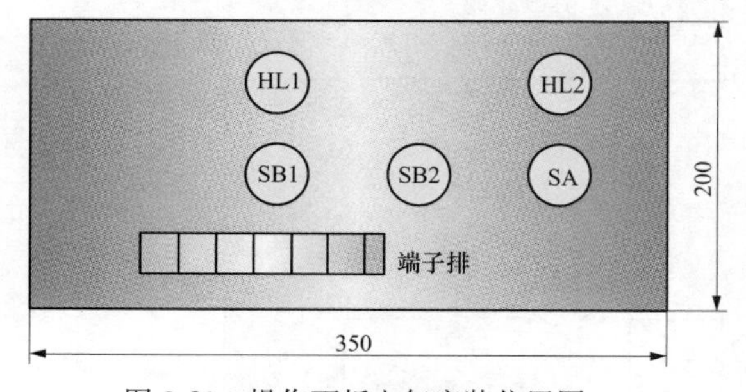

图 3-20　操作面板电气安装位置图

（4）控制面板的电气接线图。如图 3-22 所示操作面板的电气接线图，图中线侧和线上数字 1～7 表示线号；线端数字 10～25 表示所去器件编号。控制面板接线，用于指示导线去向。控制面板与主配电盘间的连接导线通过接线端子连接，并采用塑料蛇形套管防护。

（5）电气安装互连图。表示电动机起停控制电路的电气控制柜和外部设备及操作面板间的接线关系，如图 3-23 所示，图中导线的连接关系用导线束表示，并注明了导线规范（颜色、数量、长度和横截面积等）和穿线管的种类、内径、长度及考虑备用导线后的导线根数，连接电器安装底板和控制面板的导线，采用蛇形塑料软管或包塑金属软管保护，控制柜与电源、电动机间采用电缆线连接。

（6）安装调试。设计工作完毕后，要进行样机的电气控制柜安装施工，按照电气接线图和电气安装互连图完成安装及接线，经检查无误且连接可靠，进行得电试验。首先在空载状态下（不接电动机等负载），通过操作相应开关，给出开关信号，试验控制回路各电器元件动作以及指示的正确性。经过调试，各电器元件均按照原理要求动作准确无误后，方可进行负载试验。第二步的负载试验通过后，编号相应的报告、原理、使用操作说明文件。

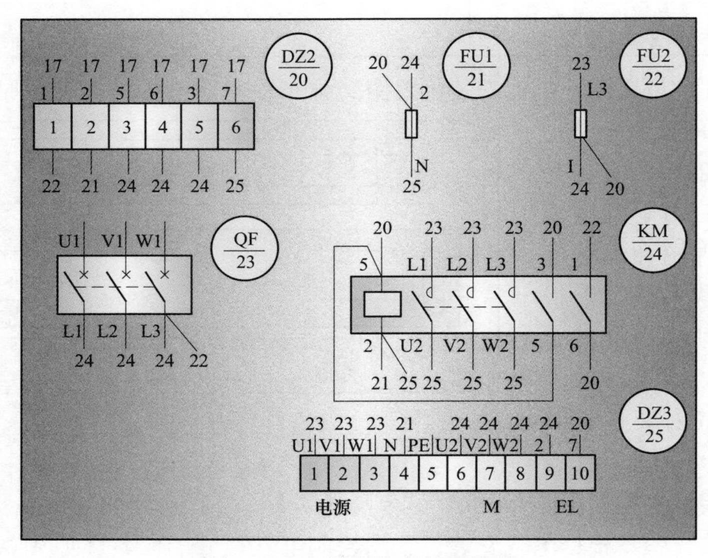

图 3-21　电器安装底板接线图

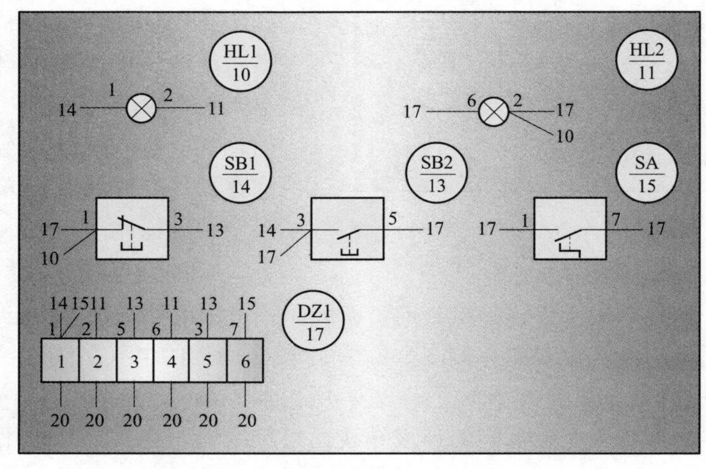

图 3-22　操作面板电气接线图

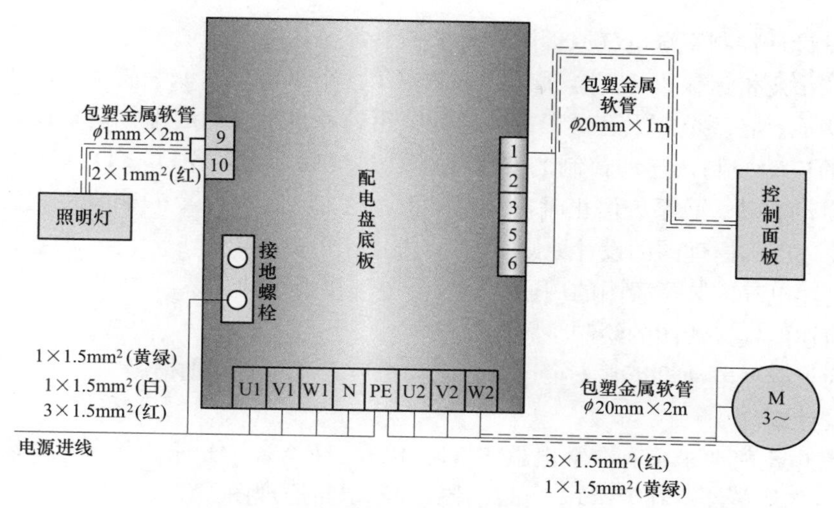

图 3-23　电气互连图

习　题　3

1. 试述 C650 型车床主轴电动机的控制特点及时间继电器 KT 的作用。

2. C650 型车床电气控制具有哪些保护环节？

3. 在 Z3040 型摇臂钻床电路中 SQ1、SQ2、SQ3 各行程开关的作用是什么？时间继电器 KT 的作用是什么？结合电路工作情况说明。

4. 桥式起重机为什么多选用绕线转子异步电动机拖动？

5. 桥式起重机的电气控制线路路中设置了哪些安全保护措施来保证人身安全？

6. 桥式起重机主钩下降的制动下降挡主要用于哪些情况？

7. 根据图 3-6 所示桥式起重机的电路图，分析主令控制器手柄置于下降位置“J”挡时，桥式起重机的工作过程。

8. 压入式水泵自动控制电气设备及其系统组成如图 3-24 所示。水泵的排气灌水已通过“压入式”自行完成，由于变压器容量所限不能直接起动，需考虑自耦变压器降压起动措施，自动开关闸等要求与图 3-24 所示系统相同，试提出电气控制原理图的设计方案。

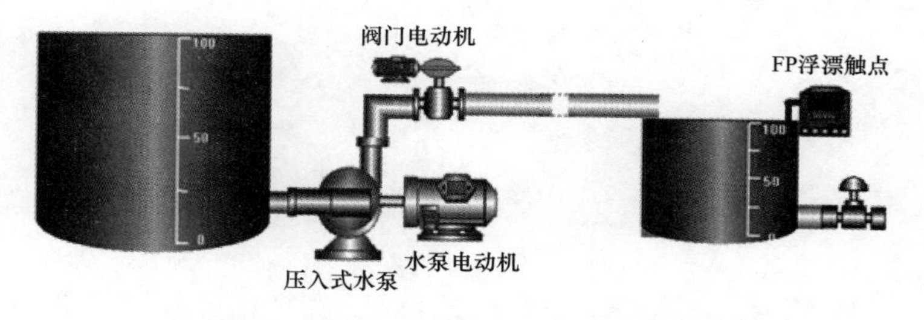

图 3-24　压入式水泵自动控制电气设备及其系统组成图

9. 原矿自动除铁装置系统结构示意图如图 3-11 所示，它是金属矿物探测器和小车自动除铁装置的自动化系统。现将皮带运输机、碎矿圆锥磨纳入自动控制的范围，构成总系统。试设计控制系统电气原理图，要求如下：

总系统由皮带运输机 A、金属矿物探测器 B、小车自动除铁装置 C、碎矿圆锥磨 D 四大环节构成。各环节应设有试车或检修调试用的各自独立的起停控制；设有总系统起动、停止的连动控制，连动控制的要求是：总系统起动时，B、C、D 同时先起动，经 10s 后 A 自动起动。总系统停止时，A 先停止，经 10s 后 B、C、D 自动停止。

10. 简述电气原理图的设计原则。

11. 简述电气安装位置图的用途，以及与电气接线图的关系。

12. 简述电气接线图的绘制步骤。

13. 为了确保电动机正常安全运行，电动机应具有哪些保护措施？

14. 设计题

(1) 某电动机要求只有在继电器 KA1、KA2、KA3 中任何一个或两个动作时才能运转，而在其他条件下都不运转，试设计其控制电路原理图。

(2) 已知两台三相交流异步电动机 M1、M2 能同时或分别停止，额定数据均为 $P_N=7.5kW$，$U_N=380V$，$I_N=15.4A$，$n_N=1\,440$ r/m，请选择电器元件、列写元器件明细表，并绘制电气接线图。

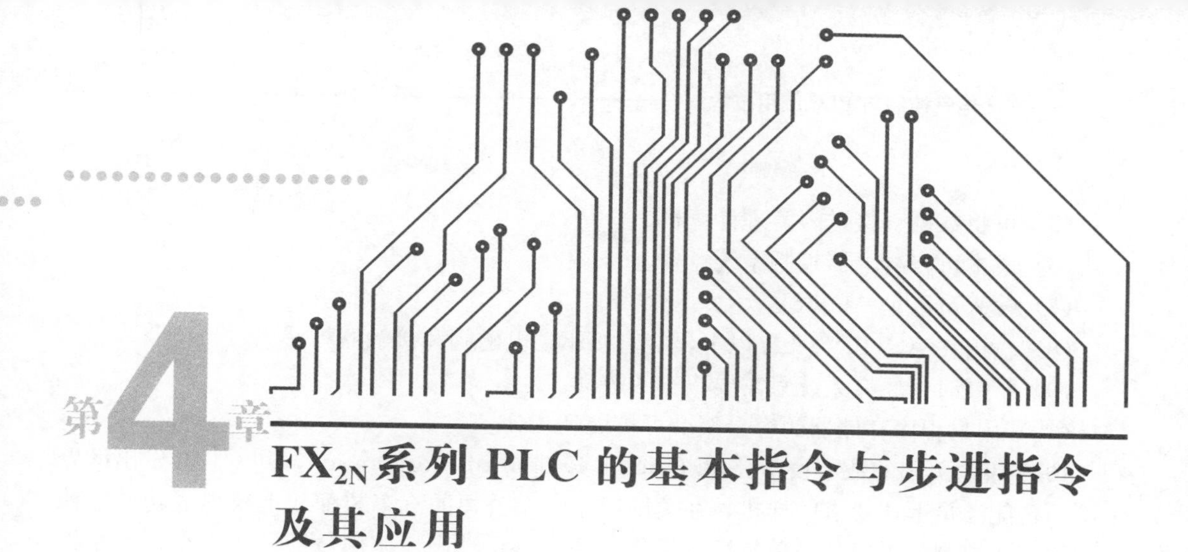

第4章 FX_{2N}系列PLC的基本指令与步进指令及其应用

可编程控制器（Programmable Logic Controller，PLC）是一种在传统的继电器控制系统的基础上，以微处理器为核心，综合了计算机技术、自动控制技术和通信技术（Computer，Control，Communication），用面向控制过程，面向用户的“自然语言”编程，适应工业环境，简单易懂，操作方便，可靠性高的新一代通用工业自动化控制装置。具有编程简单、使用方便、通用性强、可靠性高、体积小、易于维护等优点，在自动控制领域应用的十分广泛。目前已从小规模的单机顺序控制发展到过程控制、运动控制等诸多领域，可编程控制器已经成为工业控制领域的主流控制设备。

4.1 PLC 综 述

20世纪60年代以前的工业控制，主要是以继电—接触器组成控制系统。属于固定接线的逻辑控制系统，控制系统的结构随控制功能不同而异。如果控制要求有所改变，就必须相应地改变硬件接线结构，对于复杂的控制系统改造相当麻烦。此外，机械电气式器件自身的不足影响了控制系统的各种性能，无法适应现代工业发展的需要。

4.1.1 PLC的产生及定义

20世纪60年代，电子技术的发展推动了控制电路的电子化，晶体管等无触点器件的应用促进了控制装置的小型化和可靠性的提高。60年代中期，小型计算机被应用到过程控制领域，大大提高了控制系统的性能。但当时计算机价格昂贵，编程很不方便，输入/输出信号与工业现场不兼容，因而没能在工业控制中得到推广与应用。

20世纪60年代末期，美国通用汽车公司（General Motors Corporation，GM）为了取得激烈的市场竞争的技术优势，制定出多品种、小批量、不断推出新车型来吸引顾客的战略。但原有的控制系统由继电器和接触器等组成，灵活性差，运行和维护困难，不能满足生产工艺不断更新的需要。1968年，提出了改造汽车生产设备的传统控制方式，提出了以下10条招标的技术指标。

（1）编程简单方便，可在现场修改程序。

（2）硬件维护方便，采用插件式结构。

（3）可靠性要高于继电器控制系统。

（4）体积小于继电器控制系统。

（5）可将数据直接送入管理计算机。

（6）成本可与继电器控制系统竞争。

（7）输入可以是AC115V。

（8）输出在AC115V、2A以上，能直接驱动电磁阀和接触器等。

（9）扩展时，原有系统只需要很小的改动。

（10）用户程序存储器的容量至少可扩展到4KB。

1969年，美国的数字设备公司（Digital Equipment Corporation，DEC）开发出世界上第一台能满足上述要求的样机，在美国通用汽车公司的汽车装配线上获得成功。这种新型的工业控制装置以其简单易懂、操作方便、可靠性高、使用灵活、体积小、寿命长等一系列优点很快就推广到其他工业领域。随后德国、日本等国相继引进这一技术，使PLC迅速在工业控制中得到了广泛应用。在可编程控制器的早期设计中虽然采用了计算机的设计思想，但只能进行开关量的逻辑控制，主要用于顺序控制，所以被称为可编程逻辑控制器。

随着微电子技术和计算机技术的迅速发展，微处理器被广泛应用于PLC的设计中，使PLC的功能增强，速度加快，体积减小，成本下降，可靠性提高，更多地具有了计算机的功能。除了常规的逻辑控制功能外，PLC还具有模拟量处理、数据运算、运动控制、网络通信和PID（Proportional Integral Differential）控制等功能，易于实现柔性制造系统（Flexible Manufacturing System，FMS），因而与机器人及计算机辅助设计/制造（Compute Aided Design/Computer Aided Manufacturing，CAD/CAM）一起并称为现代控制的三大支柱。

国际电工委员会（International Electrotechnical Commission，IEC）在1987年颁布的PLC标准草案中对PLC作了如下的定义：

“PLC是一种专门为在工业环境下应用而设计的数字运算操作的电子装置。它采用可以编制程序的存储器，用来在其内部存储执行逻辑运算、顺序控制、计时、计数和算术运算等操作的指令，并通过数字式或模拟式的输入和输出，控制各种类型的机械或生产过程。PLC及其有关的外围设备都应按照易于与工业控制系统形成一个整体，易于扩充其功能的原则而设计”。

定义突出了以下几点。

（1）PLC是一种用“数字运算操作的电子装置”，它具有“可以编制程序的存储器”，可以进行“逻辑运算、顺序控制、计时、计数和算术运算”等工作，即可编程控制器具有计算机的基本特征。事实上，可编程控制器从内部结构、功能及工作原理上来说，PLC是一种用程序来改变控制功能的工业控制计算机。

（2）PLC是一种“专门为在工业环境下应用而设计”的计算机，其构造特殊，能在高粉尘、高噪音、强电磁干扰和温度变化等环境下工作。需“控制生产机械或生产过程”，还能“易于与工业控制系统形成一个整体”，这些都是个人计算机不可能做到的。除了能完成各种各样的控制功能外，还有与其他计算机通信联网的功能。

（3）可编程控制器除了能完成“各种类型”的工业设备或生产过程外，它“易于扩充其功能”。它完成控制的程序不是不变的，而是能根据控制对象、控制功能的不同要求，由用户“编制程序”。它又区别于单片机控制系统，具有更大的灵活性，可以方便地应用在各种场合。

（4）PLC是一种应用“操作指令”通过软件来实现控制的，在理念上实现了跨越和突破。一是用“操作指令”软件替代实际的电器元件；二是每一条“操作指令”对应一个“电气连接”，若干个不同的“操作指令”可组成各种不同的“控制电路”，可实现软件替代硬件接线的本质的跨越和突破。

可编程控制器是专为工业环境应用而设计制造的通用型工业控制计算机。它具有丰富的输入/输出接口，并且具有较强的驱动能力。但可编程控制器并不针对某一具体工业应用。在实际应用时，其硬件应根据具体需要进行选配，软件则根据实际的控制要求或生产工艺流程进行二次开发和设计。不经过二次开发，它不能在任何具体的工业设备或系统上使用。由于可编程控制器使用的编程语言传承了传统继电器控制电路的特征，保留了生产工艺流程的全貌，被广大工程技术人员所接受，使得工业自动化的设计从专业设计院走进了工厂和车间，变成了普通工程技术人员或技术工人力所能及的工作。加之通用性强、可靠性高、体积小、易于安装接线和维护等优点，使可编程控制器在自动控制领域的应用十分广泛。

4.1.2　PLC的特点及应用

1. PLC的特点

（1）可靠性高，抗干扰能力强。高可靠性是电气控制设备的关键。传统的继电器控制系统中使用了大量的中间继电器、时间继电器等控制电器。由于电器元件或触点接触不良，容易出现故障。PLC用软件代替大量的中间继电器和时间继电器，仅剩下与输入和输出有关的少量硬件电器元件，控制系统及其接线可大为减少，最大限度地降低了因电器元件或触点接触不良造成的故障。PLC使用了一系列硬件和软件先进的抗干扰技术，具有很强的可靠性和抗干扰能力，例如三菱公司生产的F系列PLC平均无故障时间达到30万小时。可以直接用于有强烈干扰的工业生产现场，是PLC大用户公认为最可靠的工业控制设备之一。

（2）功能强，性能价格比高。一台小型PLC内有成百上千个可供用户使用的编程元件，有很强的功能，不仅有逻辑运算、计时、计数、顺序控制等功能，还具有数字和模拟量的输入输出、功率驱动、通信、人机对话、自检、记录显示等功能。既可控制一台生产机械、一条生产线，又可控制一个生产过程。可以实现非常复杂的控制。与相同功能的继电器系统相比，具有很高的性能价格比。PLC可以通过通信联网，实现分散控制，集中管理。

（3）硬件配套齐全，用户使用方便，适应性强。PLC产品已经标准化、系列化、模块化，配备有品种齐全的各种硬件装置供用户选用，用户能灵活方便地进行系统配置，组成不同功能、不同规模的系统。PLC的安装接线也很方便，一般用接线端子连接外部接线。PLC带负载能力，可以直接驱动一般的电磁阀和中小型交流接触器。

硬件配置确定后，通过修改用户程序，就可以方便快速地适应工艺条件的变化。

（4）编程方法简单易学。编程语言多样化，IEC61131-3规定了5种编程语言：梯形图、顺序功能图、功能块图、结构文本和指令表。为适合不同应用场合和不同国家应用习惯的要求，允许在同一个 PLC 程序中使用多种编程语言。梯形图是使用的最多的 PLC 编程语言，其电路符号和表达方式与继电器电路原理图相似，梯形图和状态流程图语言形象直观，易学易懂，熟悉继电器电路图的电气技术人员只需花几天时间就可以熟悉梯形图语言，并用来编制用户程序。

梯形图语言实际上是一种面向用户的高级语言，PLC 在执行梯形图程序时，通过内部解释程序将它“翻译”成汇编语言后再去执行。

(5) 系统的设计、安装、调试工作量少。PLC 用软件功能取代了继电器控制系统中大量的中间继电器、时间继电器、计数器等器件，使控制柜的设计、安装、接线工作量大大减少。同时，PLC 的用户程序可以在实验室模拟调试，减少了现场的调试工作量。

PLC 的梯形图程序可以用顺序控制设计法来设计，这种编程方法很有规律，很容易掌握。对于复杂的控制系统，如果掌握了正确的设计方法，设计梯形图的时间比设计继电气系统电路图的时间要少得多。

可以在实验室模拟调试 PLC 的用户程序，输入信号用小开关来模拟，可通过 PLC 发光二极管观察输出信号的状态。完成了系统的安装和接线后，在现场的调试过程中发现的问题一般通过修改程序就可以解决，系统的调试时间比继电器系统少得多。

(6) 维修工作量小，维修方便。PLC 的故障率很低，且有完善的自诊断和显示功能。PLC 或外部的输入装置和执行机构发生故障时，可以根据 PLC 上的发光二极管或编程器提供的信息方便地查明故障的原因，用更换模块的方法可以迅速地排除故障。

(7) 体积小，能耗低。对于复杂的控制系统，使用 PLC 后，可以减少大量的中间继电器和时间继电器，小型 PIC 的体积仅相当于几个继电器的大小，易于装入设备内部，是实现机电一体化的理想控制设备，作为其他的控制也可将开关柜的体积缩小到原来的 1/2～1/10。以三菱公司的 F1-40M 型 PLC 为例：其外形尺寸仅为 305 mm×110 mm×110 mm，重量 2.3 kg，功耗小于 25 W；而且具有很好的抗振、适应环境温、湿度变化的能力。

PLC 控制系统的配线比继电器控制系统的少得多，故可以省下大量的配线和附件，减少很多安装接线工时，加上开关柜体积的缩小，可以节省大量的费用。

2. PLC 的应用领域

经过长期的工程实践，PLC 已经广泛地应用于钢铁、石油、化工、电力、建材、机械制造、汽车、轻纺、采矿、水利、交通运输、环境保护及文化娱乐等各个领域，包括从单机自动化到工厂自动化，从机器人、柔性制造系统到工业控制网络。从功能来看，PLC 的应用范围大致包括以下几个方面。

(1) 开关量逻辑控制。PLC 具有“与”、“或”、“非”等逻辑指令，可以实现触点和电路的串、并联，代替继电器进行组合逻辑控制、定时控制与顺序逻辑控制。开关量逻辑控制可以用于单台设备，也可以用于自动生产线，其应用领域已遍及各行各业，甚至深入到家庭。

(2) 运动控制。PLC 使用专用的指令或运动控制模块，对直线运动或圆周运动的位置、速度和加速度进行控制，可实现单轴、双轴、3 轴和多轴位置控制，使运动控制与顺序控制功能有机地结合在一起。PLC 的运动控制功能广泛地用于各种机械，如金属切削机床、金属成形机械、装配机械、机器人、电梯等场合。

(3) 闭环过程控制。过程控制是指对温度、压力、流量等连续变化的模拟量的闭环控制。PLC 通过模拟量 I/O 模块，实现模拟量（Analog）和数字量（Digital）之间的 A/D 转换与 D/A 转换，并对模拟量实行闭环 PID（比例-积分-微分）控制。现代的大中型 PLC 一般都有 PID 闭环控制功能，这一功能可以用 PID 子程序或专用的 PID 模块来实现。其 PID 闭环控制功能已经广泛地应用于塑料挤压成形机、加热炉、热处理炉、锅炉等设备，以及轻工、化工、机械、冶金、电力、建材等行业。

(4) 数据处理。现代的 PLC 具有数学运算（包括四则运算、矩阵运算、函数运算、字逻辑运算、求反、循环、移位和浮点数运算等）、数据传送、转换、排序和查表、位操作等功能，可以完成数据的采集、分析和处理。这些数据可以与储存在存储器中的参考值比较，也可以用通信功能传送到别的智能装置，或者将它们打印制表。

(5) 通信联网。PLC 的通信包括主机与远程 I/O 之间的通信、多台 PLC 之间的通信、PLC 与其他智能控制设备（如计算机、变频器、数控装置）之间的通信。PLC 与其他智能控制设备一起，可以组成“集中管理、分散控制”的分布式控制系统。

必须指出，并不是所有的 PLC 都有上述全部功能，有些小型 PLC 只有上述的部分功能，用户可根据具体使用情况进行选型，降低使用成本。

4.1.3　PLC 的发展趋势

随着相关技术特别是超大规模集成电路技术的迅速发展及其在 PLC 中的广泛应用，PLC 中采用更高性能的微处理器作为 CPU，功能进一步增强，逐步缩小了与工业控制计算机之间的差距。同时 I/O 模块更丰富，网络功能进一步增强，以满足工业控制的实际需要。编程语言除了梯形图外，还可采用指令表、顺序功能图（Sequential Function Charter，SFC）及高级语言（如 BASIC 和 C 语言）等。

现代 PLC 的发展有两个主要趋势：其一是向体积更小、速度更快、功能更强和价格更低的微小型方面发展；其二是向大型网络化、高可靠性、良好的兼容性和多功能方面发展，趋向于当前工业控制计算机（工控机）的性能。主要有以下几个方面。

(1) 以高功能、高速度、大容量、加大模拟量为发展方向，形成与 DCS 相抗争的大系统。

(2) 网络化和通信强化和通信能力是 PLC 重要发展方向，网络以太化已经很成功，并注意到了现场总线的发展，对特定标准的现场总线的支持则是必然的趋势。向下可将多个 PLC、I/O 框架相连，向上与工控机、工业以太网、MAP 网等相连，构成整个工厂的自动化控制系统，真正实现管控一体化。随着步进电动机控制、位置控制、伺服控制等模块的出现，PLC 的应用领域更加广泛。

(3) PLC 和其他工控机联合应用趋势。PLC 和其他控制系统之间界限越来越模糊，在应用方面也出现了类似的情况。最流行的向 PC 技术融合，PLC 日益加速渗入到 DCS 中，PLC 走进 CNC 的领地。PLC 自身控制也分散化。在实时性要求不太高的场合，出现了软 PLC（用软件实现 PLC 功能）应用。小型 PLC 的发展潜力还很大，机电一体化比例逐步增加。

(4) EIC 一体化控制系统的应用趋势。实现电气传动控制、仪表控制和计算机控制一体化，这是钢铁工业自动化使用较多而又急需的控制系统。这也是 PLC 最重要的发展趋势。

(5) PLC、PC、现场智能设备用于控制系统的趋势。今后一个时期，PLC 单独应用的比例将大幅下降，而 PLC、PC、DCS 及现场智能设备相互渗透融合的网络控制系统成为应用的趋势。

长期以来，PLC 始终处于工业自动化控制领域的主战场，为各种各样的自动化控制设备提供了非常可靠的控制应用。其主要原因，在于它能够为自动化控制应用提供安全可靠和比较完善的解决方案，适合于当前工业企业对自动化的需要。另外，PLC 还必须依靠其他新技术来面对市场的需求。PLC 需要解决的问题依然是新技术的采用、系统开放性。

4.1.4 PLC 控制系统与继电接触器控制系统的差别

1. 继电接触器控制系统与 PLC 控制系统

(1) 继电接触器控制系统的组成。任何一个继电接触器控制系统，都是由输入、输出部分和控制部分组成。其中输入部分是由各种输入设备，如按钮、位置开关及传感器等组成。控制部分是按照控制要求设计的，由若干继电器及触点构成的具有一定逻辑功能的控制电路。输出部分是由各种输出设备，如接触器、电磁阀、指示灯等执行元件组成。继电接触器控制系统是根据操作指令及被控对象发出的信号，由控制电路按规定的动作要求决定执行什么动作或动作的顺序，然后驱动输出设备去实现各种操作。由于控制电路是采用硬接线将各种继电器及触点按一定的要求连接而成，所以接线复杂且故障点多，同时不易灵活改变。

(2) PLC 控制系统的组成。由 PLC 构成的控制系统也是由输入、输出和控制三部分组成。PLC 控制系统的输入、输出部分和继电接触器控制系统的输入、输出部分基本相同，但控制部分是采用 PLC 的“可编程”软件，而不是实际的继电器线路。因此，PLC 控制系统可以方便地通过改变用户程序，以实现各种控制功能，从根本上解决了继电接触器控制系统控制电路难以改造的问题。同时，PLC 控制系统不仅能实现逻辑运算，还具有数值运算及过程控制等复杂的控制功能。

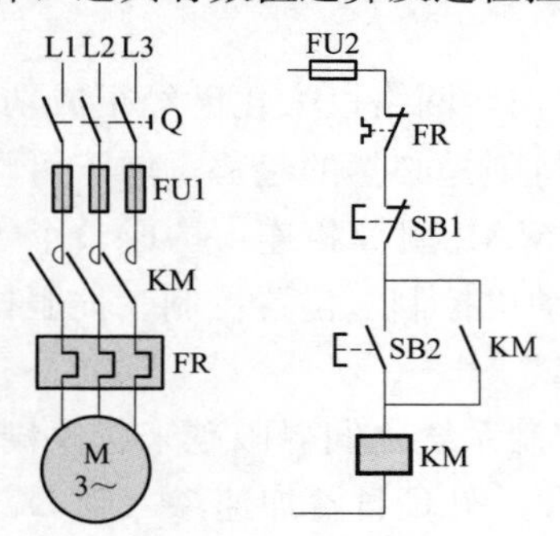

图 4-1 三相异步电动机单向运行电气控制电路

2. PLC 的等效电路

从上述比较可知，PLC 的用户程序软件代替了继电器控制电路硬件。因此，对于使用者来说，可以将 PLC 的“可编程”软件等效成许多各种各样的“软继电器”和“软接线”的集合，而用户程序就是用“软接线”将“软继电器”及其“触点”按一定要求连接起来的“控制电路”。

为了更好的理解这种等效关系，下面通过一个例子来说明。如图 4-1 所示为三相异步电动机单向起动运行的电气控制电路。其中，由输入设备 SB1、SB2、FR 的触点构成电路的输入部分，由输出设备 KM 构成电路的输出部分。

如果用 PLC 来控制这台三相异步电动机，组成一个 PLC 控制系统，根据上述分析可知，系统主电路不变，只要将输入设备 SB1、SB2、FR 的触点与 PLC 的输入端连接，输出设备 KM 线圈与 PLC 的输出端连接，就构成 PLC 控制系统的输入、输出硬件线路。而控制部分的功能则由 PLC 的用户程序来实现，其等效电路如图 4-2 所示。

输入设备 SB1、SB2、FR 用 PLC 内部的“软继电器”X0、X1、X2 来定义，由输入设备控制其对应的“软继电器”的状态，即通过这些“软继电器”将外部输入设备状态变成 PLC 内部的状态，这类“软继电器”称为输入继电器；同理，输出设备 KM 用 PLC 内部的“软继电器”Y0 来定义，由“软继电器”Y0 状态控制其对应的输出设备 KM 的状态，即通过这些“软继电器”将 PLC 内部状态输出，以控制外部输出设备，这类“软继电器”称为输出继电器。

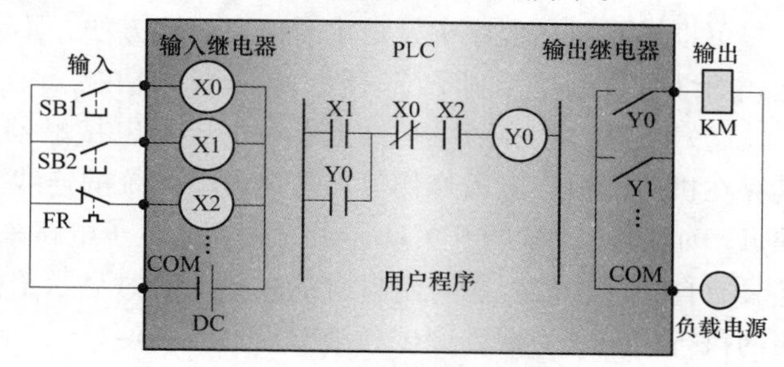

图 4-2　PLC 的等效电路

由此，PLC 用户程序要实现的是，如何用输入继电器 X0、X1、X2 来控制输出继电器 Y0。当控制要求复杂时，程序中还要采用 PLC 内部的其他类型的“软继电器”，如辅助继电器、定时器、计数器等参与控制，以达到控制要求。

要注意的是，PLC 等效电路中的继电器并不是实际的物理继电器，它实质上是存储器单元的状态。单元状态为“1”，相当于继电器接通；单元状态为“0”，则相当于继电器断开。因此，我们称这些继电器为“软继电器”。

3. PLC 控制系统与继电接触器控制系统的区别

PLC 控制系统与继电接触器控制系统相比，有一些相似之处，不同之处主要在以下几个方面：

(1) 从控制方法上看，继电接触器控制系统控制逻辑采用硬件接线，利用继电器机械触点的串联或并联等组合成控制逻辑，其连线多且复杂、体积大、功耗大，系统构成后，想再改变或增加功能较为困难。另外，继电器的触点数量有限，所以继电接触器控制系统的灵活性和可扩展性受到很大限制。而 PLC 采用了计算机技术，其控制逻辑是以程序的方式存放在存储器中，要改变控制逻辑只需改变程序，因而很容易改变或增加系统功能。系统连线少、体积小、功耗小，而且 PLC 所谓“软继电器”实质上是存储器单元的状态，所以“软继电器”的触点数量是无限的，PLC 系统的灵活性和可扩展性好。

(2) 从工作方式上看，在继电器控制电路中，当电源接通时，电路中所有继电器都处于受制约状态，即该吸合的继电器都同时吸合，不该吸合的继电器受某种条件限制而不能吸合，这种工作方式称为并行工作方式。而 PLC 的用户程序是按一定顺序循环执行，所以各软继电器都处于周期性循环扫描工作中，受同一条件制约的各个继电器的动作次序决定于程序扫描顺序，这种工作方式称为串行工作方式。

(3) 从控制速度上看，继电器控制系统依靠机械触点的动作以实现控制，工作频率低，机械触点还会出现抖动问题。而 PLC 通过程序指令控制电子电路来实现控制的，速度快，程序指令执行时间在微秒级，且不会出现触点抖动问题。

（4）从定时和计数控制上看，继电接触器控制系统采用时间继电器的延时动作进行时间控制，时间继电器的延时时间易受环境温度和温度变化的影响，定时精度不高。而PLC 采用电子集成电路作定时器，时钟脉冲由晶体振荡器产生，精度高，定时范围宽，用户可根据需要在程序中设定定时值，修改方便，不受环境的影响，且 PLC 具有计数功能，而继电接触器控制系统一般不具备计数功能。

（5）从可靠性和可维护性上看，由于继电接触器控制系统使用了大量的机械触点，其存在机械磨损、电弧烧伤等，寿命短，系统的连线多，所以可靠性和可维护性较差等缺点。而 PLC 大量的开关动作由无触点的电子电路来完成，其寿命长、可靠性高，PLC 还具有自诊断功能，能查出自身的故障，随时显示给操作人员，并能动态地监视控制程序的执行情况，为现场调试和维护提供了方便。

4.1.5 PLC 的硬件组成

PLC 的硬件主要由中央处理器（CPU）、存储器、输入单元、输出单元、通信接口、智能接口模块、电源等部分组成。其中，CPU 是 PLC 的核心，输入单元与输出单元是连接现场输入/输出设备与 CPU 之间的接口电路，通信接口用于与编程器、上位计算机等外设连接。

1. 中央处理单元（CPU）

同一般的微机一样，CPU 是 PLC 的核心。PLC 中所配置的 CPU 随机型不同而不同，常用有三类：通用微处理器（如 Z80、8086、80286 等）、单片微处理器（如 8031、8096 等）和位片式微处理器（如 AMD29W 等）。小型 PLC 大多采用 8 位通用微处理器和单片微处理器；中型 PLC 大多采用 16 位通用微处理器或单片微处理器；大型 PLC 大多采用高速位片式微处理器。

目前，小型 PLC 为单 CPU 系统，而中、大型 PLC 则大多为双 CPU 系统，甚至有些 PLC 中多达 8 个 CPU。对于双 CPU 系统，一般一个为字处理器，一般采用 8 位或 16 位处理器，另一个为位处理器，采用由各厂家设计制造的专用芯片。字处理器为主处理器，用于执行编程器接口功能，监视内部定时器，监视扫描时间，处理字节指令以及对系统总线和位处理器进行控制等。位处理器为从处理器，主要用于处理位操作指令和实现 PLC 编程语言向机器语言的转换。位处理器的采用，提高了 PLC 的速度，使 PLC 更好地满足实时控制要求。

2. 存储器

存储器主要有两种：一种是可读/写操作的随机存储器 RAM，另一种是只读存储器 ROM、PROM、EPROM 和 EEPROM。在 PLC 中，存储器主要用于存放系统程序、用户程序及工作数据。

系统程序是由 PLC 的制造厂家编写的，和 PLC 的硬件组成有关，完成系统诊断、命令解释、功能子程序调用管理、逻辑运算、通信及各种参数设定等功能，提供 PLC 运行的平台。系统程序关系到 PLC 的性能，而且在 PLC 使用过程中不会变动，所以是由制造厂家直接固化在只读存储器 ROM、PROM 或 EPROM 中，用户不能访问和修改。

用户程序是随 PLC 的控制对象而定的，由用户根据对象生产工艺的控制要求而编制的应用程序。为了便于读出、检查和修改，用户程序一般存于 CMOS 静态 RAM 中，用锂电池作为后备电源，以保证掉电时不会丢失信息。为了防止干扰对 RAM 中程序的破坏，当用户程序经过运行正常，不需要改变，可将其固化在只读存储器 EPROM 中。现在有许多 PLC 直接采用 EEPROM 作为用户存储器。

工作数据是 PLC 运行过程中经常变化、经常存取的一些数据。存放在 RAM 中，以适应随机存取的要求。在 PLC 的工作数据存储器中，设有存放输入输出继电器、辅助继电器、定时器、计数器等逻辑器件的存储区，这些器件的状态都是由用户程序的初始设置和运行情况而确定的。根据需要，部分数据在掉电时用后备电池维持其现有的状态，这部分在掉电时可保存数据的存储区域称为保持数据区。

由于系统程序及工作数据与用户无直接联系，所以在 PLC 产品样本或使用手册中所列存储器的形式及容量是指用户程序存储器。当 PLC 提供的用户存储器容量不够用，许多 PLC 还提供有存储器扩展功能。

3．输入/输出单元

输入/输出单元通常也称 I/O 单元或 I/O 模块，是 PLC 与工业生产现场之间的连接部件。PLC 通过输入接口可以检测被控对象的各种数据，以这些数据作为 PLC 对被控制对象进行控制的依据，同时 PLC 又通过输出接口将处理结果送给被控制对象，以实现控制目的。

由于外部输入设备和输出设备所需的信号电平是多种多样的，而 PLC 内部 CPU 的处理的信息只能是标准电平，所以 I/O 接口要实现这种转换。I/O 接口一般都具有光电隔离和滤波功能，以提高 PLC 的抗干扰能力。另外，I/O 接口上通常还有状态指示，工作状况直观，便于维护。

PLC 提供了多种操作电平和驱动能力的 I/O 接口，有各种各样功能的 I/O 接口供用户选用。I/O 接口的主要类型有：数字量（开关量）输入、数字量（开关量）输出、模拟量输入、模拟量输出等。

常用的开关量输入接口按其使用的电源不同有三种类型：直流输入接口、交流输入接口和交/直流输入接口，其基本原理电路如图 4-3 所示。

常用的开关量输出接口按输出开关器件不同有三种类型：是继电器输出、晶体管输出和双向晶闸管

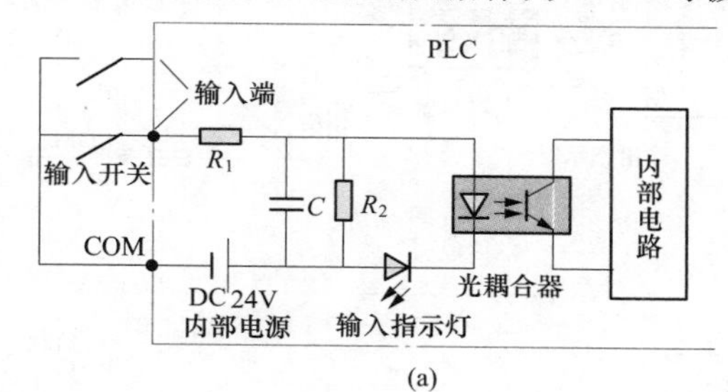

(a)

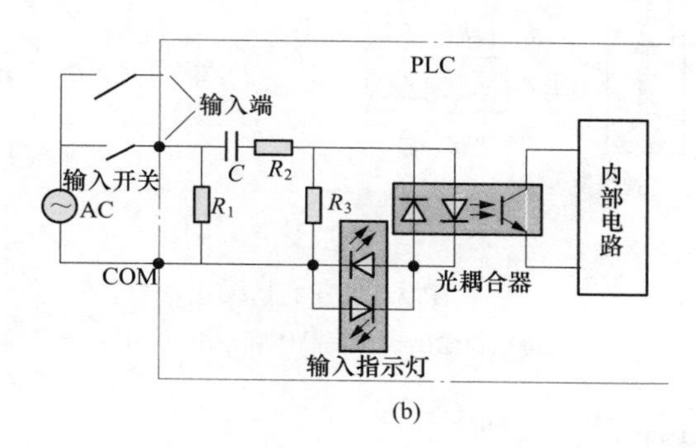

(b)

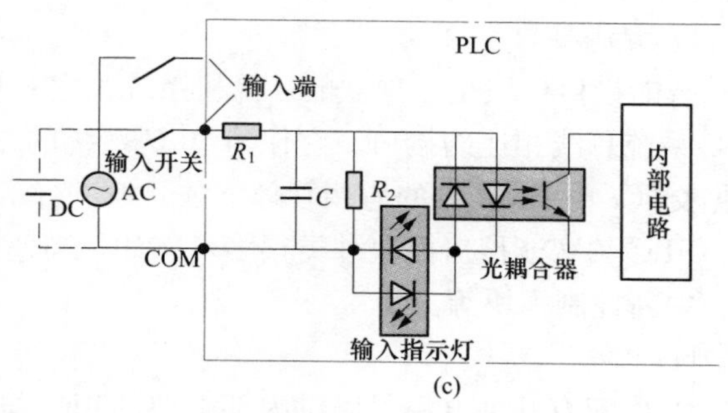

(c)

图 4-3　开关量输入接口

(a) 直流输入；(b) 交流输入；(c) 交/直流输入

输出，其基本原理电路如图 4-4 所示。继电器输出接口可驱动交流或直流负载，但其响应时间长，动作频率低；而晶体管输出和双向晶闸管输出接口的响应速度快，动作频率高，但前者只能用于驱动直流负载，后者只能用于交流负载。

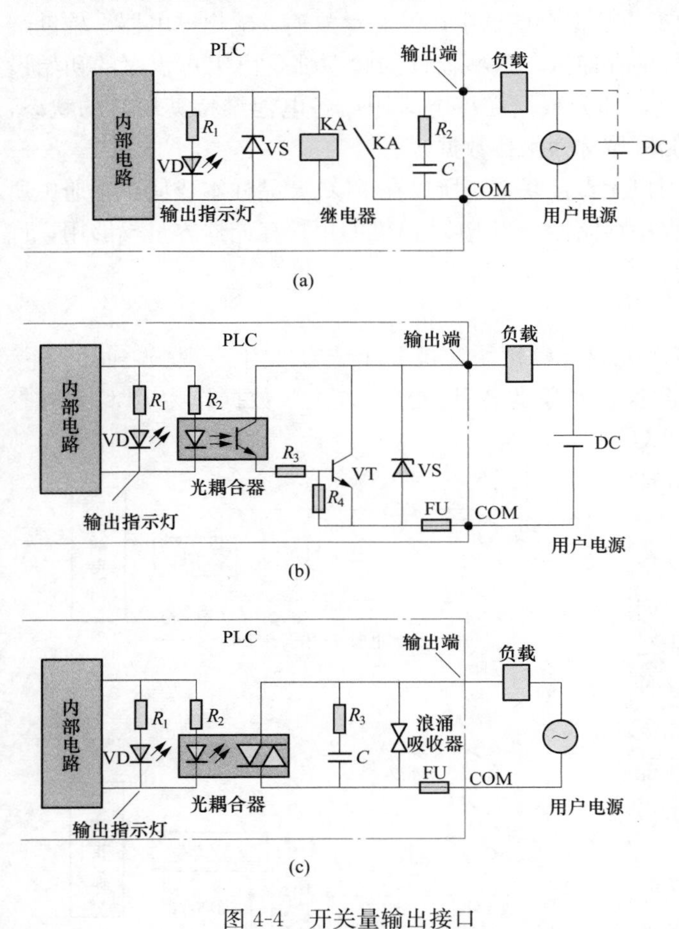

图 4-4　开关量输出接口

（a）继电器输出；（b）晶体管输出；（c）晶闸管输出

PLC 的 I/O 接口所能接受的输入信号个数和输出信号个数称为 PLC 输入/输出（I/O）点数。I/O 点数是选择 PLC 的重要依据之一。当系统的 I/O 点数不够时，可通过 PLC 的I/O扩展接口对系统进行扩展。

4. 通信接口

PLC 配有各种通信接口，这些通信接口一般都带有通信处理器。PLC 通过这些通信接口可与监视器、打印机、其他 PLC、计算机等设备实现通信。PLC 与打印机连接，可将过程信息、系统参数等输出打印，与监视器连接，可将控制过程图像显示出来，与其他 PLC 连接，可组成多机系统或连成网络，实现更大规模控制，与计算机连接，可组成多级分布式控制系统，实现控制与管理相结合。远程 I/O 系统也必须配备相应的通信接口模块。

5. 智能接口模块

智能接口模块是一独立的计算机系统，它有自己的 CPU、系统程序、存储器以及与 PLC 系统总线相连的接口。它作为 PLC 系统的一个模块，通过总线与 PLC 相连，进行数据交换，并在 PLC 的协调管理下独立地进行工作。

PLC 的智能接口模块种类很多，例如，高速计数模块、闭环控制模块、运动控制模块、中断控制模块等。

6. 电源

PLC 配有开关电源，以供内部电路使用。与普通电源相比，PLC 电源的稳定性好、抗干扰能力强。对电网提供的电源稳定度要求不高，一般允许电源电压在其额定值±15%的范围内波动。许多 PLC 还向外提供直流 24V 稳压电源，用于对外部传感器供电。

7. 其他外部设备

除了以上所述的部件和设备外，PLC还有许多外部设备，如EPROM写入器、外存储器、人/机接口装置等。

4.1.6　PLC的软件组成

PLC的软件由系统程序和用户程序组成。

系统程序由PLC制造厂商设计编写的，并存入PLC的系统存储器中，用户不能直接读写与更改。系统程序一般包括系统诊断程序、输入处理程序、编译程序、信息传送程序、监控程序等。

PLC的用户程序是用户利用PLC的编程语言，根据控制要求编制的程序。在PLC的应用中，最重要的是用PLC的编程语言来编写用户程序，以实现控制目的。由于PLC是专门为工业控制而开发的装置，其主要使用者是广大电气技术人员，为了满足他们的传统习惯和掌握能力，PLC的主要编程语言采用比计算机语言相对简单、易懂、形象的专用语言。

PLC编程语言是多种多样的，对于不同生产厂家、不同系列的PLC产品采用的编程语言的表达方式也不相同，但基本上可归纳两种类型：一是采用字符表达方式的编程语言，如语句表等，二是采用图形符号表达方式编程语言，如梯形图等。

以下简单介绍几种常见的PLC编程语言。

1. 梯形图语言

梯形图语言是在传统电气控制系统中常用的接触器、继电器等图形表达符号的基础上演变而来的。它与电气控制线路图相似，继承了传统电气控制逻辑中使用的框架结构、逻辑运算方式和输入输出形式，具有形象、直观、实用的特点。因此，这种编程语言为广大电气技术人员所熟知，是应用最广泛的PLC的编程语言，是PLC的第一编程语言。

如图4-5所示是传统的电气控制线路图和PLC梯形图。

从图中可看出，两种图基本表示思想是一致的，具体表达方式有一定区别。PLC的梯形图使用的是内部继电器，定时/计数器等，都是由软件来实现的，使用方便，修改灵活，是原电气控制线路硬件接线无法比拟的。

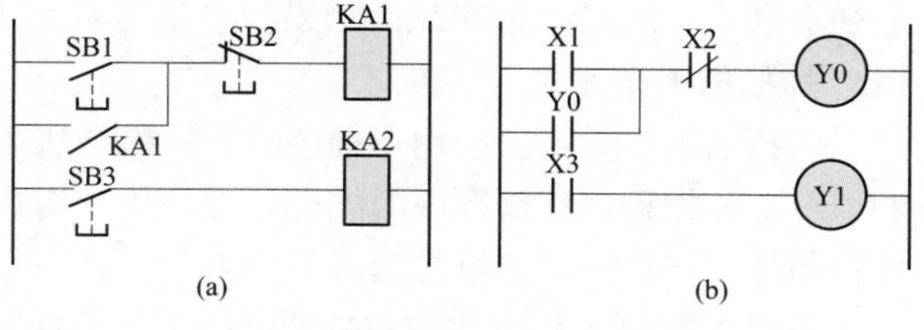

图4-5　电气控制线路图与梯形图

(a) 传统电气控制；(b) PLC梯形图

2. 语句表语言

这种编程语言是一种与汇编语言类似的助记符编程表达方式。在PLC应用中，经常采用简易编程器，而这种编程器中没有CRT屏幕显示，或没有较大的液晶屏幕显示。因此，就用一系列PLC操作命令组成的语句表将梯形图描述出来，再通过简易编程器输入到PLC中。虽然各个PLC生产厂家的语句表形式不尽相同，但基本功能相差无几。以下是与图4-5中梯形图对应的（FX系列PLC）语句表程序。

步序号	指令	数据
0	LD	X1
1	OR	Y0
2	ANI	X2
3	OUT	Y0
4	LD	X3
5	OUT	Y1

可以看出，语句是语句表程序的基本单元，每个语句和微机一样也由地址（步序号）、操作码（指令）和操作数（数据）三部分组成。

3. 功能表图语言

功能表图语言（SFC语言）是一种较新的编程方法，又称状态转移图语言。它将一个完整的控制过程分为若干阶段，各阶段具有不同的动作，阶段间有一定的转换条件，转换条件满足就实现阶段转移，上一阶段动作结束，下一阶段动作开始。是用功能表图的方式来表达一个控制过程，对于顺序控制系统特别适用。

4. 高级语言

随着PLC技术的发展，为了增强PLC的运算、数据处理及通信等功能，以上编程语言无法很好地满足要求。近年来推出的PLC，尤其是大型PLC，都可用高级语言，如BASIC语言、C语言、PASCAL语言等进行编程。采用高级语言后，用户可以像使用普通微型计算机一样操作PLC，使PLC的各种功能得到更好的发挥。

4.1.7 PLC的工作原理

1. 扫描工作原理

当PLC运行时，是通过执行反映控制要求的用户程序来完成控制任务的，需要执行众多的操作，但CPU不可能同时去执行多个操作，它只能按分时操作（串行工作）方式，每一次执行一个操作，按顺序逐个执行。由于CPU的运算处理速度很快，所以从宏观上来看，PLC外部出现的结果似乎是同时（并行）完成的。这种串行工作过程称为PLC的扫描工作方式。

用扫描工作方式执行用户程序时，扫描是从第一条程序开始，在无中断或跳转控制的情况下，按程序存储顺序的先后，逐条执行用户程序，直到程序结束。然后再从头开始扫描执行，周而复始重复运行。

PLC的扫描工作方式与电气控制的工作原理明显不同。电气控制装置采用硬逻辑的并行工作方式，如果某个继电器的线圈得电或失电，那么该继电器的所有动合和动断触点不论处在控制线路的哪个位置上，都会立即同时动作，而PLC采用扫描工作方式（串行工作方式），如果某个软继电器的线圈被接通或断开，其所有的触点不会立即动作，必须等扫描到该软继电器对应的触点时才会动作。由于PLC的扫描速度快，通常PLC与电器控制装置在I/O的处理结果上并没有什么差别。

2. PLC扫描工作过程

PLC的扫描工作过程除了执行用户程序外，在每次扫描工作过程中还要完成内部处理、通信服务工作。整个扫描工作过程包括内部处理、通信服务、输入采样、程序执行、输出刷新五个阶段。整个过程扫描执行一遍所需的时间称为扫描周期。扫描周期与CPU 运行速度、PLC 硬件配置及用户程序长短有关，典型值为 1～100 ms。

在内部处理阶段，进行 PLC 自检，检查内部硬件是否正常，对监视定时器（WDT）复位以及完成其他一些内部处理工作。

在通信服务阶段，PLC 与其他智能装置实现通信，响应编程器键入的命令，更新编程器的显示内容等。

当 PLC 处于停止（STOP）状态时，只完成内部处理和通信服务工作。当 PLC 处于运行（RUN）状态时，除完成内部处理和通信服务工作外，还要完成输入采样、程序执行、输出刷新工作。

PLC 的扫描工作方式简单直观，便于程序的设计，并为可靠运行提供了保障。当PLC 扫描到的指令被执行后，其结果马上就被后面将要扫描到的指令所利用，而且还可通过 CPU 内部设置的监视定时器来监视每次扫描是否超过规定时间，避免由于 CPU 内部故障使程序执行进入死循环。

3. PLC 执行程序的过程及特点

PLC 执行程序的过程分为三个阶段，即输入采样阶段、程序执行阶段、输出刷新阶段，如图 4-6 所示。

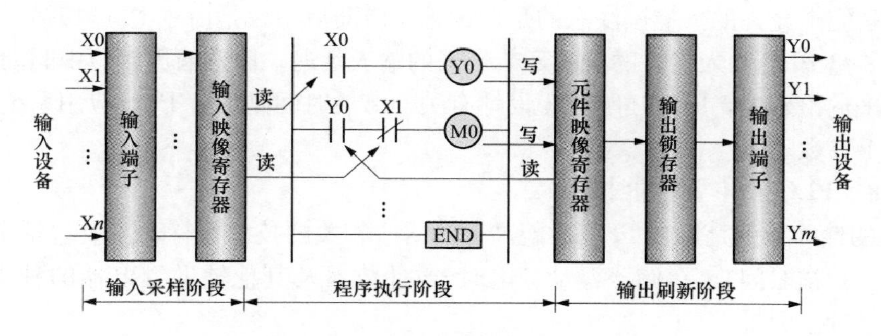

图 4-6　PLC 执行程序过程示意图

（1）输入采样阶段。在输入采样阶段，PLC 以扫描工作方式按顺序对所有输入端的输入状态进行采样，并存入输入映像寄存器中，此时输入映像寄存器被刷新。接着进入程序处理阶段，在程序执行阶段或其他阶段，即使输入状态发生变化，输入映像寄存器的内容也不会改变，输入状态的变化只有在下一个扫描周期的输入处理阶段才能被采样到。

（2）程序执行阶段。在程序执行阶段，PLC 对程序按顺序进行扫描执行。若程序用梯形图来表示，则总是按先上后下，先左后右的顺序进行。当遇到程序跳转指令时，则根据跳转条件是否满足来决定程序是否跳转。当指令中涉及输入、输出状态时，PLC 从输入映像寄存器和元件映像寄存器中读出，根据用户程序进行运算，运算的结果再存入元件映像寄存器中。对于元件映像寄存器来说，其内容会随程序执行的过程而变化。

（3）输出刷新阶段。当所有程序执行完毕后，进入输出处理阶段。在这一阶段里，PLC 将输出映像寄存器中与输出有关的状态（输出继电器状态）转存到输出锁存器中，并通过一定方式输出，驱动外部负载。

因此，PLC在一个扫描周期内，对输入状态的采样只在输入采样阶段进行。当PLC进入程序执行阶段后输入端将被封锁，直到下一个扫描周期的输入采样阶段才对输入状态进行重新采样。这种方式称为集中采样，即在一个扫描周期内，集中一段时间对输入状态进行采样。

在用户程序中如果对输出结果多次赋值，则最后一次有效。在一个扫描周期内，只在输出刷新阶段才将输出状态从输出映像寄存器中输出，对输出接口进行刷新。在其他阶段里输出状态一直保存在输出映像寄存器中。这种方式称为集中输出。

对于小型PLC，其I/O点数较少，用户程序较短，一般采用集中采样、集中输出的工作方式，虽然在一定程度上降低了系统的响应速度，但使PLC工作时大多数时间与外部输入/输出设备隔离，从根本上提高了系统的抗干扰能力，增强了系统的可靠性。

而对于大中型PLC，其I/O点数较多，控制功能强，用户程序较长，为提高系统响应速度，可以采用定期采样、定期输出方式，或中断输入、输出方式以及采用智能I/O接口等多种方式。

从上述分析可知，当PLC的输入端输入信号发生变化到PLC输出端对该输入变化做出反应，需要一段时间，这种现象称为PLC输入/输出响应滞后。对一般的工业控制，这种滞后是完全允许的。应该注意的是，这种响应滞后不仅是由于PLC扫描工作方式造成，更主要是PLC输入接口的滤波环节带来的输入延迟，以及输出接口中驱动器件的动作时间带来输出延迟，同时还与程序设计有关。滞后时间是设计PLC应用系统时应注意把握的一个参数。

4.1.8 PLC的主要性能指标

PLC的性能指标是反映PLC性能高低的一些相关的技术指标，主要包括I/O点数、处理速度（扫描时间）、存储器容量、定时器/计数器及其他辅助继电器的种类和数量、各种运算处理能力等。

1. I/O点数

PLC的规模一般以I/O点数（输入/输出点数）表示，即输入/输出继电器的数量。这也是在实际应用中最关心的一个技术指标。按输入/输出的点数一般分为小型、中型和大型。通常一体式的主机都带有一定数量的输入和输出继电器，如果不能满足需求，还可以用相应的扩展模块进行扩展，增加I/O点数。

2. 处理速度

PLC的处理速度一般用基本指令的执行时间来衡量，一般取决于所采用的CPU的性能。早期的PLC一般为1μs左右，现在的速度则快得多，如西门子的S7-200系列PLC的执行速度为0.8μs，欧姆龙的CPM2A系列PLC达到0.64μs，1000步基本指令的运算只需要640μs，大型PLC的工作速度则更高。因此，PLC的处理速度可以满足绝大多数的工业控制要求。

3. 存储器容量

在PLC应用系统中，存储器容量是指保存用户程序的存储器大小，一般以“步”为单位。1步为1条基本指令占用的存储空间，即两个字节。小型PLC一般只有几千步到几万步，大型 PLC 则能达到几十万步。西门子 S7-200 系列 PLC 的存储容量为 2 K～8 KB，选配相应的存储卡则可以扩展到几十千字节。

4. 定时器/计数器的点数和精度

定时器、计数器的点数和精度从一个方面反映了 PLC 的性能。早期定时器的单位时钟一般为 100 ms，最大时限（最大定时时间）大多为 3 276 s。为了满足高精度的控制要求，时钟精度不断提高，如三菱 FX_{2N}系列 PLC 和西门子 S7-200 系列 PLC 的定时器有 1、10ms 和 100ms 三种，而松下 FP 系列 PLC 的定时器则有 1、10、100ms 和 1s 4 种，可以满足各种不同精度的定时控制要求。

5. 处理数据的范围

PLC 处理的数值为 16 位二进制数，对应的十进制数范围是 0～9999 或－32 768～32 767。但在高精度的控制要求中，处理的数值为 32 位，范围是－2 147 483 648～2 147 483 647。在过程控制等应用中，为了实现高精度运算，必须采用浮点运算。现在新型的 PLC 都支持浮点数的处理，可以满足更高的控制要求。

6. 指令种类及条数

指令系统是衡量 PLC 软件功能高低的主要指标。PLC 的指令系统一般分为基本指令和高级指令（也叫功能指令或应用指令）。基本指令都大同小异，相对比较稳定。高级指令则随 PLC 的发展而越来越多，功能也越强。PLC 具有的指令种类及条数越多，则其软件功能越强，编程就越灵活，越方便。

4.1.9　FX 系列 PLC 的硬件配置

1. FX 系列 PLC 的基本组成

三菱公司是日本生产 PLC 的主要厂家之一。先后推出的小型、超小型 PLC 有 F、F1、F2、FX2、FX1、FX_{0S}、FX_{1S}、FX_{0N}、FX_{1N}、FX_{2N}、FX_{2NC}等系列。其中 F 系列已经停产，由 FX2 机型所替代，属于高性能叠装式机种，也是三菱公司的主流产品。另外，三菱公司还生产 A 系列 PLC 的中大型模块式机种，主要系列型号有 AnS、AnA 和 Q4AR 等产品。它们的点数较多，最多的可达 4096 点，最大用户程序储存达 1.2 万步，一般用在控制规模较大的场合。A 系列产品具有数百条功能指令，类型众多的功能单元，可以方便地完成位置控制、模拟量控制及几十个回路的 PID 控制，可以方便地和上位机及各种外部设备进行通信，在许多领域的自动化场合获得应用。

20 世纪 90 年代，三菱公司在 FX 系列的基础上又推出了 FX_{2N}系列产品，该机型在运算速度，指令数量及通信能力方面有了较大进步，是一种小型化、高速度、高性能、在各方面都相当于 FX 系列中最高档次的超小型的 PLC。而 FX_{3U}/FX_{3UC}PLC 作为第三代微型可编程控制器，其元件和指令都涵盖了其他几种机型。

FX_{2N}系列 PLC 由基本单元、扩展单元、扩展模块及特殊功能单元构成。图 4-7 是 FX_{2N}可编程控制器顶视图，它属于叠装式结构的 PLC。

基本单元（Basic Unit）包括 CPU、存储器、输入输出口及电源，是 PLC 的主要部分。扩展单元（Extension Unit）是用于增加 I/O 点数的装置，内部设有电源。扩展模块（Extension Module）用于增加 I/O 点数和改变 I/O 比例，内部无电源，由基本单元或扩展单元供电。因扩展单元或扩展模块无 CPU，因此必须与基本单元一起使用。特殊功能单元（Special Function Unit）是一些专门用途的装置，如位置控制模块、模拟量控制模块、计算机通信模块等。

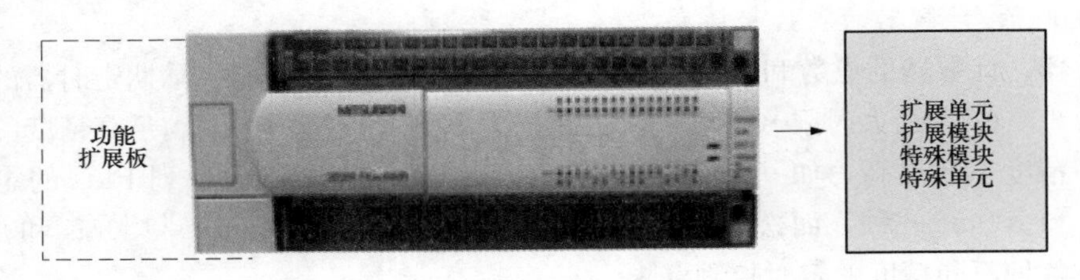

图 4-7 FX_{2N}可编程控制器顶视图

2. FX 系列 PLC 型号的说明

FX 系列 PLC 型号的含义如下：

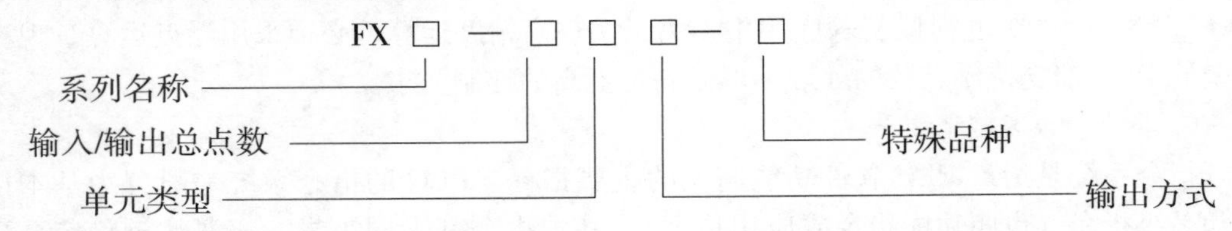

其中系列名称：如 0、2、0S、1S、ON、1N、2N、2NC、3U 等。

单元类型：M 基本单元；E 输入输出混合扩展单元 EX 扩展输入模块；EY 扩展输出模块。

输出方式：R 继电器输出；S 晶闸管输出；T 晶体管输出。

特殊品种：D 为 DC 电源，DC 输出；A1 为 AC 电源，AC（AC100～120V）输入或 AC 输出模块；H 大电流输出扩展模块；V 立式端子排的扩展模块；C 接插口输入输出方式；F 输入滤波时间常数为 1ms 的扩展模块。

如果特殊品种一项无符号，为 AC 电源、DC 输入、横式端子排、标准输出。

图 4-8 FX_{0N}系列基本单元

例如 FX_{2N}-32MT-D 表示 FX_{2N}系列，32 个 I/O 点基本单位，晶体管输出，使用直流电源，24 V 直流输出型。

3. FX 系列 PLC 的基本单元

（1）FX_{0N}系列的基本单元。FX_{0N}的基本单元如图 4-8 所示。共有 12 种，最大的 I/O 点数为 60，它可带 3 种扩展单元，7 种扩展模块，可组成 24～128 个 I/O 点的系统。其基本单元见表 4-1。

表 4-1 FX_{0N}系列的基本单元

型号				输入点数	输出点数	扩展模块可用点数
AC 电源 100～240V		DC 电源 24V				
继电器输出	晶体管输出	继电器输出	继电器输出			
FX_{0N}-24MR-001	FX_{0N}-24MT	FX_{0N}-24MR-D	FX_{0N}-24MT-D	14	10	32
FX_{0N}-40MR-001	FX_{0N}-40MT	FX_{0N}-40MR-D	FX_{0N}-40MT-D	24	16	32
FX_{0N}-60MR-001	FX_{0N}-600MT	FX_{0N}-60MR-D	FX_{0N}-60MT-D	36	24	32

FX_{0N}的EEPROM用户存储器容量为2000步。基本指令有20条，步进指令2条，应用指令36种51条。FX_{0N}有500多点的辅助继电器，128点状态寄存器，95个定时器和45个计数器（其中高速计数器13个）还有大量的数据寄存器，76点指针用于跳转，中断和嵌套。FX_{0N}有较强的通信功能，可与内置RS-232C通信接口的设备通信，如使用FX_{0N}-485APP模块，可与计算机实现1∶N（最多8台）的通信。FX_{0N}还备有8位模拟量输入/输出模块（2路输入，1路输出）用以实现模拟量的控制。由于FX_{0N}体积小，功能强，使用灵活，特别适用于由于安装尺寸的限制而难以采用其他PLC的机械设备上。

（2）FX_{2N}系列PLC的基本单元。FX_{2N}基本单位有16/32/48/65/80/128点，六个基本FX_{2N}单元中的每一个单元都可以通过I/O扩展单元扩充为256I/O点，其基本单元如表4-2和图4-7所示。

表4-2　FX_{2N}系列的基本单元

型号			输入点数	输出点数	扩展模块可用点数
继电器输出	晶闸管输出	晶体管输出			
FX_{2N}-16MR-001	FX_{2N}-16MS	FX_{2N}-16MT	8	8	24～32
FX_{2N}-32MR-001	FX_{2N}-32MS	FX_{2N}-32MT	16	16	24～32
FX_{2N}-48MR-001	FX_{2N}-48MS	FX_{2N}-48MT	24	24	48～64
FX_{2N}-64MR-001	FX_{2N}-64MS	FX_{2N}-64MT	32	32	48～64
FX_{2N}-80MR-001	FX_{2N}-80MS	FX_{2N}-80MT	40	40	48～64
FX_{2N}-128MR-001	FX_{2N}128MS	FX_{2N}-128MT	64	64	48～64

FX_{2N}具有丰富的元件资源，有3072点辅助继电器。提供了多种特殊功能模块，可实现过程控制位置控制。有多种RS-232C/RS-422/RS-485串行通信模块或功能扩展板支持网络通信。FX_{2N}具有较强的数学指令集，使用32位处理浮点数。具有方根和三角几何指令，满足数学功能要求很高的数据处理。

4.1.10　FX系列PLC的软组件及功能

可编程控制器的软组件从物理实质上来说就是电子电路及存储器。具有不同使用目的的软组件其电路也有所不同。考虑到工程技术人员的习惯，常用继电器电路中类似器件名称命名。为了明确它们的物理属性，称它们为“软继电器”。从编程的角度出发，可以不管这些器件的物理实现，只注重它们的功能，在编程中可以像在继电电路中一样使用它们。

在可编程控制器中这种“软组件”的数量往往是很多的。为了区分它们的功能，不重复地选用，通常给软组件编上号码。这些号码就是计算机存储单元的地址。

1. FX_{2N}系列PLC软组件的分类、编号和基本特征

FX_{2N}系列PLC组件有输入继电器[X]、输出继电器[Y]、辅助继电器[M]、状态继电器[S]、定时器[T]、计数器[C]、数据寄存器[D]和指针[P、I、N]。

FX_{2N}系列PLC组件的编号分为两部分，第一部分用一个字母代表功能，如输入继电器用“X”表示，输出继电器用“Y”表示，第二部分用数字表示该类软组件的序号，输入、输出继电器的序号为八进制，其余软组件序号为十进制。从软组件的最大序号可以了解可编程控制器可能具有的某类器件的最大数量。例如输入继电器的编号范围为

X000～X267，为八进制编号，则可知道 FX_{2N} 系列 PLC 的输入接点数量最多可达到 184 点。这是以 CPU 所能接入的最大输入信号数量表示的，并不是一台具体的基本单元或扩展单元所具有的输入接点的数量。

软组件的使用主要体现在程序中，一般可认为软组件和继电接触器类似，具有线圈和动合动断触点。触点的状态随线圈的状态而变化，当线圈得电时，动合触点闭合，动断触点断开，当线圈失电时，动断触点接通，动合触点断开。与继电接触器不同的是，一个软组件作为计算机的存储单元，从本质上说，某一组件被选中，只是这个组件的存储单元置 1，未被选中存储单元置 0，且可以无限次地访问，可编程控制器的软组件的动合、动断触点可无数次使用。另外作为计算机的存储单元，每个单元是一位，称为位组件，可编程控制的位组件可以组合使用，表示数据的位组合组件及字符，如 K4Y000 表示 Y000～Y017 组合为一个 16 位的字符件。

不同厂家、不同系列的 PLC，其内部软继电器（编程元件）的功能和编号也不相同，因此用户在编制程序时，必须熟悉所选用 PLC 的每条指令涉及编程元件的功能和编号。

FX 系列中几种常用型号 PLC 的编程元件及编号见表 4-3。FX 系列 PLC 编程元件的编号由字母和数字组成，其中输入继电器和输出继电器用八进制数字编号，其他均采用十进制数字编号。

表 4-3　FX 系列 PLC 的内部软继电器及编号

编程元件种类 \ PLC 型号		FX_{0S}	FX_{1S}	FX_{0N}	FX_{1N}	FX_{2N}（FX_{2NC}）
输入继电器 X（按八进制编号）		X0～X17（不可扩展）	X0～X17（不可扩展）	X0～X43（可扩展）	X0～X43（可扩展）	X0～X77（可扩展）
输出继电器 Y（按八进制编号）		Y0～Y15（不可扩展）	Y0～Y15（不可扩展）	Y0～Y27（可扩展）	Y0～Y27（可扩展）	Y0～Y77（可扩展）
辅助继电器 M	普通用	M0～M495	M0～M383	M0～M383	M0～M383	M0～M499
	保持用	M496～M511	M384～M511	M384～M511	M384～M1535	M500～M3071
	特殊用	M8000～M8255（具体见使用手册）				
状态寄存器 S	初始状态用	S0～S9	S0～S9	S0～S9	S0～S9	S0～S9
	返回原点用	—	—	—	—	S10～S19
	普通用	S10～S63	S10～S127	S10～S127	S10～S999	S20～S499
	保持用	—	S0～S127	S0～S127	S0～S999	S500～S899
	信号报警用	—	—	—	—	S900～S999
定时器 T	100ms	T0～T49	T0～T62	T0～T62	T0～T199	T0～T199
	10ms	T24～T49	T32～T62	T32～T62	T200～T245	T200～T245
	1ms	—		T63	—	—
	1ms 累积	—	T63	—	T246～T249	T246～T249
	100ms 累积	—	—	—	T250～T255	T250～T255

续表

编程元件种类 \ PLC型号		FX_{0S}	FX_{1S}	FX_{0N}	FX_{1N}	FX_{2N}（FX_{2NC}）
输入继电器X（按八进制编号）		X0～X17（不可扩展）	X0～X17（不可扩展）	X0～X43（可扩展）	X0～X43（可扩展）	X0～X77（可扩展）
输出继电器Y（按八进制编号）		Y0～Y15（不可扩展）	Y0～Y15（不可扩展）	Y0～Y27（可扩展）	Y0～Y27（可扩展）	Y0～Y77（可扩展）
计数器C	16位增计数（普通）	C0～C13	C0～C15	C0～C15	C0～C15	C0～C99
	16位增计数（保持）	C14、C15	C16～C31	C16～C31	C16～C199	C100～C199
	32位可逆计数（普通）	—	—	—	C200～C219	C200～C219
	32位可逆计数（保持）	—	—	—	C220～C234	C220～C234
	高速计数器	C235～C255（具体见使用手册）				
数据寄存器D	16位普通用	D0～D29	D0～D127	D0～D127	D0～D127	D0～D199
	16位保持用	D30、D31	D128～D255	D128～D255	D128～D7999	D200～D7999
	16位特殊用	D8000～D8069	D8000～D8255	D8000～D8255	D8000～D8255	D8000～D8195
	16位变址用	V Z	V0～V7 Z0～Z7	V Z	V0～V7 Z0～Z7	V0～V7 Z0～Z7
指针N、P、I	嵌套用	N0～N7	N0～N7	N0～N7	N0～N7	N0～N7
	跳转用	P0～P63	P0～P63	P0～P63	P0～P127	P0～P127
	输入中断用	I00～I30	I00～I50	I00～I30	I00～I50	I00～I50
	定时器中断	—	—	—	—	I6～I8
	计数器中断	—	—	—	—	I010～I060
常数K、H	16位	K：－32，768～32，767　H：0000～FFFFH				
	32位	K：－2，147，483，648～2，147，483，647　H：00000000～FFFFFFFF				

FX_{3U}/FX_{3UC} PLC内置高速处理0.065μs/基本指令。控制规模：16～384（包括CC-LINK I/O）点、内置独立3轴100kHz定位功能（晶体管输出型）、基本单元左侧均可以连接功能强大简便易用的适配器。FX_{3U} PLC的软元件种类及数量见表4-4。本书以FX_{2N}系列PLC为代表机型进行介绍。

表4-4　FX_{3U} PLC的软元件种类及数量

软元件名称		地址编号	点　数	说　明
输入继电器		X000～X367	248点	元件地址按进制编号，I/O总点数为256点
输出继电器		Y000～Y367	248点	
辅助继电器	普通型（可变）	M0～M499	500点	通过参数设置，可以更改普通与失电保持的类型
	保持型（可变）	M500～M1023	524点	
	保持型（固定）	M1024～M7679	6656点	不能通过参数更改失电保持的特性
	特殊用	M8000～M8511	512点	

续表

软元件名称		地址编号	点 数	说 明
状态寄存器	初始状态用（可变）	S0～S9	10 点	通过参数设置，可以更改普通与失电保持的类型
	普通型（可变）	S10～S499	400 点	
	保持型（可变）	S500～S899	400 点	
	信号报警用（可变）	S900～S999	100 点	
	保持型（固定）	S1000～S4095	3096 点	不能通过参数更改失电保持的特性
定时器	100ms	T0～T199	200 点	定时范围：0.1～3276.7s
	10ms	T200～T245	46 点	定时范围：0.01～327.67s
	1ms	T256～T511	256 点	定时范围：0.001～32.767s
	1ms 累积	T246～T249	4 点	定时范围：0.001～32.767s
	100ms 累积	T250～T255	6 点	定时范围：0.1～3276.7s
计数器	普通型 16 位增计数	C0～C99	100 点	计数范围：0～32 767
	保持型 16 位增计数	C100～C199	100 点	
	普通型 32 位可逆计数	C200～C219	20 点	计数范围：－2 147 483 648～＋2 147 483 648
	保持型 32 位可逆计数	C220～C234	15 点	
数据寄存器	普通型（可变）	D0～D199	200 点	通过参数设置，可以更改普通与失电保持的类型
	保持型（可变）	D200～D511	312 点	
	保持型（固定）	D512～D7999	7488 点	
	特殊用	D8000～D8511	512 点	
指针	JUMP、CALL 分支用	P0～P4095	4096 点	跳转及调用子程序指令用
	输入中断用	I0□□～I5□□	6 点	
	定时器中断用	I6□□～I8□□	3 点	
	计数器中断用	I010～I060	6 点	HSCS 指令用
	嵌套	N0～N7	8 点	主控指令（MC）用
常数	十进制（K）	16 位：－32 768～32 767；32 位：－2 147 483 648～2 147 483 647		
	十六进制（H）	16 位：0～FFFF；32 位：0～FFFFFFFF		
	实数（E）	$-1.0\times2^{128}\sim-1.0\times2^{-126}$，0，$1.0\times2^{-126}\sim1.0\times2^{128}$		

2. FX_{2N} 系列 PLC 软组件的地址号及功能

（1）输入继电器（X）。输入与输出继电器的地址号是指基本单元的固有地址号和扩展单元分配的地址号，为八进制编号。其分配方法见表 4-5，等效电路如图 4-9 所示。

表 4-5　　输入输出继电器地址分配表

编程元件种类 \ PLC 型号	FX_{0S}	FX_{1S}	FX_{0N}	FX_{1N}	FX_{2N}（FX_{2NC}）
输入继电器 X（按八进制编号）	X0～X17（不可扩展）	X0～X17（不可扩展）	X0～X43（可扩展）	X0～X43（可扩展）	X0～X77（可扩展）
输出继电器 Y（按八进制编号）	Y0～Y15（不可扩展）	Y0～Y15（不可扩展）	Y0～Y27（可扩展）	Y0～Y27（可扩展）	Y0～Y77（可扩展）

输入继电器与输入端相连，它是专门用来接收 PLC 外部开关信号的端口元件。PLC 通过输入接口将外部输入信号状态（接通时为“1”，断开时为“0”）读入并存储在输入映像寄存器中。如图 4-9 所示为输入继电器 X1 的等效电路。

输入继电器必须由外部信号驱动，不能用程序驱动，所以在程序中不可能出现其线圈。由于输入继电器（X）为输入映像寄存器中的状态，所以其触点的使用次数不限。

FX系列PLC的输入继电器以八进制进行编号，FX_{2N}输入继电器的编号范围为X000～X267（184点）。注意，基本单元输入继电器的编号是固定的，扩展单元和扩展模块是按与基本单元最靠近开始，顺序进行编号。例如：基本单元FX_{2N}-64M的输入继电器编号为X000～X037（32点），如果接有扩展单元或扩展模块，则扩展的输入继电器从X040开始编号。

（2）输出继电器（Y）。输出继电器是用来将PLC内部信号输出传送给外部负载（用户输出设备）的端口。输出继电器线圈是由PLC内部程序的指令驱动，其线圈状态传送给输出单元，再由输出单元对应的硬触点来驱动外部负载。如图4-10所示为输出继电器Y0的等效电路。

每个输出继电器在输出单元中都对应有唯一的一对动合动断触点，但在程序中供编程的输出继电器，不管是动合还是动断触点，都可以无数次使用。

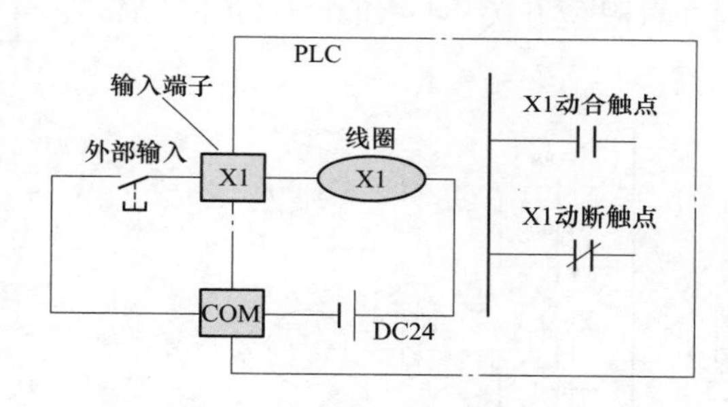

图4-9　输入继电器的等效电路

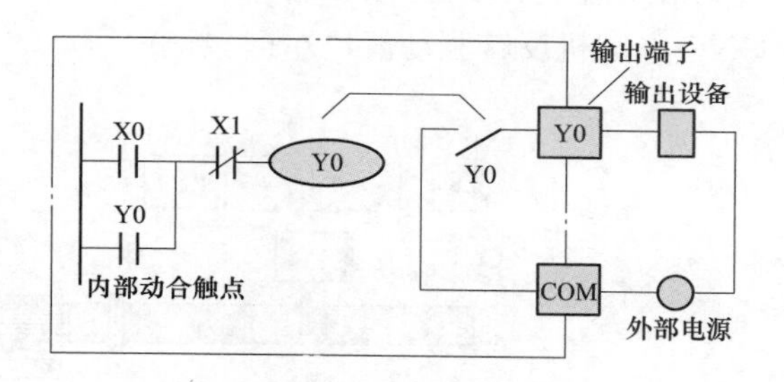

图4-10　输出继电器的等效电路

FX系列PLC的输出继电器也是八进制编号其中FX_{2N}编号范围为Y000～Y267（184点）。与输入继电器一样，基本单元的输出继电器编号是固定的，扩展单元和扩展模块的编号也是按与基本单元最靠近开始，顺序进行编号。

（3）辅助继电器（M）。可编程控制器内有很多辅助继电器，可分为普通用途、停电保持用途及特殊用途辅助继电器，其地址号（按十进制）分配见表4-6。

表4-6　　辅助继电器编号范围的划分

PLC型号		FX_{0S}	FX_{1S}	FX_{0N}	FX_{1N}	FX_{2N}（FX_{2NC}）
辅助继电器M	普通用	M0～M495	M0～M383	M0～M383	M0～M383	M0～M499
	保持用	M496～M511	M384～M511	M384～M511	M384～M1535	M500～M3071
	特殊用	M8000～M8255（具体见使用手册）				

在并联通信中，停电保持用辅助继电器M800～M999将用于通信而被占用。

若将停电保持专用辅助继电器作为普通用途的辅助继电器使用时，要在程序开始用RST或ZPST指令清除其内容。

普通用途辅助继电器的作用与继电器电路中的中间继电器类似，可作为中间状态存储扩信号变换。辅助继电器线圈只能被可编程控制器内的各种软组件的触点驱动。辅助继电器的动合与动断触点，在程序中可以无限次的使用，但是不能直接驱动外部负载，外部负载应通过输出继电器进行驱动。通用辅助继电器在 PLC 运行时，如果电源突然失电，则全部线圈均 OFF。当电源再次接通时，除了因外部输入信号而变为 ON 的以外，其余的仍将保持 OFF 状态，它们没有失电保持功能。通用辅助继电器常在逻辑运算中作为辅助运算、状态暂存、移位等。

如果在可编程控制器运行过程中失电，输出继电器与普通继电器都断开。再运行时，除了输入条件为 ON（接通）的以为，也都断开。但根据控制对象的不同，也可能需要记忆停电前的状态，再运行时将其再现的情况。失电保持用的辅助继电器就能满足这样的需要，利用可编程控制器的后备电池进行供电，可以保持失电前的状态。

图 4-11 是失电保持继电器应用于滑块左右往复运动机构的例子。图中失电保持继电器 M600 及 M601 的状态决定电动机的转向，在机构掉电后又得电时，电动机仍按失电前的转向运行。其分析如下：

滑块碰撞左限位开关 LS1 时，X000＝ON→M600＝ON→电动机反转驱动滑块右行→失电→平台中途停止→得电再起动，因 M600＝ON 保持→电动机继续驱动滑块右行，直到滑块碰撞右限位开关 LS2 时，X001＝ON（右限位开关）→M600＝OFF、M601＝ON→电动机反转驱动滑块左行。

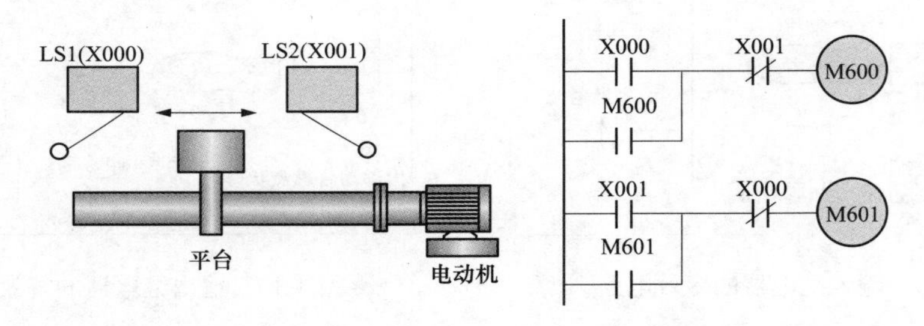

图 4-11　失电保持辅助继电器的作用

失电保持辅助继电器它之所以能在电源失电时保持其原有的状态，是因为电源中断时用 PLC 中的锂电池保持它们映像寄存器中的内容。其中 M500～M1 023 可由软件将其设定为通用辅助继电器。

PLC 内有大量的特殊辅助继电器，它们都有各自的特殊功能。FX_{2N} 系列中有 256 个特殊辅助继电器，可分成触点型和线圈型两大类。

触点型：其线圈由 PLC 自动驱动，用户只可使用其触点。

例如，M8000：运行监视器（在 PLC 运行中接通），M8001 与 M8000 相反逻辑。M8002：初始脉冲（仅在运行开始时瞬间接通），M8003 与 M8002 相反逻辑。

M8011、M8012、M8013 和 M8014 分别是产生 10ms、100ms、1s 和 1min 时钟脉冲的特殊辅助继电器。

M8000、M8002、M8012 的波形图如图 4-12 所示。

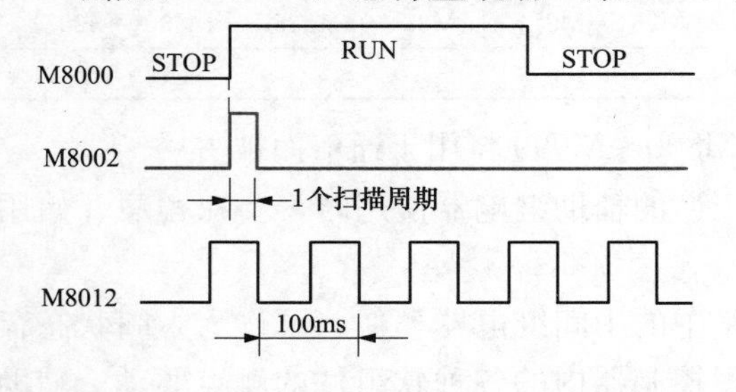

图 4-12　M8000、M8002、M8012 波形图

线圈型：由用户程序驱动线圈后 PLC 执行特定的动作。例如：

M8033，若使其线圈得电，则 PLC 停止时保持输出映像存储器和数据寄存器内容。

M8034，若使其线圈得电，则将 PLC 的输出全部禁止。

M8039，若使其线圈得电，则 PLC 按 D8039 中指定的扫描时间工作。

（4）状态继电器（S）。FX_{2N}共有 1000 个状态软元件（也称状态继电器，简称状态），其分类、地址（以十进制数）编号及用途见表 4-7。状态继电器用来纪录系统运行中的状态，是编制顺序控制程序的重要编程元件。

表 4-7　　状态继电器编号范围的划分

PLC 型号		FX_{0S}	FX_{1S}	FX_{0N}	FX_{1N}	FX_{2N}（FX_{2NC}）
状态寄存器 S	初始状态用	S0～S9	S0～S9	S0～S9	S0～S9	S0～S9
	返回原点用	—	—	—	—	S10～S19
	普通用	S10～S63	S10～S127	S10～S127	S10～S999	S20～S499
	保持用	—	S0～S127	S0～S127	S0～S999	S500～S899
	信号报警用	—	—	—	—	S900～S999

状态［S］是构成状态转移图（SFC）的基本要素，是对工序步进型控制进行简易编程的重要软元件，与步进阶梯图（STL）指令组合使用。

状态继电器与辅助继电器一样，有动合触点与动断触点，在可编程控制器的程序内可随意使用，次数不限。如果不作步进状态软组件，状态［S］可在一般的顺序控制中作辅助继电器［M］使用。

利用来自外围设备的参数设定，可改变普通用途与停电保持用状态的分配。

供信号报警器用的状态，也可用作外部故障诊断的输出。

若系统发生许多故障时，驱动报警状态动作进行报警，在消除最小地址号的故障后能知道下一个故障地址号状态。可采用图 4-13 所示的外部故障诊断程序，程序采用特殊辅助寄存器 M8049 对所有报警状态进行监视，一旦出现故障，M8048 就驱动 Y000，复位开关 X005 消除当前最小地址号报警故障。其原理有以下几点：

1）若 M8000＝ON，则特殊辅助继电器 M8049 监视报警状态 S900～S999 有效。

2）输出 Y000 闭合之后，如果出现检测 X000 超过 1s 不动作的故障，则 S900 置位。

3）如果出现 X001 与 X002 同时不工作时间超过 2s 故障，则将 S901 置位。

4）输入 X003 为 ON 时，若动作开关 X004 不动作时间超过 10s，则 S902 置位。

5）S900～S999 中任一个报警状态为 ON。则特殊辅助继电器 M8048 动作，故障显示输出 Y010＝ON。

6）用复位按钮 X005 驱动标志指令，将动作的报警状态变为 OFF。

每当 X005 为 ON 一次，将顺序把当前最小地址号的动作报警状态复位，直到 Y010 为 OFF。

状态继电器使用如图 4-14 所示，用机械手动作简单介绍状态器 S 的作用。当起动信号 X0 有效时，机械手下降，到下降限位 X1 开始夹紧工件，加紧到位信号 X2 为 ON 时，机械手上升到上限 X3 则停止。整个过程可分为三步，每一步都用一个状态器 S20、S21、S22 记录。每个状态器都有各自的置位和复位信号（如 S21 由 X1 置位，X2 复位），并有各自要做的操作（驱动Y0、Y1、Y2）。从起动开始由上至下随着状态动作的转移，下一状态动作则上面状态自动返回原状。这样使每一步的工作互不干扰，不必考虑不同步之间元件的互锁，使设计清晰、简洁。

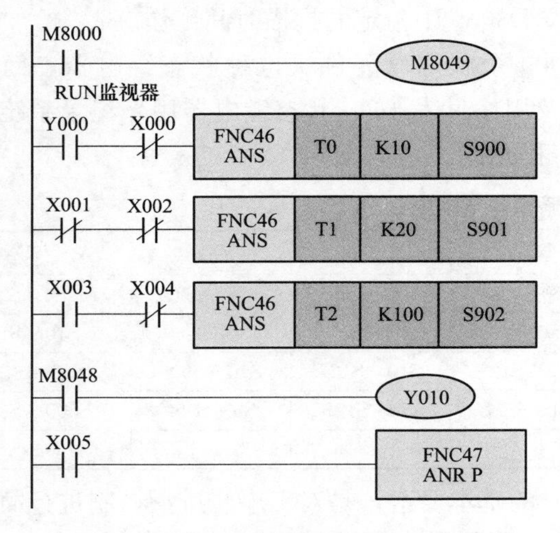

图4-13 状态继电器外部故障诊断程序

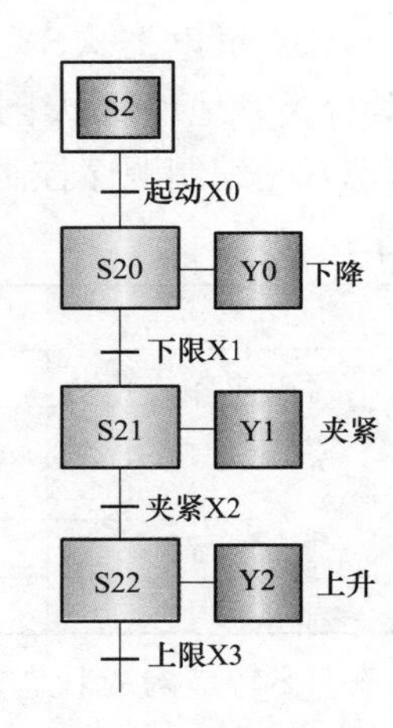

图4-14 状态继电器使用图

（5）定时器（T）。定时器相当于继电器电路中的时间继电器，可在程序中用于延时控制。FX_{2N}系列可编程控制器中的定时器有通用定时器和积算定时器两大类型，其地址编号按十进制数分配，见表4-8。

表4-8 FX_{2N}系列可编程控制器中的定时器地址编号

PLC型号		FX_{0S}	FX_{1S}	FX_{0N}	FX_{1N}	FX_{2N}（FX_{2NC}）
定时器T	100ms	T0～T49	T0～T62	T0～T62	T0～T199	T0～T199
	10ms	T24～T49	T32～T62	T32～T62	T200～T245	T200～T245
	1ms	—	—	T63	—	—
	1ms累积	—	T63	—	T246～T249	T246～T249
	100ms累积	—	—	—	T250～T255	T250～T255

可编程控制器中的定时器是由1，10，100ms等不同规格时钟脉冲累加计时的。定时器除了占有自己编号的存储器外，还占的一个设定值寄存器和一个当前值寄存器。设定值寄存器存放程序赋予的定时设定值，当前值寄存器记录计时的当前值。这些寄存器均为16位二进制存储器，其最大值乘以定时器的计时单位值即是定时器的最大计时范围值。定时器满足计时条件时，当前寄存器开始计时，当它的当前计数值与设定值寄存器存放的设定值相等时，定时器的输出触点动作。定时器可采用程序存储器内的十进制常数（K）作为定时设定值，也可在数据寄存储［D］的内容中进行间接指定。

不用作定时的定时器，可作为数据寄存器使用。

1）通用定时器。通用定时器的特点是不具备失电的保持功能，即当输入电路断开或失电时定时器复位。通用定时器有100ms和10ms通用定时器两种。

100ms通用定时器（T0～T199）共200点，其中T192～T199为子程序和中断服务程序专用定时器。这类定时器是对100 ms时钟累积计数，设定值为1～32 767，所以其定时范围为 0.1～3276.7s。

10ms 通用定时器（T200～T245）共 46 点。这类定时器是对 10ms 时钟累积计数，设定值为 1～32 767，所以其定时范围为 0.01～327.67s。

2）积算定时器。积算定时器具有计数累积的功能。在定时过程中如果失电或定时器线圈 OFF，积算定时器将保持当前的计数值（当前值），得电或定时器线圈 ON 后继续累积，即其当前值具有保持功能，只有将积算定时器复位，当前值才变为 0。

（6）计数器（C）。计数器在程序中用作计数控制。FX_{2N}系列 PLC 中计数器可分为内部信号计数器和外部信号计数器两类。内部计数器是对机内组件（X、Y、M、S、T 和 C）的信号计数，由于机内组件信号的频率低于扫描频率，因而是低速计数器，也称普通计数器。对高于机器扫描频率的外部信号进行计数，需要用机内的高速计数器。

内部计数器的分类及地址分配（以十进制数）分配见表 4-9。内部计数器有 16 位增计数器和 32 位增/减双向计数器两类，它们又可分为普通用途和失电保持用的两种计数器。

不用作计数的计数器也可作为数据寄存器使用。

表 4-9　　内部计数器分类及地址分配

PLC 型号		FX_{0S}	FX_{1S}	FX_{0N}	FX_{1N}	FX_{2N}（FX_{2NC}）
计数器 C	16 位增计数（普通）	C0～C13	C0～C15	C0～C15	C0～C15	C0～C99
	16 位增计数（保持）	C14、C15	C16～C31	C16～C31	C16～C199	C100～C199
	32 位可逆计数（普通）	—	—	—	C200～C219	C200～C219
	32 位可逆计数（保持）	—	—	—	C220～C234	C220～C234
	高速计数器	C235～C255（具体见使用手册）				

1）位增计数器。16 位是指其设定值及当前值寄存器为二进制 16 位寄存器，其设定值在 K1～K32 767 范围内有效，设定值 K0 与 K1 意义相同，均在第一次计数时，其触点动作。

图 4-15 所示为 16 位增计数器的工作过程。图中计数输入 X011 是计数器的计数条件，X011 每次驱动计数器 C0 的线圈时，计数器的当前值和设定值相等，触点动作，Y000＝ON。在 C0 的动合触点闭合后（置 1），即使 X011 再动作，计数器的当前状态保持不变。

电源正常情况下，即使是非掉电保持型计数器的当前值寄存器也具有记忆功能，因而计数器重新开始计数前要用复位指令才能对当前值寄存器复位。图 4-15 中，X010 就是计数器 C0 复位的条件，当 X010 接通时，执行复位（RST）指令，计数器的当前值复位为 0，输出触点也复位。

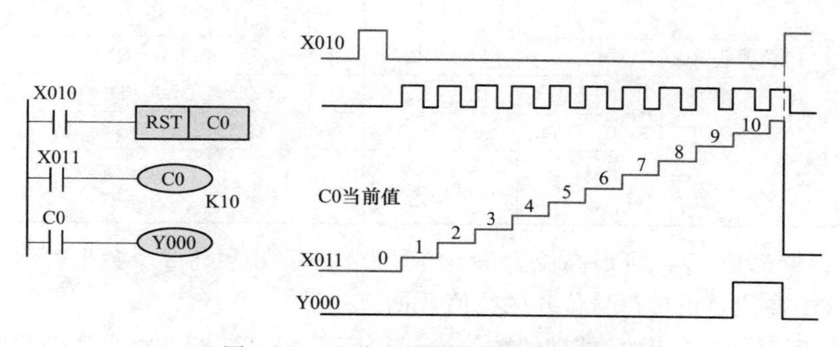

图 4-15　16 位增计数器的工作过程图

计数器的设定值，除了常数外，也可以间接通达数据寄存器设定。若使用计数器C100～C199，即使失电，当前值和输出触点状态，也能保持不变。

2）位增/减双向计数器。32位是指计数器的设定值寄存器为32位，32位中首位为符号位。设定值的最大绝对值是31位二进制数所表示的十进制数，即为－2 147 483 648～＋214 748 647。设定值可直接用常数K或间接用数据寄存器D的内容设定。间接设定时，要用组件号紧连在一起的两个数据寄存器表示。例如，C200用数据寄存器设定初值的表示方法是D0（D1）。

增/减计数的方向由特殊辅助继电器M8200～M8234设定，例如当M8200接通（置1）时，C200为减计数器，M8200断开（置0）时，C200为增计数器。

图4-16为32位增减计数器的动作过程。图中X014作为计数器输入驱动C200线圈进行加计数或减计数。X012为计数方向选择。计数器设定值为K－5。当计数器的当前值由－6增加为－5时，其触点置1，由－5减少为－6时，其触点置0。

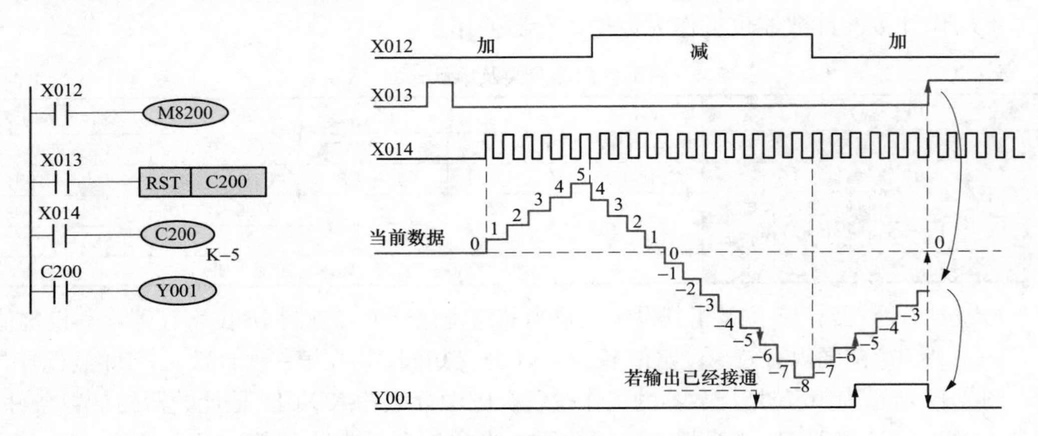

图4-16　32位增减计数器动作过程

（7）数据寄存器（D）。数据寄存器是存储数值数据的软组件，有普通用途数据寄存器、特殊用途数据寄存器、供变用的数据寄存器、文件数据寄存器，其地址号（以十进制数分配）见表4-10。

表4-10　　数据寄存器分类及地址号

PLC型号		FX_{0S}	FX_{1S}	FX_{0N}	FX_{1N}	FX_{2N}（FX_{2NC}）
数据寄存器D	16位普通用	D0～D29	D0～D127	D0～D127	D0～D127	D0～D199
	16位保持用	D30、D31	D128～D255	D128～D255	D128～D7999	D200～D7999
	16位特殊用	D8000～D8069	D8000～D8255	D8000～D8255	D8000～D8255	D8000～D8195
	16位变址用	V Z	V0～V7 Z0～Z7	V Z	V0～V7 Z0～Z7	V0～V7 Z0～Z7

数据寄存器都是16位（最高位为正负符号位）的，也可将2个数据寄存器组合，可存储32位（最高位是正负符号位）的数值数据。

1个数据寄存器（16位）处理的数值为－32 768～＋32 767。寄存器的数值读出与写入一般采用指令。而且可以从数据存取单元（显示器）与编程器直接读出/写入。

以 2 个相邻的数据寄存器表示 32 位数据（高位为大号，低位为小号。在变址寄存器中，V 为高位，Z 为低位），可处理−2 147 483 648～+2 147 483 647 的数值。在指定 32 位时，如果指定低位（如 D0），则高位继其之后的地址号（如 D1）被自动占用。低位可用奇数或偶数的软组件地址号指定，考虑到外围设备的监视功能，低位采用偶数软组件地址。

1）普通用途数据寄存器。普通用途数据寄存器中一旦写入数据，只要不再写入其他数据，就不会变化。但是在运行中停止时或失电时，所有数据被清除为零（如果驱动特殊的辅助继电器 M8033，则可以保持）。而失电保持用的数据寄存器在运行中停止与失电时保持其内容。

利用外围设备的参数设定，可改变普通用途与失电保持用数据寄存器的分配。而且在将停电保持用的数据寄存器用于普通用途时，在程序的起始步应采用复位（RST）或区间复位（ZRST）指令将其内容清除。

在并联通信中，D490～D509 被作为通信占用。

在失电保持用的数据寄存器内，D1000 以上的数据寄存器通过参数设定，能以 500 为单位用作文件数据寄存器。在不用作文件数据寄存器时，与通常的失电保持用的数据寄存器一样，可以利用程序与外围设备进行读出与写入。

2）特殊用途数据寄存器。特殊用途的数据寄存器是指写入特定目的的数据或事先写入特定的内容。其内容在电源接通时，置位于初始值（一般清除为零，具有初值的内容，利用系统只读存储器将其写入）。例如，图 4-17中，利用传送指令（FNC12　MOV）向监视定时器时间的数据寄存器 D8000 中写入设定时间，并用监视定时器刷新指令对其刷新。写入定时值可以是十进制常数，也可以是计数器、数据寄存器中的值。

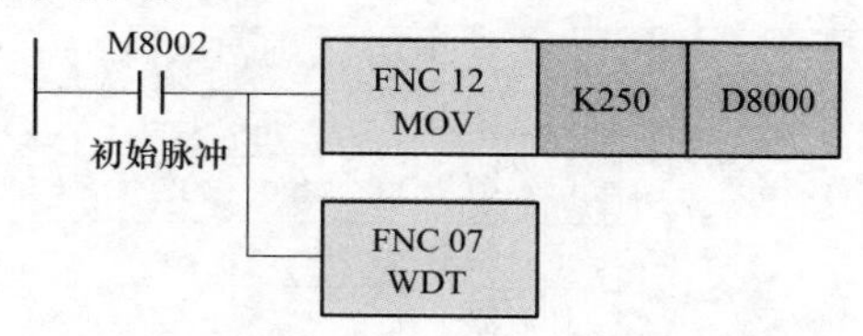

图 4-17　特殊用途数据寄存器写入特定数据

在程序中不使用的定时器和计数器可作为 16 位或 32 位的数据存储软组件（数据寄存器）使用。

3）变址寄存器（V、Z）。变址寄存器 V、Z 和通用数据寄存器一样，是进行数值数据读、写的 16 位数据寄存器。主要用于运算操作数地址的修改。

进行 32 位数据运算时，要用指定的 Z0～Z7 和 V0～V7 组合修改运算操作数地址，即：（V0，Z0），（V1，Z1），…，（V7，Z7）。变址寄存器 V、Z 的组合如图 4-18 所示。

图 4-19 所示是变址寄存器使用说明，根据 V 与 Z 的内容修改软组件地址号，称为软组件的变址。

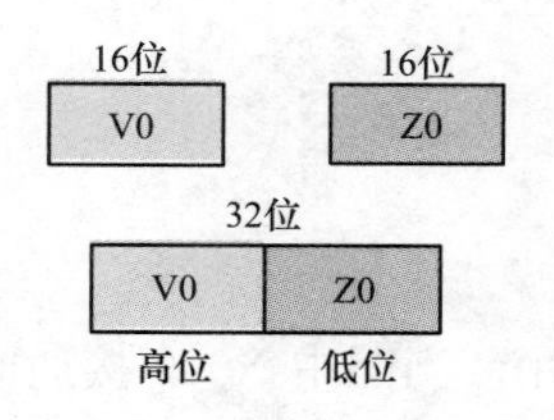

图 4-18　变址寄存器 V、Z 组合

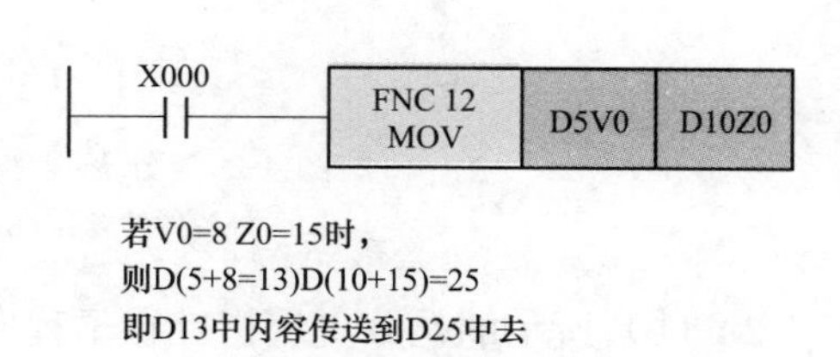

图 4-19　变址寄存器使用说明

变址寄存器的内容除了可以修改软组件地址号外，也可以修改常数，如 K20V0，若（V0）＝18 时，则 K20V0 的十进制常数是 K38（20＋18＝38）。

可以用变址寄存器进行变址寄存器进行变址的组件是 X、Y、M、S、P、T、C、D、K、H、KnM、KnS（Kn□为位组合组件）。但是，变址寄存器不能修改 V 与 Z 本身或位数指定的 Kn 本身。例如 K4M0Z0 有效，而 K0Z0M0 无效。

4）文件寄存器。在 FX_{2N} 可编程控制器的数据寄存器区域内，D1000 号（包括 D1000）以上的数据寄存器称为通用失电保持寄存器，利用参数设置，可作为最多 7000 点的文件寄存器处理。文件寄存器实际上是一类专用数据寄存器，用于存储大量的数据，例如采用数据、统计计算数据、多组控制参数等。

（8）指针（P/I）。指针用作跳转、中断等程序的入口地址，与跳转、子程序、中断程序等指令一起应用。按用途可分为分支用指针 P 和中断用指针 I 两类，其中中断指针 I 又可分为输入中断用、定时器中断用和计数器中断用三种。其地址号采用十进制数分配，见表 4-11。

表 4-11　　FX_{2N} 系列 PLC 指针类型及地址分配

PLC 型号		FX_{0S}	FX_{1S}	FX_{0N}	FX_{1N}	FX_{2N}（FX_{2NC}）
指针 N、P、I	嵌套用	N0～N7	N0～N7	N0～N7	N0～N7	N0～N7
	跳转用	P0～P63	P0～P63	P0～P63	P0～P127	P0～P127
	输入中断用	I00*～I30*	I00*～I50*	I00*～I30*	I00*～I50*	I00*～I50*
	定时器中断	—	—	—	—	I6**～I8**
	计数器中断	—	—	—	—	I010～I060

1）分支用指针 P。分支用指针 P 用于条件跳转，子程序调用指令中，应用举例如图 4-20所示。

图 4-20（a）所示的是分支用指针在条件跳转指令中的使用，图中 X000 接通，条件跳转指令 FNC 00 CJ 跳转到指针指定的标号 P0 位置，执行其后的程序。

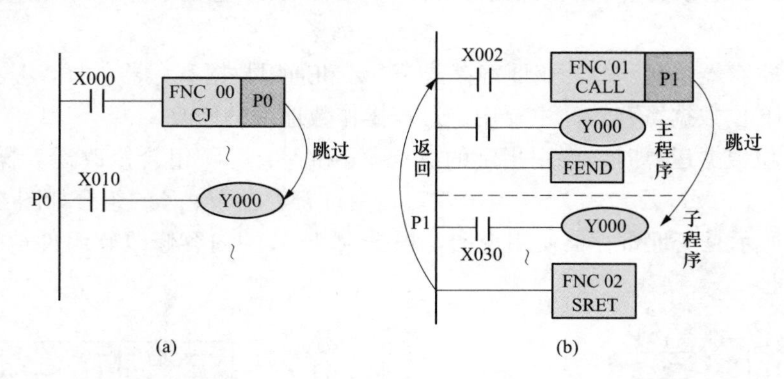

图 4-20　分支程序用指针的应用

（a）条件转移；（b）子程序调用

图 4-20（b）所示的是分支用指针在子程序调用中的使用。当图中 X002 接通时，子程序调用指令执行指针指定的 PI 标号位置的子程序，并从子程序的返回指令 FNC 02 SRET 处返回原位置。

注意，在编程时，指针编号不能重复使用。

2）中断用指针 I。中断用指针常与中断返回指令 FNC 03　IRET，开中断指令 FNC 04　EI，关中断指令 FNC 05　DI 一起使用。

输入中断用指针。六个输入中断指针仅接收对应特定输入地址号 X000～X005 的信号触发，才执行中断子程序，不受可编程控制器运算周的影响。由于输入中断处理可以处理比运算周期还短的信号，因而 PLC 厂家在制造中已对 PLC 做了必要的优先处理和短时脉冲处理的控制使用。

定时器中断用指针。用于需要指定中断时间执行中断子程序或需要不受 PLC 运算周期影响的循环中断处理控制程序。

定时器中断为机内信号中断。由指定编号为 I6～I8 的专用定时器控制。设定时间在 10～99ms 间选取。每隔设定时间中断一次。

例如，I610 为每隔 10ms 就执行标号为 I610 后面的中断程序一次，在中断返回指令 IRET 处返回。

计数器中断用指针：根据 PLC 内部的高速计数器的比较结果，执行中断子程序。该指针的中断动作要与高速计数比较置位指令 FNC 53　HSCS 组合使用。

（9）常数（K、H）。K 是表示十进制整数的符号，主要用来指定定时器或计数器的设定值及应用功能指令操作数中的数值；H 是表示十六进制数，主要用来表示应用功能指令的操作数值。例如 20 用十进制表示为 K20，用十六进制则表示为 H14。

4.2　FX_{2N} 系列 PLC 的基本指令

PLC 是一种应用“操作指令”通过软件来实现控制的，在控制理念上实现了跨越和突破。一是用“操作指令”软件替代实际的电器控制元件；二是每写出一条“操作指令”就对应一个“电气连接”，若干个不同的“操作指令”可组成各种不同的电气元件和不同的连接方式，可组成电气工程上所需要的各种复杂程度的控制系统或“控制电路”，实现软件替代硬件和实际接线的本质的跨越和突破。

FX 系列 PLC 有基本逻辑指令 27 条、步进控制指令 2 条、功能指令 100 多条。本节以 FX_{2N} 为例，介绍其基本逻辑指令及其应用。

1. 取指令与输出指令

（1）LD（Load 取指令）。一个动合触点与左母线连接的指令，每一个以动合触点开始的逻辑行都用此指令。操作元件为：X，Y，M，T，C 和 S。

（2）LDI（Load Inverse 取反指令）。一个动合触点与左母线连接指令，每一个以动断触点开始的逻辑行都用此指令。

（3）LDP（取上升沿指令）。与左母线连接的动合触点的上升沿检测指令，仅在指定位元件的上升沿（由 OFF→ON）时接通一个扫描周期。

（4）LDF（取下降沿指令）。与左母线连接的动断触点的下降沿检测指令。

（5）OUT（Out 输出指令）对线圈进行驱动的指令，将逻辑运算结果驱动一个指定线圈，也称为输出指令。

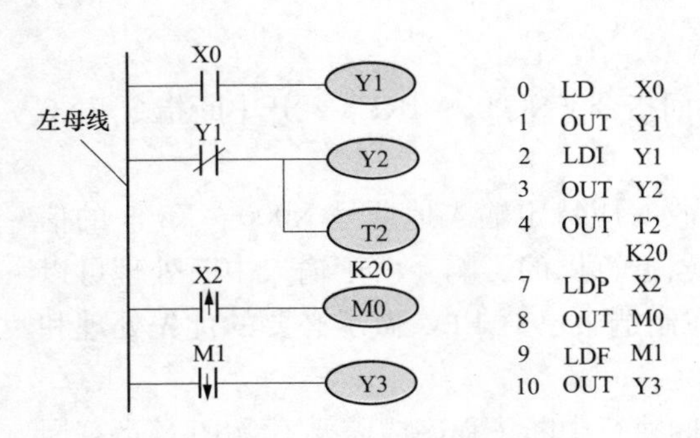

图 4-21 取指令与输出指令的使用

取指令与输出指令的使用格式如图 4-21 所示。

取指令与输出指令的使用说明如下：

1）LD、LDI 指令既可用于输入左母线相连的触点，在使用 ANB，ORB 指令时，用来定义与其他电路串并联的电路的起始触点。

2）LDP、LDF 指令仅在对应元件有效时维持一个扫描周期的接通。图 4-21 中，当 M1 有一个下降沿时，则 Y3 只有一个扫描周期为 ON。

3）LD、LDI、LDP、LDF 指令的操作元件为 X、Y、M、T、C、S。

4）OUT 指令可以连续使用若干次，如图 4-21 中 Y2 和 T2 线圈的使用，相当于线圈并联。对于定时器和计数器，在 OUT 指令之后应设置常数 K 或数据寄存器。

5）OUT 指令操作元件为 Y、M、T、C 和 S，但不能用于 X。

2. 触点串联指令

（1）AND（And 与指令）。一个动合触点串联连接指令，完成逻辑“与”运算。

（2）ANI（And Inverse 与反指令）。一个动断触点串联连接指令，完成逻辑“与非”运算。

（3）ANDP。上升沿检测串联连接指令。

（4）ANDF。下降沿检测串联连接指令。

触点串联指令的使用格式如图 4-22 所示。

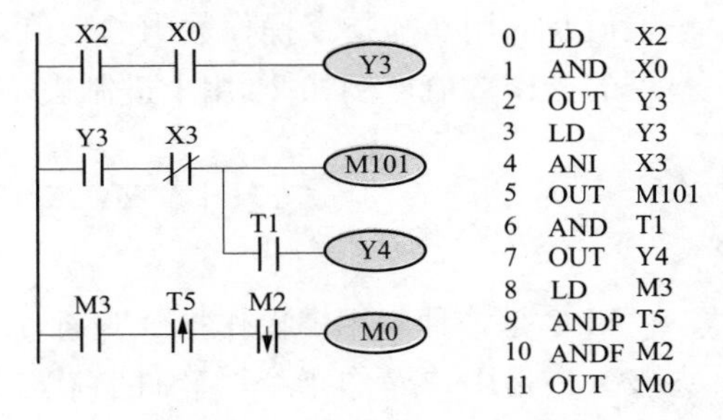

图 4-22 触点串联指令的使用

触点串联指令的使用说明如下：

1）AND、ANI、ANDP、ANDF 都是指单个触点串联连接的指令，串联次数没有限制，可反复使用。

2）AND、ANI、ANDP、ANDF 的操作元件为 X、Y、M、T、C 和 S。

3）图 4-22 中 OUT M101 指令之后通过 T1 的触点去驱动 Y4 称为连续输出。

3. 触点并联指令

（1）OR（Or 或指令）。用于单个动合触点的并联，实现逻辑“或”运算。

（2）ORI（Or Inverse 或非指令）。用于单个动断触点的并联，实现逻辑“或非”运算。

（3）ORP。上升沿检测并联连接指令。

（4）ORF。下降沿检测并联连接指令。

触点并联指令的使用格式如图 4-23 所示。

触点并联指令的使用说明如下：

1）OR、ORI、ORP、ORF 指令都是指单个触点的并联，并联触点的左端接到 LD、LDI、LDP 或 LPF 的左母线，右端与前一条指令对应触点的右端相连。触点并联指令连续使用的次数不限；

2）OR、ORI、ORP、ORF 指令的操作元件为 X、Y、M、T、C、S。

【例4-1】 如图4-24（a）所示为继电接触器控制的电动机单向运行电路，用PLC完成控制。

解：（1）作输入、输出定义，即I/O分配

起动按钮SB1接PLC的X0；停止按钮SB2接PLC的X1；接触器KM线圈接PLC的Y0。

（2）画PLC接线图，如图4-24（b）所示。

（3）编制控制程序，如图4-24（c）所示。

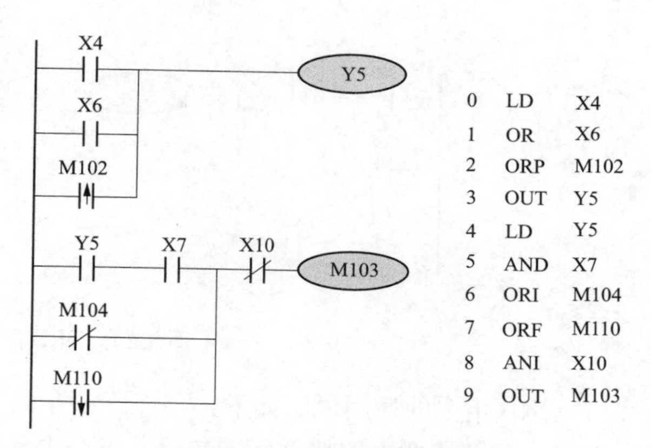

图4-23　触点并联指令的使用

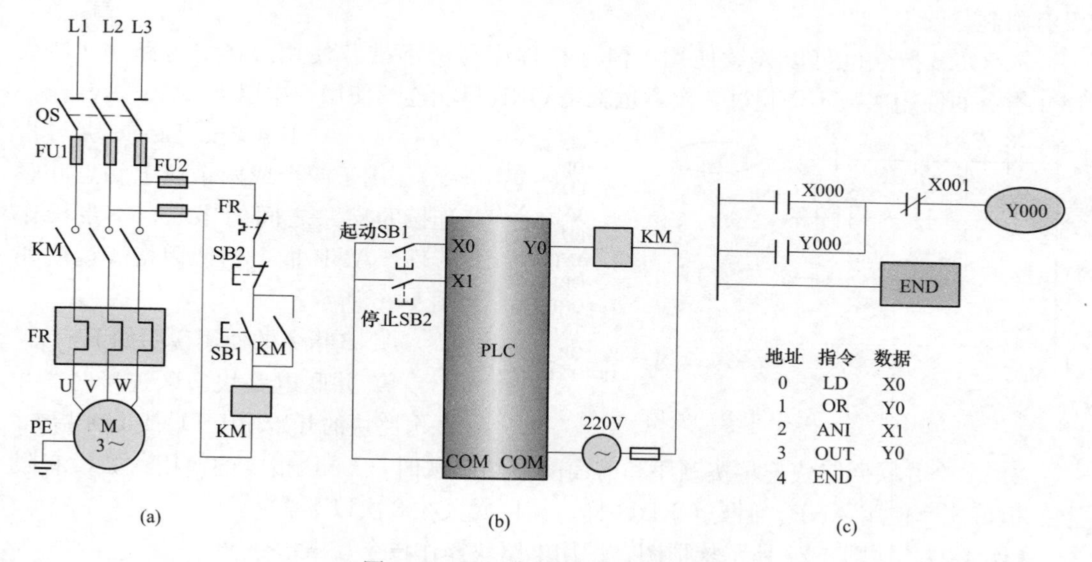

图4-24　PLC控制电动机单向运行

（a）继电接触器控制电动机单向运行电路；（b）PLC接线图；（c）编制控制程序

本例还说明了在PLC编程中，动断触点输入信号往往需作处理的问题。

有些输入信号由动断触点提供，如图4-24（a）是控制电动机运行的继电路图，SB1和SB2分别是起动按钮和停止按钮，将它们按动合触点接到PLC的输入端［图4-24（b）所示］，梯形图4-24（c）中触点的类型才与图4-24（a）完全一致。如果接入PLC的是SB2的动断触点，按下SB2后，其动断触点断开，X1变为OFF，它的动合触点断开，显然在梯形图中将是X1的动合触点与Y0的线圈串联，但是这时在梯形图中所用的X1的触点类型与PLC外接SB2的动合触点时刚好相反，与继电器电路图中的习惯也是相反的。所以建议尽可能用动合触点作PLC的输入信号。

4. 电路块操作指令

（1）ORB（Or Block块或指令）。用于两个或两个以上的触点串联连接的支路之间的并联，不带操作元件。ORB指令的使用格式如图4-25所示。

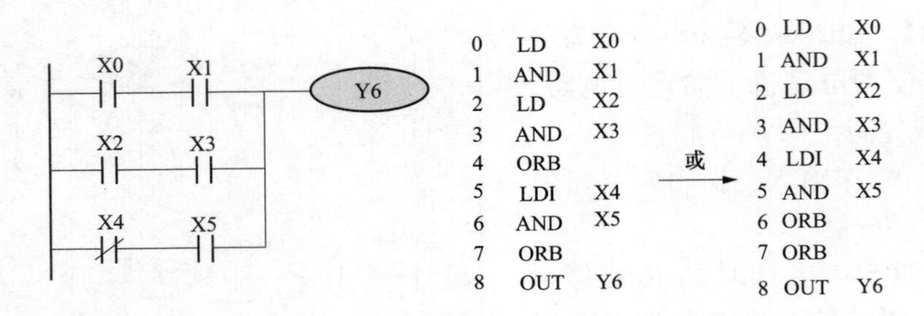

图 4-25 ORB指令的使用

ORB指令的使用说明如下：

1）几个串联电路块并联连接时，每个串联电路块开始时应该用LD或LDI指令。

2）有多个电路块并联回路，如对每个电路块使用ORB指令，则并联的电路块数量没有限制。

3）ORB指令也可以连续使用，但这种程序写法不推荐使用，在块电路中LD或LDI指令的使用次数不得超过8次，也就是ORB只能连续使用8次以下。

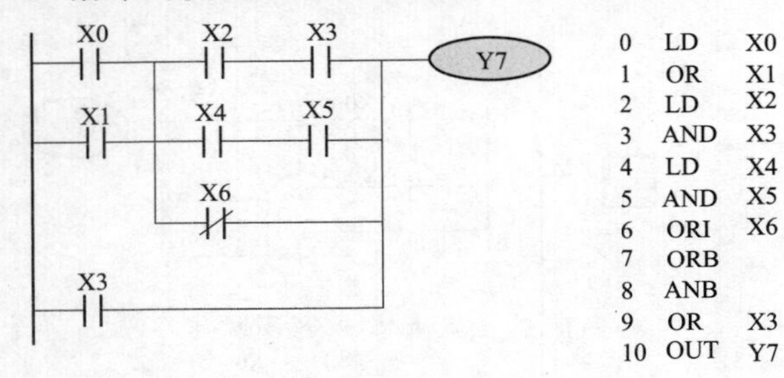

图 4-26 ANB指令的使用

（2）ANB（And Block 块与指令）。用于两个或两个以上触点并联连接的支路之间的串联，不带操作元件。ANB指令的使用格式说明如图 4-26 所示。

ANB指令的使用说明如下：

1）并联电路块串联连接时，并联电路块的开始均用LD或LDI指令。

2）多个并联回路块连接按顺序和前面的回路串联时，ANB指令的使用次数没有限制。也可连续使用ANB，但与ORB一样，使用次数在8次以下。

【例 4-2】 如图 4-27 所示梯形图，试用电路块操作指令写出指令表。

与图 4-27 所示梯形图对应的指令表如图 4-28 所示。可见，指令表和梯形图的对应关系有时不是唯一的。

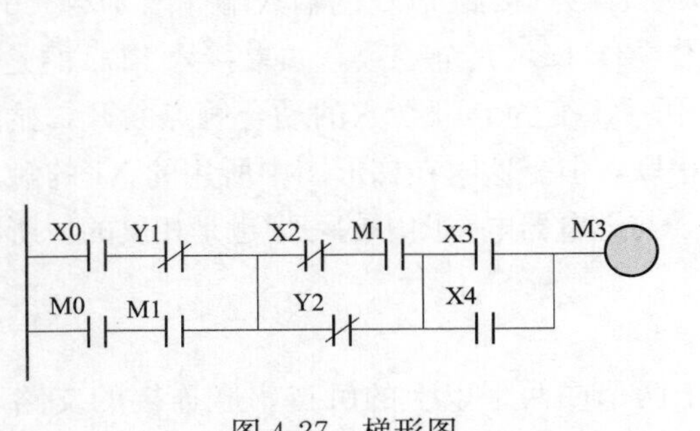

图 4-27 梯形图

0	LD	X0
1	ANI	Y1
2	LD	M0
3	AND	M1
4	ORB	
5	LDI	X2
6	AND	M1
7	ORI	Y2
8	ANB	
9	LD	X3
10	OR	X4
11	ANB	
12	OUT	M3
13	END	

或

0	LD	X0
1	ANI	Y1
2	LD	M0
3	AND	M1
4	ORB	
5	LDI	X2
6	AND	M1
7	ORI	Y2
8	LD	X3
9	OR	X4
10	ANB	
11	OUT	M3
12	END	

图 4-28 指令表

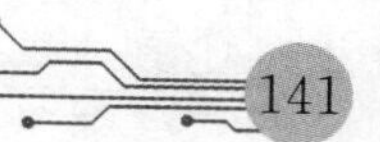

【例 4-3】 如图 4-29（a）、（b）所示为简化电路块指令使用梯形图。

本例说明把梯形图写成指令表时，有时可对梯形图作一些等效变换，有利于指令表的编写。电路块指令能不用时尽量不用，这样不易出错。

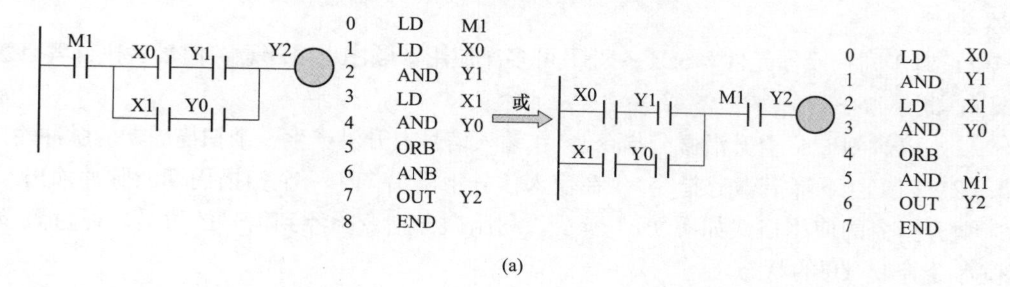

(a)

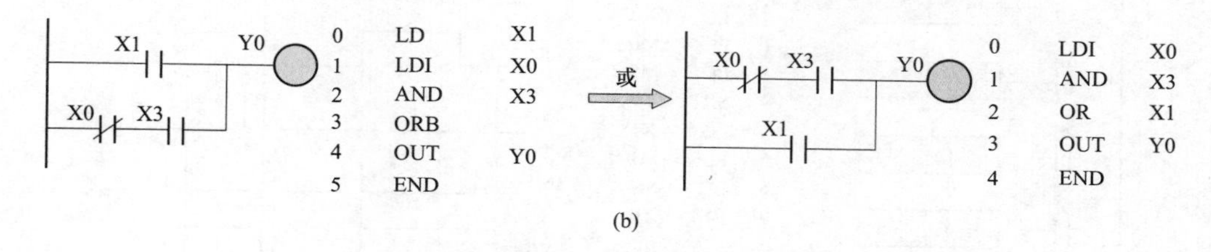

(b)

图 4-29　简化电路块指令使用梯形图

（a）简化电路块指令使用梯形图；（b）简化电路块指令使用梯形图

5. 置位与复位指令

（1）SET（置位指令）使操作元件保持 ON 的指令，它的作用是使被操作的目标元件置位并具有自保持功能。

（2）RST（复位指令）使操作元件保持 OFF 的指令，使被操作的目标元件复位并保持清零状态。

SET、RST 指令的使用格式如图 4-30 所示。当 X0 动合触点接通时，Y0 变为 ON 状态并一直保持该状态，即使 X0 断开 Y0 的 ON 状态仍维持不变；只有当 X1 的动合触点闭合时，Y0 才变为 OFF 状态并保持，即使 X1 动合触点断开，Y0 也仍为 OFF 状态。

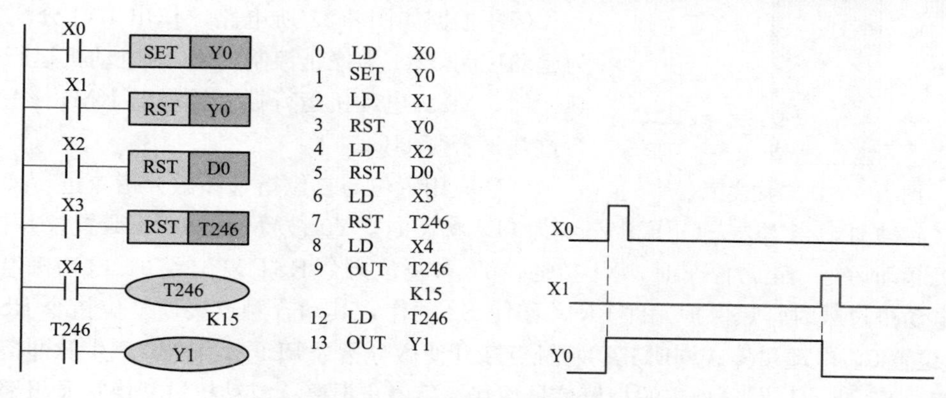

图 4-30　置位与复位指令的使用

SET、RST指令的使用说明如下：

1）SET指令的操作元件为Y、M、S，RST指令的目标元件为Y、M、S、T、C、D、V、Z。RST指令常被用来对D、Z、V的内容清零，还可用来复位积算定时器和计数器。

2）对于同一操作元件，SET、RST可多次使用，顺序也可随意，但最后执行者有效。

6. 微分指令

（1）PLS（Pulse上升沿微分指令）。在输入信号上升沿产生一个扫描周期的脉冲输出。

（2）PLF（下降沿微分指令）。在输入信号下降沿产生一个扫描周期的脉冲输出。

微分指令的使用格式如图4-31所示，利用微分指令检测到信号的边沿，通过置位和复位命令控制Y0的状态。

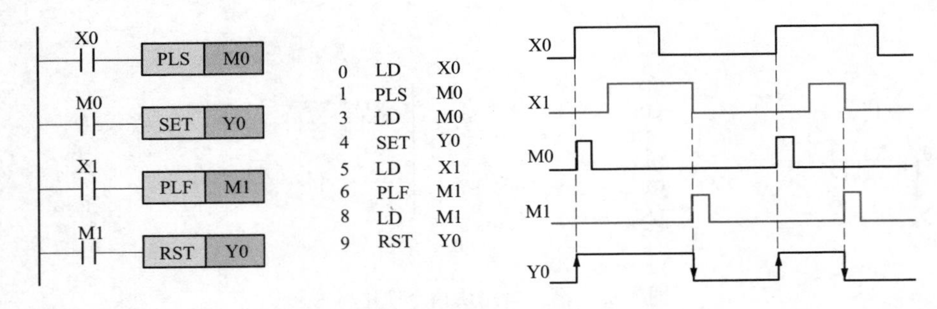

图4-31 微分指令的使用

PLS、PLF指令的使用说明如下：

1）PLS、PLF指令的操作元件为Y和M。

2）使用PLS时，仅在驱动输入为ON后的一个扫描周期内目标元件ON，如图2-38所示，M0仅在X0的动合触点由断到通时的一个扫描周期内为ON，使用PLF指令时只是利用输入信号的下降沿驱动，其他与PLS相同。

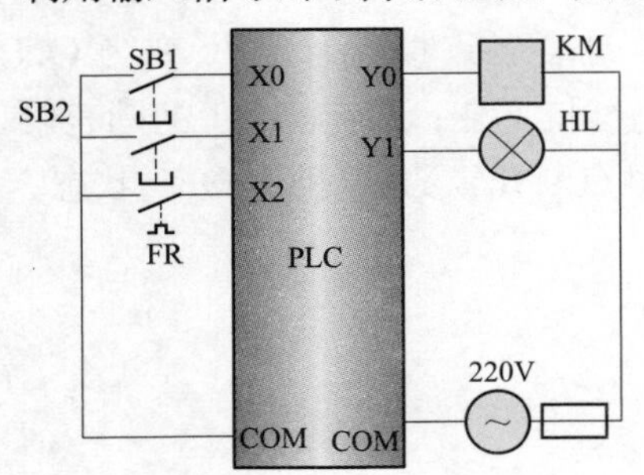

图4-32 PLC接线图

【例4-4】 如图4-32所示为电动机单向运行控制PLC接线图，要求具有电动机过载保护及报警功能，试编制控制程序，画出梯形图。

（1）根据如图4-32所电路，作出I/O分配。X0为起动控制，X1为停止控制，X2为电动机运行过载热元件，Y0为电动机运行控制接触器KM，Y1为运行过载报警灯HL。

（2）应用置位与复位指令和微分指令进行梯形图设计。起动时，当X0从OFF状态变为ON状态时，Y0被置位指令SET置位并自锁，电动机起动运行。正常停车时，X1接通，Y0被复位指令RST复位置0，电动机停。运行中电动机过载时，热保护元件FR动作使X2动作，其动合触点接通复位指令RST对Y0复位置0，电动机停；同时其动断触点断开使微分指令PLF操作M0产生脉冲接通报警支路，Y1使HL发出相应的报警信号，10 s后停止报警。电动机过载保护及报警功能梯形图及相应的时序图如图4-33所示。

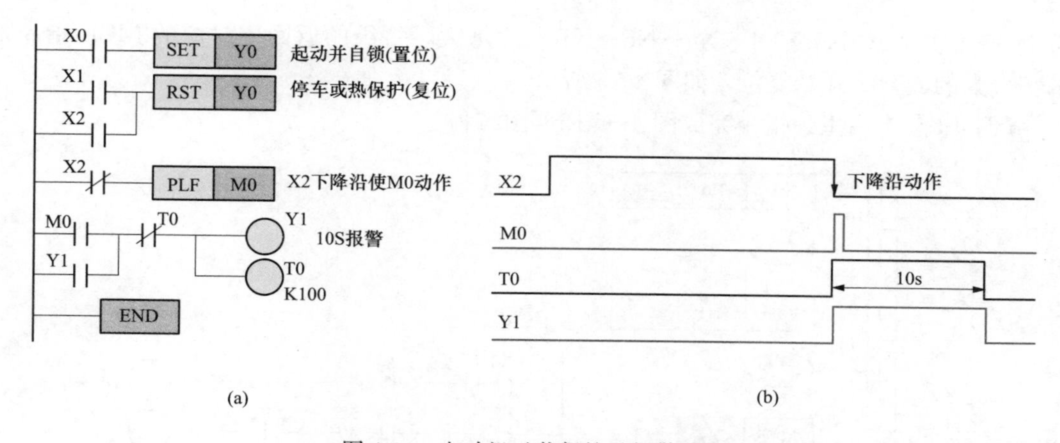

图 4-33　电动机过载保护及报警功能

（a）电动机过载保护及报警功能梯形图；（b）电动机过载保护及报警功能时序图

7. 主控指令

（1）MC（Master Control 主控指令）。它用于公共串联触点的连接。执行 MC 后，在 MC 触点的后面建立一个新的控制母线，形成主控区的开始。

（2）MCR（Master Control Reset 主控复位指令）。它是 MC 指令的复位指令，即利用 MCR 指令结束主控区，恢复到原左母线的位置。

在编程时常会出现这样的情况，多个线圈同时受一个或一组触点控制，如果在每个线圈的控制电路中都串入同样的触点，将占用很多存储单元，使用主控指令就可以解决这一问题。MC、MCR 指令的使用格式如图 4-34 所示，利用 MC N0 M100 实现左母线右移，建立一个新的控制母线和主控区，使 Y0、Y1 都在 X0 的控制之下，其中 N0 表示嵌套等级，在无嵌套结构中 N0 的使用次数无限制；利用 MCR N0 结束控制区恢复到原左母线状态。如果 X0 断开则会跳过 MC、MCR 之间的指令向下执行。

MC、MCR 指令的使用说明如下：

1）MC、MCR 指令的操作元件为 Y 和 M，但不能用特殊辅助继电器。MC 占 3 个程序步，MCR 占 2 个程序步。

2）主控触点在梯形图中与一般触点垂直（如图 2-41 中的 M100）。主控触点是与左母线相连的动合触点，是控制一组电路的总开关。与主控触点相连的触点必须用 LD 或 LDI 指令。

```
X0  MC N0 M100
M100
X1  Y0
X2  Y1
MCR N0
X5  Y5
```

0	LD	X0
1	MC	N0
		N100
4	LD	X1
5	OUT	Y0
6	LD	X2
7	OUT	Y1
8	MCR	N0
10	LD	X5
11	OUT	Y5

图 4-34　MC、MCR 指令的使用

3）MC 指令的输入触点断开时，在 MC 和 MCR 之内的积算定时器、计数器、用复位/置位指令驱动的元件保持其之前的状态不变。非积算定时器和计数器，用 OUT 指令驱动的元件将复位，如图 4-34 中当 X0 断开，Y0 和 Y1 即变为 OFF。

4）在一个 MC 指令区内若再使用 MC 指令称为嵌套。嵌套级数最多为 8 级，编号按 N0→N1→N2→N3→N4→N5→N6→N7 顺序增大，每级的返回用对应的 MCR 指令，从编号大的嵌套级开始复位，如图 4-35 所示。

【例 4-5】 用主控指令完成图 4-36 梯形图编程。

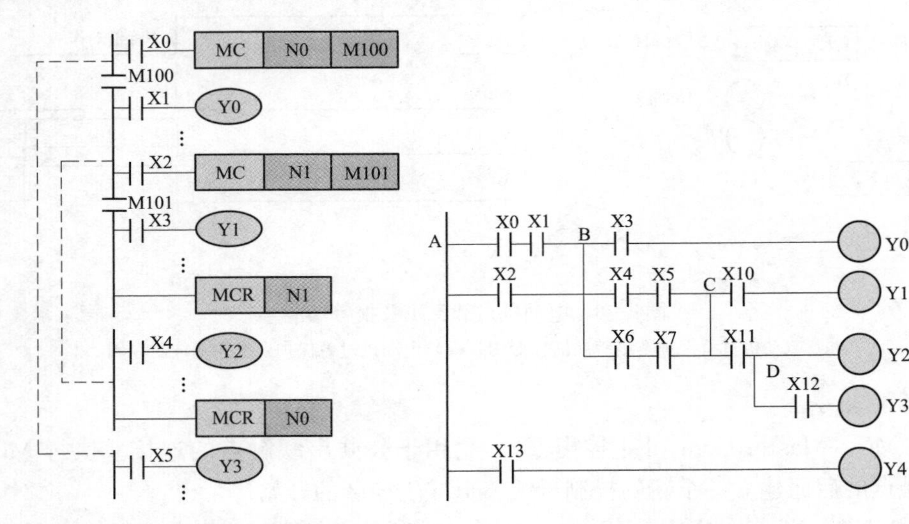

图 4-35 主控指令的嵌套使用

图 4-36 梯形图

应用主控指令选择图 4-36 梯形图中 B 点建立一组电路的总开关，控制 B 点以后的全部支路；选择 C 点建立一组电路的二级总开关，控制 C 点以后的全部支路；D 点后的 X12 和 Y3 构成的支路符合连续输出的指令格式，故不再使用主控指令。MC 和 MCR 指令配对使用，MC 嵌套级按 N0→N1 顺序，MCR 返回的嵌套级按 N1→N0 顺序返回，等效后的编程如图 4-37 梯形图所示。

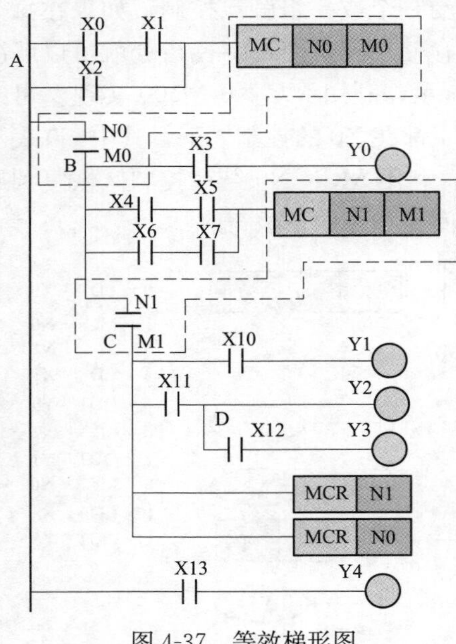

图 4-37 等效梯形图

8. 堆栈指令

堆栈指令是 FX 系列中新增的基本指令，用于多重输出电路，为编程带来便利。在 FX 系列 PLC 中有 11 个存储单元，它们专门用来存储程序运算的中间结果，被称为栈存储器。

（1）MPS（Push 进栈指令）。将运算结果送入栈存储器的第一段，同时将先前送入的数据依次移到栈的下一段。

（2）MRD（Read 读栈指令）。将栈存储器的第一段数据（最后进栈的数据）读出且该数据继续保存在栈存储器的第一段，栈内的数据不发生移动。

（3）MPP（Pop 出栈指令）。将栈存储器的第一段数据（最后进栈的数据）读出且该数据从栈中消失，同时将栈中其他数据依次上移。

堆栈指令的使用格式如图 4-38 所示，其中图 4-38（a）为一层栈，进栈后的信息可无限使用，最后一次使用 MPP 指令弹出信号；图 4-38（b）为二层栈，它用了二个栈单元。

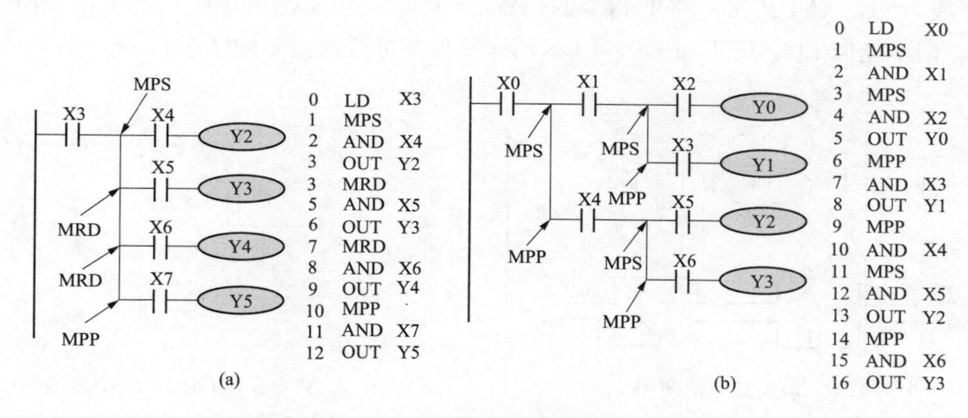

图 4-38　堆栈指令的使用

（a）堆栈使用格式一层栈；（b）堆栈使用格式二层栈

堆栈指令的使用说明如下：

1）堆栈指令没有目标元件。

2）MPS 和 MPP 必须配对使用。

3）由于栈存储单元只有 11 个，所以栈的层次最多 11 层。

9．边沿检测脉冲指令

（1）LDP、ANDP、ORP 指令是进行脉冲上升沿检测的触点指令，分别是取、与、或脉冲上升沿，仅在指定位软元件的上升沿时（OFF→ON 变化时）接通一个扫描周期。

（2）LDF、ANDF、ORF 指令是进行下降沿检测的触点指令，分别是取、与、或脉冲下降沿，仅在指定位软元件的下降沿时（ON→OFF 变化时）接通一个扫描周期。

（3）利用上升沿和下降沿检测特性，可以进行同一信号的状态转移。

LDP、ANDP、ORP 指令的使用如图 4-39 所示。当 X000～X002 由 OFF→ON 时，M0 仅有一个扫描周期接通。LDF、ANDF、ORF 指令的使用与此类似。

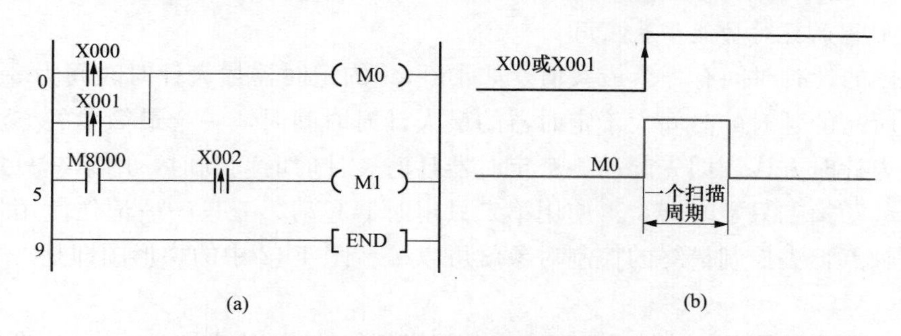

图 4-39　边沿检测脉冲指令的使用

（a）梯形图；（b）时序图

10．逻辑反、空操作与结束指令

（1）INV（Inverse 反指令）。执行该指令后将指令前的运算结果取反。取反指令的使用格式如图 4-40 所示，如果 X0 断开，则 Y0 为 ON，否则 Y0 为 OFF。该指令可用在 AND 或 ANI，ANDP 或 ANDF 指令的位置后编程，也可以在 ORB、ANB 指令回路中编程，但不能像 LD、LDI、LDP、LDF 那样单独与母线连接。如图 4-41 所示。

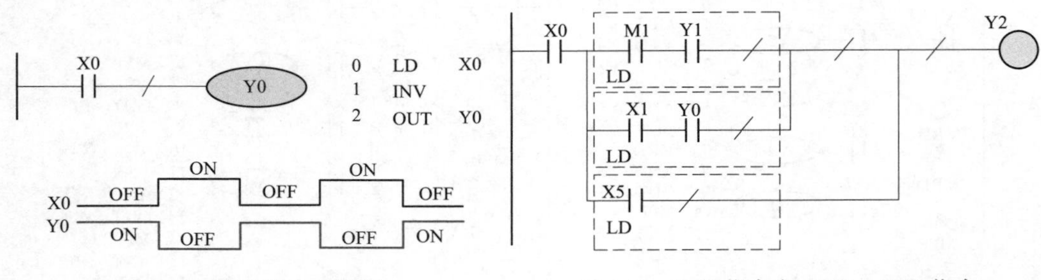

图 4-40　取反指令的使用

图 4-41　INV 指令在 ORB、ANB 指令的复杂回路中的编程

(2) NOP (Non processing 空操作指令)。不执行操作，但占一个程序步。执行 NOP 时并不做任何事，有时可用 NOP 指令短接某些触点或用 NOP 指令将不要的指令覆盖。当 PLC 执行了清除用户存储器操作后，用户存储器的内容全部变为空操作指令。

(3) END (End 结束指令)。表示程序结束。若程序的最后不写 END 指令，则 PLC 不管实际用户程序多长，都从用户程序存储器的第一步执行到最后一步；若有 END 指令，当扫描到 END 时，则结束执行程序，这样可以缩短扫描周期。在程序调试时，可在程序中插入若干 END 指令，将程序划分若干段，在确定前面程序段无误后，依次删除 END 指令，直至调试结束。

4.3 基本指令编程实例

4.3.1 基本环节编程

1. 定时器的延时功能扩展应用

定时器的计时时间有一个最大值，如 100 ms 的定时器最大计时时间为 3 276.7 s。如工程中所需的延时的时间大于定时器的最大计时时间时，一个最简单的方法是采用定时器接力计时方式。即先起动一个定时器计时，计时时间到时，用第一只定时器的动合触点起动第二只定时器，再使用第二只定时器起动第三只……记住使用最后一只定时器的触点，去控制最终的控制对象就可以了。图 4-42 中的梯形图即是一个这样的例子。

另外还可以利用两定时器延时配合实现闪光灯的控制，如图 4-43 所示。图中起动和停止分别用 X1、X2 控制，当 X1 接通时由 M0 保持电路工作。定时器 T0 的线圈支路中接有定时器 T1 的动断触点，T1 的线圈支路中接有定时器 T0 的动合触点，它们按设定的定时值轮流进行通断状态的切换，从而控制 Y0 实现闪光控制。改变 T0 和 T1 的定时设定值，可改变闪光控制的频率。

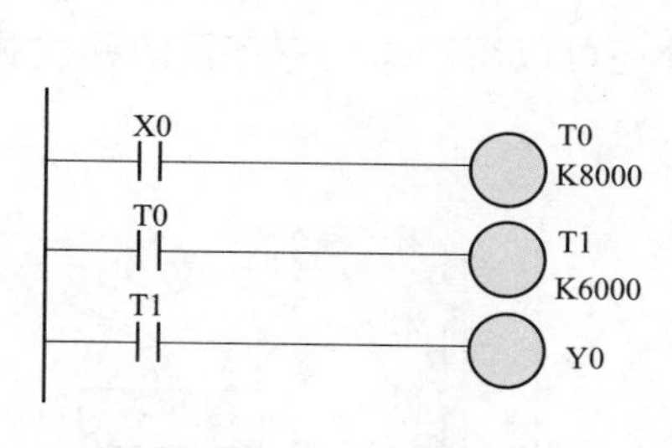

图4-42　两定时器接力延时

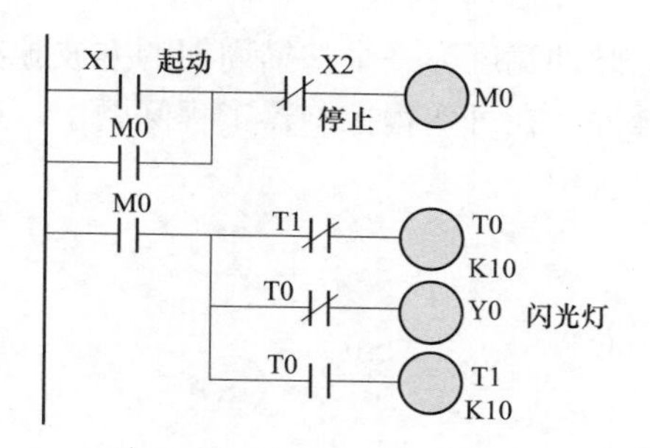

图4-43　闪光灯控制

2. 计数器的延时功能扩展应用

利用计数器实现延时控制如图4-44所示。由梯形图和时序图中可见，起动和停止分别用X15、X16控制，当X15接通时由M2保持电路工作。同时M2动合触点接通计数器C0支路，由100 ms时钟脉冲专用辅助继电器M8012提供C0计数，当C0计数达到设定值时18 000（即1 800 s），C0的动合触点接通Y5，实现了计数器的延时功能扩展应用。停止时操作X16，M2失电停止工作，同时计数器C0被清零复位。

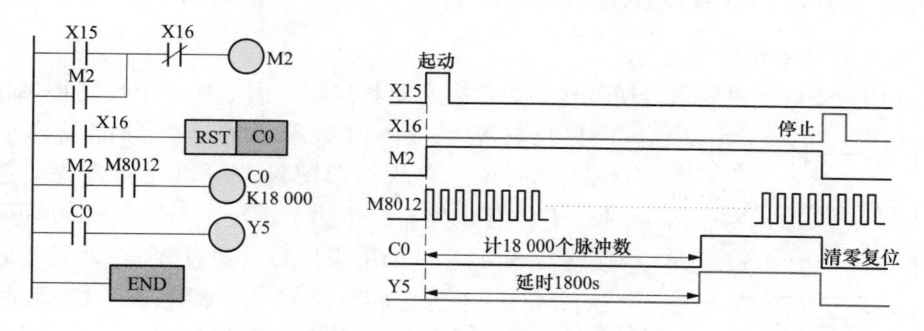

图4-44　计数器实现延时控制图

另外在图4-44的基础上，还可以利用计数器与定时器串级使用获得长延时，如图4-45所示。图中定时器T0的动合触点每100 s接通一个扫描周期，使计数器C0计一个数，当计到C0的设定值时，将控制工作对象Y5接通。本例从X15动作，到输出继电器Y5动作，延时：1 000×0.1×6 s=600 s，改变T、C参数或T和C多组串级，可组成不同需要的延时。

也可利用计数器串级使用获得长延时，如图4-46所示。图中使用C0和C1两级计数器的扩展延时，第一级计数器C0同样由100 ms时钟脉冲M8012提供计数，当C0计数达到设定值时，C0的动合触点动作对第二级计数器C1提供计数脉冲计数，同时将C0清零复位重新进行下一轮计数。直到第二级计数器C1计数达到设定值时，C1动合触点才接通Y5。本例中从X15动作，到输出继电器Y5动作，延时：18 000×0.1×10 s=18 000 s=5 h。改变计数器设定值或串级组数，可组成不同需要的延时。

3. 定时器构成的振荡电路

图4-47中定时器T1的工作实质是构成一种振荡电路，产生时间间隔为定时器的设

定值，脉冲宽度为一个扫描周期的方波脉冲。上例中这个脉冲序列用作了计数器C10的计时脉冲。在可变程控制器工程问题中，这种脉冲还可以用于移位寄存器的移位脉冲及其他场合中。

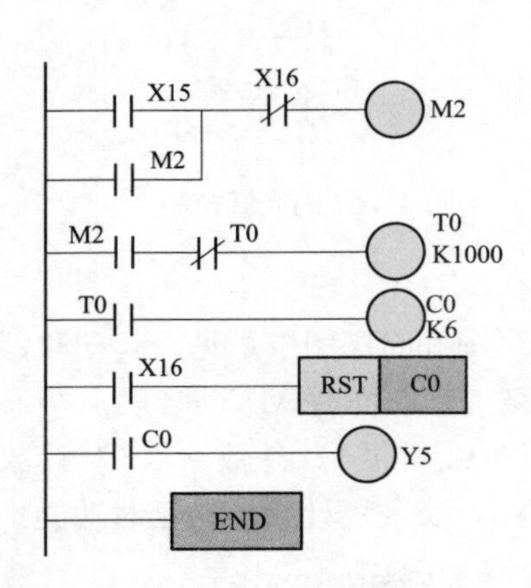

图4-45 计数器与定时器串级获得长延时

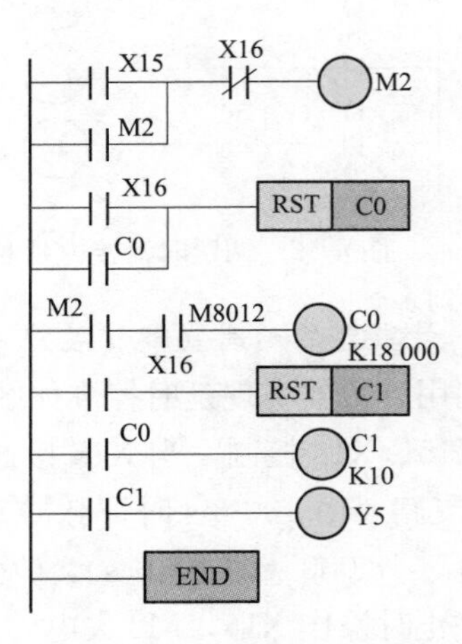

图4-46 计数器串级使用获得长延时

4. 电机可逆运转控制

某三相异步电动机要求可逆运转，如希望实现其控制，需增加一个反转控制按钮和一只反转接触器。PLC端子的I/O分配及梯形图如图4-48所示。它的梯形图设计可以这样考虑：选二套起一保一停电路，一个用于正转。（通过Y000驱动正转接触器KM1）一个用于反转（通过Y001驱动反转接触器KM2）。考虑正转、反转二个接触器不能同时接通，在两个接触器的驱动支路中分别串入另一个接触器的驱动器件的动合触点。（如Y000支路串入Y001的动断触点）这样当代表某个转向的驱动元件接通时，代表另一个转向的驱动元件就不可能同时接通了。这种两个线圈回路中互串对方动合触点的电路结构形式叫做“互锁”。这个例子的提示是：在多输出的梯形图中，要考虑多输出间的相互制约（多输出时这种制约称为连锁）。

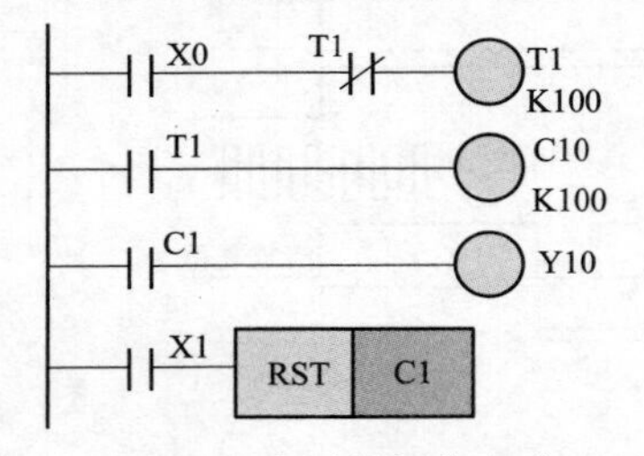

图4-47 定时器振荡电路

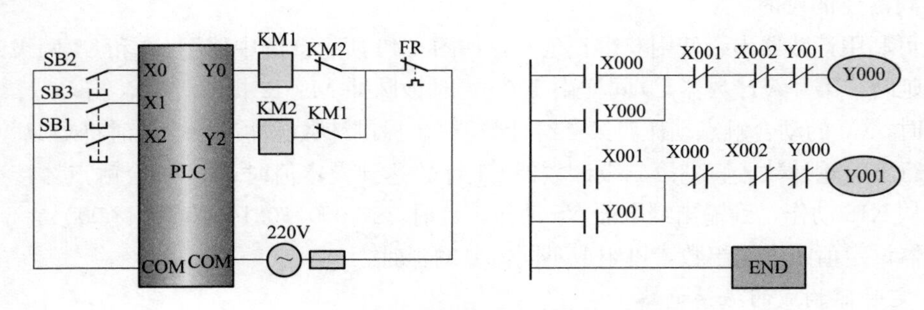

图4-48 PLC端子的I/O分配及梯形图

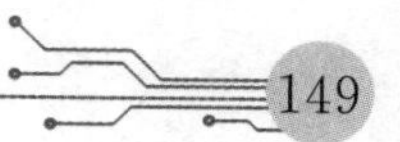

5. 电机顺序起动控制

两台交流异步电动机，一台起动10 s后第二台起动，停车时两台同时停止。欲实现这一功能。给两台电动机供电的两只交流接触器要占用PLC的两个输出口（Y0及Y2）。由于是两台电动机联合起停，仅选一只起动按钮（X0）和一只停止按钮（X2），但延时功能需一只定时器（T1）。梯形图的设计可以依以下顺序：先绘两台电动机独立的起—保—停电路。第一台电动机使用起动按钮起动。电动机均使用同一停止按钮。然后再解决定时器的工作问题。由于第一台电动机起动10 s后第二台电动机起动。第一台电动机运转是10 s的计时起点，因而将定时器的线圈并接在第一台电动机的输出线圈上。PLC控制梯形图如图4-49所示。

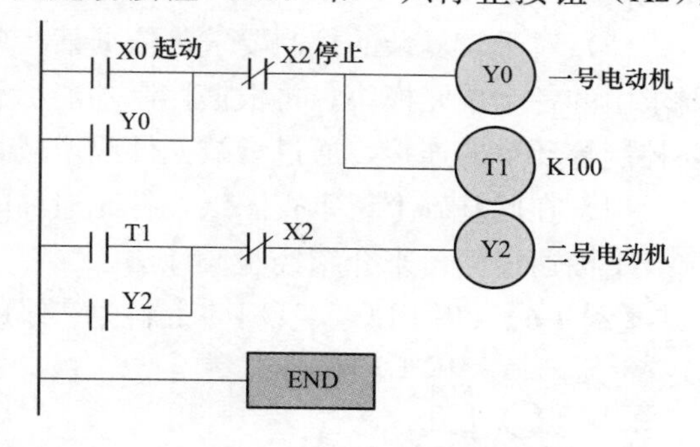

图4-49 PLC控制梯形图

4.3.2 经验设计法

在PLC发展的初期，沿用了设计继电器电路图的方法来设计梯形图程序，即在已有的些典型单元控制梯形图的基础上，根据被控对象对控制的要求，不断地修改和完善梯形图。有时需要多次反复地调试和修改梯形图，不断地增加或删除中间编程元件和触点，最后才能得到一个较为满意的结果。这种方法没有普遍的规律可以遵循，设计所用的时间、设计的质量与编程者的经验有很大的关系，所以把这种设计方法称为经验设计法。它可以用于逻辑关系较简单的梯形图程序设计。

用经验设计法设计PLC程序时大致可以按下面几步来进行：分析控制要求、选择控制原则；设计主令元件和检测元件，确定输入输出设备；设计执行元件的控制程序；检查修改和完善程序。

1. 经验法的设计要点

（1）熟悉PLC机内元件的性质和功能，熟悉PLC的编程指令和基本规律，从梯形图来看，其根本点是找出符合控制要求的PLC内部系统各个输出的工作条件，这些条件又总是用机内各种器件按一定的逻辑关系组合实现的。

（2）梯形图的基本模式为“起—保—停”电路及其他指令格式的单元电路。每个起—保—停或其他单元电路可以针对一个输出，也可以是多个输出，这些输出可以是系统的实际输出驱动，也可以是中间变量。

（3）梯形图编程中有一些约定俗成的基本环节，他们都有一定的功能，可以像摆积木一样在许多地方应用，加以扩展将使其应用更为丰富。

（4）经验编程中各种继电器元件的触点，在PLC内部的一个程序中均可使用，次数不限；但各种继电器元件的线圈（如Y、M、T、C等）只能使用一次，否则PLC视设计的程序出错，不能正常运行。

2. 经验法的编程步骤

（1）在准确了解控制任务和要求后，合理地为控制系统中的事件分配输入输出口。

选择必要的机内器件，如定时器、计数器、辅助继电器。

（2）对于一些控制要求较简单的输出，可直接写出它们的工作条件，依起—保—停电路模式完成相关的梯形图支路。工作条件稍复杂的可借辅助继电器及其他机内元件来完成。

（3）对于较复杂的控制要求，依据某些单元电路模式加以改进和扩展。先画出控制要求中的各个单元模块，再根据控制功能综合考虑记忆、连锁、互锁、连控、顺控、循环控制等环节的连接，通过增减元件或增减某环节，不断改进和扩展形成总图。

（4）在此基础上，审查图纸，补充遗漏的功能，更正错误，进行最后的完善。

下面通过例子来介绍经验设计法。

【例 4-6】 用 PLC 实现料斗上料生产线的控制。

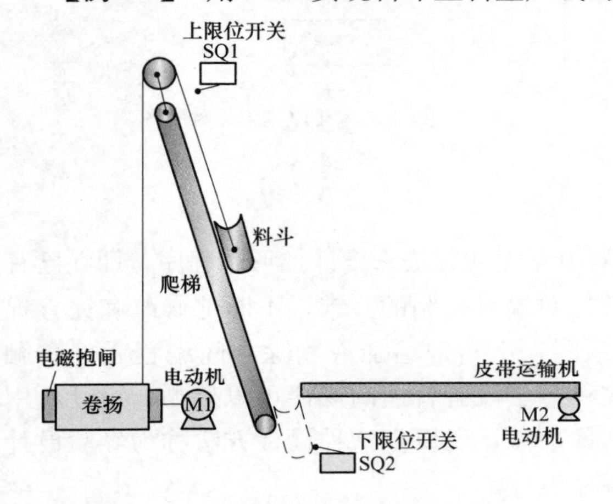

图 4-50 料斗上料生产线示意图

料斗上料生产线示意图如图 4-50 所示。

控制任务：料斗由三相异步电动机 M1 拖动卷扬机进行提升，料斗提升到上限位后自动翻斗卸料，翻斗时撞击 SQ1，随即料斗下降，降至下限位撞击 SQ2 后停 20 s 加料，同时起动皮带运输机（由三相异步电动机 M2 拖动）向料斗加料，20 s 加料到时限后皮带运输机停自行停止工作，料斗则自动上升，如此循环。

要求：①工作方式设置为自动循环工作方式；②有必要的电气保护和连锁保护；③自动循环时应按任务所述的顺序工作，料斗可以停在爬梯的任意位置，起动时可以使料斗随意从上升或下降的状态开始运行；④料斗拖动应有电磁制动抱闸。

完成本例编程按以下步骤进行。

（1）在充分理解控制任务和要求的基础上，进行 PLC 输入输出端子的定义，即 I/O 分配。

表 4-12 给出了本例 PLC 的 I/O 分配情况。

表 4-12 料斗上料生产线 PLC I/O 分配表

外接电器	输入端子	外接电器	输出端子	机内其他器件
卷扬机上升起动按钮 SB1	X0	M1 电动机上升控制接触器 KM1	Y0	辅助继电器 M0
卷扬机下降起动按钮 SB2	X1	M1 电动机下降控制接触器 KM2	Y1	定时器 T0
停止按钮 SB3	X2	M2 电动机运行控制接触器 KM4	Y2	
系统试车起动按钮 SB4	X10	电磁制动抱闸控制接触器 KM3	Y3	
取消系统试车按钮 SB5	X11			
皮带运输机试车起动按钮 SB6	X12			

续表

外接电器	输入端子	外接电器	输出端子	机内其他器件
上限位行程开关 SQ1 下限位行程开关 SQ2	X3 X4	—	—	—

（2）根据控制任务和要求，进行 PLC 控制的梯形图设计。

1）卷扬机提升装置的电磁制动抱闸选用“得电松闸、断电抱闸”型，可在停止或失电的情况下，料斗可以停在爬梯的任意位置不下滑。因此在料斗提升或料斗下降时 Y0、Y1 任何一个得电，都将使电磁制动抱闸控制的 Y3 接通。

2）料斗提升或下降控制部分，可在三相异步电动机可逆运转控制单元的基础上加以改造而成。考虑了必要的 X0、X1 按钮连锁和触点 Y0、Y1 连锁电气保护，通过 T0 动合触点来实现料斗加料结束后的自动上升循环控制。

3）皮带运输机控制部分考虑了料斗提升或料斗下降过程的触点 Y0、Y1 连锁电气保护。同时 M0 和 X12 串联支路在正常工作过程中不起作用。

4）通过上述的设计可以满足控制要求。但从生产实际工作的需要考虑，本例中增加了卷扬机料斗提升设备和皮带运输机两部分还可单独起动试车控制环节，由系统试车支路的 M0 在料斗提升、料斗下降、皮带机单元中切断自保持支路或创建新的自保持支路，从而实现了提升系统和皮带运输机两部分还可单独起动试车的控制。图 4-51 是控制程序设计完成后的梯形图。

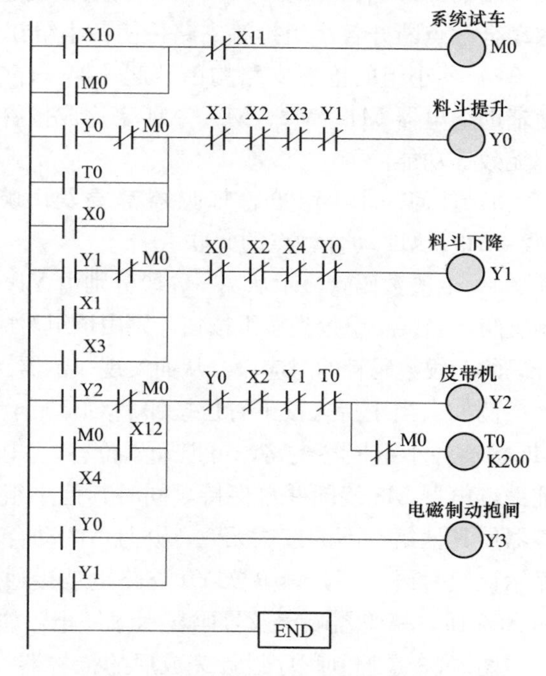

图 4-51　料斗上料生产线的控制梯形图

【例 4-7】　用 PLC 实现控制抢答器的设计。

控制任务：设计一个四组智力竞赛抢答控制程序。

控制要求如下：

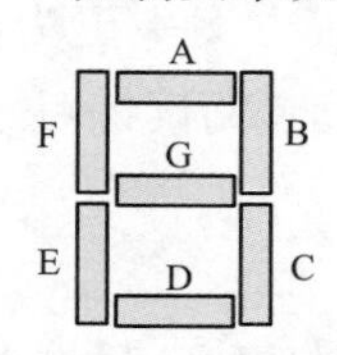

图 4-52　七段数码管

（1）当某竞赛者抢先按下按钮，显示器（图 4-52 七段数码管）能及时显示该组号码，并使蜂鸣器发出响声，同时锁住抢答器使其他组按下的按键无效。

（2）抢答器有置位、复位按钮，主持人按下置位按钮后才能重新抢答。

解：（1）进行 PLC 输入输出 I/O 分配。表 4-13 给出了本例 PLC 的 I/O 分配情况。

表 4-13 四组竞赛抢答 PLC 控制 I/O 分配表

外接电器	输入端子	外接电器	输出端子	机内其他器件
第一组抢答按钮 SB1	X1	蜂鸣器	Y0	辅助继电器 M1
第二组抢答按钮 SB2	X2	七段数码管显示 A 段	Y1	辅助继电器 M2
第三组抢答按钮 SB3	X3	七段数码管显示 B 段	Y2	辅助继电器 M3
第四组抢答按钮 SB4	X4	七段数码管显示 C 段	Y3	辅助继电器 M4
主持人置位控制按钮 SB5	X5	七段数码管显示 D 段	Y4	辅助继电器 M5
主持人复位控制按钮 SB6	X6	七段数码管显示 E 段	Y5	
		七段数码管显示 F 段	Y6	
		七段数码管显示 G 段	Y7	

（2）根据控制任务和要求，进行 PLC 控制的梯形图设计。

1）主持人按下置位按钮后 SB5 后才能重新抢答，按下复位控制按钮 SB6 后抢答停止。用辅助继电器 M5、SB5、SB6 构成控制整个系统的“起—保—停”电路，且用 M5 的动合触点断开各小组抢答支路，使各小组在主持人按下 SB5 按钮后才能抢答。

2）各小组的抢答支路均由“起—保—停”单元改造而成，且第一组至第四组分别由辅助继电器 M1、M2、M3、M4 来完成抢答、自保持、锁住抢答器使其他组按下的按键无效等功能。

3）任何一个小组抢答蜂鸣器都要发出响声，所以蜂鸣器 Y0 的控制支路为 M1、M2、M3、M4 动合触点的并联。

4）七段数码管显示从 A～G 段分别由 Y1～Y7 作输出控制，并且 Y1～Y7 组成 7 个控制支路，当某小组抢先按下按钮，则由该组对应的辅助继电器动合触点去接通能显示该组号码的七段数码管的对应段。从而实现显示器（七段数码管）能及时显示该组号码的功能。

例如，当主持人按下置位按钮后 SB5 后，辅助继电器 M5 线圈得电并自保持，同时 M5 接通各小组抢答支路，可以开始抢答。如此时第三小组抢先按下按钮 SB3，X3 接通辅助继电器 M3 线圈并自保持，同时其他小组的抢答支路被 M3 动断触点切断，锁住抢答器使其他组按下的按键无效，并且 M3 动合触点接通了 Y1、Y2、Y3、Y4、Y7 支路，显示该组号码“3”，蜂鸣器 Y0 支路也被接通发出响声。只有当主持人按下复位控制按钮 SB6 后，蜂鸣器响声及号码显示才停止，如图 4-53 所示。

图 4-53 是控制程序设计完成后的抢答器控制梯形图（方案一）。本设计以典型单元为基础，充分应用了典型单元中的顺序控制、连锁保护等基本设计思想，整个程序设计思路清晰，梯形图可读性强，是经验编程较为典型的应用。

图 4-54 是抢答器控制梯形图（方案二）。其设计思想是通过抢先接通小组号码数码段的 Y 输出去切断不必显示的字段来实现控制功能，总体的程序结构较方案一更为简单，虽然梯形图的可读性较差，但其设计思想和编程手法仍具特点，供读者阅读练习。

【例 4-8】 用 PLC 实现十字路口交通灯自动控制。

控制任务和要求：按起动按钮后如图 4-55 时序图所示。

东西方向：绿灯亮 4 s，接着闪 2 s 后熄灭，接着黄灯亮 2 s 后熄灭，红灯亮 8 s 后熄灭；

南北方向：红灯亮 8 s 后熄灭，绿灯亮 4 s，接着闪 2 s 后熄灭，接着黄灯亮 2 s 后熄灭；反复循环工作。按下停止按钮后，系统停止工作。

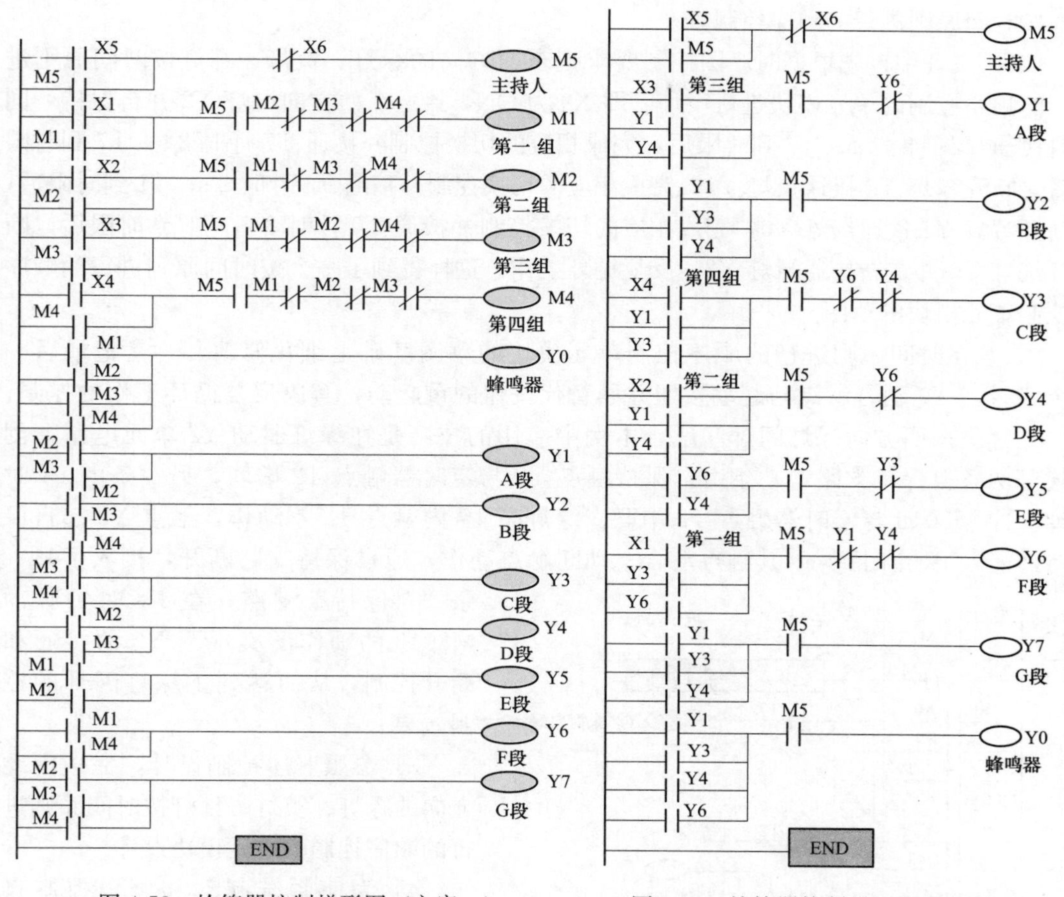

图 4-53　抢答器控制梯形图（方案一）　　　图 4-54　抢答器控制梯形图（方案二）

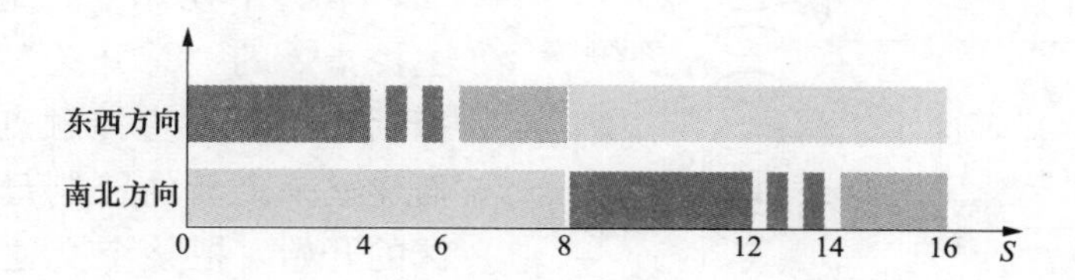

图 4-55　十字路口交通灯控制时序图

（1）进行 PLC 的 I/O 分配。表 4-14 给出了本例 PLC 端子的 I/O 分配情况。

表 4-14　　　　**十字路口交通灯 PLC 控制 I/O 分配表**

外接电器	输入端子	外接电器	输出端子	机内其他器件
起动按钮 SB1	X0	东西方向红灯	Y0	辅助继电器 M0、M1、M2、M5、M7、M10
停止按钮 SB2	X1	东西方向黄灯	Y1	定时器 T0、T1、T2、T3、T4、T5、T6、T7
		东西方向绿灯	Y2	
		南北方向红灯	Y3	
		南北方向黄灯	Y4	
		南北方向绿灯	Y5	

（2）根据控制任务和要求进行 PLC 控制的梯形图设计，本例中的交通灯控制是典型

的按时间原则进行的顺序控制。

1）设计中首先根据时序图控制要求把东西方向的绿灯、黄灯、红灯按时间原则进行的顺序控制的单元模块进行设计。即X0为ON，接通东西方向绿灯Y2并自保持，同时接通T2计时4 s；T2到时限后，完成相应的切换控制并接通T7计时2 s；T7到时限后，断开绿灯Y2接通黄灯Y1，完成相应的切换控制并接通T1计时2 s；T1到时限后，断开黄灯Y1接通红灯Y0，完成相应的切换控制并接通T0计时8 s；T0到时限后，断开红灯Y0并重新接通绿灯Y2，反复循环工作。这样得到了一个按时间原则进行的顺序控制单元模块的草图。

2）在时间原则进行的顺序控制单元模块的草图基础上细化修改。一是把最后一个定时器T0动合触点与起动按钮并联替代按钮的重起动，解决反复循环工作的控制；二是解决东西方向绿灯闪烁问题，本例中应用的技巧是在绿灯驱动Y2单元电路上创建了两条自保持支路。一条由自保持触点Y2与定时器触点T2串联，另一条由1 s时钟脉冲M8013与定时器触点T2串联。绿灯亮4 s内触点T2不动作，触点Y2起自保持功能，T2定时到4 s其触点动合、动断触点动作，原自保持支路断开，接入了另一条“自保持”支路，在1 s时钟脉冲M8013的动作下实现了Y2的接通和断开控制，从而达到了绿灯闪烁的控制效果。

3）参照上述控制设计，完成南北方向的绿灯、黄灯、红灯按时间原则进行的顺序控制的单元模块设计。

4）为使系统起动和停止控制自如，本例中使用了“起—保—停”与主控指令的“总开关”单元。通过主控指令MC在主控触点N0//M0的后面建立一个新的控制母线，形成主控区的开始，把整个交通灯控制电路挂接在这个新的控制母线上。当“起—保—停”电路使M10接通时，主控指令MC的操作条件满足，主控触点N0//M0闭合，新的控制母线使交通灯控制电路接通，系统工作；当停止按钮使X1断开后，M10线圈失电，其触点复位使主控触点N0//M0断开，则交通灯控制系统停止工作。

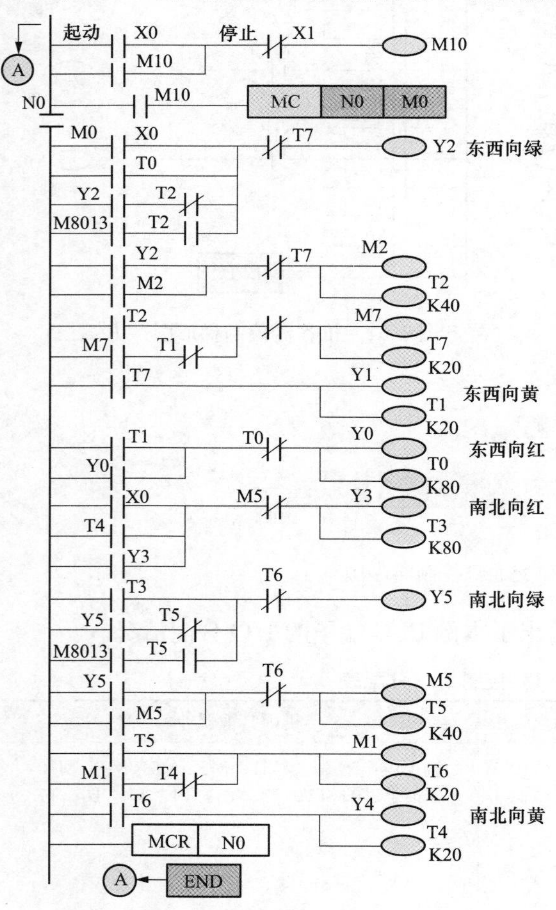

图4-56　交通灯控制梯形图（方案一）

图4-56是控制程序设计完成后的交通灯控制梯形图（方案一）。本设计

较典型地应用了按时间原则进行的顺序控制的设计手法和设计思想。每完成一个时间段的工作后，执行相应的切换控制并接通下一个定时单元都应用了不同的设计技巧，双自保支路的使用、“起—保—停”与主控指令的“总开关”单元的应用较为突出。梯形图可读性强，是经验编程较为典型的应用。

图 4-57 和图 4-58 是本例设计的交通灯控制梯形图方案二、三。其编程设计的风格和技巧都很有特点，供读者阅读练习。

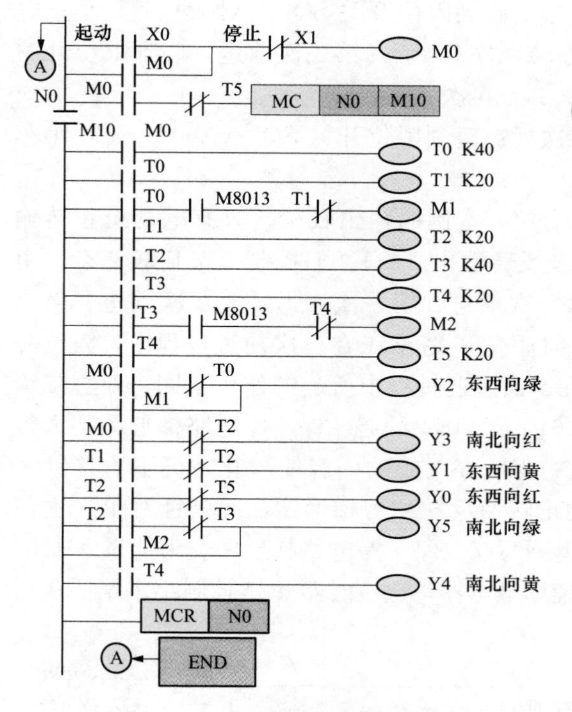

图 4-57　交通灯控制梯形图（方案二）

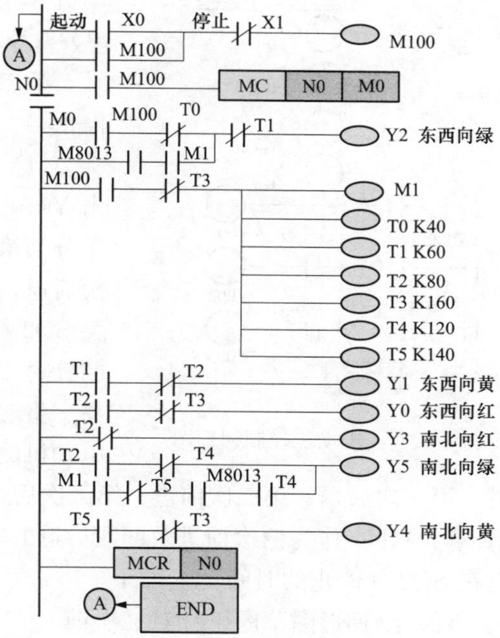

图 4-58　交通灯控制梯形图（方案三）

【例 4-9】　三台电动机的循环起停运转控制设计。

三台电动机接于 Y001、Y002、Y003；要求它们相隔 5 s 起动，各运行 10 s 停止；并循环。据以上要求，绘出电动机工作时的序图如图 4-59 所示。

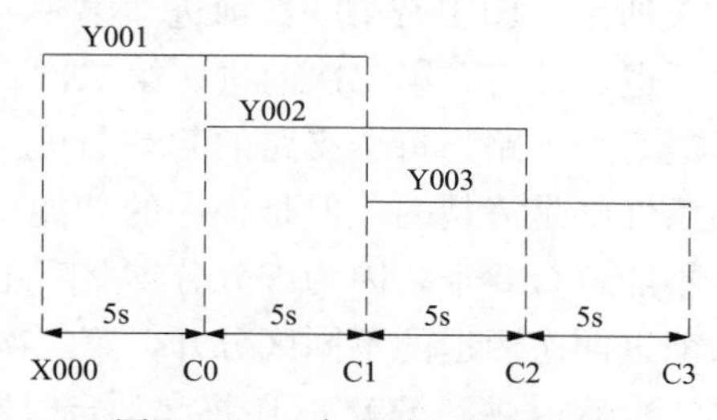

图 4-59　三台电动机控制时序图

分析时序图，不难发现电动机 Y001、Y002、Y003 的控制逻辑和间隔 5 s 一个的“时间点”有关，每个“时间点”都有电动机起停。因而用程序建立这些“时间点”是程序设计的关键。由于本例时间间隔相等，“时间点”的建立可借助振电路及计数器。设 X000 为电动机运行开始的时刻。让定时器 T0 实现振荡。再用计数器 C0、C1、C2、C3 作为一个循环过程中的时间点。循环功能是通过 C3 动合触点将全部计数器复位来实现的。“时间点”建立之后，用这些点来表示输出的状态就十分容易了。设计好的梯形图如图 4-60 所示。梯形图中 Y001、Y002、

Y003支路也属于起—保—停电路，其中起动及停止条件均由“时间点”组成。

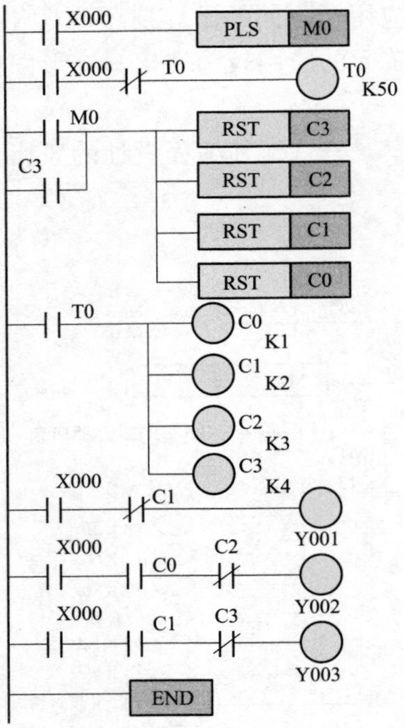

图4-60　三电动机控制梯形图

【例4-10】　运料小车的往返运行控制

图4-61所示小车一个工作周期的动作要求如下：

按下起动按钮SB（X000），小车电动机M正转（Y010），小车第一次前进，碰到限位开关SQ1（X001）后小车电动机M反转（Y011），小车后退。

小车后退碰到限位开关SQ2（X002）后，小车电动机M停转，停5 s后，第二次前进，碰到限位开关SQ3（X003），再次后退。

第二次后退碰到限位开关SQ2（X002）是，小车停止。

（1）分析。本例的输出较少，只有电动机正转输出Y010及反转输出Y011。但控制工况比较复杂。由于分为第一次前进、第一次后退、第二次前进、第二次后退，且限位开关SQ1在二次前进过程中，限位开关SQ2在二次后退过程中所起的作用不同，要直接绘制针对Y010及Y011的起—保—停电路梯形图不太容易。将起—保—停电路的内容简单化，可不直接针对电动机的正转及反转列写梯形图，而是针对第一次前进、第一次后退、第二次前进、第二次后退列写起—保—停电路梯形图。为此选M100、M101、M111作为两次前进及两次后退的辅助继电器，选定时器T37控制小车第一次后退在SQ2处停止的时间。

（2）绘梯形图草图。针对二次前进及二次后退绘出的梯形图草图如图4-62所示。图中有第一次前进、第一次后退、计时、第二次前进、第二次后退5个支路，每个支路的起动与停止条件都是清楚的。但是程序的功能却不能符合要求，因为细分分支路后小车的各个工况间的牵涉虽然少了，但并没有将两次前进两次后退的不同区分开，第二次前进碰到SQ1时即会转入第一次后退的过程，且第二次后退碰到SQ2时还将起动定时器，不能实现停车。

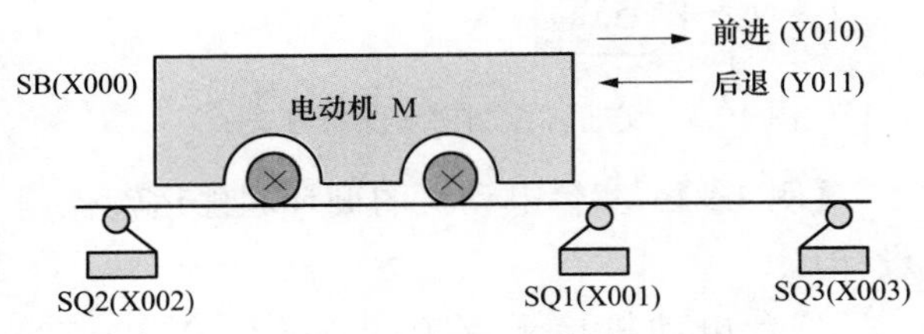

图4-61　运料小车往返运行示意图

（3）修改梯形图。既然以上提及的不符合控制要求的两种情况都发生在第二次前进之后，那么就可以设法让PLC“记住”第二次前进的“发生”，从而对计时及后退加以限制。在本例中，选择了M102以实现对第二次前进的记忆。对草图修改后的程序如图4-63所示。图中将两次后退综合到一起，还增加了前进与后退的继电器的互锁。

4.3.3　移植设计法

如果应用PLC改造继电器控制系统，根据原有的继电器电路图来设计梯形图显然是一条捷径。这是由于原有的继电器控制系统经过长期的使用和考验，已经被证明能完成系统要求的控制功能，而继电器电路图又与梯形图有很多相似之处，因此可以将继电器电路图经过适当的“翻译”，从而设计出具有相同功能的 PLC 梯形图程序，所以将这种设计方法称为“移植设计法”或“翻译法”。

在分析 PLC 控制系统的功能时，可以将 PLC 想象成一个继电器控制系统中的控制箱。PLC 外部接线图描述的是这个控制箱的外部接线，PLC 的梯形图程序是这个控制箱内部的“线路图”，PLC 输入继电器和输出继电器是这个控制箱与外部联系的“中间继电器”，这样就可以用分析继电器电路图的方法来分析 PLC 控制系统。

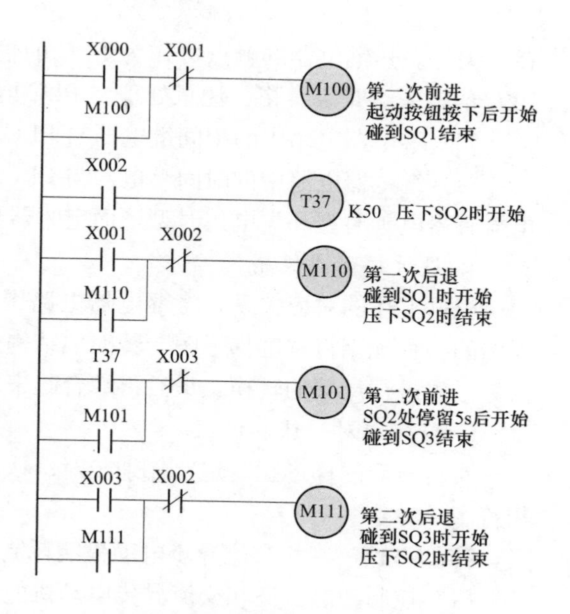

图 4-62　小车往返控制梯形图草图

我们可以将输入继电器的触点想象成对应的外部输入设备的触点，将输出继电器的线圈想象成对应的外部输出设备的线圈。外部输出设备的线圈除了受 PLC 的控制外，可能还会受外部触点的控制。用上述的思想就可以将继电器电路图转换为功能相同的 PLC 外部接线图和梯形图。

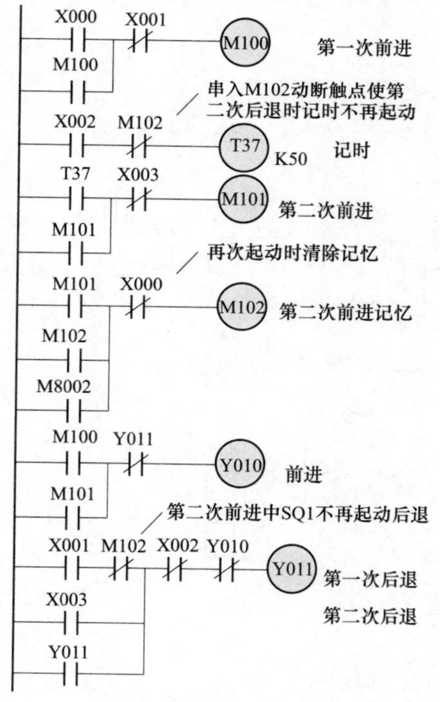

图 4-63　小车往返控制梯形图

移植设计法的编程步骤如下：

1. 分析原有系统的工作原理

了解被控设备的工艺过程和机械的动作情况，根据继电器电路图分析和掌握控制系统的工作原理。

2. PLC 的 I/O 分配

确定系统的输入设备和输出设备，进行 PLC 的 I/O 分配，画出 PLC 外部接线图。

3. 建立其他元器件的对应关系

确定继电器电路图中的中间继电器、时间继电器等各器件与 PLC 中的辅助继电器和定时器的对应关系。

上述步骤建立了继电器电路图中所有的元器件与 PLC 内部编程元件的对应关系，对于移植设计法而言，这非常重要。在这过程中应该处理好以下几个问题：

（1）继电器电路中的执行元件应与 PLC 的输出继电器对应，如交直流接触器、电磁阀、电磁铁、指示灯等。

（2）继电器电路中的主令电器应与 PLC 的输入继电器对应，如按钮、位置开关、选择开关等。热继电器的触点可作为PLC的输入，也可接在PLC外部电路中，主要是看PLC的输入点是否富裕。注意处理好PLC内、外触点的动合和动断的关系。

（3）继电器电路中的中间继电器与PLC的辅助继电器对应。

（4）继电器电路中的时间继电器与PLC的定时器或计数器对应，但要注意：时间继电器有得电延时型和失电延时型，而定时器只有“得电延时型”一种。

4. 设计梯形图程序

根据上述的对应关系，将继电器电路图“翻译”成对应的“准梯形图”，再根据梯形图的编程规则将“准梯形图”转换成结构合理的梯形图。对于复杂的控制电路可化整为零，先进行局部的转换，最后再综合起来。

5. 仔细校对、认真调试

对转换后的梯形图一定要仔细校对、认真调试，以保证其控制功能与原电气原理图相符。

【例4-11】 三相交流异步电动机能耗制动电路的改造，并保持原控制与保护功能。

（1）控制功能。三相交流异步电动机能耗制动电气原理图如图4-64所示，电气原理图由主电路和控制电路两部分组成。从主电路看出电路的控制功能有：电动机可逆运行；停车时断开运行的交流电源并接通直流电源供电动机能耗制动；有电动机过载及连锁保护等。

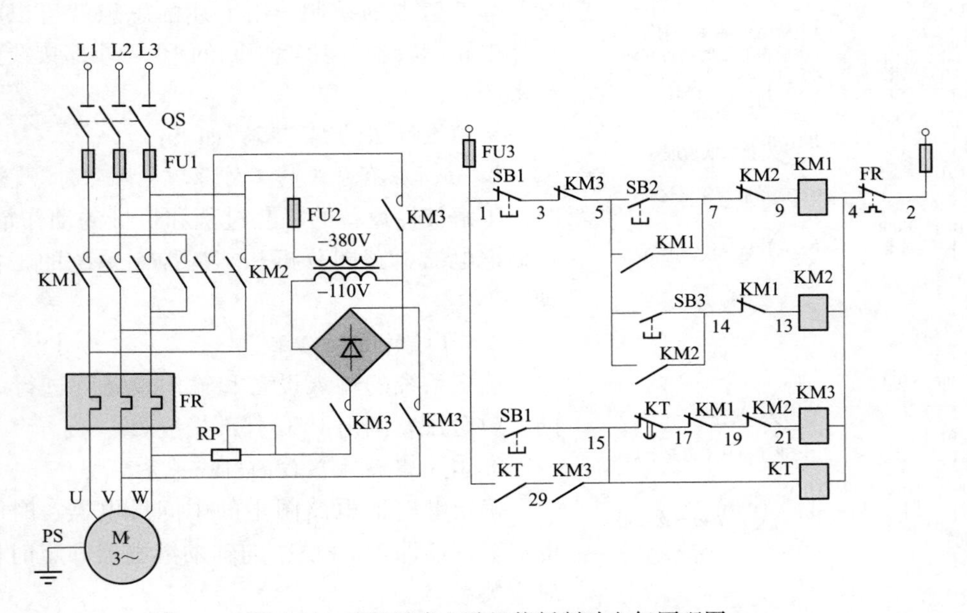

图4-64 三相异步电动机能耗制动电气原理图

（2）I/O分配。停止按钮SB1—X1 正转起动按钮SB2—X2，反转起动按SB3—X3，电动机过载热保护FR—X4；正转接触器KM1—Y1，反转接触器KM2—Y2，制动接触器KM3—Y3。

（3）PLC接线图。将I/O分配的输入和输出元件与PLC接线，如图4-65所示。接线图中考虑了硬件的 KM1、KM2 连锁保护和电动机过载 FR 热保护，与软件保护配合使用更加可靠。在 PLC 的输入端，停止按钮 SB1、过载热保护 FR 都使用动合触点，当它们动作时，梯形图中对应的 X1、X4 动断触点作断开动作，可使梯形图与原电气原理图触点的使用习惯相同。

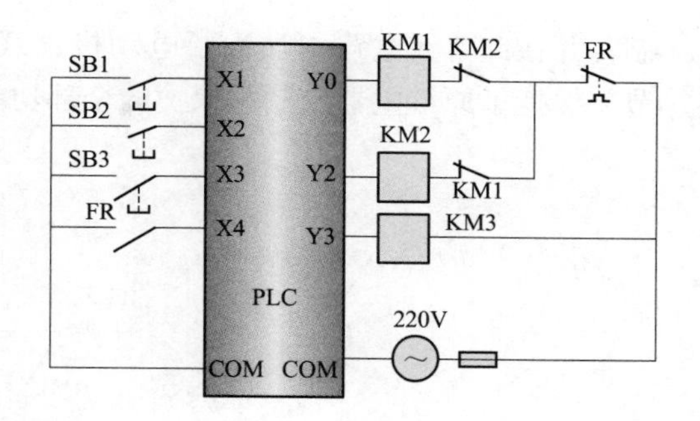

图 4-65　PLC 接线图

(4) 梯形图设计。按 I/O 分配的 PLC 继电器画出电动机可逆运行控制单元梯形图，并考虑必要的 Y1、Y2 正反转运行的连锁保护和电动机过载 X4 热保护。

使用“起—保—停”与主控指令的“总开关”单元。通过主控指令 MC 在主控触点 N0//M0 的后面建立一个新的控制母线，把电动机正反转运行 Y1、Y2 支路接在新的控制母线上，进行起动停止的控制还具有正反转运行与制动的连锁保护功能。

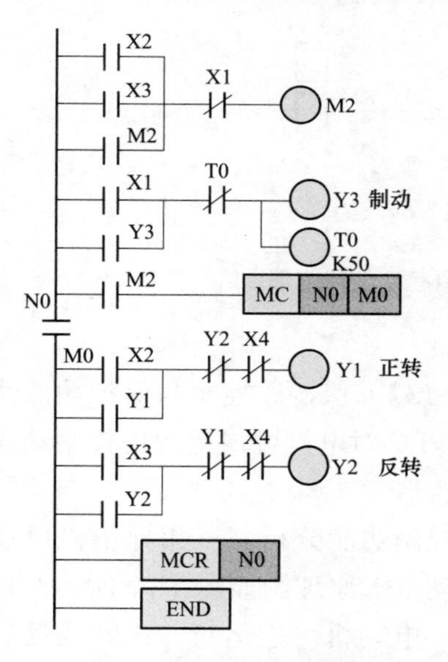

图 4-66　三相交流异步电动机能耗制动梯形图

制动支路由“起—保—停”单元组成，按停止按钮时，X1 动合触点接通制动单元电路，经 Y3 驱动接触器 KM3 进行能耗制动。制动时间可根据具体电动机停车情况由定时器设定。

图 4-66 是本例设计的三相交流异步电动机能耗制动梯形图。由梯形图的软件替代了原电气原理图中的控制电路实际硬件和接线。

【例 4-12】　三相绕线式异步电动机串电阻起动控制电路的改造，保持原控制与保护功能。

(1) 控制与保护功能。三相绕线式异步电动机串电阻起动电气原理图如图 4-67 所示。主要控制功能有：

电动机单向运行。电动机起动时转子串三级电阻起动，起动后按时间原则从 R1、R2、R3 依次切除各级电阻。主要的保护功能有：电动机过载 FR 热保护；为防止切除电阻时的接触器触点烧死引起下次起动时不能可靠地串全部电阻起动而设的起动保护（与 SB2 串联的触点 KM2、KM3、KM4）。

(2) I/O 分配。停止按钮 SB1—X1，起动按钮 SB2—X2，电动机过载热保护 FR—X3；电源接触器 KM1—Y1，电阻 *R*1 切除接触器 KM2—Y2，电阻 *R*2 切除接触器 KM3—Y3，电阻 *R*3 切除接触器 KM4—Y4。

(3) PLC 接线图。PLC 接线图如图 4-68 所示。将 I/O 分配的输入和输出元件与 PLC 接线，接线图中考虑了硬件的电动机过载 FR 热保护。

(4) 梯形图设计。按时间原则画出电动机起动后按顺序依次切除 *R*1、*R*2、*R*3 各级电阻的控制单元，这是一个典型的时间顺序控制电路，控制的设计方法与继电器电路十分相似。本例的应用同样使用“起—保—停”与主控指令的“总开关”单元作起停控制，并在此单元电路中加入了电动机过载热保护及防止接触器触点烧死的起动保护环节，保持了原继电器控制与保护的全部功能。如图 4-69 所示。

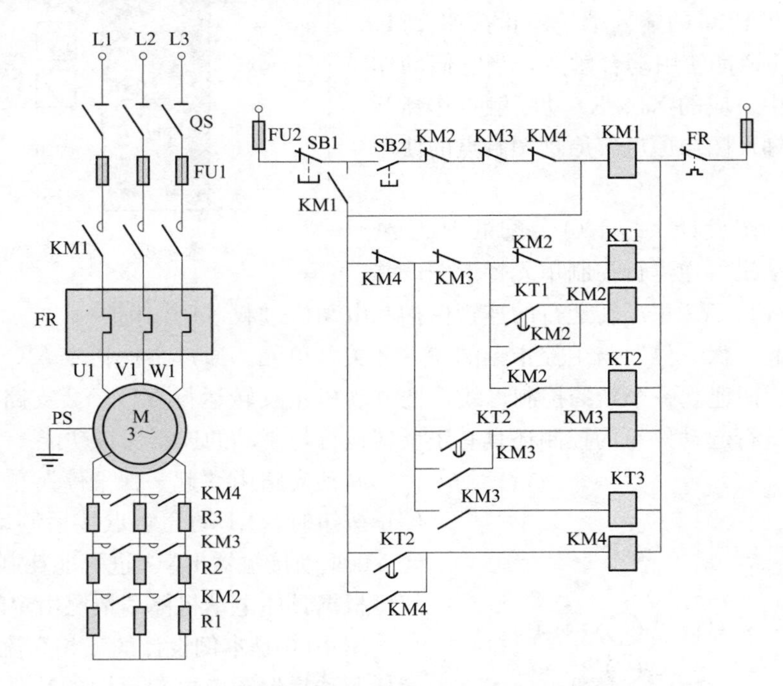

图 4-67　三相绕线式异步电动机串电阻起动电气原理图

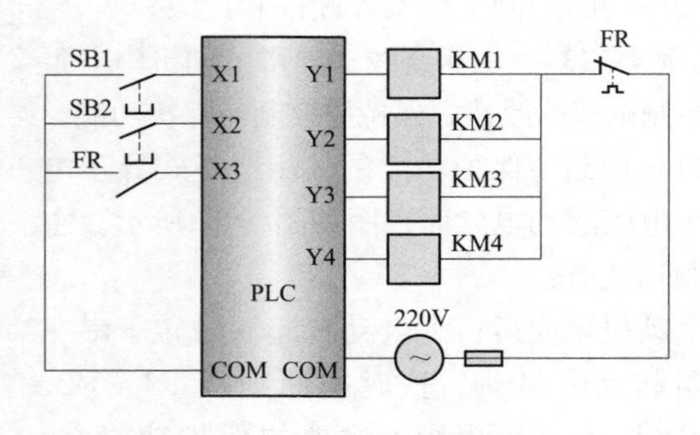

图 4-68　PLC 接线图

【例 4-13】 保持原控制与保护功能情况下，应用 PLC 对电机可逆运行反接制动控制电路实施改造。

(1) 控制功能分析。三相异步机可逆运行反接制动电气原理图如图 4-70 所示。控制功能如下。电动机可逆运行；正转或反转起动过程中均接入 R 电阻限制电动机起动电流；正转或反转起动过程结束后自动切除 R 电阻；停车时自动接入 R 电阻进行反接制动；反接制动结束电动机停车后，电路恢复初始状态。

(2) I/O 分配。热继电器 FR—X0，停止按钮 SB1—X1，正转起动按钮 SB2—X2，反转起动按钮 SB3—X3，速度继电器触点（正）SK-1—X4，速度继电器触点（反）SK-2—X5；正转接触器 KM1—Y1，反转接触器 KM2—Y2，R 接入或切除接触器 KM3—Y3。

本例中设速度继电器触点（正）SK-1、速度继电器触点（反）SK-2 在电动机转速达到 120r/min 时动作，电动机转速下降到 100 r/min 时触点复位。

(3) 梯形图设计。

1) 根据电动机可逆运行控制单元画出电动机正转、反转控制电路草图，并考虑连锁和电动机过载保护。

2）进行 R 电阻切换的设计。将 X4 与 Y1 串联及 X5 与 Y2 串联的两条支路并联，利用 X4、X5 在电动机起动后需转速达到 120 r/min 时动作的特性，实现正转或反转起动过程中 Y3 不被接通，主电路中接入 R 电阻限制电动机起动电流；当电动机转速高于 120 r/min 时 X4 或 X5 动作，Y3 被接通自动切除 R 电阻。

3）停车及反接制动单元设计。本设计的停车与常规的停车控制完全不同，停车控制按钮 X1 使用动合触点，并由辅助继电器 M0 进行自保持，同时将 X4、X5 并联后再串入支路中。当电动机正转或反转且转速高于 120 r/min 时 X4 或 X5 闭合为停车做好准备，需要停车时按停止按钮，X1 接通，M0 得电并自保持。

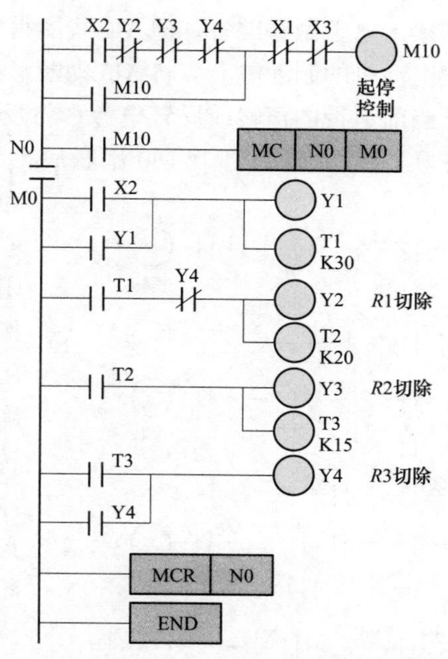

图 4-69　绕线式异步机串电阻起动控制梯形图

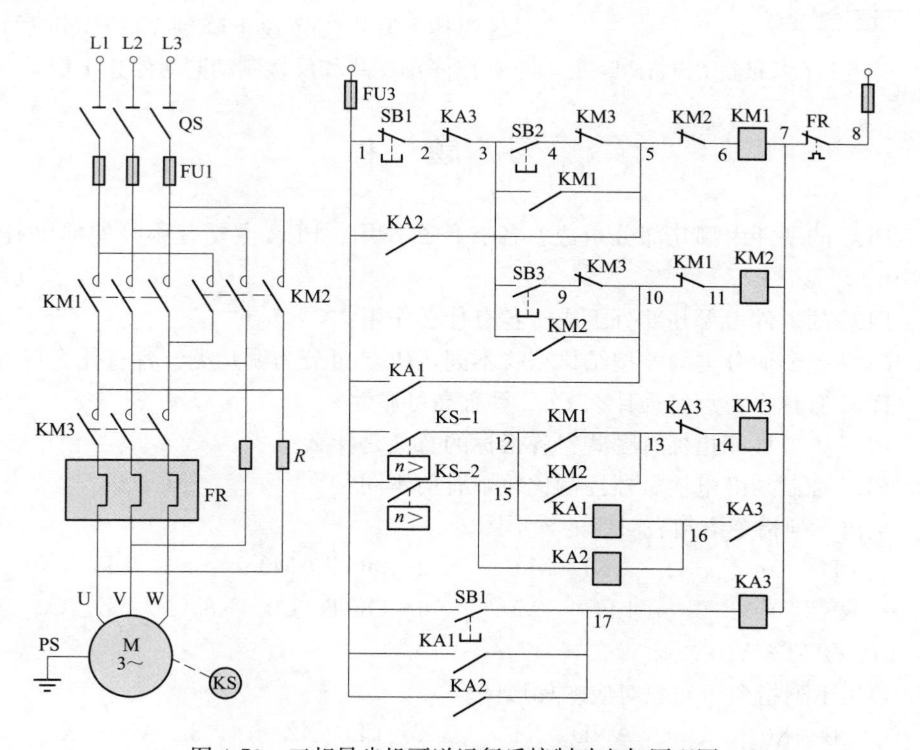

图 4-70　三相异步机可逆运行反接制动电气原理图

此后再考虑利用 M0 的触点与 X4、X5 间的配合来完成反接制动及其他控制。将 M0 动断触点与 Y3 支路串联，既不影响电动机起动时需接入 R 电阻，又为停车控制的反接制动接入电阻做好准备，即M0线圈得电后，其动断触点断开Y3，主电路中电阻被接入限制电动机的制动电流。将M0动断触点与正转或反转的自保持支路串联，可在停车时断开当前运行的正转或反转电源；将反转的X5与M0串联后再与正转的“起—保”支路并联，将正转的X4与M0串联后再与反转的“起—保”支路并联，即可进行反接制动的电源切换控制。如图4-71所示。

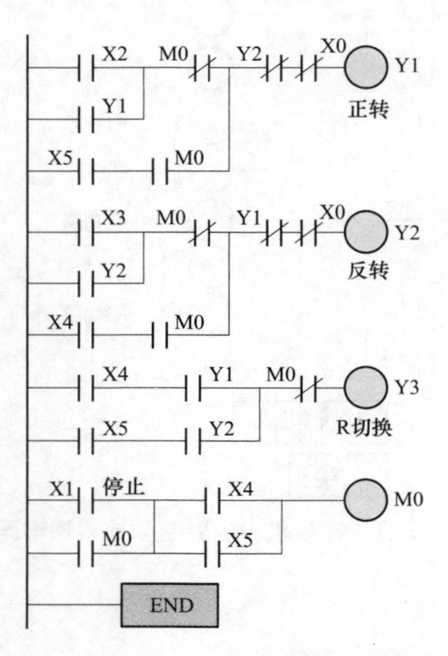

图4-71 可逆运行反接制动控制梯形图

如电动机正转起动控制，按正转起动按钮后X2闭合，此时输出继电器Y1线圈得电，其触点重点保持并有连锁保护，当电动机转速高于120 r/min后X4动合触点闭合，一是接通并使Y3维持通电确保切除电阻；二是为停车控制作准备；三是在反转控制单元中为反接制动作准备。需要停车时，按停止按钮后X1接通，辅助继电器M0线圈接通并自保持，一是断开Y3接入电阻；二是M0动断触点断开正转控制电路正转电源停止供电，Y1触点复位；三是M0动合触点在反转控制单元中闭合，电动机因惯性其转速仍然很高，X4处于闭合状态，即反转接触器Y2被接通，开始进行反接制动，电动机转速迅速下降，当转速下降到100 r/min后，X4触点动作停车支路和反接制动同时停止工作。

习 题 4

1. PLC的硬件由哪几部分组成？各有什么作用？PLC主要有哪些外部设备？各有什么作用？

2. PLC的软件由哪几部分组成？各有什么作用？

3. PLC是如何分类的？按结构型式不同，PLC可分为哪几类？各有什么特点？

4. PLC有什么特点？为什么PLC具有高可靠性？

5. PLC主要性能指标有哪些？各指标的意义是什么？

6. PLC控制与继电接触器控制比较，有何不同？

7. 绘出下列指令语句表对应的梯形图。

0 LD X0　　1 ANI M0　　2 OUT M0　　3 LDI X0
4 RST C0　　5 LD M0　　6 OUT C0 K8　　9 LD C0
10 OUT Y0

8. 绘出下列指令语句表对应的梯形图。

0 LD X0　　1 AND X1　　2 LD X2　　3 ANI X3
4 ORB　　5 LD X4　　6 AND X5　　7 LD X6
8 ANI X7　　9 ORB　　10 ANB　　11 LD M0
12 AND M1　　13 ORB　　14 AND M2　　15 OUT Y4

16 END

9. 绘出下列指令语句表对应的梯形图。

0 LD X0　1 MPS　2 AND X1　3 MPS　4 AND X2
5 MPS　6 AND X3　7 MPS　8 AND X4　9 OUT Y0
10 MPP　11 OUT Y1　12 MPP　13 OUT Y2　14 MPP
15 OUT Y3　16 MPP　17 OUT Y4

10. 写出下图所示梯形图 4-72～图 4-74 对应的指令表。

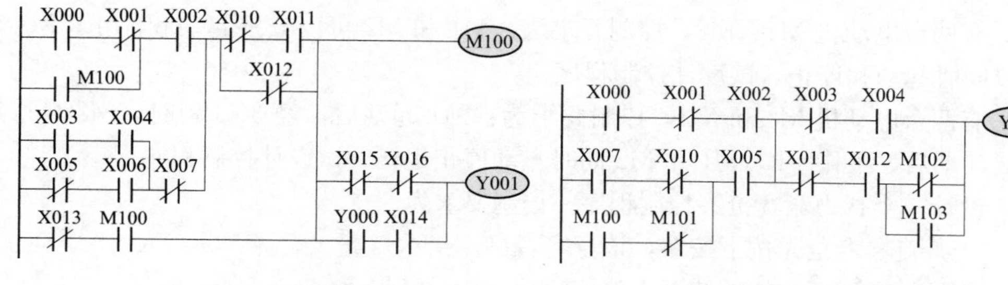

图 4-72　梯形图 1　　　图 4-73　梯形图 2

11. 画出图 4-75 中 M206 的波形。

12. 画出图 4-76 中 Y0 的波形。

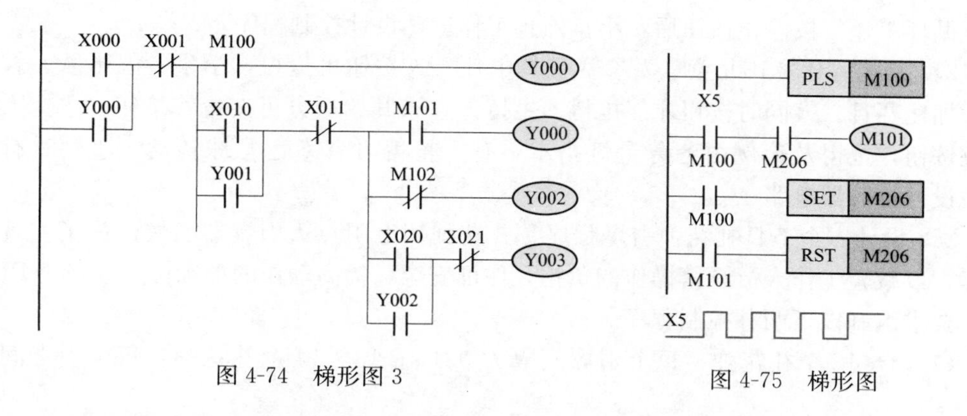

图 4-74　梯形图 3　　　图 4-75　梯形图

13. 用主控指令画出图 4-77 的等效电路，并写出指令表程序。

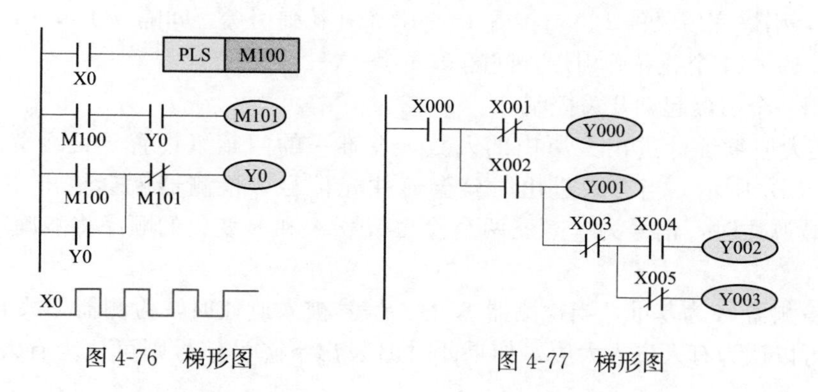

图 4-76　梯形图　　　图 4-77　梯形图

14. 有三台电动机，控制要求为：按 M1、M2、M3 的顺序起动；前级电动机不起动，后级电动机不能起动；前级电动机停止时，后级电动机也停止。试设计梯形图，并写出指令语句表。

15. ①设计一个模拟时钟的控制程序，Y1、Y2 和 Y3 的输出分别代表秒针、分针和时针；②设计一个定时时间为 6 h 的控制程序。要求定时时间到，指示灯亮。

16. 某电动葫芦起升机构的动负载试验的控制要求为：自动运行时，上升 8 s，停 10 s，再下降 8 s，停 10 s，反复运行 1 h，然后发出声光报警信号，并停止运行。试设计控制程序。

17. 有两台电动机 M1、M2，控制要求为：M1 和 M2 可以分别起动和停止；M1 和 M2 可以同时起动和停止。试设计控制程序。

18. 有两台电动机 M1 和 M2，控制要求为：M1 起动后，经 30 s 延时，M2 自行起动，M2 起动后，工作 1 h，M1 和 M2 同时自动停止运转。试设计控制程序。

19. 设计一个智力竞赛抢答控制程序，控制要求为。

（1）当某竞赛者抢先按下按钮，该竞赛者桌上指示灯亮。竞赛者共三人。

（2）指示灯亮后，主持人按下复位按钮后，指示灯熄灭。

20. 某运料小车控制要求为：小车在 A 处装料后，工作人员按起动按钮 SB1，小车开始前进运行到 B 处并压合 SQ1，停 3 min，工作人员装料。3 min 后小车自动开始后退，运行到 A 处并压合 SQ2，停 10 min，工作人员装料。10 min 后小车自动前进。如此反复循环工作。按停止按钮后，小车停止工作。试设计控制程序。

21. 某抢答比赛，儿童二人参赛且其中任一人按钮可抢得，学生一人组队。教授二人参加比赛且二人同时按钮才能抢得。主持人宣布开始后方可按抢答按钮。主持人台设复位按钮，抢得及违例由各分台灯指示。有人抢得时有幸运彩球转动，违例时有警报声。设计抢答器电路。

22. 设计一个节日礼花弹引爆程序。礼花弹用电阻点火引爆器引爆，为了实现自动引爆，以减轻工作人员频繁操作的负担，保证安全，提高动作的准确性，今采用 PLC 控制，要求编制以下两种控制程序。

（1）1～12 个礼花弹，每个引爆间隔为 0.1 s；13～14 个礼花弹，每个引爆间隔为 0.2 s。

（2）1～6 个礼花弹引爆间隔为 0.1 s，引爆完后停 10 s，接着 7～12 个礼花弹引爆，间隔 0.1 s，引爆完后又停 10 s，接着 13～18 个礼花弹引爆，间隔 0.1 s，引爆完后再停 10 s，接着 19～24 个礼花弹引爆，间隔 0.1 s。

引爆用一个引爆起动开关控制。

23. 某大厦欲统计进出大厦内的人数，在唯一的门廊里设置了两个光电检测器，如图 4-78（a）所示，当有人进出时就会遮住光信号，检测器就会输出“1”状态信号；光不被遮住时，信号为“0”。两个检测信号 A 和 B 变化的顺序将能确定人走动的方向；

设以检测器 A 为基准，当检测器 A 的光信号被人遮住时，检测器 B 发出上升沿信号时，就可以认为有人进入大厦，如果此时 B 发出下降沿信号则可认为有人走出大厦，如图4-78（b）所示。当检测器A和B都检测到信号时，计数器只能减少一个数字；当检测器A或B只有其中一个检测到信号时，不能认为有人出入；或者在一个检测器状态不改变时，另一个检测器的状态连续变化几次，也不能认为有人出入了大厦，如图4-78（c）所示，相当于没有人进入大厦。

用PLC实现上述控制要求，设计一段程序，统计出大厦内现有人数，达到限定人数（例如500人）时发出报警信号。

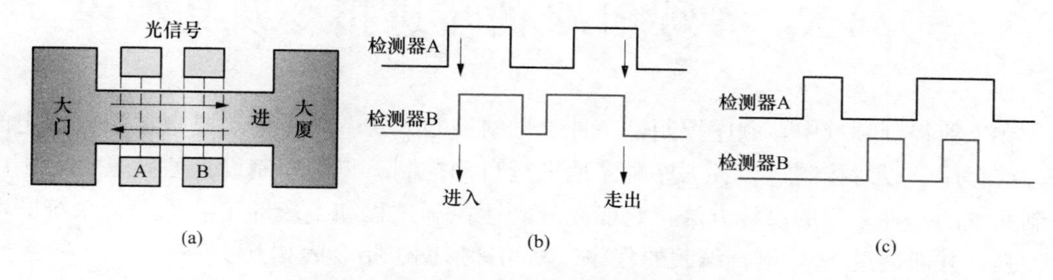

图4-78　光电检测器安装位置与时序示意图

（a）安装位置；（b）检测器A和B的时序图（1）；（c）检测器A和B的时序图（2）

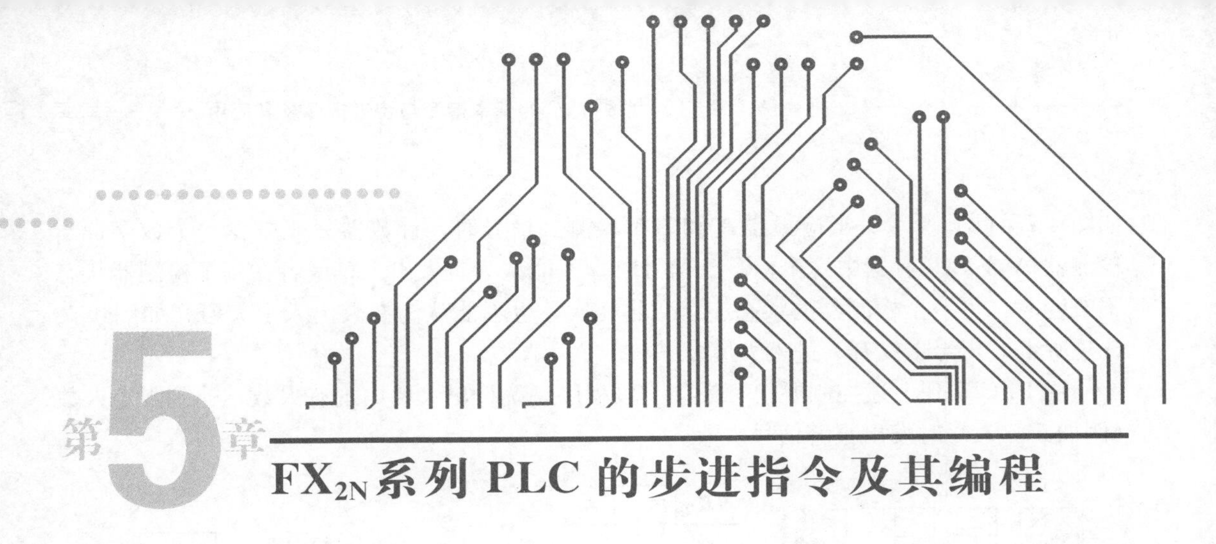

第5章 FX_{2N}系列 PLC 的步进指令及其编程

在工业控制领域中，顺序控制是一种常见的控制方式。顺序控制是根据预先规定的条件或程序，以对控制过程各工序顺序地进行自动控制。步进控制设计法就是针对顺序控制系统的一种专门的设计方法，它能充分表达控制过程和生产的工艺流程，系统图可读性强，并能通过 SFC 语言编制的程序极易与梯形图、指令表相互变换。

5.1 步进控制状态编程及状态元件

5.1.1 顺序功能图

顺序功能图又称状态转移图（Sequential Function Char，SFC），是用状态继电器来描述步序转移的图形，也是设计 PLC 的顺序控制程序的有力工具。

SFC 的基本思想是：按照生产工艺的要求，将机械动作的一个工作周期划分为若干个步序（简称为“步”），并明确每一“步”所要执行的输出，“步”与“步”之间由“转换”分隔。当转换条件满足时，转换得以实现，即上一步动作结束，下一步动作开始。

例如，继电器控制及 PLC 经验编程的三相异步电动机Y/△起动控制系统如图 5-1 所示。从控制的工作过程可知，工作流程有以下几个步序：

(1) 起动。按 SB2（X2）后，KM1（Y1）、KM3（Y3）接通，电动机Y形起动。

(2) 起动同时计时 4 s。

(3) 时间继电器 KT（T0）计时到整定时限，KM3（Y3）断开，KM2（Y2）接通，电动机 D 形运行。

(4) 停车时按 SB1（X1）后停机。

传统的继电器控制和经验法编制的控制程序，都表达了控制的工艺动作过程和连锁关系。如果换一种表现形式如图 5-2（a），即按照工艺流程的形式表达控制过程，它既有工艺流程图的直观，又有利于复杂控制逻辑关系的分解与综合。把步序变为状态，直接按照工艺流程的步进顺序进行控制的设计就是步进控制设计状态图如图 5-2（b）。

PLC 设计者给用户提供了这种易于构思，易于理解的图形化程序设计工具——步进控制状态图。它是状态编程的重要工具，图中以“S□□”标志的方框表示“状态”，方框间的连线表示状态间的联系，方框间连线上的短横线表示状态转移的条件，方框上横向引出的类似于梯形图支路的符号组合表示该状态的任务。而“S□□”是状态器——FX_{2N}系列 PLC 为状态编程特地安排的专用软元件的编号（也是存储单元的地址）。

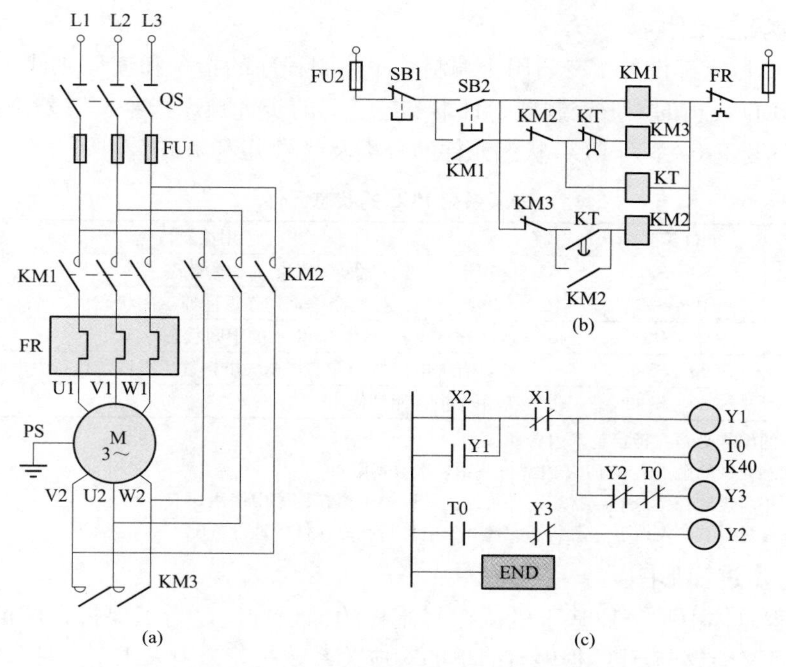

图 5-1 三相异步电动机Y/△起动控制

(a) Y/△控制主电路；(b) Y/△控制电路；(c) Y/△控制 PLC 梯形图

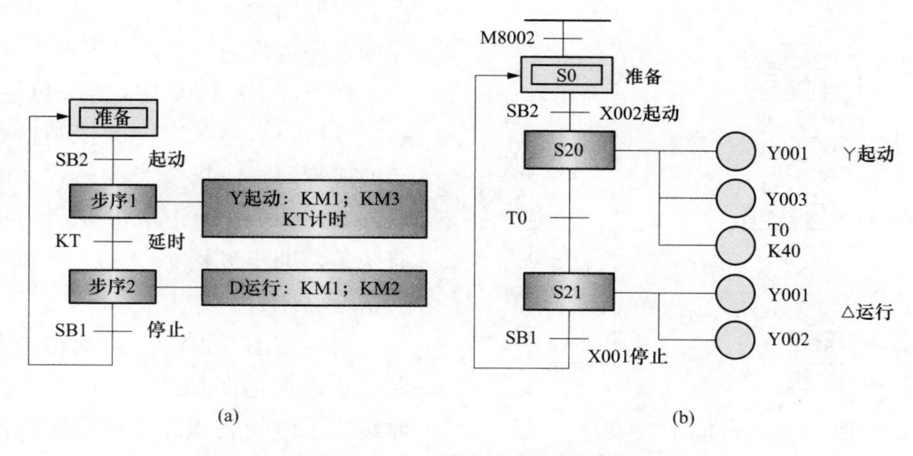

图 5-2 Y/△起动步进顺序控制

(a) 控制工艺流程图；(b) 步进控制状态图

从Y/△起动步进顺序控制图 5-2 看出，有以下特点：

1）一个完整的控制任务或工作过程分解成了若干个步序。

2）各步序的控制任务明确而具体。

3）各步序间的流程联系清楚直观，步序间的转移条件简单易得。

4）步进控制状态图与控制工艺流程图（或生产过程流程图）一致，很容易理解，可读性强，能清晰地反映整个控制过程，能带给编程人员清晰的编程设计思路。

5.1.2 状态元件

许多 PLC 厂家都设计了专门用于编制顺序控制程序的指令和编程元件，如美国 GE 公司和 GOULD 公司的鼓形控制器、日本东芝公司的步进顺序指令、三菱公司的步进梯形指令等。三菱 FX_{2N} 系列 PLC 状态元件的分类及编号见表 5-1。

表 5-1　FX_{2N} 系列 PLC 的状态元件

类　别	元件编号	点数	用途及特点
初始状态	S0～S9	10	用于状态转移图（SFC）的初始状态
返回原点	S10～S19	10	多运行模式控制当中，用作返回原点的状态
一般状态	S20～S499	480	用作状态转移图（SFC）的中间状态
失电保持状态	S500～S899	400	具有失电保持功能，用于失电恢复后需继续执行失电前状态的场合
信号报警状态	S900～S999	100	用作报警元件使用

注　1. 状态的编号必须在指定范围内选择；
2. 各状态元件的触点，在 PLC 内部可使用，次数不限；
3. 在不用步进顺控指令时，状态元件可作为辅助继电器在程序中使用；
4. 通过参数设置，可改变一般状态元件和失电保持状态元件的地址分配。

5.1.3 步进梯形图

SFC 编程总体上是一种基于机械控制流程的编程方法，为了保持传统的 PLC 梯形图的风格，且又能够与 SFC 程序有简单的对应关系，三菱公司采用了一种利用步进梯形图（STL）表示的编程方式。该方法编程的特点与 SFC 程序相同，即程序的执行过程，都是根据系统的“条件”，按机械控制要求的“步序”进行，但每一“步序”的具体动作又采用了梯形图的形式进行编程。因此，这样的程序被称为“步进梯形图”。

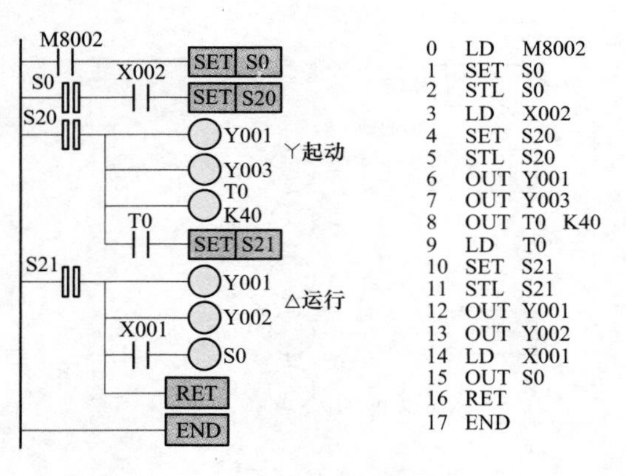

图 5-3　Y/△起动步进顺序控制梯形图及指令表

在三菱 FX PLC 中，当 SFC 程序设计完成后，具体状态中的控制指令需要转换成梯形图或指令表的形式才能进行输入。FX PLC 用于步进控制的指令共有两条，即步进指令（STL）和步进返回指令（RET）。

对应于图 5-2 Y/△起动步进顺序控制的步进梯形图如图 5-3 所示，图中同时给出了语句表程序，梯形图与语句表的对应关系。

5.2 FX_{2N} 系列 PLC 步进顺控指令及编程实例

5.2.1 步进梯形指令（STL）

1. 指令的定义

步进梯形指令（Step Ladder Instruction，STL），见表 5-2，FX_{2N} 系列 PLC 有 2 条步进指令，步进梯形指令 STL 和步进返回指令 RET，按控制功能步进梯形指令 STL 也称为步进状态指令。利用这两条指令，在了解了步进状态图后，采用步进顺控指令编程的重点是弄清步进状态图与步进状态梯形图间的对应关系，并掌握步进指令编程的规则，可以很方便地编制顺序控制梯形图程序。

表 5-2　步进顺控指令功能及梯形图符号

指令助记符、名称	功　能	梯形图符号	程　序　步
STL 步进梯形指令	步进接点驱动	S	1
RET 步进返回指令	步进程序结束返回	RET	1

图 5-4 为步进状态图片断与步进状态梯形图对应关系。从图 5-4（a）中看出，执行 S20 状态时，一是 Y005 被驱动有输出；当 X001 为 ON 时，Y004 也被驱动有输出；当 M100 为 ON 时，Y010 也被置位有输出；完成当前状态下的负载驱动。二是当 X003 为 ON 时，自动停止 S20 状态的工作，转入下一状态（如 S21 状态）工作。我们把这个进行状态切换的 X003 称为转移条件，把转入的下一状态（如 S21 状态）称为转移目标。

图 5-4（b）与图 5-4（a）相对应，是步进状态图"翻译"的梯形图。执行 S20 状态时，通过 STLS20 步进触点建立了新的子母线，Y005 的驱动、Y004、Y010 的条件驱动，X003 的条件转移支路等都在子母线上运行。

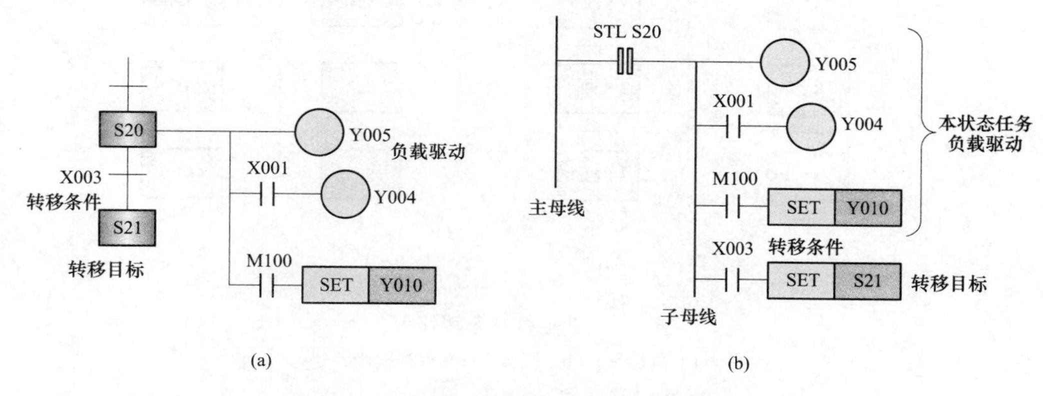

图 5-4　步进状态图与状态梯形图对应关系
（a）步进状态图；（b）步进状态梯形图

从图中看出，步进状态图中的一个状态在梯形图中用一条步进接点指令表示。STL 指令的意义为"激活"了 S20 这个状态，在梯形图上体现为主母线上引出的动合状态触点（用空心粗线绘出以与普通动合触点区别）。该触点有类似于主控触点的功能，该触点后的所有操作均受这个动合型的步进状态触点的控制。"激活"的第二层意思是采用 STL 指令编程的梯形图区间，只有被激活的程序段才被扫描执行，而且在一个单流程的步进状态图中，在任意时刻只有一个状态被激活，被激活的状态有自动关闭激活它的前个状态的能力。这样就形成了状态间的隔离，使编程者在考虑某个状态的工作任务时，不必考虑状态间的连锁。而且当某个状态被关闭时，该状态中以 OUT 指令驱动的输出全部被停止，这也使在状态编程区域的不同的状态中使用同一个线圈输出成为可能。

2. 步进状态图的三要素

使用 STL 指令编绘的步进状态梯形图和步进状态图一样每个状态的程序表述十分规

范。分析图5-4中一个步进状态程序片段不难看出每个状态程序段都由以下三要素构成。

(1) 负载驱动。即实施本状态的控制对象的驱动。如图中OUT-Y005，输入X001接通后的OUT-Y004及M100接通后的SET-Y010。表达本状态的工作任务（输出）时可以使用OUT指令也可以使用SET指令。它们的区别是OUT指令驱动的输出在本状态关闭后自动关闭，使用SET指令驱动的输出可保持到其他状态执行，直到在程序的别的地方使用RST指令是其复位。

(2) 条件转移。满足什么条件实行状态的转移。如图中X003接点接通时，执行SET S21指令，则S20状态停止工作，实现状态转移。这里有个要说明的问题是转移如发生流程的跳跃及回转等情况时，转移应使用OUT指令。图5-5给出了几种使用OUT指令实现状态转移的情况。

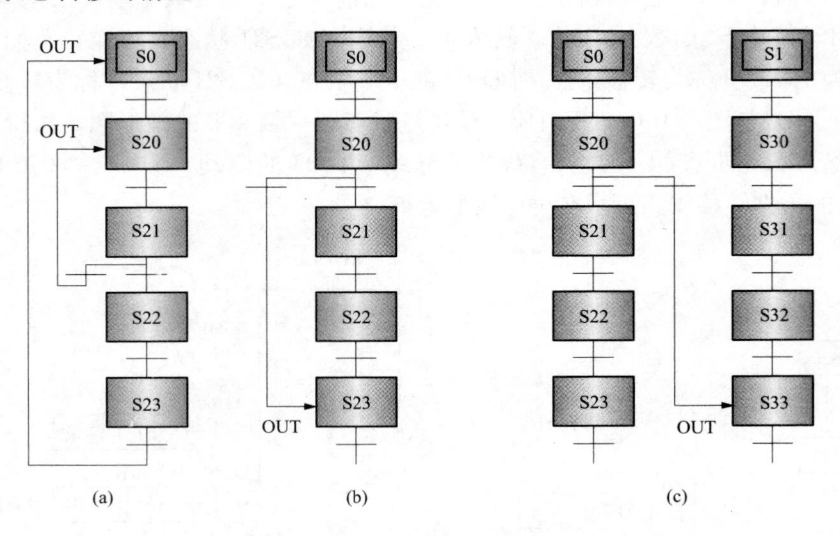

图5-5 非连续状态转移图

(a) 内循环；(b) 跳步；(c) 远程跳步

(3) 转移目标。转移到什么状态去。如图5-4中SET S21指令指明下一个状态为S21。

3. 使用STL指令编绘梯形图时的注意事项

(1) 关于顺序。状态三要素的表达要按先任务再转移的方式编程，顺序不得颠倒。

(2) 关于母线。STL步进接点指令有建立子（新）母线的功能，其后进行的输出及状态转移操作都在子母线上进行，这些操作可以有较复杂的条件。

可以在步进接点后使用的指令见表5-3。

表5-3 可在状态内处理的顺控指令一览表

状态 \ 指令		LD/LDI/LDP/LDF AND/ANI/ANDP/ANDF OR/ORI/ORP/ORF/INV/OUT, SET/RST，PLS/PLF	ANB/ORB MPS/MRD/MPP	MC/MCR
初始状态/一般状态		可以使用	可以使用	不可使用
分支，汇合状态	输出处理	可以使用	可以使用	不可使用
	转移处理	可以使用	不可使用	不可使用

表中的栈操作指令 MPS/MRD/MPP 在状态内不能直接与步进接点指令后的新母线连接，应接在 LD 或 LDI 指令之后，如图 5-6 所示。

在 STL 指令内允许使用跳转指令，但其操作复杂。

（3）关于元器件的使用。允许同一元件的线圈在不同的 STL 步进接点后多次使用。但要注意，同一定时器不要用在相邻的状态中。同一程序段中，同一状态继电器也只能使用一次。

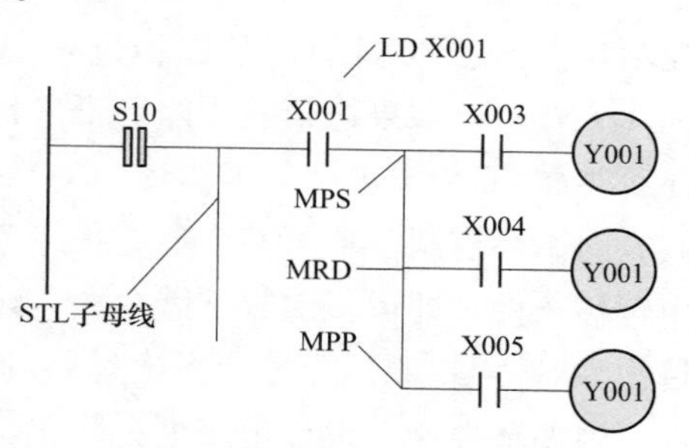

图 5-6　栈操作指令的使用

（4）其他。在为程序安排状态继电器元件时，要注意状态继电器元件的分类功用，初始状态要从 S0～S9 中选择，S10～S19 是为需设置动作原位的控制安排的，在不需设置原位的控制中不要使用。在一个较长的程序中可能有状态段及非状态编程程序段。程序进入状态编程区间可以使用 M8002 作为进入初始状态的信号。在状态编程段转入非状态程序段时必须使用 RET 指令。该指令的含义是从 STL 指令建立的新（子）母线返回到梯形图的原（主）母线上去。

5.2.2　STL 指令的编程实例

【例 5-1】　某工作台自动往返运行，要求实现 8 次循环后工作台停在原位（在 SQ1 处）。系统工作示意图如图 5-7 所示。

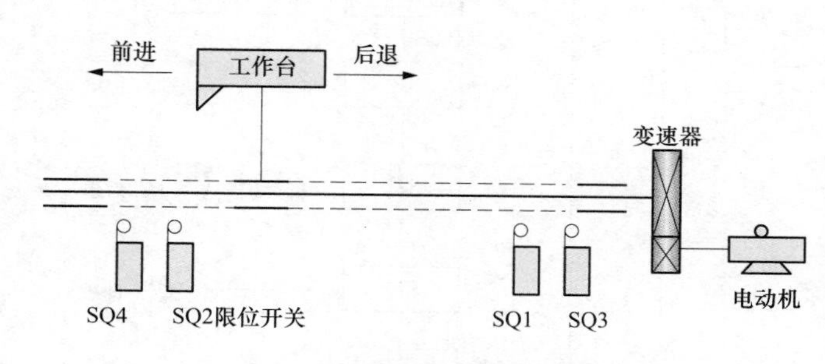

图 5-7　工作台自动往返运行工作示意图

（1）进行 PLC 输入输出 I/O分配。表 5-4 给出了本例 PLC 端子的 I/O 分配情况。

表 5-4　　工作台自动往返运行控制 PLC 端子 I/O 分配表

外接电器	输入端子	外接电器	输出端子	机内其他器件
系统电源控制按钮 SB 系统停止按钮 SB1 工作台起动控制按钮 SB2 后退限位控制开关 SQ1 前进限位控制开关 SQ2 后退限位保护开关 SQ3 前进限位保护开关 SQ4	 X2 X11 X12 X13 X14	系统电源接触器 KM 工作台前进控制接触器 KM1 工作台后退控制接触器 KM2	 Y1 Y2	特殊辅助继电器 M002 初始状态继电器 S0 一般状态继电器 S20 一般状态继电器 S21 一般状态继电器 S22 计数器 C0

（2）PLC 接线图。本例中的 PLC 接线图（如图 5-8 所示）是把 PLC 当做一个控制电器来使用，由 SB、SB1、KM 组成系统电源的“起—保—停”控制。当 SB 为 ON 时，PLC 系统上电；再按下起动按钮 SB2，工作台开始运行。正常运行的停车按 8 次循环后工作台停在原位（在 SQ1 处）的要求由编程控制，完成循环后需再次运行，按 SB2 工作台重新运行；若不再运行，按下 SB1 系统失电。紧急停车时按下 SB1 系统失电停车。

（3）步进状态图设计。步进状态分解。根据工作台自动往返运行的控制要求，工作台初始位置停在原位（在SQ1处），起动运行后有“前进”到终端“后退”到终端“前进”……重复8次后停在原位。即第一步进状态为“前进”，到终端的转移条件是限位控制开关SQ2（X12）；第二步进状态为“后退”，到终端的转移条件是限位控制开关SQ1（X11）。如果把第三、四等步进状态重复第一、二步进状态的控制编程，则8次循环后共需16个步进状态工作。

内循环控制。把第三个步进状态考虑为计数器计数，利用计数器的动合、动断触点作转移条件，即运行次数不满8次，转移目标为S20继续运行；运行次数满8次，转移目标为S0停在原位，等待下次运行的起动指令。基于这种思考，本例设计构成了单流程、内循环控制，设计程序大为简化，技巧性强。如图5-9工作台自动往返运行步进状态图所示，与其对应的梯形图与语句表如图5-10所示。

电气保护。本例设计中考虑了必要的软硬件连锁保护和终端保护等措施。

（4）进状态图动作过程。PLC系统上电后，由特殊辅助继电器M002初始脉冲使初

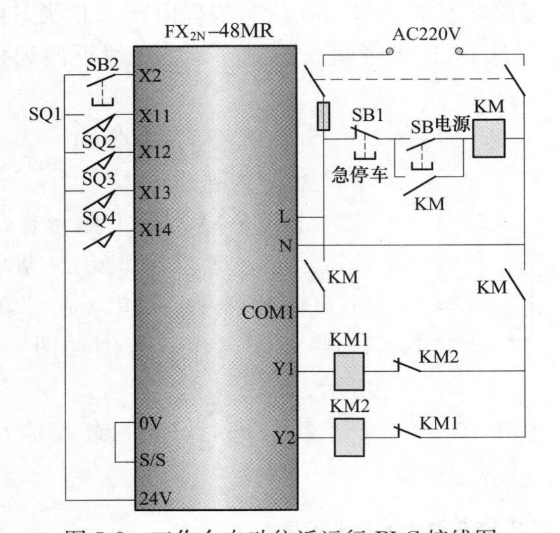

图5-8 工作台自动往返运行PLC接线图

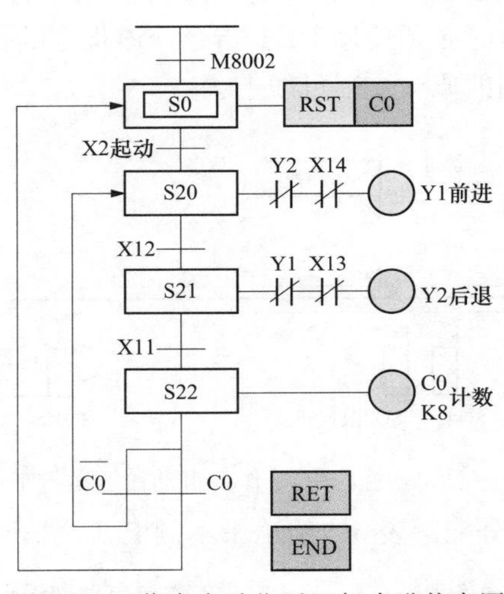

图5-9 工作台自动往返运行步进状态图

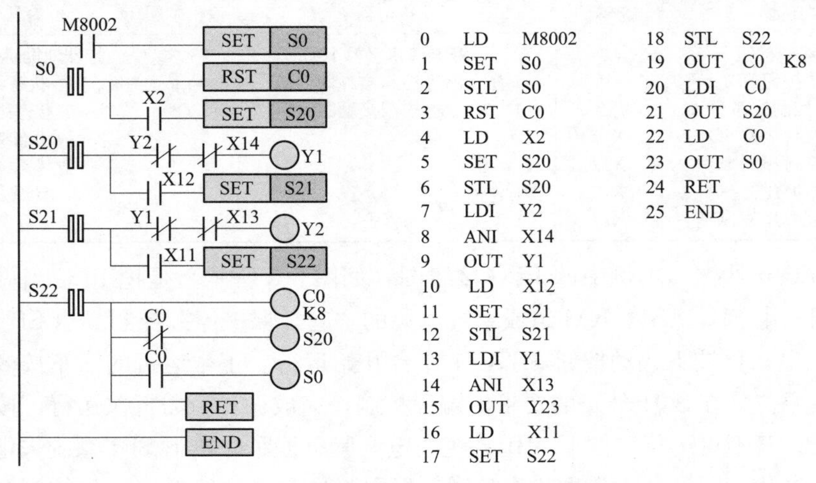

图5-10 工作台自动往返运行步进状态梯形图

始状态继电器S0置位，同时对C0计数器清零。按下SB2，X2为ON，状态继电器S20置位，Y1驱动工作台前进；到终端后碰撞限位控制开关SQ2（X12），状态继电器S21置位，执行S21状态下的工作，Y2驱动工作台后退；此时前一状态S20被自动关闭，具有状态间的隔离作用。当工作台后退到终端后碰撞限位控制开关SQ1（X11），状态继电器S22置位，计数器C0计数，前一状态S21被自动关闭。计数器到达整定值前，其触点不动作，转移到S20状态执行；计数器到达整定值，其触点发生动作，转移到S0状态等待。

【例5-2】 应用步进状态STL指令实现十字路口交通灯自动控制的编程。

控制任务和要求及I/O分配与第四章第三节中例4-8相同，见表4-14十字路口交通灯控制PLC端子I/O分配。

根据控制任务和要求，本例中的交通灯控制是典型的按时间原则进行的顺序控制。步进状态控制的步序分解可按时间分段进行，设计过程的整体思考如图5-11所示。

状态分配 / 负载驱动	S20	S21	S22	S23	S24	S25
	1～4s	5～6s	7～8s	9～12s	13～14s	15～16s
东西方向	Y2绿灯	Y2绿灯闪	Y1黄灯	Y0红灯	Y0红灯	Y0红灯
南北方向	Y3红灯	Y3红灯	Y3红灯	Y5绿灯	Y5绿灯闪	Y4黄灯

起动 定时转移 定时转移 定时转移 定时转移 定时转移 返回

图5-11 交通灯步进状态控制设计图

从图5-11可看出：

（1）整个控制过程按时间分段可直接得到各分解的步进状态，本例中共有6个步进状态。

（2）确定了每一个状态下需要完成的工作任务，即执行的负载驱动。

（3）每一个步进状态转移的条件可用定时器实现，转移的目标则是下一状态或返回循环。

本例设计中，在S21和S24两个状态中的绿灯控制支路上接入了时钟脉冲M8013，在1 s频率的动作下实现了Y2和Y5的接通和断开控制，从而达到了绿灯闪烁的控制效果。

本例中使用了“起—保—停”与主控指令的“总开关”单元。通过主控指令MC在主控触点N0//M0的后面建立一个新的控制母线，形成主控区的开始，把整个步进状态控制电路挂接在这个新的控制母线上。当“起—保—停”电路使M10接通时，主控指令MC的操作条件满足，主控触点N0//M0闭合，新的控制母线使初始状态继电器S0接通置位，在X0的同时操作下S20接通置位，系统工作；当停止按钮使X1断开后，M10线圈失电，其触点复位使主控触点N0//M0断开，则步进状态控制系统停止工作。可使PLC不失电的情况下灯控系统起动和停止控制方便，如图5-12交通灯自动控制的步进状态图所示，与其对应的梯形图如图5-13所示。

本例首先进行图表设计和构思，在此基础上进行步进状态图设计，提供了步进顺序控制的基本设计手法和设计思想。使用了“起—保—停”与主控指令的“总开关”单元，可使PLC不失电的情况下灯控系统起动和停止控制自如，是步进状态控制编程中较为典型的应用。

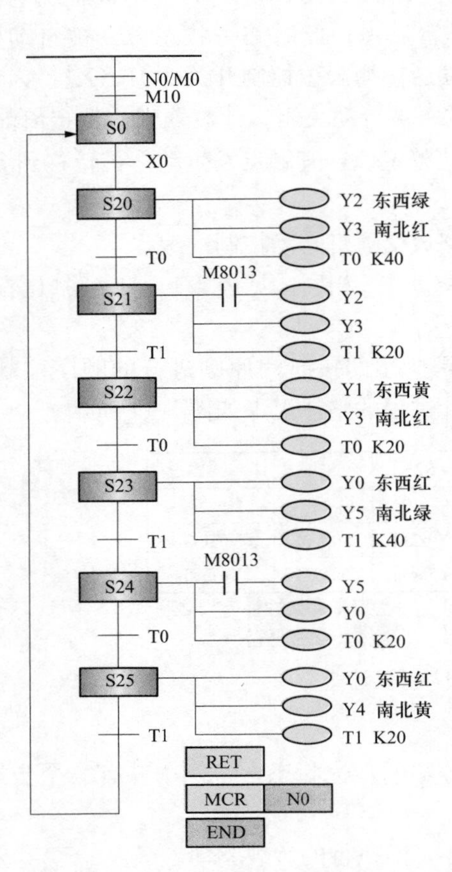

图 5-12　交通灯自动控制的步进状态图

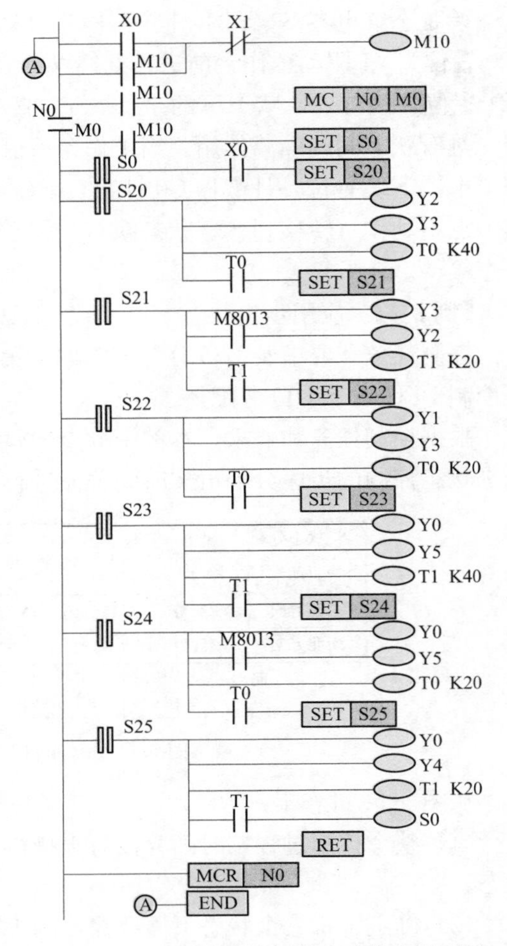

图 5-13　交通灯自动控制的步进状态梯形图

【例 5-3】 用 PLC 和变频器设计物料传送控制系统。

控制要求为，按下起动按钮，系统进入待机状态，当金属物料经落料口放置传送带，光电传感器检测到物料电动机以 20Hz 频率起动正转运行，拖动皮带载物料向金属传感器方向运动。行至电感传感器，电动机以 30Hz 频率加速运行，行至光纤传感器 1 时，电动机以 40Hz 频率加速运行，当物料行至光纤传感器 2 时电动机以 40Hz 频率反转带动物料返回，当物料行至光纤传感器 1 时，电动机减速以 30Hz 频率减速运行，当物料行至电感传感器电动机以 20Hz 再次减速运行，当物料行至落料口，光电传感器检测到物料，重复上述的过程。

（1）I/O 表设计。表 5-5 给出了 PLC 的 I/O 分配。

（2）I/O 接线图。根据系统要求，通过控制变频器的 STF、STR、RH、RM、RL 与 SD 公共端的通断来实现正反转和三种速度的选择，PLC 的工作受控于起动按钮、电感传感器、光纤传感器 1 和光纤传感器 2，其 I/O 接线图如图 5-14 所示。

（3）梯形图设计。PLC 的软件系统设计将整个工作过程分为正传低速、正传中速、正转高速、反转高速、反转高速、反转中速、反转低速六个状态，根据状态编写 SFC 顺

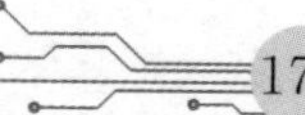

表 5-5　PLC 的 I/O 端子分配

功　能	输入端子	功　能	输出端子
起动按钮	X0	正传起动 STF	Y20
电感传感器	X1	反传起动 STR	Y21
光纤传感器 1	X2	高速选定 RH	Y22
光纤传感器 2	X3	中速选定 RM	Y23
		低速选定 RL	Y24
		变频器公共端 SD	COM5

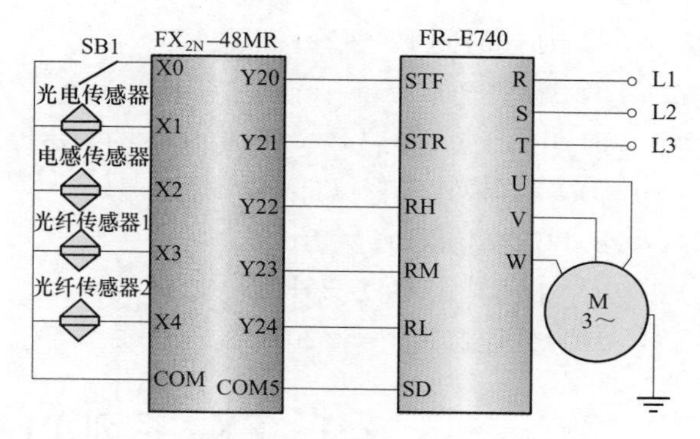

图 5-14　物料传送系统 I/O 接线图

控流程图，根据流程图产生梯形图。梯形图见图 5-15。变频器三种速度通过设置 Pr4、Pr5、Pr6 来实现三段速。

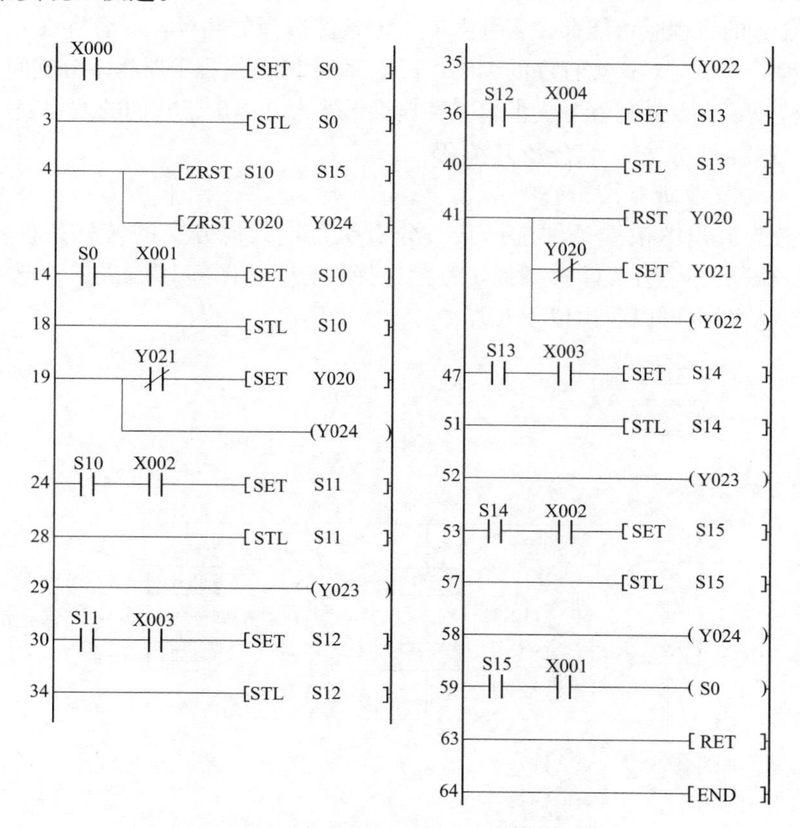

图 5-15　物料传送系统梯形图

（4）变频器参数设定。根据控制要求，除了设定变频器的基本参数外，还必须设定操作模式和多段速相关参数，其具体参数如下：

1）上限频率 Pr_1＝50Hz；

2）下限频率 Pr_2＝0Hz；

3）基底频率 Pr_3＝50Hz；

4）加速时间 Pr_7＝2s；

5）减速时间 Pr_8＝1s；

6）电子过流保护 Pr_9＝＝电动机的额定电流；

7）操作模式选择（外部）Pr_{79}＝3；

8）高速选定 Pr_4＝40Hz；

9）中速选定 Pr_5＝30Hz；

10）低速选定 Pr_6＝20Hz。

5.3 FX_{2N}系列 PLC 的多流程控制

在顺序控制系统中只按一个流程结构顺序工作的称为单流程或单回路。在工业控制领域中，许多生产过程或生产的工艺流程其控制较为复杂，往往会有多个流程需要执行，针对复杂控制任务的流程图可能存在多种需依一定条件选择的路径，或者存在几个需同时进行的并行过程。为了应对这类程序的编制，FX_{2N}系列 PLC 编程手册将多分支回合流程图规范为选择性分支汇合及并行性分支汇合二种典型形式，并提出了它们的编程表达原则。

5.3.1 选择性分支、汇合及其编程

1. 选择性分支步进状态图的特点

从多个分支流程中根据条件选择某一分支执行，其他分支的转移条件不能同时满足，即每次只满足一个分支转移条件，称为选择性分支。图 5-16 就是一个选择性分支的步进状态图。从图中可以看出以下几点。

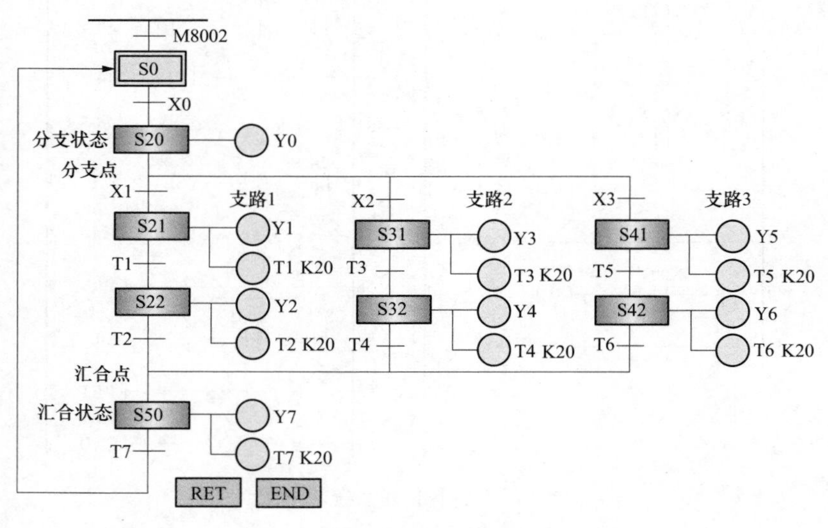

图 5-16 选择性分支的步进状态图

（1）该步进状态图有三个分支流程。

（2）S20 为分支状态。根据不同的条件（X1、X2、X3），选择执行其中的一个分支流程。当 X1 为 ON 时执行第一分支流程（支路 1）；X2 为 ON 时执行第二分支流程（支路 2）；X3 为 ON 时执行第三分支流程（支路 3）。X1、X2、X3 不能同时为 ON。

（3）S50 为汇合状态，可由 S22、S32、S42 任一状态转移驱动。

2. 选择性分支、汇合的编程

编程原则是与工艺流程执行的一致性原则，即按工艺流程执行的顺序依次编程。

在分支状态后的分支点处，先集中写出各分支状态的转移条件和转移目标，然后再依次写出各分支支路的程序，在每条分支支路的汇合点处按转移条件转移到汇合状态。

（1）分支状态的编程。针对分支状态 S20 编程时，先进行驱动处理（OUT Y000），然后按 X1、X2、X3 的转移条件分别转移到 S21、S31、S41，进行分支点的集中处理。如图 5-17 的分支状态及分支点处的编程。

（2）支路与汇合状态的编程。按支路 1、2、3 顺序依次写出各分支支路的程序，并在每条分支支路的汇合点处按转移条件 T2、T4、T6 分别转移到汇合状态 S50，如图 5-17所示。

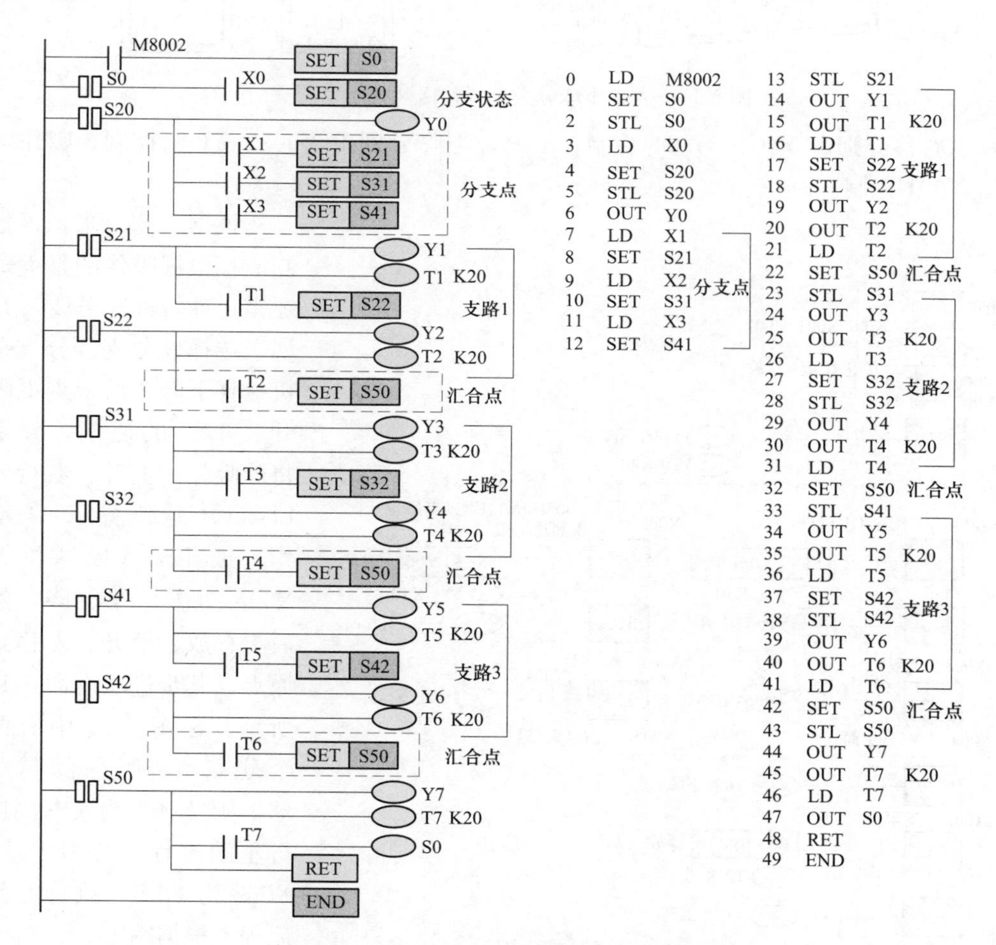

图 5-17　选择性分支步进状态梯形图及指令表

3. 选择性分支、汇合编程实例

图 5-18 为使用传送带将大、小球分类选择传送装置的示意图。

左上为原点，机械臂的动作顺序为下降、吸住、上升、右行、下降、释放、上升、左行。机械臂下降时，当电磁铁压着大球时，下限位开关 LS2（X002）断开；压着小球时，LS2 接通，以此可判断吸住的是大球还是小球。

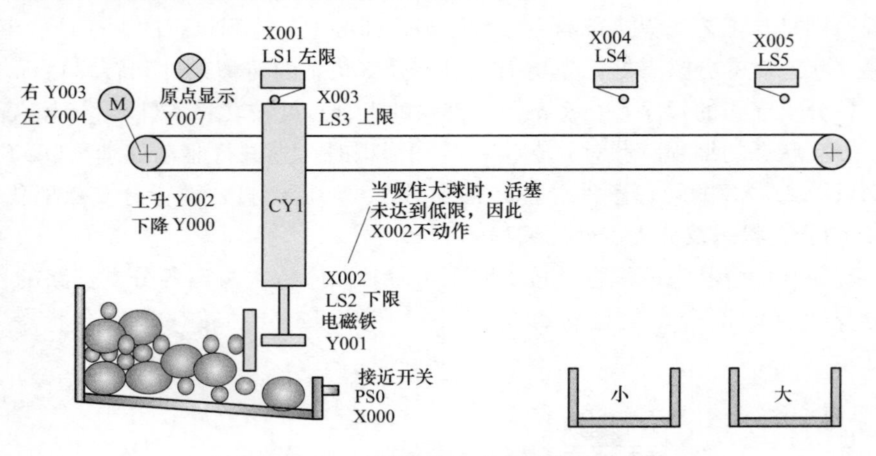

图 5-18　大、小球分类选择传送装置示意图

左、右移分别由 Y004、Y003 控制，上升、下降分别由 Y002、Y000 控制，吸住电磁铁由 Y001 控制。

根据工艺要求，该控制流程根据吸住的是大球还是小球有两个分支，且属于选择性分支。分支在机械臂下降之后根据下限开关 LS2 的通断，分别将球吸住、上升、右行到 LS4（小球位置 X004 动作）或 LS5（大球位置 X005 动作）处下降，然后再释放、上升、左移到原点。其步进状态图 5-18 所示。在图 5-19 中有两个分支，若吸住的是小球，则 X002 为 ON，执行左侧流程。若为大球，X002 为 OFF，执行右侧流程。根据图 5-19，可编制出大、小球分类传送的程序如图 5-20 大、小球分类选择传送的步进状态梯形图及其指令表所示。

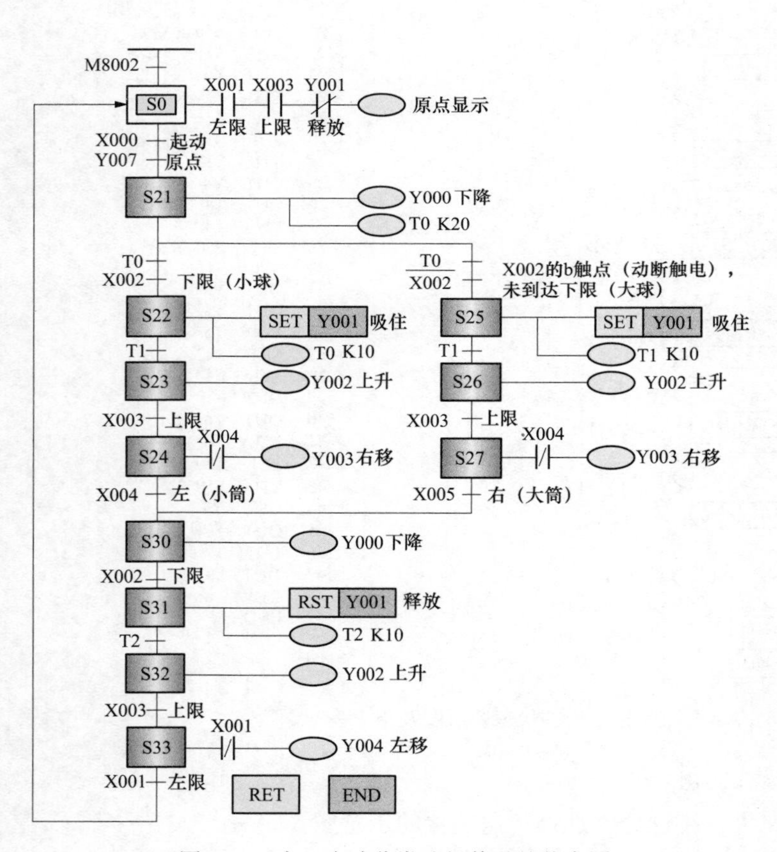

图 5-19　大、小球分类选择传送的状态图

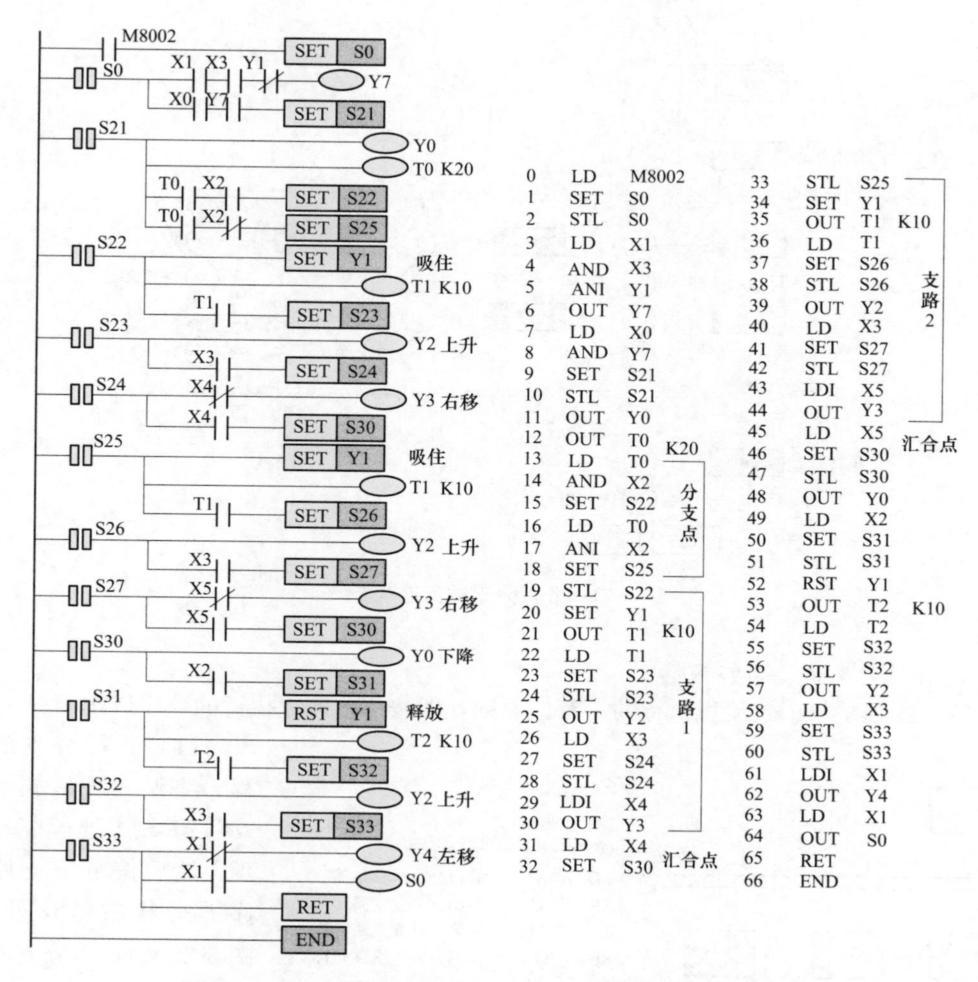

图 5-20　大小球分类选择传送的步进状态梯形图及其指令表

5.3.2　并行分支、汇合及其编程

1. 并行分支状态图及其特点

当满足某个条件后使多个分支流程同时执行的分支程序称为并行分支，如图 5-21 所示。图中当 X0 接通时，执行分支状态并对 Y0 进行驱动。当 X1 接通时，状态转移使 S21、S31、S41 同时置位，三个分支支路同时运行，只有在 S22、S32 和 S42 三个支路的末尾状态都运行结束后，若 T2、T4、T6 均为 ON，才能使 S50 置位，并使 S22、S32 和 S42 同时复位。从图 5-20 可以看出以下几点。

（1）S20 为分支状态。S20 动作并对 Y0 进行驱动，若并行处理条件 X1 接通，则 S21、S31、S41 同时被激活动作，三个分支支路同时开始运行。

（2）三个分支支路同时运行期间，每条支路上总有一个状态被激活动作，即有 N 条支路就有 N 个状态被扫描执行相应的驱动。

（3）S50 为汇合状态。三个分支支路流程运行全部结束后，汇合条件 T2、T4、T6 均 ON，则 S50 才被激活动作，S22、S32、S42 同时复位。这种汇合，有时叫做排队汇合或等待汇合（即先执行完的流程保持激活动作直到全部并行流程执行完成，汇合才结束）。

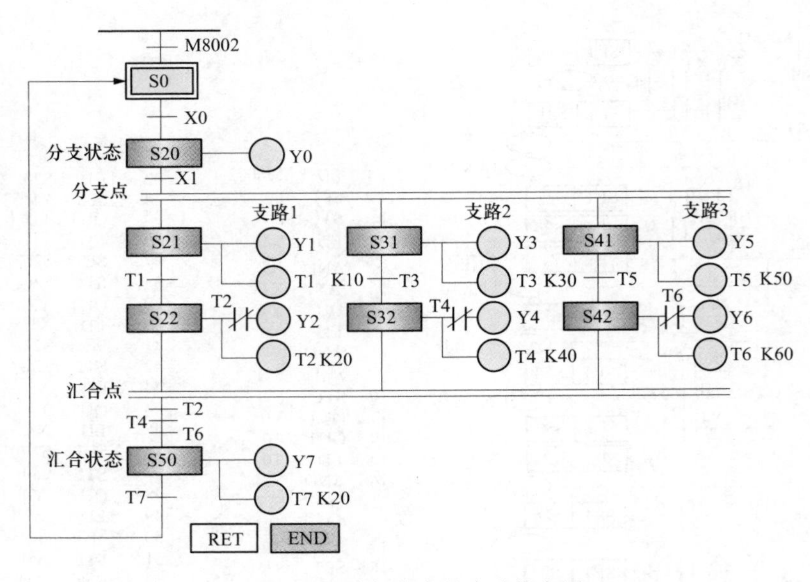

图 5-21　并行分支的步进状态图

2. 并行分支状态图的编程

编程原则是与工艺流程执行的一致性原则，即按工艺流程执行的顺序依次编程。

(1) 并行分支的编程。编程方法是先对分支状态 S20 进行驱动处理，然后按分支支路顺序进行状态转移处理。图 5-22 (a) 为分支状态 S20 图，图 5-22 (b) 是并行分支状态 S20 的简化编程。

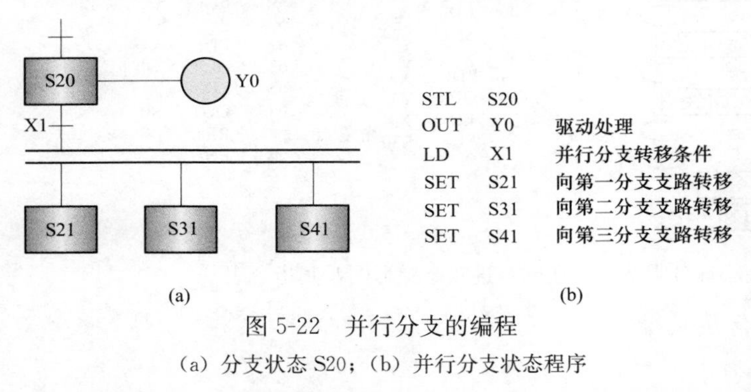

图 5-22　并行分支的编程

(a) 分支状态 S20；(b) 并行分支状态程序

(2) 并行支路与汇合处理编程。图 5-23 并行支路与汇合处理编程图所示，按支路 1、2、3 顺序依次写出各分支支路的程序，并在每条分支支路的末尾状态后，按转移条件 T2、T4、T6 串联并转移到汇合状态 S50。当 T2、T4、T6 均为 ON 时，转移条件满足则进行状态转移；当 T2、T4、T6 有一个以上为 OFF，不满足转移条件不能进行状态转移，排队等待汇合。如图 5-24并行分支步进状态图对应的状态梯形图及指令

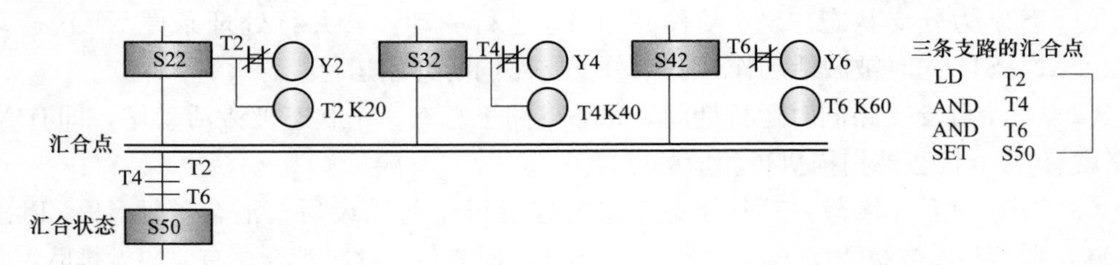

图 5-23　并行支路与汇合处理编程

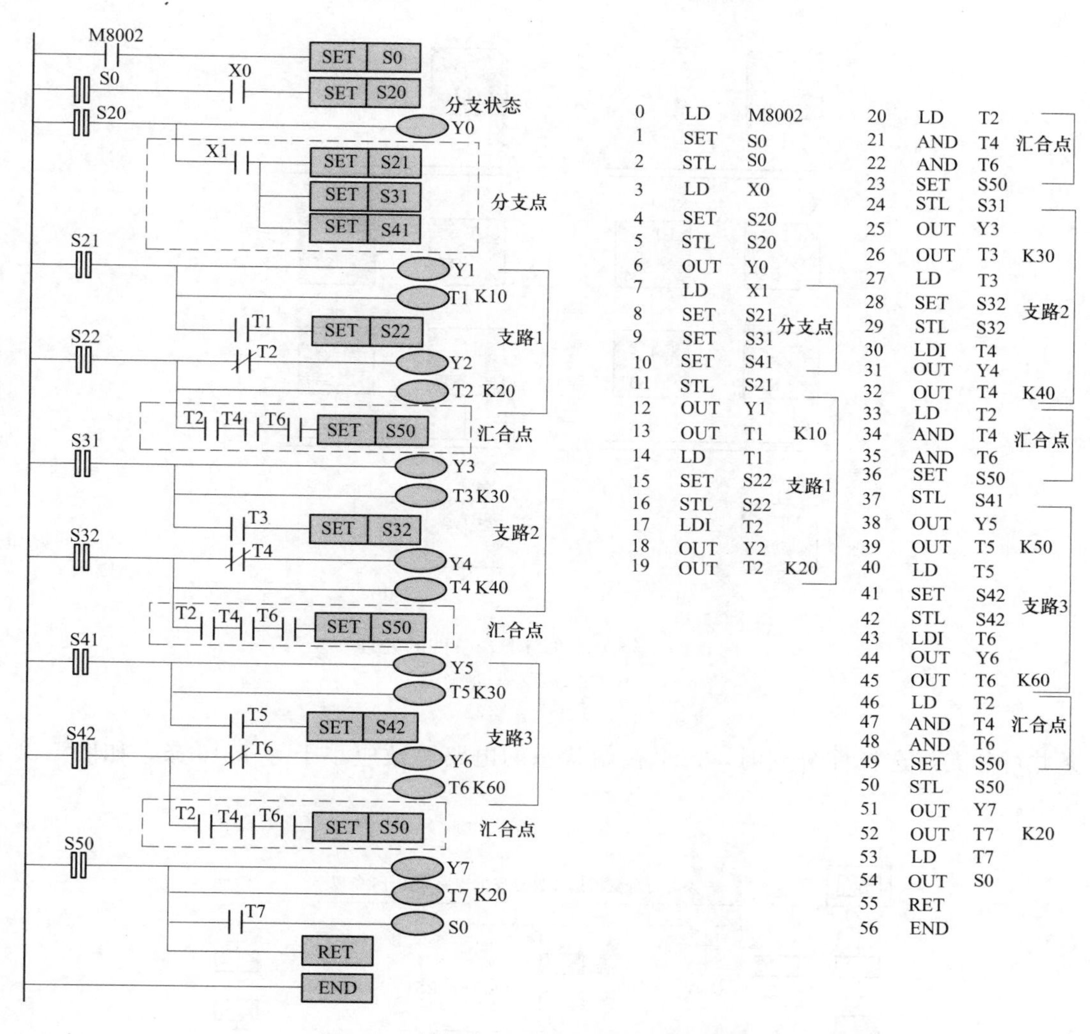

图 5-24　并行分支步进状态梯形图及指令表

表所示。

（3）并行分支、汇合编程应注意的问题。

1）并行分支的汇合最多能实现 8 个分支的汇合，如图 5-25 所示。

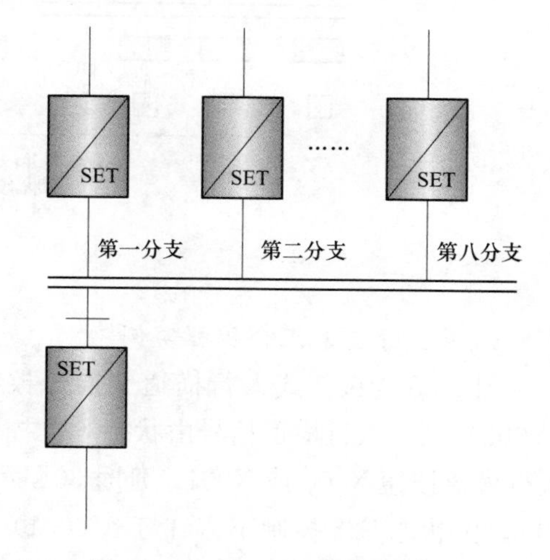

图 5-25　并行分支汇合数的限制

2）并行分支与汇合流程中，并联分支后面不能使用选择转移条件 X1、X2。在转移条件 X3、X4 后不允许并行汇合，如图 5-26（a）所示，应改写成图 5-26（b）后，方可编程。

3）FX$_{2N}$系列 PLC 中一条并行分支或选择性分支的电路数限定为 8 条以下；有多

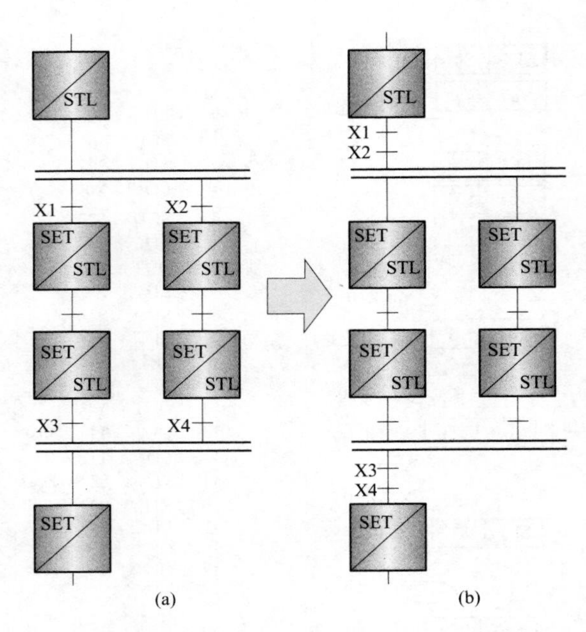

图 5-26 分支条件与汇合条件的处理

(a) 不正确；(b) 正确

条并行分支与选择性分支时，每个初始状态的电路总数应小于等于 16 条，如图 5-27 所示。

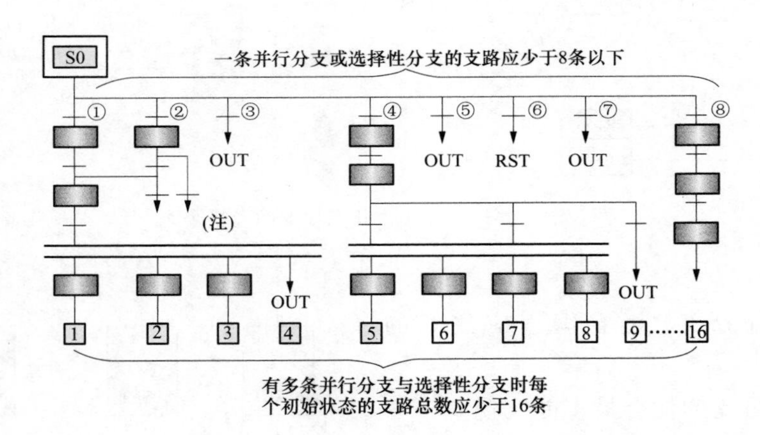

图 5-27 分支数的限定

3. 并行分支、汇合编程实例

图 5-28 为按钮式人行横道交通灯控制示意图。通常车道信号由状态 S0 控制绿灯（Y003）亮，人行横道信号由状态 S30 控制红灯（Y005）亮。人过横道，应按路两边的人行横道按钮 X000 或 X001，延时 30 s 后由状态 S22 控制车道黄灯（Y002）亮，再延时 10 s，由状态 S23 控制车道红灯（Y001）亮。此后延时 5 s 起动状态 S31 使人行横道绿灯（Y006）点亮。15 s 后，人行横道绿灯由状态 S32 和 S33 交替控制 0.5 s 闪烁，闪烁 5

次后人行横道红灯亮。5 s 后返回初始状态。

人行横道交通灯控制的状态图及程序如图 5-29 所示。在图中 S33 处有一个选择性分支，人行道绿灯闪烁不到 5 次，选择局部重复动作，闪烁 5 次后使车道红灯亮。

另一个编程实例，如图 4-55 十字路口交通灯控制时序图所示，应用并行分支编程可得图 5-30、图 5-31 交通灯控制并行分支状态图及其对应的梯形图。

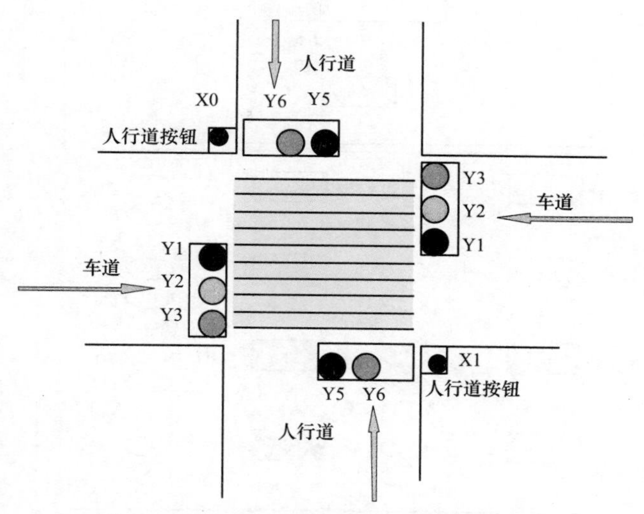

图 5-28　按钮式人行横道交通灯控制示意图

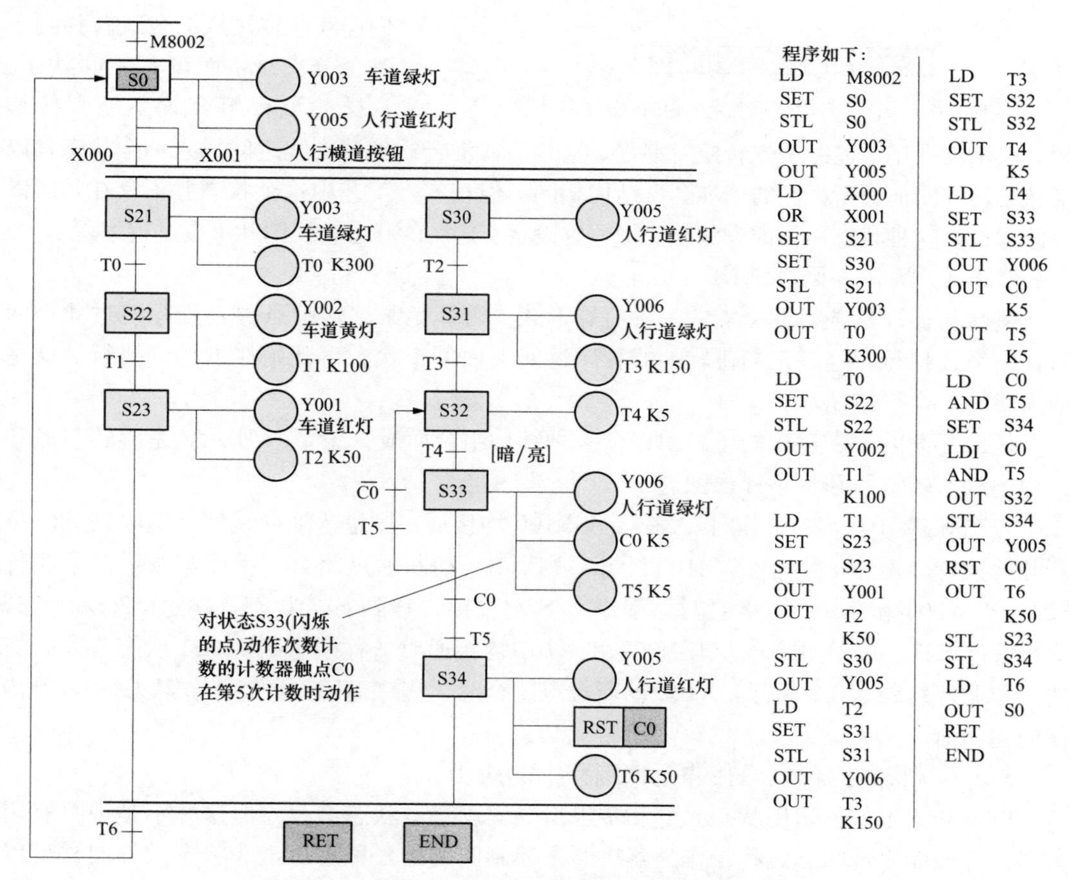

图 5-29　按钮式人行横道交通灯控制状态图及程序

5.3.3　分支、汇合的组合流程及虚设状态

运用步进状态编程解决工程问题，当步进状态转移图设计出后，发现有些状态转移

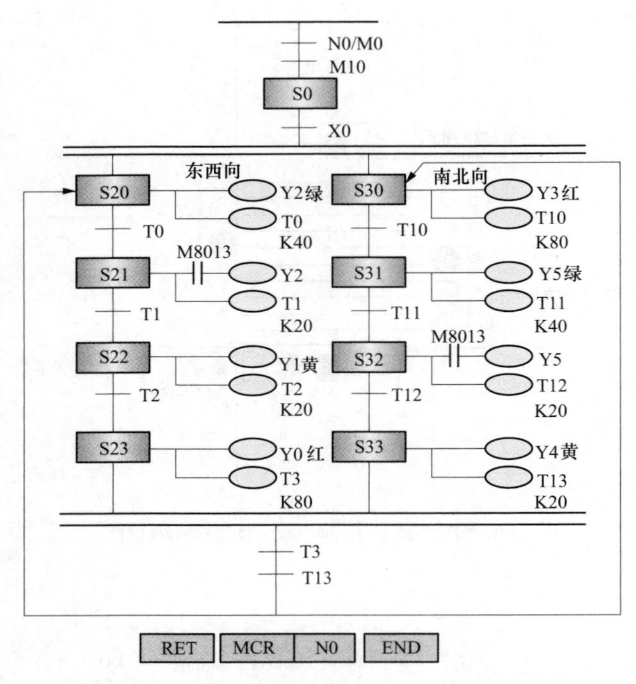

图5-30　十字路口交通灯控制并行分支状态图

图不单单是某一种分支、汇合流程，而是若干个或若干类分支、汇合流程的组合。如按钮式人行横道的状态转移图，并行分支、汇合中，存在选择性分支，只要严格按照分支、汇合的原则和方法，就能对其编程。但有些分支、汇合的组合流程不能直接编程，需要转换后才能进行编程，如图5-32所示，应将左图转换为可直接编程的右图形式。

另外，还有一些分支、汇合组合的状态图如图5-33所示，它们连续地直接从汇合线转移到下一个分支线，而没有中间状态。这样的流程组合既不能直接编程，又不能采用上述办法先转换后编程。这时需在汇合线到分支线之间插入一个状态，以使状态转移图前边所提到的标准图形结构相同。但在实际工艺中这个状态并不存在，所以只能虚设，这种状态称为虚设状态。加入虚设状态之后的状态转换图就可以进行编程了。

5.3.4　跳转与循环结构

跳转与循环是选择性分支的一种特殊形式。若满足某一转移条件，程序跳过几个状态往下继续执行，这是正向跳转。或程序返回上面某个状态再开始往下继续执行，这是逆向跳转，也称作循环。

任何复杂的控制过程均可以由以上4种结构组合而成。图5-34所示就是跳转与循环结构的状态转移图和状态梯形图。

在图5-34中，S23工作时，X003和X100均接通，则进入逆向跳转，返回到S21重新开始执行（循环工作）。若X100断开，则X100动断触点闭合，程序则顺序往下执行S24。当X004和X101均接通时，程序由S24直接转移到S27状态，跳过S25和S26，执行状态S27，为正向跳转。当X007和X102均接通时，程序返回到S21状态，开始新的工作循环；若X102断开，X102动断触点闭合时，程序返回到预备工作状态S0，等待新的起动命令。

5.3.5　状态编程思想在非元件编程中的应用

以上介绍了如何运用状态元件和步进指令实现步进状态编程，但这并不是说只有用状态元件才能实现状态编程。作为解决顺序控制问题的一种思想，非状态元件同样可以实现状态编程。下面就介绍这些方法。

1. 用辅助继电器实现状态编程

以小车自动往返控制为例，如图5-35和图5-36所示。采用状态器编程的小车自动往返状态转移图和状态梯形中均对应一个程序单元块，每个单元块都包含了负载驱动、转移条件及转移方向等状态三要素。状态元件在状态梯形图中有两个作用，一是提供 STL 接点形成针对某个状态的专门处理区域，二是一旦某状态被"激活"就会自动将其前一个状态复位。

通过以上分析，如果解决了状态复位及专门处理区的问题，也就实现了状态编程。而这两个问题可以借助于辅助继电器 M 及复、置位指令实现。比如在小车程序中，用 M100、M101、M102、M103、M104 及 M105 分别代替 S0、S20、S21、S22、S23、S24，采用复、置位指令实现的小车自动往返的步进程序如图 5-37 所示。由于基本指令梯形图中不允许出现双重输出，所以引入 M111、M112、M113、M114，其中 M111、M112 与 Y010 为前进，M113、M114 与 Y011 为后退。

从图 5-36 来看，它同样体现了步进状态编程的思路，每一工序同样具有三要素：负载驱动、转移条件和转移方向。只是原来由 PLC 自动完成的状态复位及双重输出等问题，此时需用户自己通过编程完成。

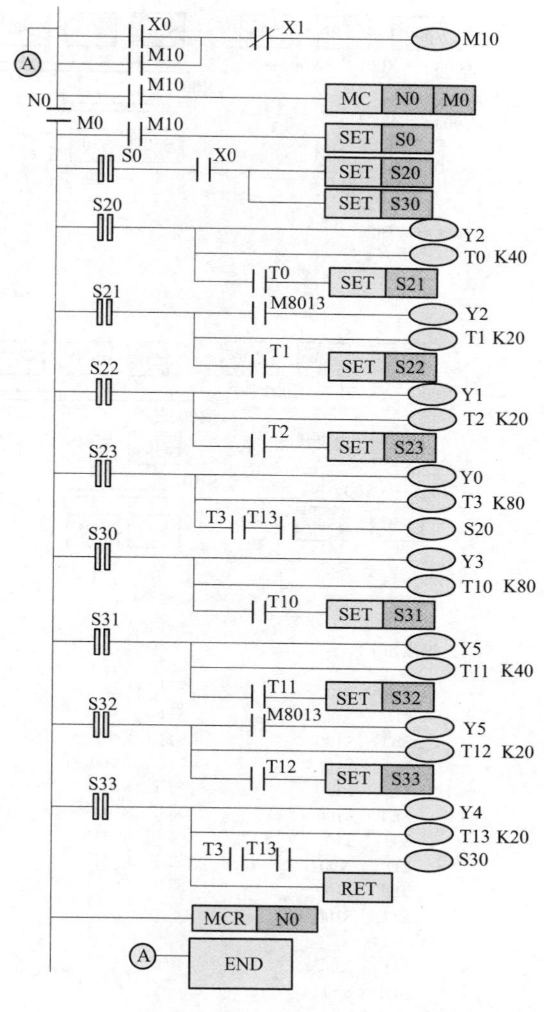

图 5-31　十字路口交通灯控制并行分支控制梯形图

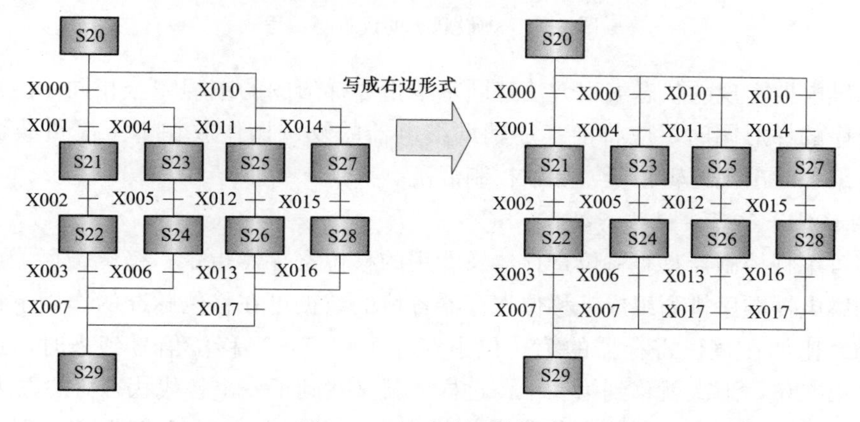

图 5-32　组合流程的转移

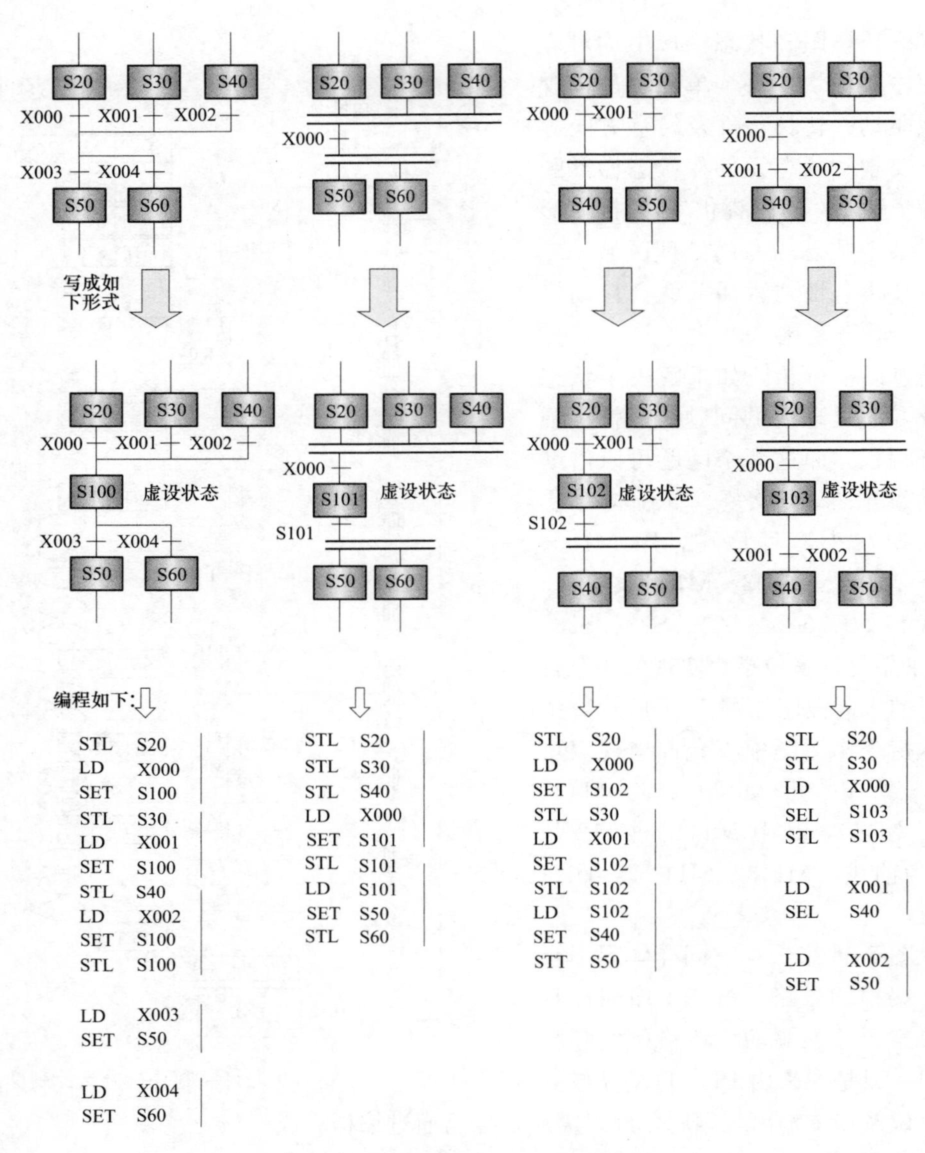

图 5-33 虚设状态的设置与编程

辅助继电器实现的状态编程方法，同基本指令梯形图的编程完全相同。注意：在设计每个工序的梯形图时，应将前工序辅助继电器的复位操作放在本工序负载驱动的前面，防止编程时出现逻辑错误，导致控制混乱。

2. 用移位寄存器实现状态编程

许多可编程控制器具有移位寄存器及专用的移位寄存器指令。移位寄存器可以由许多位辅助继电器顺序排列组成。移位寄存器各位的数据可在移位脉冲的作用下依一定的方向移动。比如在移位寄存器的第一位中存一个“1”，当移位信号到来时，这个“1”就移到了第二位。下次就移到第三位。这样，就又找到了一个替代状态器的方法。

由此可以将移位寄存器的这些位看作代表一个个状态。当有“1”移入时，可认为

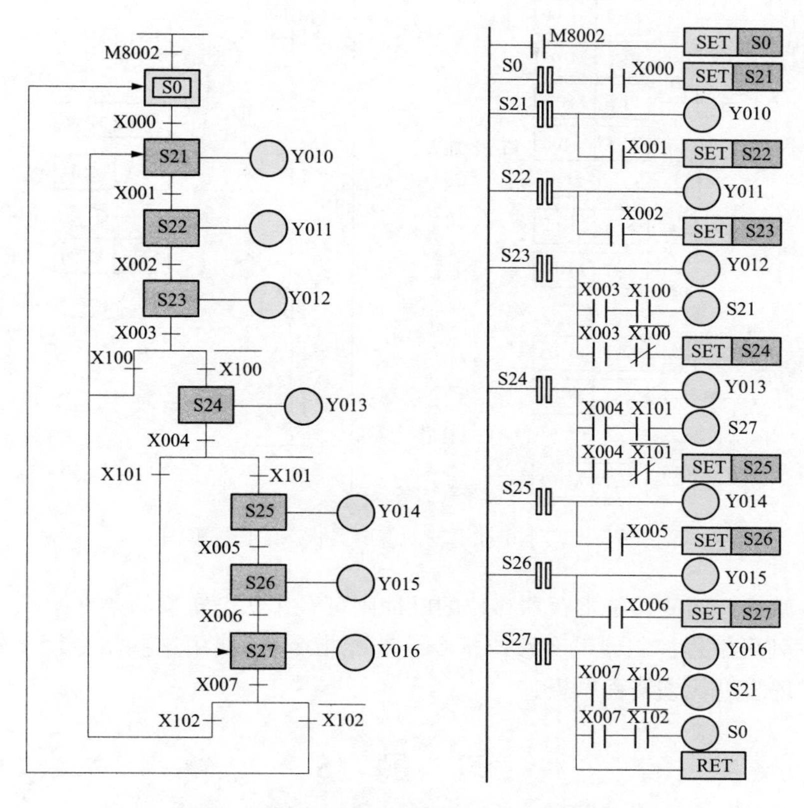

图 5-34　跳转与循环控制的步进状态图和梯形图

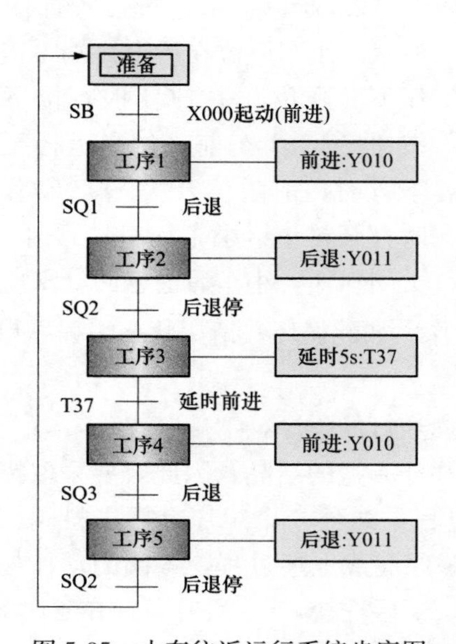

图 5-35　小车往返运行系统步序图

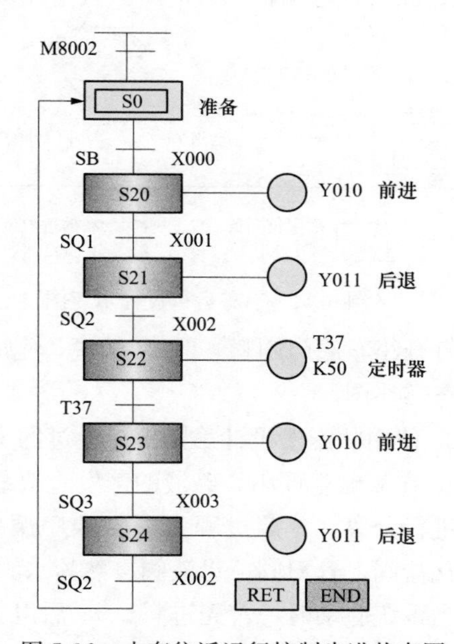

图 5-36　小车往返运行控制步进状态图

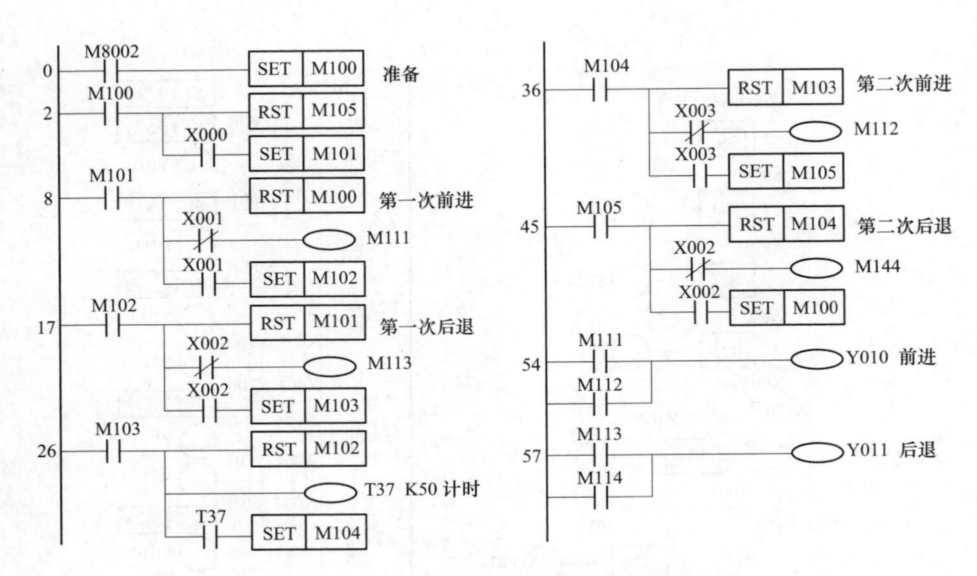

图 5-37　小车往返辅助继电器状态编程梯形图

是该状态被激活，而使移位寄存器移位的脉冲则可看作状态转移的条件。

FX_{2N}系列可编程控制器设有移位指令（功能指令）。使用这些指令用于辅助继电器可方便地实现步进状态编程思想。

习　题　5

1. 说明状态编程思想的特点及适用场合。

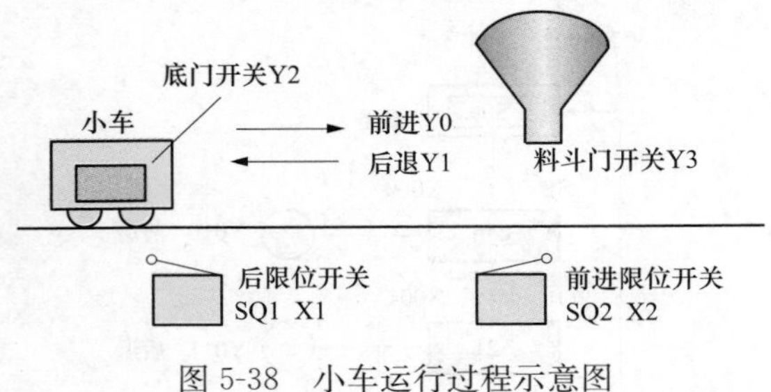

图 5-38　小车运行过程示意图

2. 有一小车运行过程如图 5-38 所示。小车原位在后退终端，当小车压下后限位开关 SQ1 时，按下起动按钮 SB，小车前进，当运行至料斗下方时，前限位开关 SQ2 动作，此时打开料斗给小车加料，延时 8 s 后关闭料斗，小车后退返回，SQ1 动作时，打开小车底门卸料，6 s 后结束，完成一次动作。如此循环。请用状态编程思想设计其状态转移图。

3. 使用状态法设计第四章讨论过的十字路口交通灯的程序。

4. 在氯碱生产中，碱液的蒸发、浓缩过程往往伴有盐的结晶，因此，要采取措施对盐碱进行分离。分离过程为一个顺序循环工作过程，共分 6 个工序，靠进料阀、洗盐阀、化盐阀、升刀阀、母液阀、熟盐水阀 6 个电磁阀完成上述过程，各阀的动作如表所示。当系统起动时，首先进料，5 s 后甩料，延时 5 s 后洗盐，5 s 后升刀，在延时 5 s 后间歇，间歇时间为 5 s，之后重复进料、甩料、洗盐、升刀、间歇工序，重复 8 次后进行洗盐，20 s 后再进料，这样为一个周期。请设计其状态转移图。动作如表 5-6 所示。

表 5-6　　　　　　　　　　　　**动作表**

电磁阀序号	步骤 名称	进料	甩料	洗盐	升刀	间歇	清洗
1	进料阀	+	—	—	—	—	—
2	洗盐阀	—	—	+	—	—	+
3	化盐阀	—	—	—	+	—	—
4	升刀阀	—	—	—	+	—	—
5	母液阀	+	+	+	+	+	—
6	熟盐水阀	—	—	—	—	—	+

5. 某注塑机，用于热塑性塑料的成型加工，借助于 8 个电磁阀（YV1～YV8）完成各注塑工序。若注塑模在原点 SQ1 动作，按下起动按钮 SB，通过 YV1、YV3 将模子关闭，限位开关 SQ2 动作后表示模子关闭完成，此时由 YV2、YV8 控制射台前进，准备射入热塑料，限位开关 SQ3 动作后表示射台到位，YV3、YV7 动作开始注塑，延时 10 s 后 YV7、YV8 动作进行保压，保压 5 s 后，由 YV1、YV7 执行预塑，等加料限位开关 SQ4 动作后由 YV6 执行射台的后退，由 YV2、YV4 执行开模，限位开关 SQ6 动作后开模完成，YV3、YV5 动作使顶针前进，将塑料件顶出，顶针终止限位 SQ7 动作后，YV4、YV5 使顶针后退，顶针后退限位 SQ8 动作后，动作结束，完成一个工作循环，等待下一次起动。编制控制程序。

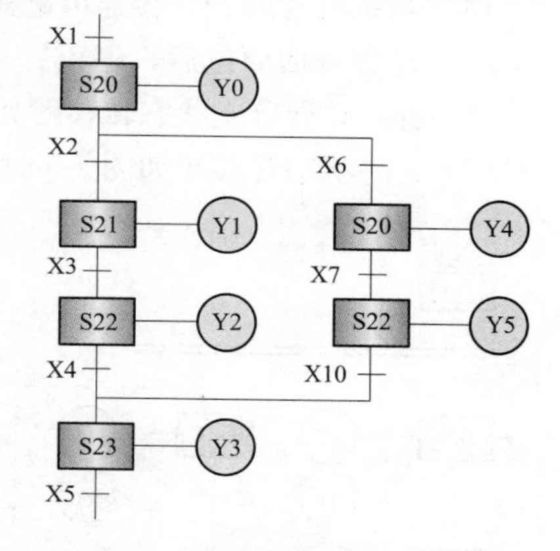

图 5-39　选择性分支状态转移图

6. 有一选择性分支状态转移图如图 5-39 所示。请对其进行编程。

7. 有一选择性分支状态转移图如图 5-40 所示。请对其进行编程。

8. 有一并行分支状态转移图如图 5-41 所示。请对其进行编程。

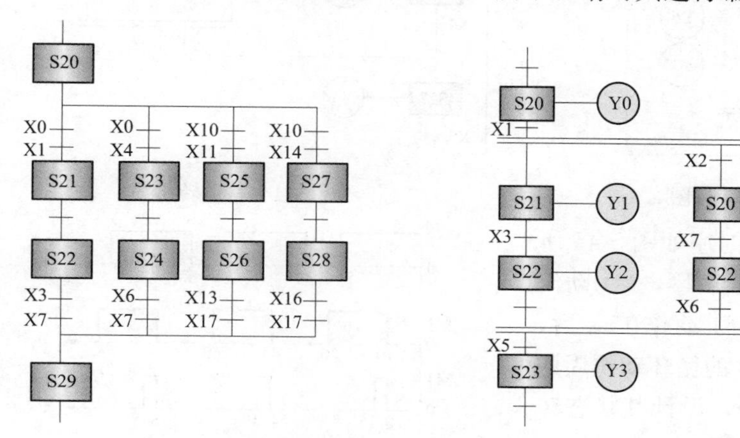

图 5-40　选择性分支状态转移图　　　　图 5-41　并行分支状态转移图

9. 某一冷加工自动线有一个钻孔动力头，如图 5-42 所示。动力头的加工过程如下，编控制程序。

（1）动力头在原位，加上起动信号（SB）接通电磁阀YV1，动力头快进。

（2）动力头碰到限位开关SQ1后，接通电磁阀YV1、YV2，动力头由快进转为工进。

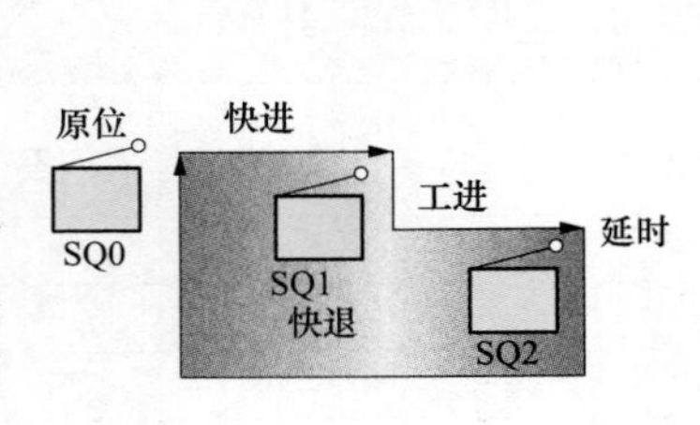

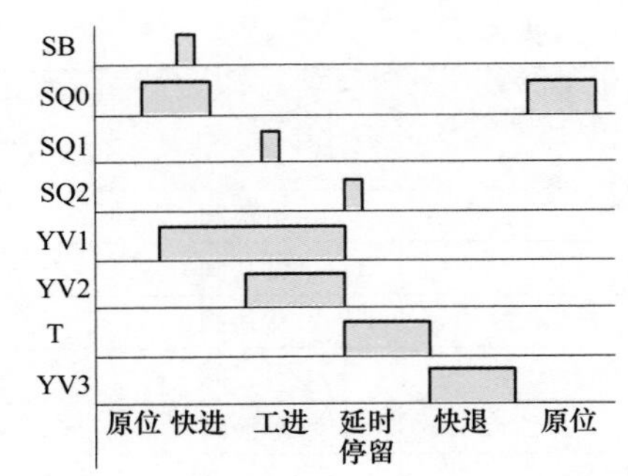

图5-42 钻孔动力头示意图

（3）动力头碰到限位开关SQ2后，开始延时，时间为10 s。

（4）当延时时间到，接通电磁阀YV3，动力头快退。

（5）动力头回原位后，停止。

10. 有一并行分支状态转移图如图5-43所示。请对其进行编程。

11. 有一状态转移图如图5-44所示。请对其进行编程。

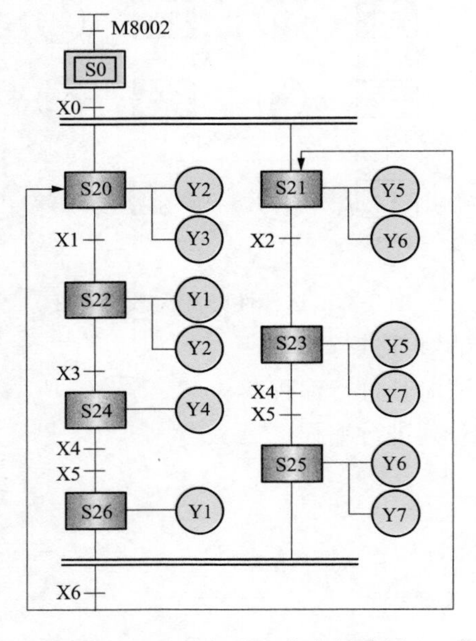

图5-43 并行分支状态转移图

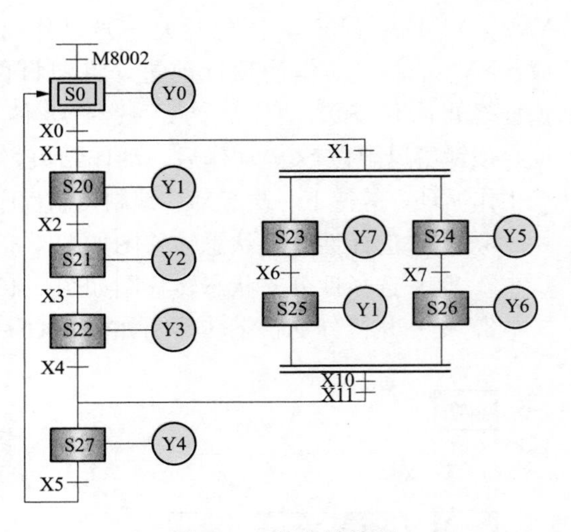

图5-44 状态转移图

12. 四台电动机动作时序如图5-45所示。M1的循环动作周期为34 s，M1动作10 s后M2、M3起动，M1动作15 s后，M4动作，M2、M3、M4的循环动作周期为34 s，用步进顺控指令，设计其状态转移图，并进行编程。

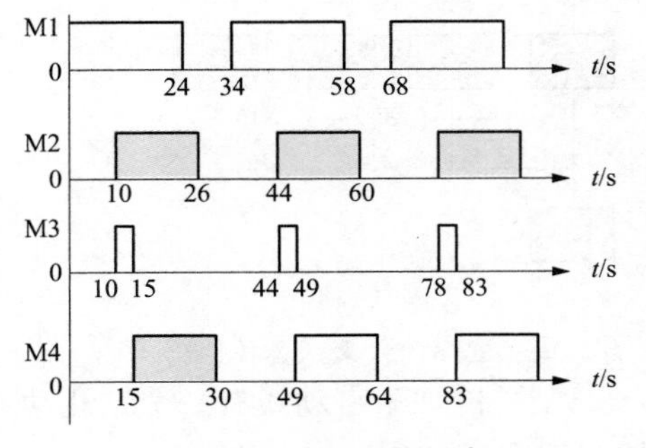

图5-45 电动机动作时序图

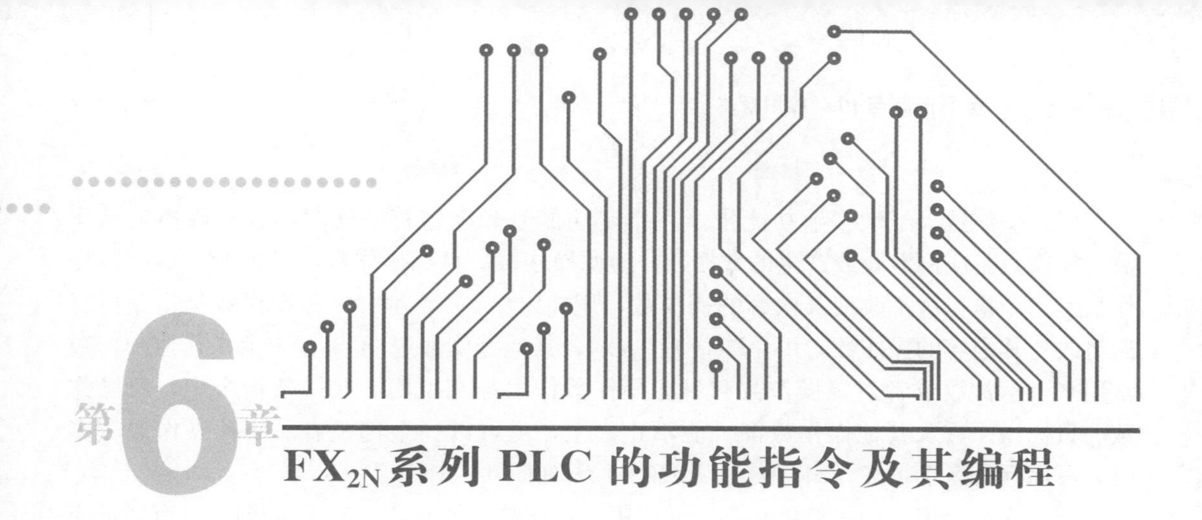

第6章 FX$_{2N}$系列 PLC 的功能指令及其编程

功能指令（Functional Instruction）用于数据的传送、运算、变换及程序控制等，是 PLC 数据处理能力的标志。由于数据处理远比逻辑处理复杂，功能指令无论从梯形图的表达形式上，还是从涉及的机内器件种类及信息的数量上都有一定的特殊性，从而大大拓宽了 PLC 的应用范围。

6.1 功能指令概述

6.1.1 指令及表示方式

FX$_{2N}$系列 PLC 是 FX 系列中高档次的超小型化、高速、高性能产品，具有 128 种 298 条功能指令。与基本逻辑指令执行一次只能完成一个特定动作不同，执行一条功能指令相当于执行了一个子程序，可以完成一系列的操作。

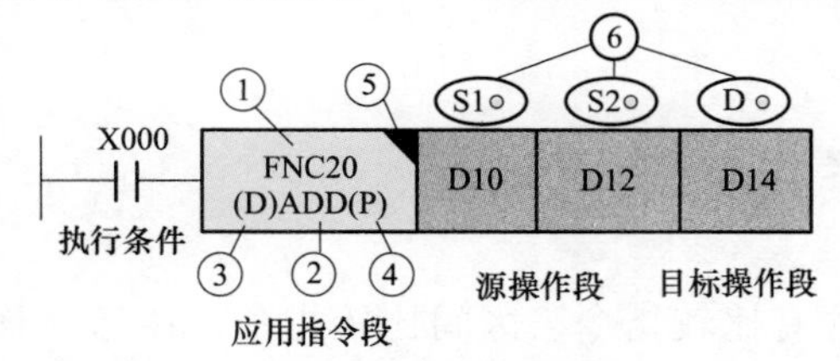

图 6-1 功能指令的表示方式

FX$_{2N}$系列 PLC 的功能指令用功能编号“FNC□□□”来指定功能。每条指令都有一个功能号和相应的助记符，功能号不同，指令的功能就不同。其表示方式如图 6-1 所示，使用要素意义如下。

（1）应用指令编号。每条应用指令都有一定的编号。在使用简易编程器的场合，输入应令时，首先输入的就是应用指令编号。如图 6-1 中①所示的就是应用指令编号。

（2）助记符。应用指令的助记符是该指令的英文缩写词。如加法指令“ADDITION”简写为 ADD。采用这种方式容易了解指令的应用。如图 6-1 中②所示。

（3）数据长度。应用指令依处理数据的长度分为 16 位指令和 32 位指令。其中 32 位指令用（D）表示，无（D）符号的为 16 位指令。图 6-1 中③为数据长度符号。

（4）执行形式。应用指令有脉冲执行型和连续执行型。指令中标有（P）的为脉冲执行型（如图 6-1 中④所示）。脉冲执行型指令在执行条件满足时仅执行一个扫描周期。这点对数据处理有很重要的意义。比如一条加法指令，在脉冲执行时，只将加数和被加数做一次加法运算。而连续型加法运算指令在执行条件满足时，每一个扫描周期都要相加一次，使目的操作数内容变化，需要注意的指令在指令标示栏中用“◥”警示，见图 6-1中⑤。

（5）操作数。绝大多数功能指令在指定功能号和助记符的同时，还必修指定操作数。操作数是应用涉及或产生的数据，分为源操作数、目标操作数及其他操作数。源操作数是指令执行后不改变其内容的操作数，用［S(·)］表示。目标操作数是指令执行后将改变其内容的操作数，用［D(·)］表示。其他操作数用m与n表示。其他操作数常用来表示常数或者对源操作数和目标操作数作出补充说明。在一条指令中，源操作数、目标操作数及其他操作数都可能不止一个，也可以一个都没有。某种操作数较多时，可用标号区别，如［S1(·)］、［S2(·)］。如图6-1中⑥。

（6）变址应用。操作数可具有变址应用。操作数旁加有“(·)”的即为具有变址应用的操作数。如［S(·)］、［D(·)］等。

6.1.2 操作数的表达方式

操作数可用以下几种表达方式。

（1）位元件。只处理ON/OFF两种状态的元件，如X、Y、M、S等。

（2）字元件。处理数值数据的元件，如T、C、D、Z等。一个字由16位二进制数组成，位元件也可组成字元件来进行数据处理。

（3）位元件的组合。位元件每4位一组，合成一个数字，用“Kn+位元件”表示，其中Kn表示组数。如KnX、KnY、KnM等。对于16位操作数，Kn为K1～K4，对于32位操作数，Kn为K1～K8。例如：K2M0表示由M0～M7组成的两个位元件组，M0为数据的最低位（首位）。

（4）常数。十进制常数（K）、十六进制常数（H）、浮点数（E）。

（5）指针。P、I。

6.2 传送与比较类指令及其应用

FX_{2N}系列PLC数据传送、比较类指令包含有比较指令、区间比较指令、传送与移位传送指令、取反指令、块传送指令、多点传送指令、数据交换指令、BCD交换指令、BIN交换指令共10条，是数据处理类程序中使用十分频繁的指令。

本节介绍传送和比较类指令的使用方法及应用，并给出一些应用实例。

6.2.1 传送与比较类指令说明

1. 比较指令

该指令的名称、指令代码、助记符、操作数范围、程序步见表6-1。

表6-1 比较指令的要素

指令名称	指令代码	助记符	操作数范围			程序步
			S1（·）	S2（·）	D（·）	
比较	FNC10 (16/32)	CMP CMP（P）	K、H、KnX、KnY、KnM、KnS、T、C、D、V、Z			CMP、CMPP---7步 DCMP、DCMPP---13步

比较指令CMP是将源操作数S1（·）与S2（·）的数据进行比较，在其大小符合比较条件时，目标操作数D（·）动作，如图6-2所示。数据比较是进行代数值大小比

较（即带符号比较）。所有的源数据均按二进制处理。当比较指令的操作数不完整（若只指定一个或两个操作数），或者指定的操作数不符合要求（例如把 X、D、T、C 指定为目标操作数），或者指定的操作数的元件号超出了允许范围等情况，用比较指令就会出错。目标软元件指定 M0 时，M0、M1、M2 自动被占用。如要清除比较结果，要采用复位 RST 指令或区间复位指令复位，如图 6-3 所示。

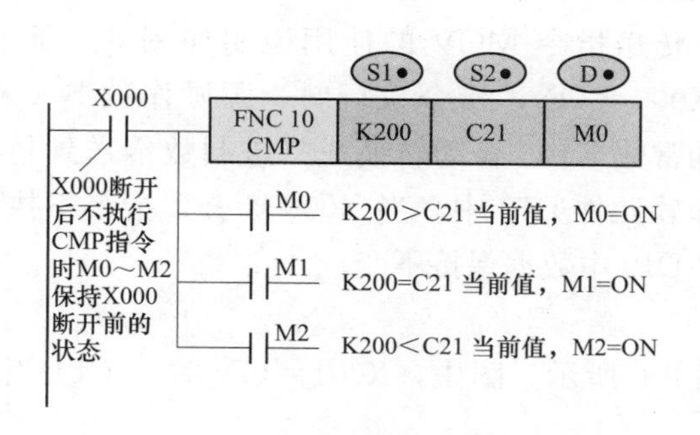

图 6-2　CMP 指令使用说明

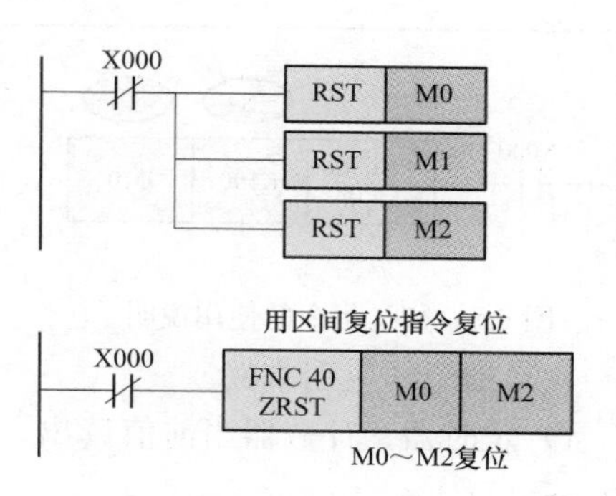

图 6-3　比较结果复位

2. 区间比较指令

该指令的名称、指令代码、助记符、操作数范围。程序步见表 6-2。

表 6-2　区间比较指令的要素

指令名称	指令代码	助记符	操作数范围		程序步
			S1（·）/S2（·）/S（·）	D（·）	
区间比较	FNC11 (16/32)	ZCP ZCP（P）	K、H、KnX、KnY、KnM、KnS 、T、C、D、V、Z	Y、M、S	ZCP、ZCPP—9 步 DZCP、DZCPP—17 步

图 6-4 是区间比较指令 ZCP 的使用说明。该指令是将一个数据 S(·) 与上、下两个源数 S1(·) 和 S2(·) 间的数据进行代数比较（即带符号比较），在其比较的范围内对应目标操作数中 M3、M4、M5 软元件动作。S1(·) 的内容应小于或等于 S2(·)，若 S1(·) 内容比 S2(·) 内容大，则 S2(·) 则被看做与 S1(·) 一样大，例如在 S1(·) ＝K100，S2(·) ＝K90 时，则 S2(·) 看作 K100 进行运算。

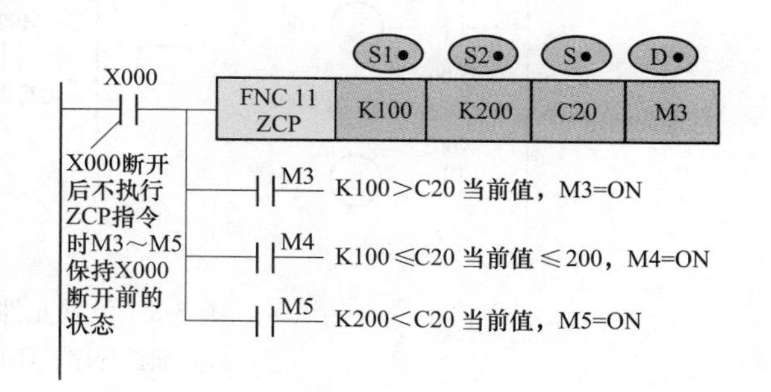

图 6-4　区间比较指令的使用说明

在 X000 断开时，即使 ZCP 指令不执行，M3～M5 保持 X000 断开前的状态。在不执行指令清除比较结果时，可采用图 6-3 进行比较结果复位。

3. 传送指令

(1) 传送指令说明及梯形图表示方法。该指令的名称、指令代码、助记符、操作数范围、程序步见表 6-3。

表 6-3　　　传送指令的要素

指令名称	指令代码位数	助记符	操作数范围		程序步
			S1（·）	D（·）	
传送	FNC 12 (16/32)	MOV MOV（P）	K、H、KnX、KnY、KnM、KnS、T、C、D、V、Z	KnX、KnM、KnS、T、C、D、V、Z	MOV、MOVP…5 步 DMOV、DMOVP…9 步

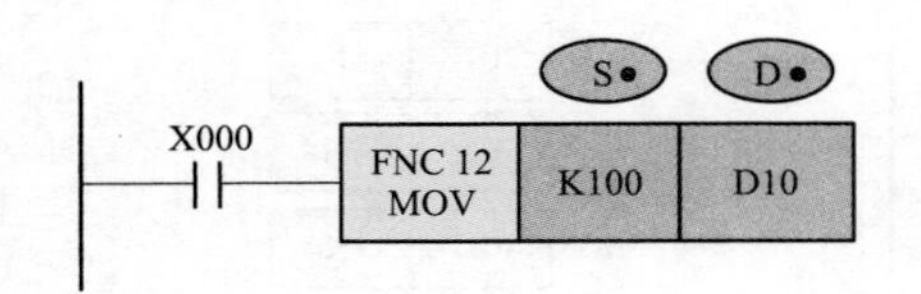

图 6-5　传送指令的使用说明

传送指令 MOV 的使用说明如图 6-5 所示。当 X000＝ON，指令执行时，源操作数 S（·）中的常数 K100 自动转换成二进制数传送到目标操作软元件 D10 中。当 X000 断开，指令不执行时，D10 中数据保持不变。

（2）指令的应用举例。

1）定时器、计数器当前值读出，如图 6-6 所示。图中，X001＝ON 时，（T1 当前值）→（D21）。

2）如图 6-7 所示是定时器、计数器设定值的间接设定。在图中，X002＝ON 时，K100→（D10），（D10）中的数值作为 T20 的时间设定常数，定时器延时 10 s。

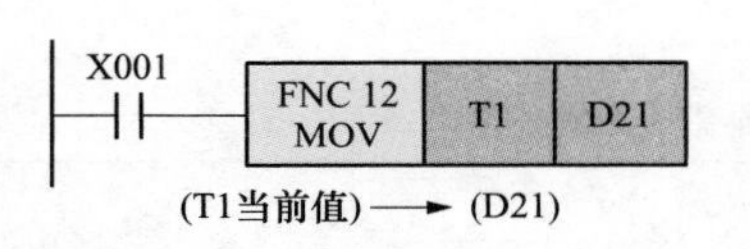

图 6-6　定时器、计数器当前值读出

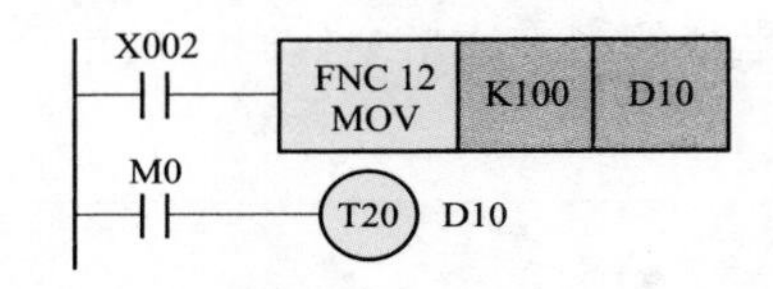

图 6-7　定时器、计数器设定值间接设定

3）位软元件的传送，可用图 6-8（a）的 MOV 指令来表示图 6-8（b）的顺控程序。

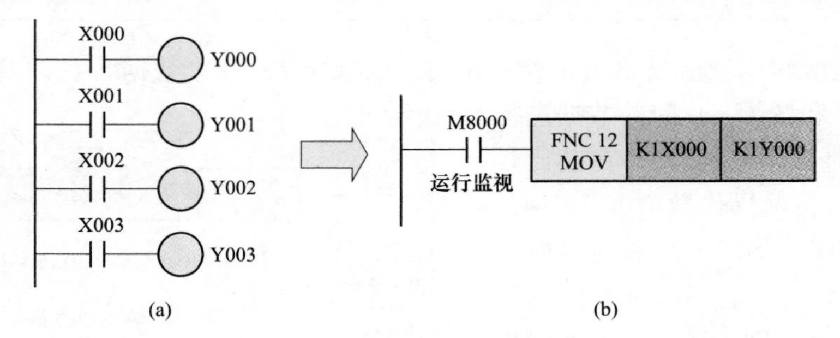

图 6-8　位软元件的传送

（a）顺控程序；（b）指令图

4）图 6-9 所示是 32 位数据的传送。DMOV 指令常用于运算结果以 32 位传送的应用指令（如 MUL）以及 32 位的数值或 32 位的高速计数器的当前值等的传送。

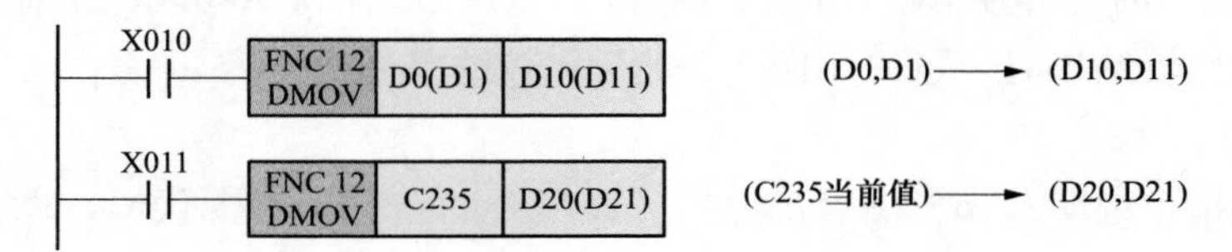

图 6-9　32 位数据的传送

4. 取反指令

该指令的名称、指令代码、助记符、操作数范围、程序步见表 6-4。

表 6-4　　取反指令的要素

指令名称	指令代码位数	助记符	操作数范围		程序步
			S（·）	D（·）	
取反	FNC14（16/32）	CML CML（P）	K、H、KnX、KnY、KnM、KnS、T、C、D、V、Z	KnY、KnM、KnS、T、C、D、V、Z	CML、CMLP…5 步 DCML、DCMLP…9 步

该指令的使用说明如图 6-10 所示，其功能是将源数据的各位取反（0→1，1→0）向目标传送。若将常数 K 用于源数据，则自动进行二进制变换。常用于希望可编程控制器输出的逻辑进行取反输出的情况。

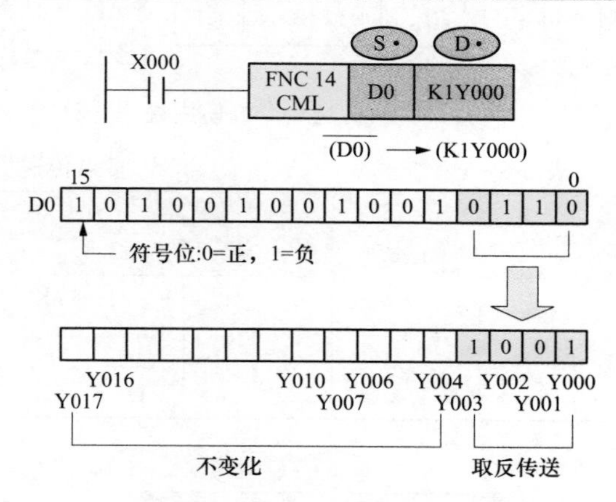

图 6-10　取反指令的使用说明

5. 块传送指令

该指令的名称、指令代码、助记符、操作数范围、程序步见表 6-5。

BOMV 指令是从源操作数指定的软元件开始的 n 点数据传送达到指定的目标操作数开始的 n 点软元件，如果元件号超出允许的元件号范围，数据仅传送到允许的范围内，如图 6-11 所示。

在传送的源与目标地址号范围重叠的场合，为了防止源数据没有传送就被改写，PLC 自动确定传送顺序，如图 6-12 中的①～③顺序和③～①顺序。

表 6-5　　块传送指令的要素

指令名称	指令代码位数	助记符	操作数范围			程序步
			S（·）	D（·）	n	
块传送	FNC15（16）	BMOV BMOV（P）	KnX、KnY、KnM、KnS、T、C、D	KnY、KnM、KnS、T、C、D	K、H≤512	BMOV、BMOVP…7 步

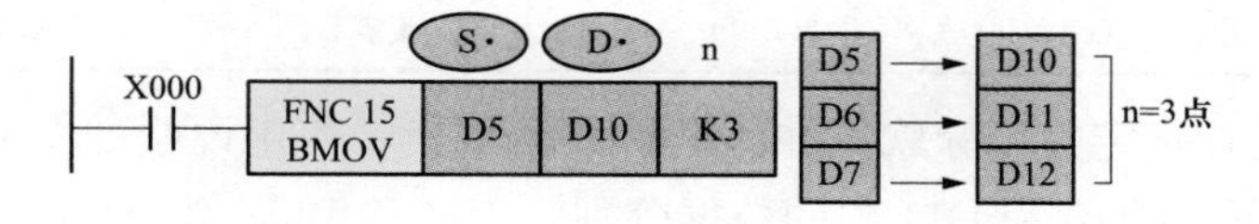

图 6-11　块传送指令的使用说明（1）

在具有位指定的位元件的场合，源与目标要采用相同的位数，如图 6-13 所示。

6. 多点传送指令

该指令的名称、指令代码、助记符、操作数范围、程序步见表 6-6。

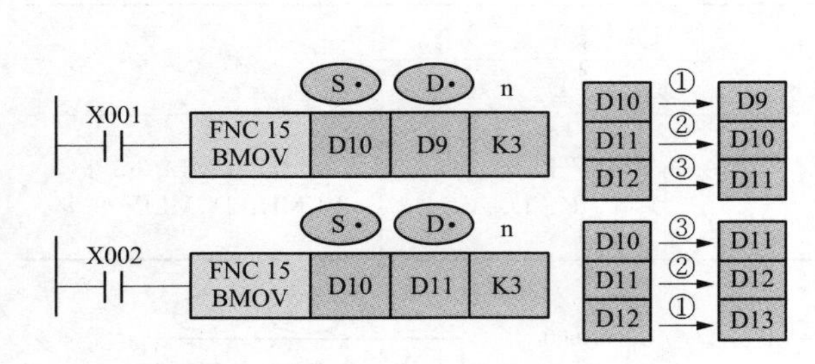

图 6-12 块传送指令的使用说明（2）

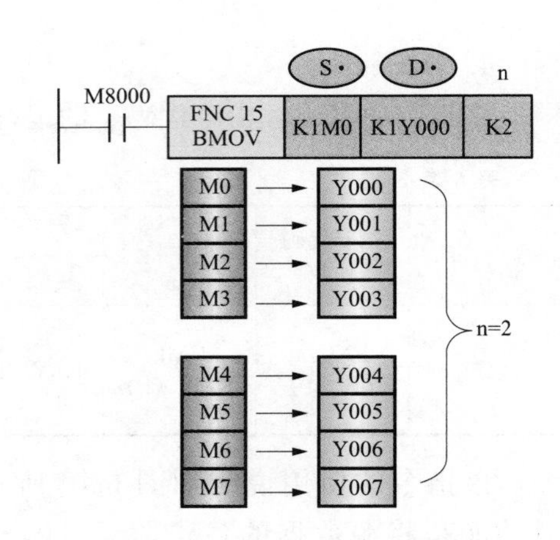

图 6-13 块传送指令的使用说明（3）

表 6-6 多点传送指令的要素

指令名称	指令代码位数	助记符	操作数范围			程序步
			S（·）	D（·）	n	
多点传送	FNC16（16）	FMOV FMOV（P）	K、H、KnX、KnY、KnM、KnS、T、C、D、V、Z	KnX、KnM、KnS、T、C、D	K、H ≤512	FMOV、FMOVP…7 步 DFMOV、DFMOVP…13 步

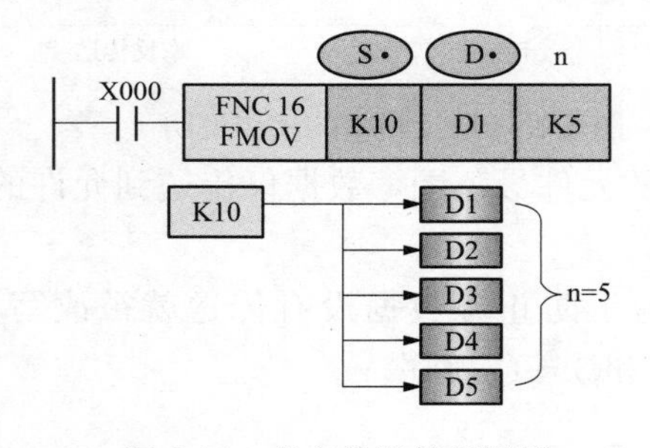

图 6-14 多点传送使用说明

FMOV 指令是将源操作数指定的软元件的内容向以目标操作数指定的起始软元件的 n 点软元件传送，n 点软元件的内容都一样。例如，在图 6-14中，当 X000＝ON 时，K10 传送到 D1～D5 中。

如果目标操作数指定的软元件号超出允许的元件号范围，数据仅传送到允许的范围内。

7. 数据交换指令

该指令的名称、指令代码、助记符、操作数范围。程序步见表 6-7。

表 6-7 数据交换指令的要素

指令名称	指令代码位数	助记符	操作数范围		程序步
			D1（·）	D2（·）	
数据交换	FNC 17（16/32）	XCH XCH（P）	KnY、KnM、KnS、T、C、D、V、Z	KnY、KnM、KnS、T、C、D、V、Z	XCH、XCHP…5 步 DXCH、DXCHP…9 步

XCH 指令是在指定的目标软元件间进行数据交换，使用说明如图 6-15 所示。在指令执行前，目标元件 D10 和 D11 中的数据分别为 100 和 130；当 X000＝ON，数据交换指令 XCH 执行后，目标元件 D10 和 D11 中的数据分别为 130 和 100。即 D10 和 D11 中的数据进行了交换。

若要实现高八位与低八位数据交换，可采用高、低位交换特殊继电器 M8160 来实现。如图 6-16 所示。当 M8160 接通，当目标元件为同一地址号时（不同地址号，错误标号继电器 M8067 接通，不执行指令），16 位数据进行高 8 位与低 8 位的交换；如果是 32 位指令亦相同，实现这种功能与高低位字节交换指令 FNC147（SWAP）功能相同，建议采用 FNC147（SWAP）指令较方便。

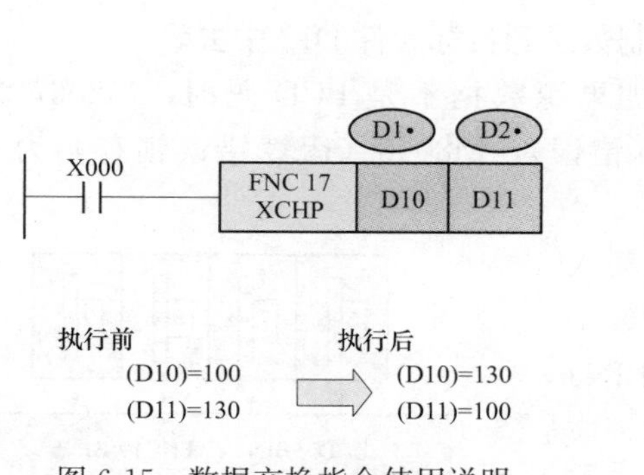

图 6-15　数据交换指令使用说明

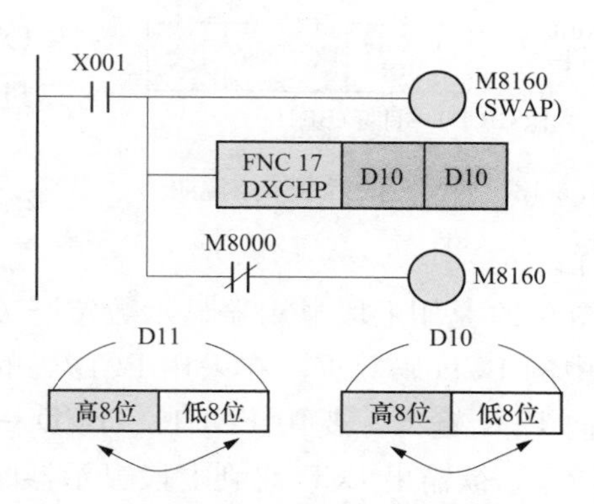

图 6-16　数据交换指令扩展使用

8. BCD 码转换指令

该指令的名称、指令代码、助记符、操作数范围、程序步见表 6-8。

表 6-8　**BCD 交换指令的要素**

指令名称	指令代码位数	助记符	操作数范围		程序步
			S（·）	D（·）	
BCD 转换	FNC 18 ◥ （16/32）	BCD BCD（P）	KnX、KnY、KnM、KnS、T、C、D、V、Z	KnY、KnM、KnS、T、C、D、V、Z	BCD、BCDP…5 步 DBCD、DBCDP…9 步

BCD 转换指令是将源元件中的二进制数转换成 BCD 码送到目标元件。BCD 转换指令的说明如图 6-17 所示。当 X000＝ON 时，源元件 D12 中的二进制数转换成 BCD 码送到目标元件 Y000～Y007 中，可用于驱动七段显示器。

S·　D·

X000	FNC 18 BCD	D12	K2Y000

图 6-17　BCD 变换指令使用说明

如果是 16 位操作，转换的 BCD 码若超出 0～9 999 范围，将会出错；如果是 32 位操作，转换结果超出 0～99 999 999 的范围，将会出错。

转换 BCD 指令可用于 PLC 内的二进制数值变为七段显示等需要用 BCD 码向外部输出的场合。

9. BIN 转换指令

该指令的名称、指令代码、助记符、操作数范围、程序步见表 6-9。

表 6-9　**BIN 转换指令的要素**

指令名称	指令代码位数	助记符	操作数范围		程序步
			S（·）	D（·）	
BIN 转换	FNC 19 （16/32）	BIN BIN（P）	KnX、KnY、KnM、KnS、T、C、D、V、Z	KnY、KnM、KnS、T、C、D、V、Z	BIN、BINP…5 步 DBIN、DBINP…9 步

BIN 转换指令是将源元件中 BCD 码转换成二进制数送到目标元件中。源数据范围：16 位操作位 0～9 999；32 位操作为 0～99 999 999。

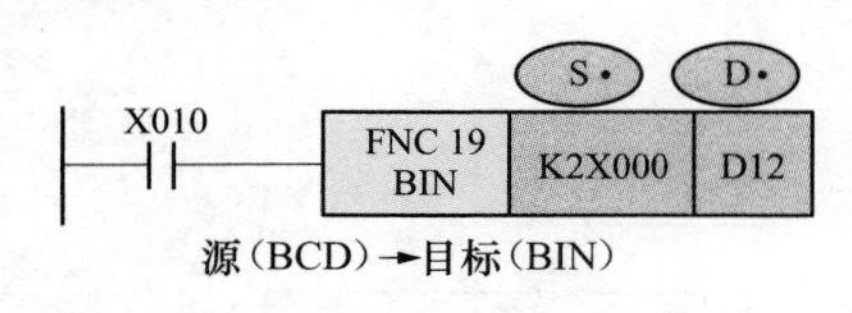

图 6-18　BIN 转换指令使用说明

BIN 转换指令的使用如图 6-18 所示。当 X010＝ON 时，源元件 X000～X007 中 BCD 码转换成二进制数送到目标元件 D12 中去。

如果源数据不是 BCD 码时，M8067 为 ON（运算错误），M8068（运算错误锁存）为 OFF，不工作。

图 6-19 是用七段显示器显示数字开关输入 PLC 中的 BCD 码数据。在采用 BCD 码的数字开关向 PLC 输入，要用 FNC19（BCD→BIN）转换指令；欲输出 BCD 码到七段显示器时，应采用 FNC18（BIN→BCD）转换传送指令。

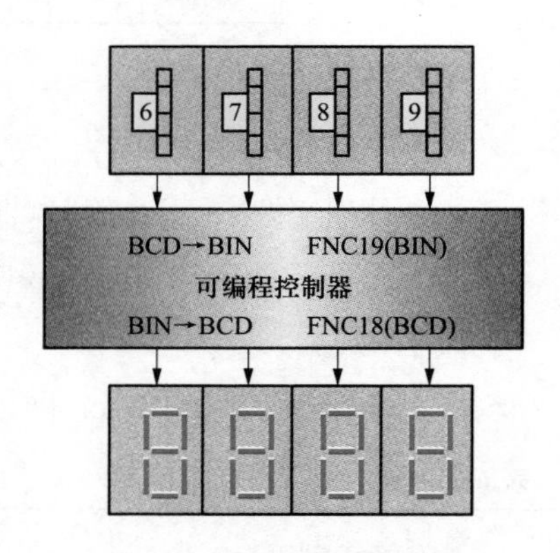

图 6-19　BIN 与 BCD 转换指令应用举例

6.2.2　传送与比较类指令应用实例

传送比较类指令，特别是传送指令，是应用指令中使用最频繁的指令。下面讨论其基本用途。

1. 传送比较类指令的基本用途

（1）用于获得程序的初始工作数据。一个控制程序总是需要初始数据。初始数据获得的方法很多，例如，可以从输入端口上连接的外部器件，使用传送指令读取这些器件上的数据并送到内部单元；也可以采取程序设置，即向内部单元传送立即数；也可以在程序开始运行时，通过初始化程序将存储在机内某个地方的一些运算数据传送到工作单元等。

（2）机内数据的存取管理。在数据运算过程中，机内的数据传送是不可缺少的。运算可能要涉及不同的工作单元，数据需在它们之间传送；运算可能产生一些中间数据，这需要传送到适当的地方暂时存放；有时机内的数据需要备份保存，这要找地方把这些数据存储妥当。总之，对一个涉及数据运算的程序，数据存取管理是很重要的。

此外，二进制和 BCD 码的转换在数据存取管理中也是很重要的。

（3）运算处理结果向输出端口传送。运算处理结果总是需要通过输出来实现对执行器件的控制，或者输出数据用于显示，或者作为其他设备的工作数据，对于输出口连接的离散执行器件，可组成处理后看做是整体的数据单元，按各口的目标状态送入一定的数据，可实现对这些器件的控制。

（4）比较指令用于建立控制点。控制现场常常需要将某个物理量的量值或变化区间作为控制点的情况。如温度低于多少度就打开电热器，速度高于或低于一个区间就报警等。比较指令作为一个控制“阀门”，常出现在工业控制程序中。

2. 传送比较类指令的应用实例

（1）闪光信号灯。用程序构成一个闪光信号灯，改变输入口的置数开关可以改变闪光频率（即信号灯亮 t 秒，熄 t 秒）。

设定开关 4 个，分别接于 X000～X003，X010 为起停开关，信号灯接于 Y000。

梯形图如图 6-20 所示。图中第一行为变址寄存器清零，上电时完成。第二行从输入端口读入设定开关数据，变址综合后的数据（K8＋Z）送到寄存器 D0 中，作为定时器 T0 的设定值，并和第三行配合产生 D0 时间间隔的脉冲。

（2）电动机的Y/△起动控制。设置起动按钮 X000，停止按钮 X001；电路主（电源）接触器 KM1 接于输出口 Y000，电动机Y形接法接触器 KM2 接于输出口 Y001，电动机△形接法接触器 KM3 接于输出口 Y002。依电动机Y/△起动控制要求，得电时，应 Y000、Y001 为 ON（传送常数为 1＋2＝3），电动机Y形启动，当转速上升到一定值时，断开 Y000、Y001，接通 Y002（传送常数为 4）。然后接通 Y000、Y002（传送常数为 1＋4＝5），电动机△形运行，停止时，应传送常数为 0。另外，起动过程中的每个状态间应有时间间隔。

本例使用向输出端口送数的方式实现控制。梯形图如图 6-21 所示。

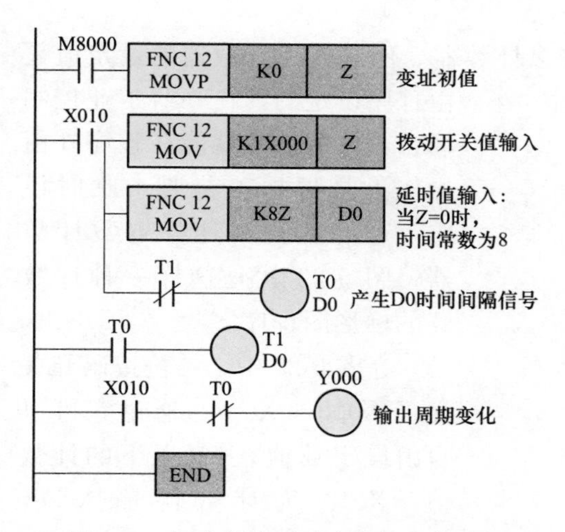

图 6-20　闪光频率可改变的闪光信号灯

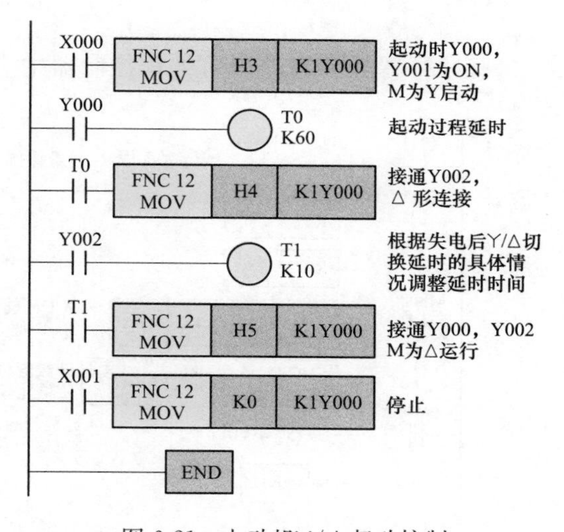

图 6-21　电动机Y/△起动控制

上述传送指令的应用，比起基本指令进行程序设计有了较大简化。

（3）密码锁。用比较器构成密码锁系统，密码锁有 12 个按钮，分别接入 X000～X013，其中 X000～X003 代表第一个十六进制数；X004～X007 代表第二个十六进制数；X010～X013 代表第三个十六进制数。根据设计，按 4 次密码，每个密码同时按 4 个键，分别代表 3 个十六进制数，如密码于设定值都相符合，5 s 后，可开起锁。20 s 后，重新锁定。

密码锁的密码可由程序设定。假如密码设定的四个数为 H2A3、H1E、H151、H18A，则从 K3X000 送入的数据应分别和它们相等，用比较指令进行判断。如：H2A4 表示十六进制数 2A4。其中“4”应按 X002 键，“A”应按 X005 与 X007 键，“2”应按 X011 键，其他数值含义相同。梯形图如图 6-22 所示。

以上所用十二键排列组合设计的密码锁，具有较高的实用性。

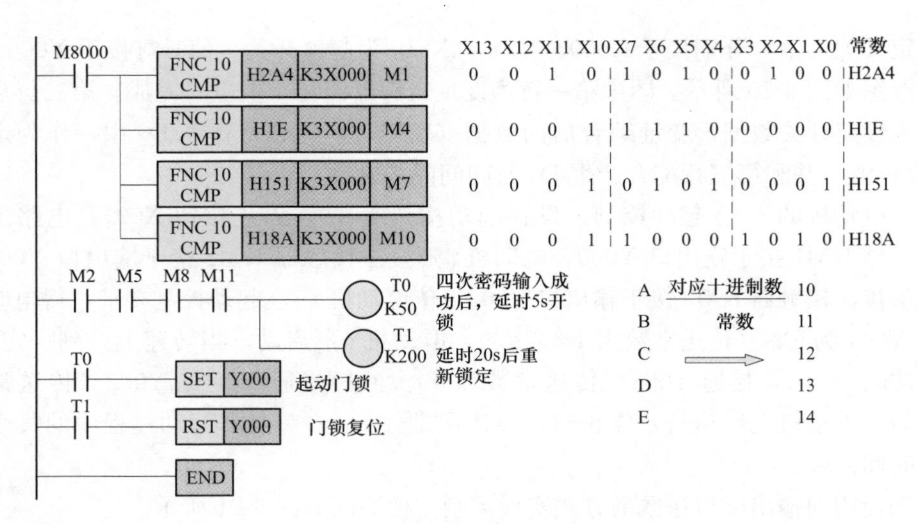

图 6-22　密码锁的梯形图

(4) 外置数计数器。可编程控制器中有许多计数器。但是机内计数器的设定值是由程序设定的，在一些工业控制场合，希望计数器能在程序外由操作人员根据工艺要求临时设定，这就需要一种外置数计数器，图 6-23 就是这样一种计数器的梯形图程序。

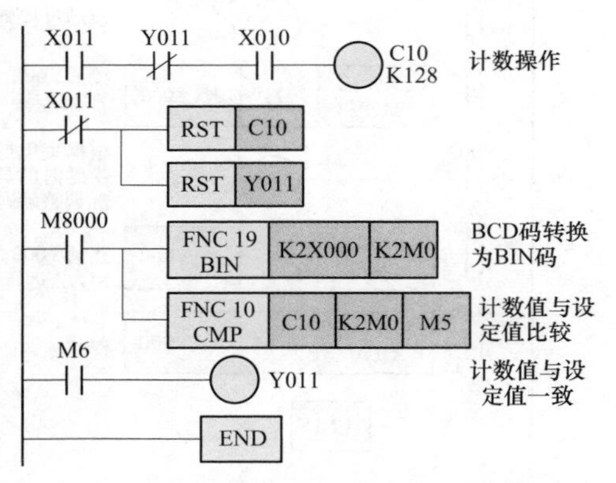

图 6-23　外置数计数器的梯形图程序

在图 6-23 中，二位拨码开关接于 X000～X007，通过它可以自由设定数值在 99 以下的计数值，X010 为计数源输入端，X011 为起停开关。

C10 计数值是否于外部拨码开关设定值一致，是借助比较指令实现的。须注意的是，拨码开关送入的值为 BCD 码，要用二进制转换指令进行数制的转换。因为比较操作只对二进制数有效。

(5) 简易定时报时器。应用计数器与比较指令，构成 24 h 可设定定时时间的定时控制，梯形图如图 6-24 所示。X000 为起停开关；X001 为 15 min 快速调整与试验开关，每 15 min 为一设定单位，24 h 共 96 个时间单位；X002 为格数设定的快速调整与试验开关。时间设定值为钟点数 X4。

若定时控制器作如下控制：①早上 6：30，电铃（Y000）每 1 s 响一次，响 6 次后自动停止。②9：00～17：00，起动住宅报警系统（Y001）。③晚上 6：00 开园内照明（Y002 接通）。④晚上 10：00 关园内照明（Y002 断开）。

使用时，在 0：00 时起动定时器。

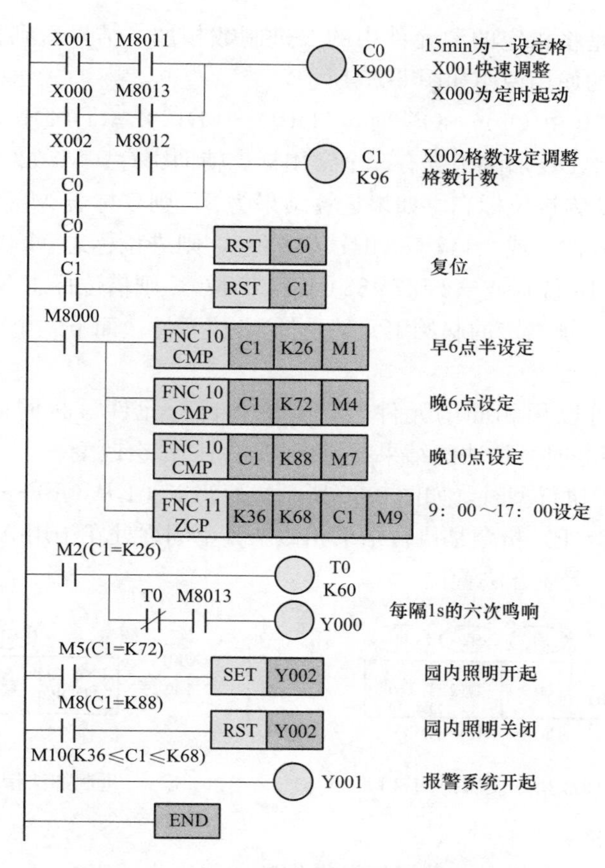

图 6-24　定时控制器梯形图及说明

6.3　算术与逻辑运算类指令及其应用

6.3.1　算术与逻辑运算类指令说明

算术与逻辑运算指令是基本运算指令，可完成四则运算或逻辑运算，可通过运算实现数据的传送、变位及其他控制功能。

PLC 有整数四则运算和实数四则运算两种，前者指令较简单，参加运算的数据只能是整数。而实数运算是浮点运算，是一种高精确度的运算。FX_{2N} 系列可编程控制器除有 BIN 的整数运算指令外，还具有 BIN 浮点运算的专用四则运算指令。

1. 二进制加法指令

该指令的名称、指令代码、助记符、操作数、程序步见表 6-10。

表 6-10　　加法指令的要素

指令名称	指令代码位数	助记符	操作数范围			程序步
			S1（·）	S2（·）	D（·）	
加法	FNC 20 (16/32)	ADD ADD（P）	K、H、KnX、KnY、KnM、KnS、T、C、D、V、Z		KnY、KnM、KnS、T、C、D、V、Z	ADD、ADDP…7 步 DADD、DADDP…13 步

ADD加法指令是将指定的源元件中的二进制数相加，结果送到指定的目标元件中去。ADD加法指令的使用说明如图6-25所示。

当执行条件X000由OFF→ON时，(D10)+(D12)→(D14)。运算是代数运算，如5+(−8)=−3。ADD加法指令有3个常用标志辅助寄存：M8020为零标志，M8021为借位标志，M8022为进位标志。如果运算结果为0，则零标志M8020置1；如果运算结果超过32 767（16位）或2 147 483 647（32位），则进位标志M8022置1；如果运算结果小于−32 767（16位）或−2 147 483 647（32位），则借位标志M8021置1。

在32位运算中，被指定的起始字元件是低16位元件，而下一个字元件则为高16位元件，如D0（D1）。

源和目标元件可以用相同的元件号。若源和目标元件号相同而采用连续执行的ADD、(D) ADD指令时，加法的结果在每个扫描周期都会改变。

若指令采用脉冲执行型时，如图6-26所示。每当X001从OFF→ON变化时，D0的数据加1，这与INC（P）指令是执行结果相似。其不同之处在于用ADD指令时，零位、借位、进位标志将按上述方法置位。

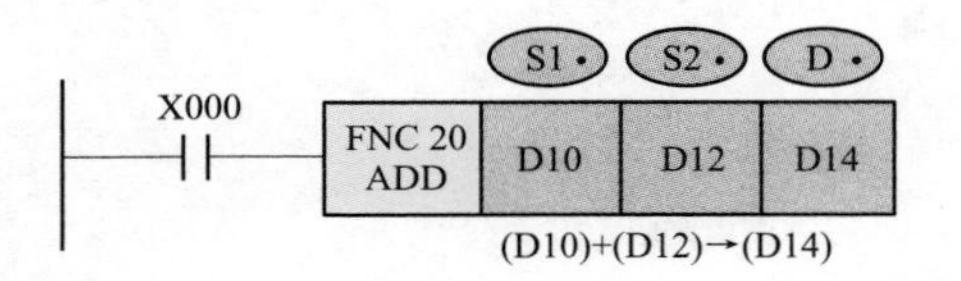

图6-25 二进制加法指令使用说明（1）

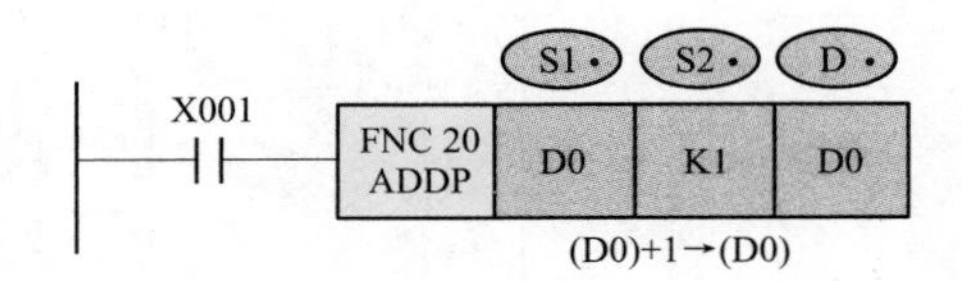

图6-26 二进制加法指令使用说明（2）

2. 二进制减法指令

该指令的名称、指令代码、助记符、操作数、程序步见表6-11。

表6-11 二进制减法指令的要素

指令名称	指令代码位数	助记符	操作数范围			程序步
			S1（·）	S2（·）	D（·）	
减法	FNC 21 (16/32)	SUB SUB（P）	K、H、KnX、KnY、KnM、KnS、T、C、D、V、Z		KnY、KnM、KnS、T、C、D、V、Z	SUB、SUBP…7步 DSUB、DSUBP…13步

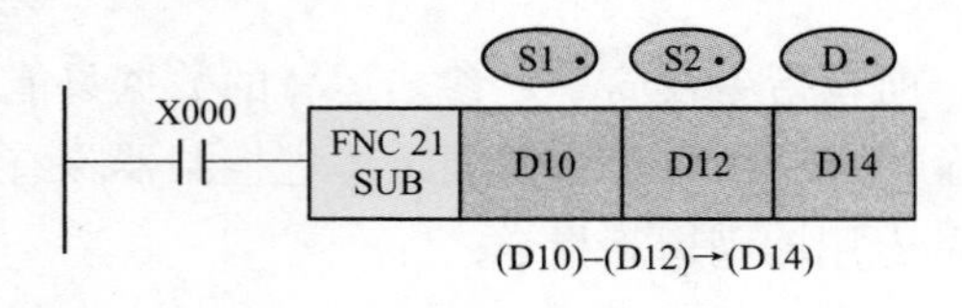

图6-27 二进制减法指令使用说明（1）

SUB减法指令是将指定的源元件中的二进制数相减，结果送到指定的目标元件中去。SUB减法指令的说明如图6-27所示。

当执行条件X000由OFF→ON时，(D10)−(D12)→(D14)。运算是代数运算，如5−(−8)=13。

各种标志的动作、32位运算中软元件的指令方法、连续执行型和脉冲执行型的差异等均与上述加法指令相同。

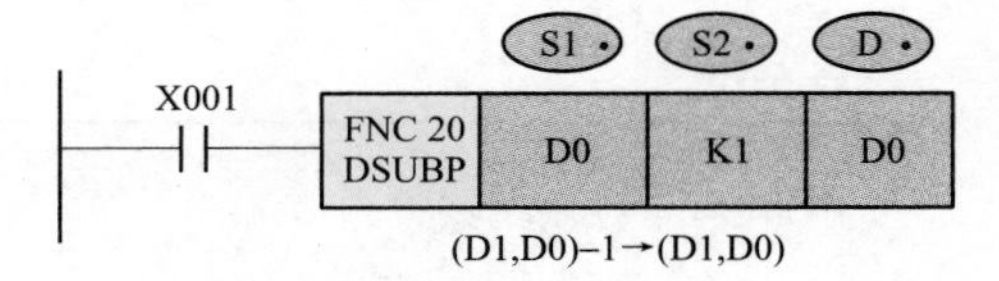

图6-28 二进制减法指令使用说明（2）

图6-28所示是32位减法指令的使用说明，与后面讲述的减1指令相似，但采作减法指令实现减1，零位、借位等标志位可能动作。

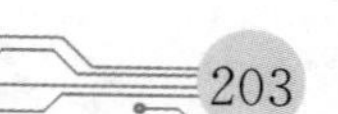

3. 二进制乘法指令

该指令的名称、指令代码、助记符、操作数、程序步见表6-12。

表6-12　二进制乘法指令的要素

指令名称	指令代码位数	助记符	操作数范围			程序步
			S1（·）	S2（·）	D（·）	
乘法	FNC 22（16/32）	MUL MUL（P）	K、H、KnX、KnY、KnM、KnS、T、C、D、Z		KnY、KnM、KnS、T、C、D、（Z）限16位	MUL、MULP…7步 DMUL、DMULP…13步

MUL乘法指令是将指定的源元件中的二进制数相乘，结果送到指定的目标元件中去。MUL乘法指令使用说明如图6-29所示。它分16位和32位两种运算情况。

16位运算如图6-29（a）所示，当执行条件X000由OFF→ON时，(D0)×(D2)→(D5,D4)。源操作数是16位，目标操作数是32位。若令(D0)=8，(D2)=9时，[D5，D4]=72。最高位为符号位，0为正，1为负。

32位运算如图6-29（b）所示，当执行条件X001由OFF→ON时，(D1,D0)×(D3,D2)→(D7,D6,D5,D4)。源操作数是32位，目标操作数是64位。若令(D1,D0)=238，(D3,D2)=189时，(D7,D6,D5,D4)=44 982。最高位为符号位，0为正，1为负。

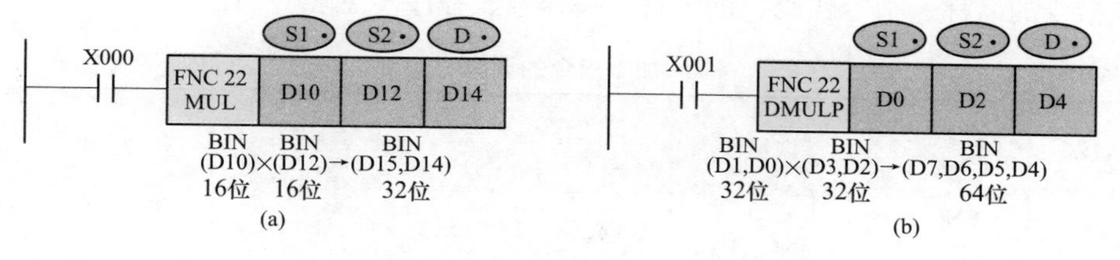

图6-29　二进制乘法指令使用说明
（a）16位运算；（b）32位运算

如将位组合元件用于目标操作数时，限于K的取值，只能得到低32位的结果，不能得到高32位的结果。这时，应将数据移入字元件再进行计算。

用字元件作目标操作数时，也不能对作为运算结果的64位数据进行成批监视，在这种场合下，建议采用浮点运算。Z不能在32位运算中作为目标元件的指定，只能在16位运算中作为目标元件的指定。

4. 二进制除法指令

该指令的名称、指令代码、助记符、操作数、程序步见表6-13。

表6-13　二进制除法指令的要素

指令名称	指令代码位数	助记符	操作数范围			程序步
			S1（·）	S2（·）	D（·）	
除法	FNC 23（16/32）	DIV DIV（P）	K、H、KnX、KnY、KnM、KnS、T、C、D、Z		KnY、KnM、KnS、T、C、D、（Z）限16位	DIV、DIVP…7步 DDIV、DDIVP…13步

DIV除法指令是将指定的源元件中的二进制数相除，S1(·)为被除数，S2(·)为除数，商送到指定的目标元件D(·)中去，余数送到目标元件D(·)+1的元件中。

DIV 除法指令使用说明如图 6-30 所示，它也分 16 位和 32 位两种运算情况。

图 6-30（a）是 16 位运算，当执行条件 X000 由 OFF→ON 时，(D0)/(D2)→(D4)。若令(D0)＝19，(D2)＝3 时，商(D4)＝6，余数(D5)＝1。

图 6-30（b）是 32 位运算。当执行条件 X001 由 OFF→ON 时，(D1、D0)/(D3、D2)，商在（D5、D4），余数在（D7、D6）中。

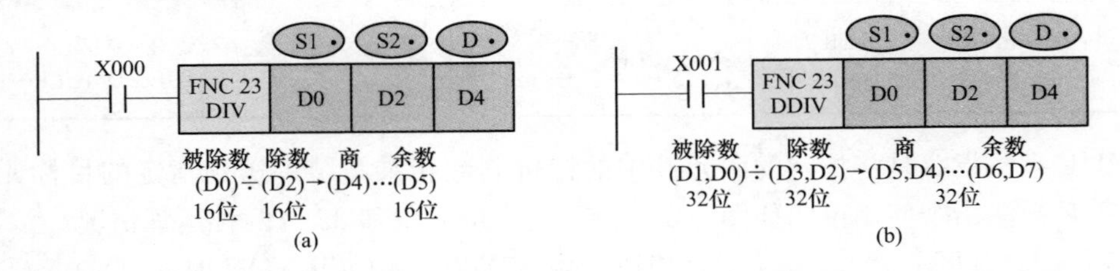

图 6-30　二进制除法指令使用说明

（a）16 位运算；（b）32 位运算

商与余数的二进制最高位是符号位，0 为正，1 为负。被除数或除数中有一个为负数时，商为负数。被除数为负数时，余数为负数。

5. 二进制加 1 指令

该指令的名称、指令代码、助记符、操作数、程序步见表 6-14。

表 6-14　　加 1 指令的要素

指令名称	指令代码	助记符	操作数	程序步
			D（·）	
加 1	FNC 24 (16/32)	INC INC（P）	KnY、KnM、KnS、T、C、D、V、Z	INC、INCP…3 步 DINC、DINCP…5 步

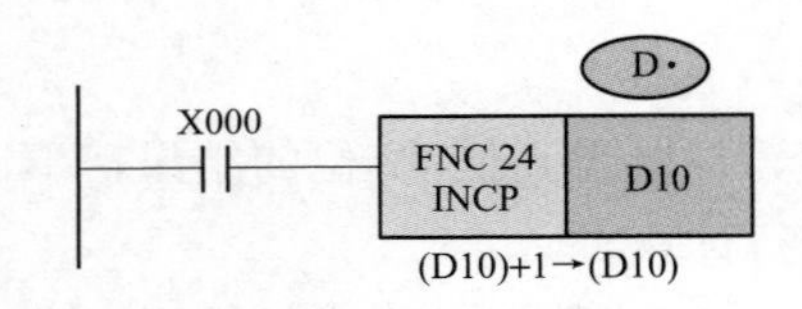

图 6-31　加 1 指令使用说明

加 1 指令的说明如图 6-31 所示。当 X000 由 OFF→ON 变化时，由 D(·) 指定的元件 D10 中的二进制数自动加 1。

若用连续指令时，每个扫描周期都加 1。

16 位运算时，＋32 767 再加上 1 则变为－32 768，但标志位不动作。同样，在 32 位运算时，＋2 147 483 647 再加 1 就变为－2 147 483 647，标志位不动作。

6. 二进制减 1 指令

该指令的名称、指令代码、助记符、操作数、程序步见表 6-15。

表 6-15　　二进制减 1 指令的要素

指令名称	指令代码	助记符	操作数	程序步
			D（·）	
减 1	FNC 25 (16/32)	DEC DEC（P）	KnY、KnM、KnS、T、C、D、V、Z	DEC、DECP…3 步 DDEC、DDECP…5 步

减 1 指令的使用说明如图 6-32 所示，当 X001 由 OFF→ON 变化时，由 D（·）指定的元件 D10 中的进二进制数自动减 1。若用连续指令时，每个扫描周期都减 1。

在 16 位运算时，－32 768 再减 1 就变为＋32 767，但标志位不动作。同样在 32 位运算时，－2 147 483 648 再减 1 就变为＋2 147 483 647，标志位不动作。

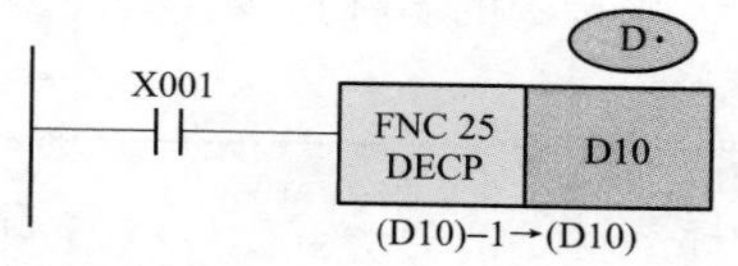

图 6-32　二进制减 1 指令使用说明

7. 逻辑字与、或、异或指令

该指令的名称、指令代码、助记符、操作数、程序步见表 6-16。

表 6-16　逻辑字与指令的要素

指令名称	指令代码位数	助记符	操作数范围			程序步
			S1（·）	S2（·）	D（·）	
逻辑字与	FNC26（16/32）	WAND WAND（P）	K、H、KnX、KnY、KnM、KnS、T、C、D、V、Z		KnY、KnM、KnS、T、C、D、V、Z	WAND、WANDP…7 步 DWANDC、DWANDP…13 步
逻辑字或	FNC27（16/32）	WOR WOR（P）				WOR、WORP…7 步 DWORC、DWORDP…13 步
逻辑字异或	FNC28（16/32）	WXOR WXOR（P）				WXOR、WXORP…7 步 DWXORC、DWXORP…13 步

逻辑字“与”指令的使用说明如图 6-33（a）所示。当 X000 为 ON 时，S1（·）指定的 D10 和 S2（·）指定的 D12 内数据按各位对应进行逻辑字与运算，结果存于 D（·）指定的元件 D14 中。

逻辑字“或”指令的使用说明如图 6-33（b）所示。当 X001 为 ON 时，S1（·）指定的 D10 和 S2（·）指定的 D12 内数据按各位对应进行逻辑字或运算，结果存于 D（·）指定的元件 D14 中。

逻辑字“异或”指令的使用说明如图 6-33（c）所示。当 X002 为 ON 时，S1（·）指定的 D10 和 S2（·）指定的 D12 内数据按各位对应进行逻辑字异或运算，结果存于 D（·）指定的元件 D14 中。

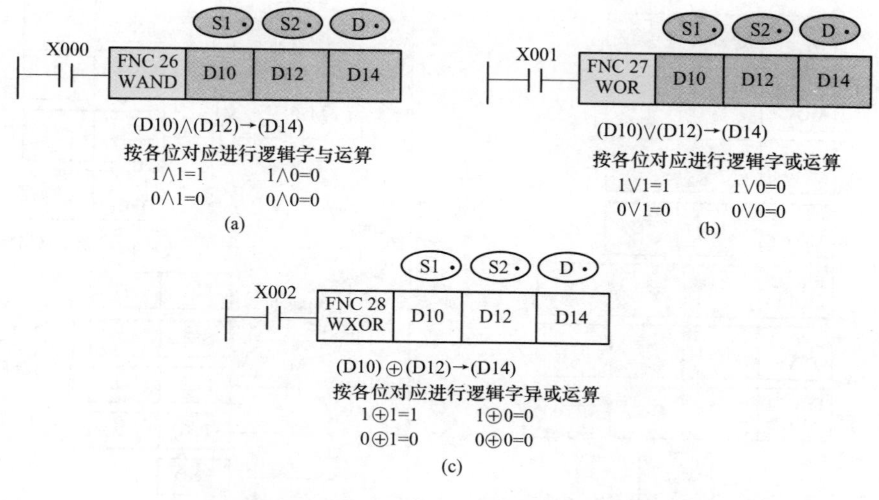

图 6-33　逻辑字与、或、异或指令使用说明

（a）逻辑字与；（b）逻辑字或；（c）逻辑字异或

8. 求补码指令

该指令的名称指令代码、助记符、操作数、程序步见表 6-17。

表 6-17 求补码指令的要素

指令名称	指令代码位数	助记符	操作数范围	程序步
			D（·）	
求补码	FNC29 (16/32)	NEG NEG（P）	KnY、KnM、KnS、T、C、D、V、Z	NEG、NEGP…3 步 DNEG、DNEGP…5 步

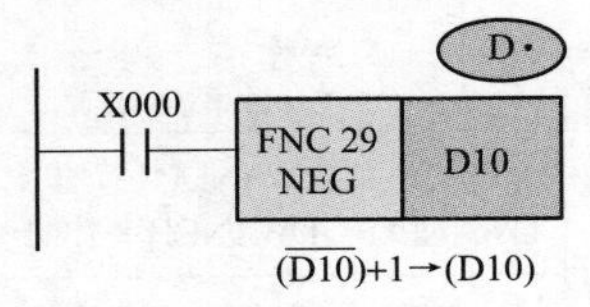

图 6-34 求补码指令的使用说明

求补指令仅对负数求补码，其使用说明如图 6-34 所示，当 X000 由 OFF→ON 变化时，由 D（·）指定的元件 D10 中的二进制负数按位取反后加 1，求得的补码存入原来的 D10 内。

若使用的是连续指令时，则在各个扫描周期都执行求补运算。

6.3.2 算术与逻辑运算类指令应用实例

1. 四则运算式的实现

编程实现：（45X/356）＋3 算式的运算。式中“X”代表输入端口 K2X000 送入的二进制数，运算结果送输出口 K2Y000。X020 为起停开关。其程序梯形图如图 6-35 所示。

2. 彩灯正序亮至全亮、反序熄至全熄再循环控制

实现彩灯控制功能可采用加 1、减 1 指令及变址寄存器 Z 来完成的，彩灯有 12 盏，各彩灯状态变化的时间单位位 1 s，用秒时钟 M8013 实现。梯形图见图 6-36，图中 X001 为彩灯控制开关，X001＝OFF 时，禁止输出继电器 M8034＝1，使 12 个输出 Y000～Y013 为 OFF。辅助继电器 M1 为正、反序控制。

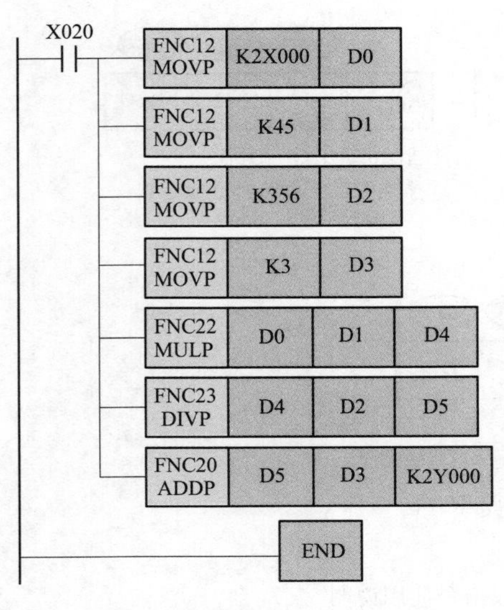

图 6-35 四则运算式实现程序

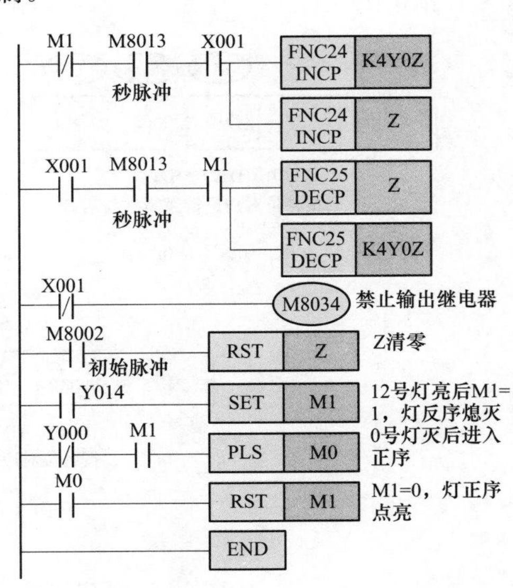

图 6-36 彩灯控制梯形图

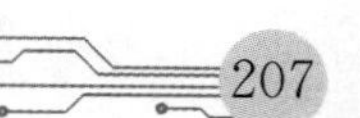

3. 利用乘除运算指令实现移位（扫描）控制

采用乘除运算指令实现灯组的移位循环。有一组灯 15 个接于 Y000～Y016，要求，当 X000 为 ON，灯正序每隔 1 s 单个位移，并循环；当 X001 为 ON 且 Y000 为 OFF 时，灯反序每隔 1 s 单个位移，直至 Y000 为 ON，停止。梯形图如图 6-37 所示，该程序是利用乘 2、除 2 来实现目标数据中“1”移位的。

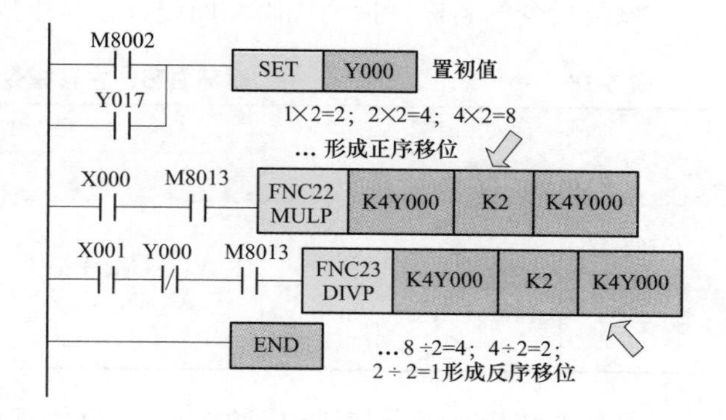

图 6-37　灯组移位控制梯形图

4. 指示灯的测试电路

某机场装有 12 盏指示灯，用于各种场合的指示，接于 K4Y000。一般情况下总是有的指示灯是亮的，有的指示灯是灭的。但机场有时需要将灯全部打开，也有时需要将灯全部关闭。现需设计一种电路，用一只开关打开所有的灯，用另一只开关熄灭所有的灯。12 盏指示灯在 K4Y000 的分布如图 6-38（a）所示。

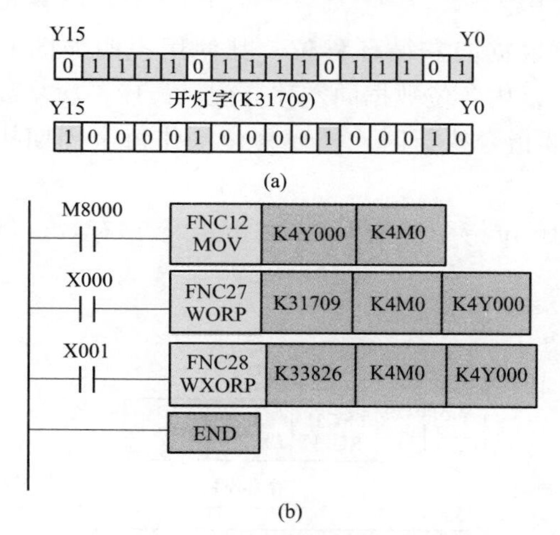

图 6-38　指示灯测试状态字及程序

（a）指示灯在 K4Y000 的分布图；

（b）指示灯测试电路梯形图

梯形图如图 6-38（b）所示。程序是采用逻辑控制指令来完成这一功能的。先为所有的指示灯设一个状态字，随时将各指示灯的状态存入。再设一个开灯字，一个熄灯字。开灯字内置 1 的位和灯在 K4Y000 的排列顺序相同。熄灯字内置 0 的位和 K4Y000 中灯的位置相同。开灯时将开灯字和灯的状态字相“或”，灭灯时将熄灯字和灯的状态字相“与”，即可实现控制功能的要求。

6.4　循环与移位类指令及其应用

FX_{2N}系列 PLC 循环与移位指令有循环移位、位移位及字移位指令等十种，其中循环移位分为带进位循环及不带进位的循环，位或移位有左移和右移之分。

从指令的功能来说，循环移位是指数据在本字节或双字内的移位，是一种环型移位。而非循环移位是线性的移位，数据移出部分将丢失，移入部分从其他数据获得。移位指令可用于数据的 2 倍乘处理，形成新数据，或形成某种控制开关。字移位和位移位不同，它可用于字数据在存储空间中的位置调整等功能。

6.4.1 循环与移位类指令说明

1. 循环右移和循环左移指令

该类指令的名称、指令代码、助记符、操作数、程序步见表 6-18。

表 6-18 循环右移、左移指令的要素

指令名称	指令代码位数	助记符	操作数范围		程序步
			D（·）	n	
循环右移	FNC30 ◥（16/32）	ROR ROR（P）	KnY、KnM、KnS、T、C、D、V、Z	K、H 移位量 n≤16（16 位） n≤32（32 位）	ROR、RORP…5 步 DROR、DRORP…9 步
循环左移	FNC31 ◥（16/32）	ROL ROL（P）			ROL、ROLP…5 步 DROL、DROLP…9 步

循环右移指令可以使 16 位数据、32 位数据向右循环移位，其使用说明如图 6-39（a）所示。当 X000 由 OFF→ON 时，D（·）指定的元件内各位数据向右移 n 位，最后一次从低位移出的状态存于进位标志 M8022 中。

循环左移指令可以使 16 位数据、32 位数据向左循环移位，其使用说明如图 6-39（b）所示。当 X001 由 OFF→ON 时，D（·）内各位数据向左移 n 位，最后一次从高位移出的状态存于进位标志 M8022 中。用连续指令执行时，循环移位操作每个周期执行一次。

在指定位软元件的场合下，只有 K4（16 位指令）或 K8（32 位指令）有效。例如 K4Y000，K8M0。

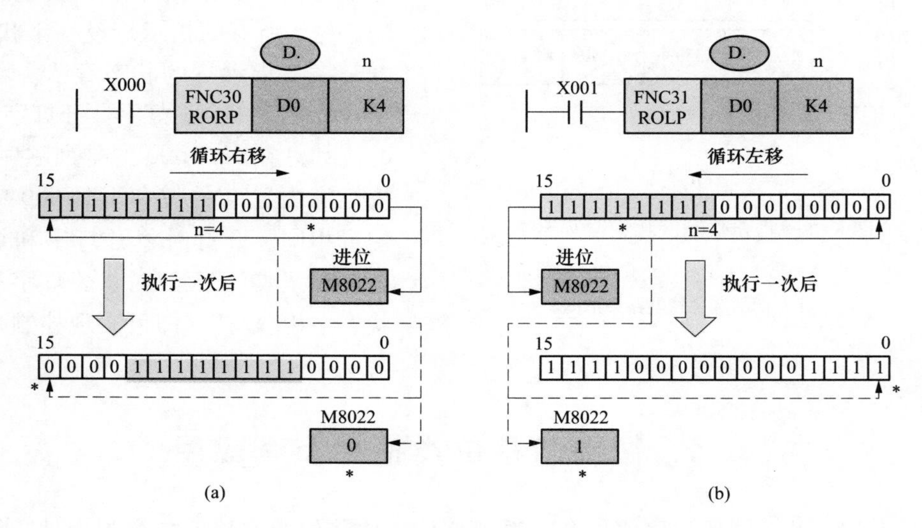

图 6-39 循环移位指令使用说明

（a）循环右移；（b）循环左移

2. 带进位循环右移、左移指令

该类指令的名称、指令代码、助记符、操作数、程序步见表 6-19。

表 6-19　　带进位循环右移、左移指令的要素

指令名称	指令代码位数	助记符	操作数范围		程序步
			D（·）	n	
带进位循环右移	FNC32 ◥（16/32）	RCR RCR（P）	KnY、KnM、KnS、T、C、D、V、Z	K、H 移位量 n≤16（16 位） n≤32（32 位）	RCR、RCRP…5 步 DRCR、DRCRP…9 步
带进位循环左移	FNC33 ◥（16/32）	RCL RCL（P）			RCL、RCLP…5 步 DRCL、DRCLP…9 步

带进位循环右移指令可以带进位使 16 位数据、32 位数据向右循环移位，其使用说明如图 6-40（a）所示。当 X000 由 OFF→ON 时，M8022 驱动之前的状态首先被移入 D（·），且 D（·）内各位数据向右移 n 位，最后一次从低位移出的状态存于进位标志 M8022 中。

带进位循环左移指令可以带进位使 16 位数据、32 位数据向左循环移位，其使用说明如图 6-40（b）所示。当 X001 由 OFF→ON 时，M8022 驱动之前的状态首先被移入 D（·），且 D（·）内各位数据向左移 n 位，最后一次从高位移出的状态存于进位标志 M8022 中。

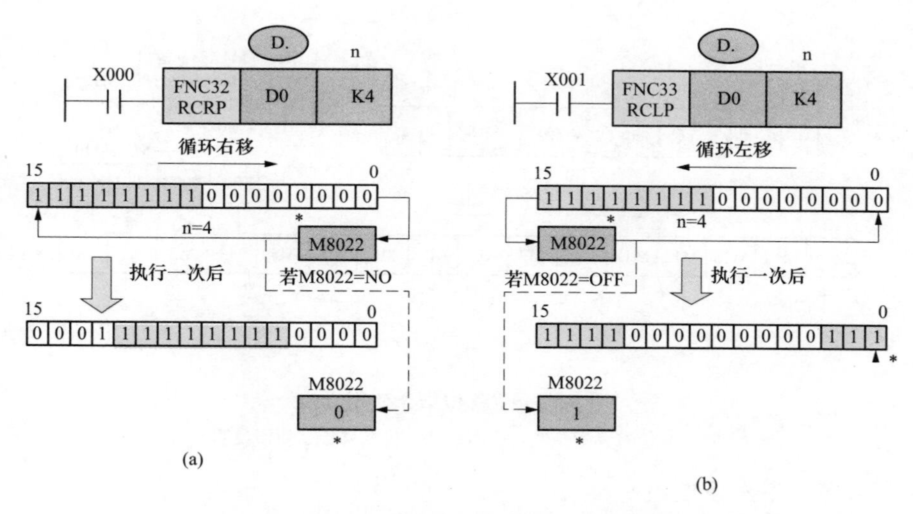

图 6-40　带进位循环移位指令使用说明
（a）循环右移；（b）循环左移

3. 位右移、位左移指令

该类指令的名称、指令代码、助记符、操作数、程序步见表 6-20。

表 6-20　　位移位指令的要素

指令名称	指令代码位数	助记符	操作数范围				程序步
			S（·）	D（·）	n1	n2	
位右移	FNC34 ◥（16）	SFTR SFTR（P）	X、Y、M、S	Y、M、S	K、H、n2≤n1≤1024		SFTR、SFTRP…9 步
位左移	FNC35 ◥（16）	SFTL SFTL（P）					SFTL、SFTLP…9 步

位移位指令是对D（·）所指定的n1个位元件连同S（·）所指定的n2个位元件的数据右移或左移n2位，其说明如图6-41所示。例如，对于图6-41（a）的位右移指令的梯形图，当X010由OFF→ON时，D（·）内（M0～M15）16位数据连同S（·）内（X000～X003）4位元件的数据向右移4位，（X000～X003）4位数据从D（·）的高位端移入，而D（·）的低位M0～M3数据移出（溢出）。若图中n2=1，则每次只进行1位移位。同理，对于图6-41（b）的位左移指令的梯形图移位原理也类同。

用脉冲执行型指令时，X000由OFF→ON变化时指令执行一次，进行n2位移位；而用连续指令执行时，移位操作是每个扫描周期执行一次，使用该指令时必须注意。

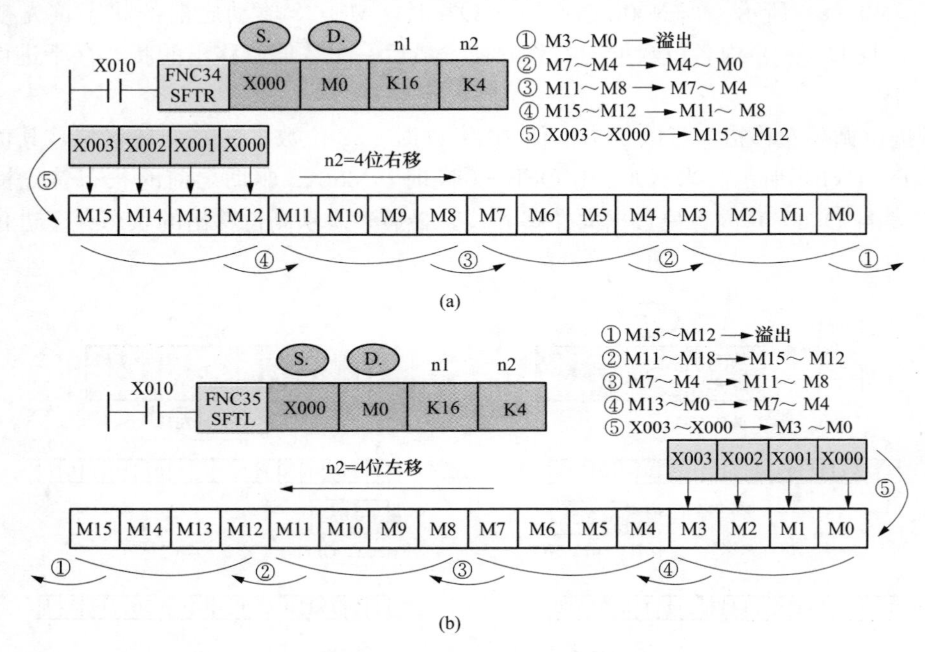

图6-41 位移位指令使用说明

（a）位右移指令使用说明；（b）位左移指令使用说明

4. 字右移、字左移指令

该类指令的名称、指令代码、助记符、操作数、程序步见表6-21。

表6-21 字移位指令的要素

指令名称	指令代码位数	助记符	操作数范围				程序步
			S（·）	D（·）	n1	n2	
字右移	FNC36 ◥（16）	WSFR WSFR（P）	KnX、KnY、KnM、KnS、T、C、D	KnY、KnM、KnS、T、C、D	K、H n2≤n1≤512		WSFR、WSFRP…9步
字左移	FNC37 ◥（16）	WSFL WSFL（P）					WSFL、WSFLP…9步

字移位指令是对D（·）所指定的n1个字元件连同S（·）所指定的n2个字元件右移或左移n2个字数据，其使用说明如图6-42所示。例如，对于图6-42（a）的字右移指令的梯形图，当X000由OFF变ON时，D（·）内（D10～D25）16个字数据连同

S（·）内（D0～D3）4个字数据向右移4个字，（D0～D3）4字数据从D（·）的高字端移入，而（D10～D13）4字数据从D（·）的低端移出（溢出）。图6-42（b）为字左移指令使用说明，原理类同。

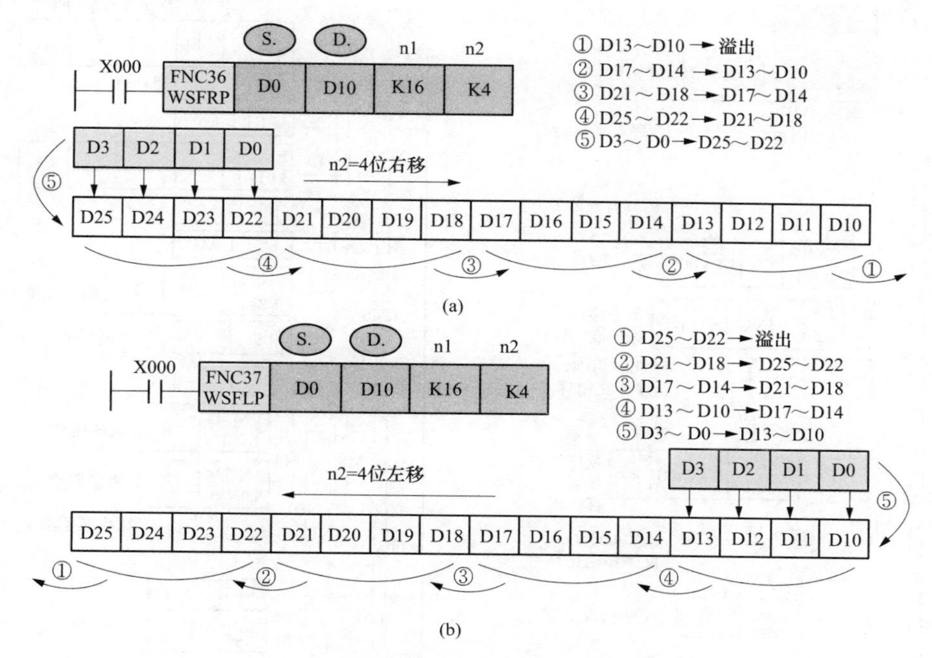

图6-42 字移位指令使用说明

（a）字右移指令使用说明；（b）字左移指令使用说明

6.4.2 循环与移位类指令应用实例

1. 流水灯光控制

某灯光招牌有L1～L8共8个灯接于K2Y000，要求当X000为ON时，灯先以正序每隔1 s轮流点亮，当Y007亮后，停2 s；然后以反序每隔1 s轮流点亮，当Y000再亮后，停2 s，重复上述过程。当XOO1为ON时，停止工作。梯形图如图6-43所示。分析见梯形图右边文字说明。

2. 进步电动机控制

用位移位指令可以实现步进电动机正反转和调速控制。以三相三拍电动机为例，脉冲列由Y010～Y012（晶体管输出）输出，作为步进电动机驱动电源功放电路的输入。

程序中采用积算定时器T246为脉冲发生器，设定值为K2～K500，定时为2～500 ms，则步进电动机可获得500步/s到2步/s的变速范围。X000为正反转切换开关（X000为OFF时正转；X000为ON时反转），X002为起动按钮，X003为减速按钮，X004为增速按钮。

梯形图如图6-44所示。以正反为例，程序开始运行前，设M0为零。M0提供移入Y010、Y011、Y012的“1”或“0”，在T246的作用下最终形成011、110、101的三拍循环。T246为移位脉冲产生环节，INC指令及DEC指令用于调整T246产生的脉冲频率。T0为频率调整时间限制。

调速时，按下 X003（减速）或 X004（增速）按钮，观察 D0 的变化，当变化值为所需速度值时，释放按钮。如果调速需经常进行，可将 D0 的内容显示出来。

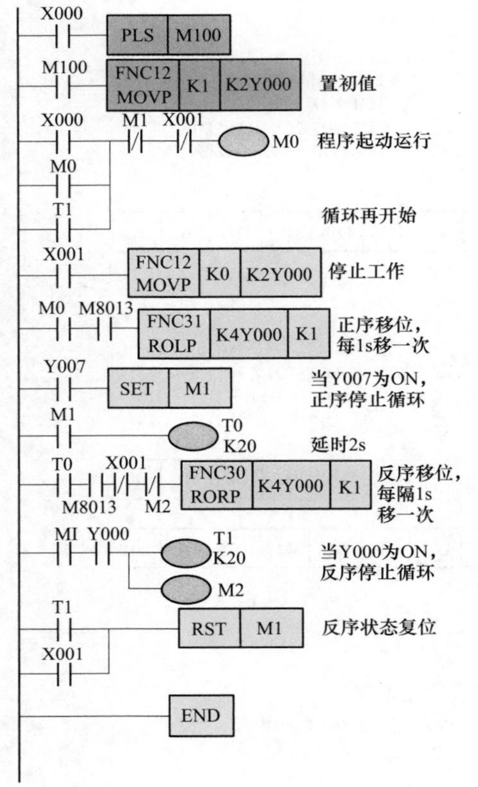

图 6-43　灯组移位控制梯形图

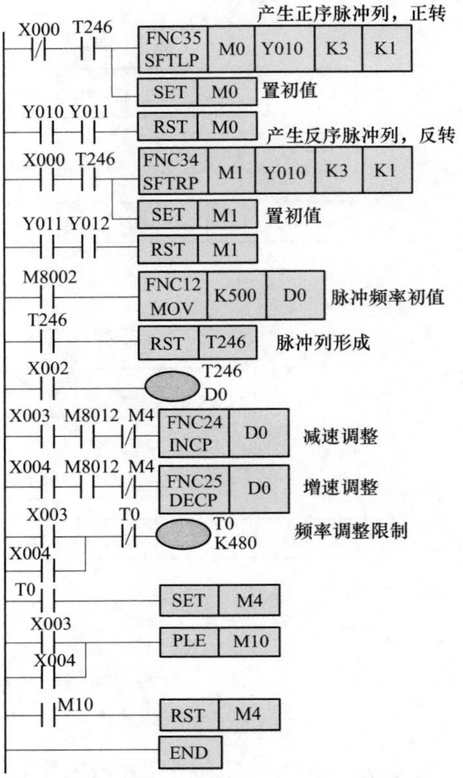

图 6-44　步进电动机控制梯形图及说明

6.5　数据处理类指令及其应用

数据处理类指令含批复位指令、编、译码指令及平均值计算指令等。其中批复位指令可用于数据区的初始化，编、译码指令可用于字元件中某个置 1 位的位码的编译。

6.5.1　数据处理类指令说明

1. 区间复位指令

（1）区间复位指令的使用说明。该指令的名称、指令代码、助记符、操作数、程序步见表 6-22。

表 6-22　　区间复位指令的要素

指令名称	指令代码位数	助记符	操作数范围		程序步
			D1（·）	D2（·）	
区间复位	FNC40 ◥（16）	ZRST ZRST（P）	Y、M、S、T、C、D（D1 元件号≤D2 元件号）		ZRST、ZRSTP…5 步

区间复位指令也称为成批复位指令，使用说明如图6-45所示。当M8002由OFF→ON时，执行区间复位指令。位元件M500～M599成批复位、字元件C235～C255成批复位、状态元件S0～S127成批复位。

目标操作数D1(·)和D2(·)指定的元件应为同类软件，D1(·)指定的软元件号应小于等于D2(·)指定的元件号。若D1(·)的元件号大于D2(·)的元件号，则只有D1(·)指定的元件被复位。

该指令为16位处理指令，但是可在D1(·)、D2(·)中指定32位计数器。不过不能混合指定，即不能在D1(·)中指定16位计数器，在D2(·)中指定32位计数器。

(2) 与其他复位指令的比较。

1) 采用RST指令仅对位元件Y、M、S和字元件T、C、D单独进行复位，不能成批复位。

2) 也可以采用多点传送指令FMOV（FNC16）将常数K0对KnY、KnM、KnS、T、C、D软元件成批复位。

这类指令的应用如图6-46所示。

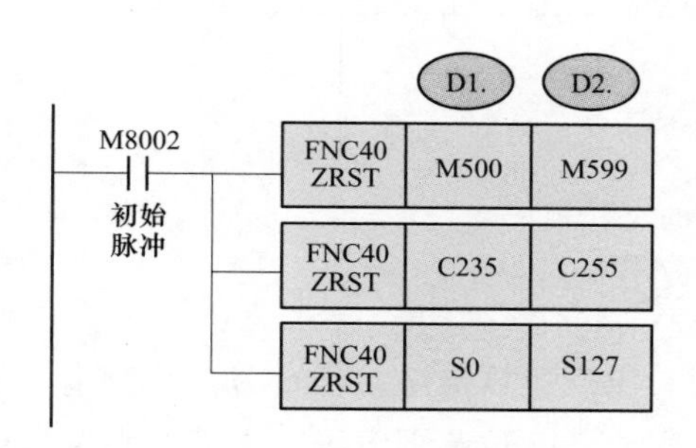

图6-45　区间复位指令的使用说明

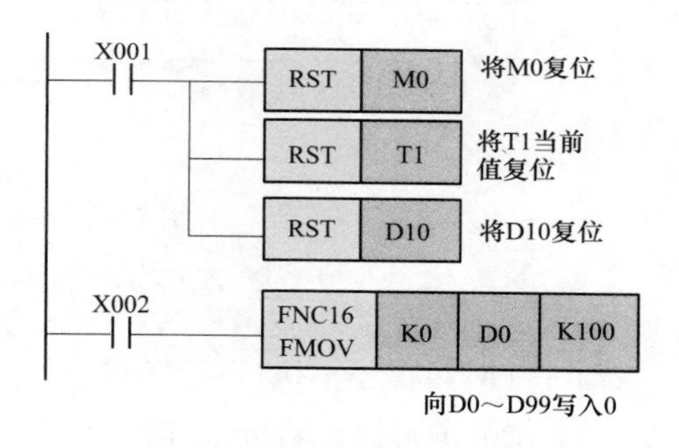

图6-46　其他复位指令的使用

2. 解码指令

该指令的名称、指令代码、助记符、操作数、程序步见表6-23。

表6-23　解码指令的要素

指令名称	指令代码位数	助记符	操作数范围			程序步
			S1（·）	D（·）	n	
解码	FNC41 ◥ (16)	DECO DECO（P）	K、H、X、Y、M、S、T、C、D、V、Z	Y、M、S、T、C、D	K、H 1≤n≤8	ZRST、ZRSTP…5步

(1) 当D（·）是Y、M、S位元件时，解码指令根据源S（·）指定的起始地址的n位连续的位元件所表示的十进制码值Q，对D（·）指定的2^n位目标元件的第Q位（不含目标元件本身）置1，其他位置0。使用说明如图6-47（a）所示，图中3个连续源元件数据十进制码值$Q=2^1+2^0=3$，因此从M10开始的第3位M13为1。若源数据Q=0，则第0位（即M10）为1。

当n=0时，程序不操作；n在1～8以外时，出现运算错误。若n=8时，D（·）

的位数 $2^8=256$。

驱动输入为 OFF 时，不执行指令，上一次解码输出置 1 的位保持不变。

若指令是连续执行型，则在各个扫描周期都执行，这是必须注意的。

（2）当 D（·）是字元件时，DECO 指令以源 S（·）所指定字元件的第 n 位所表示的十进制码 Q，对 D（·）指定的目标字元件的第 Q 位（不含最低位）置 1，其他位置 0。说明如图 6-47（b）所示，图中源数据 $Q=2^1+2^0=3$，因此 D1 的第 3 位为 1。当源数据为 Q=0 时，第 0 位为 1。

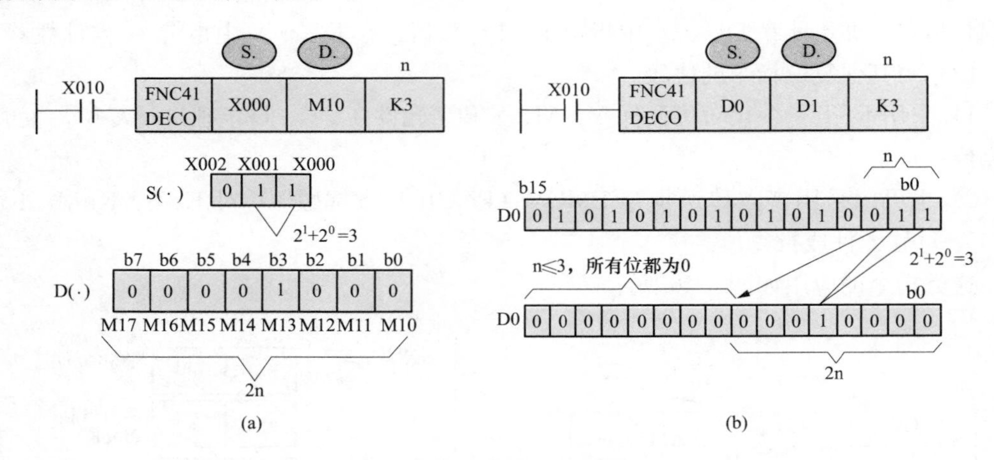

图 6-47 解码指令的使用说明

（a）D. 为位元件时，n≤8；（b）D. 为字元件时，n≤4

若 n=0 时，程序不执行；n 在 1～4 以外时，出现运算错误。若 n≤4，则在 D（·）是 $2^4=16$ 位范围解码。若 n≤3 时，在 D（·）的 $2^3=8$ 位范围解码，高八位均为 0。

驱动输入为 OFF 时，不执行指令，上一次解码输出置 1 的位保持不变。

若指令是连续执行型，则在各个扫描周期都执行，这是必须注意的。

3. 编码指令

该指令的名称、指令代码、助记符、操作数、程序步见表 6-24。

表 6-24　　编码指令的要素

指令名称	指令代码位数	助记符	操作数范围			程序步
			S（·）	D（·）	n	
编码	FNC42 ◥ (16)	ENCO ENCO（P）	X、Y、M、S、T、C、D、V、Z	T、C、D、V、Z	K、H 1≤n≤8	ENCO、ENCOP…5 步

（1）当 S（·）是位元件时，以源操作数 S（·）指定的位元件为首地址、长度为 2^n 的位元件中，指令将最高位置 1 的位号存放到目标 D（·）指定的元件中，D（·）指定元件中数值的范围由 n 确定。使用说明如图 6-48（a）所示，图中源元件的长度位为 2^n（此时 n=3，$2^3=8$）位，即 M10～M17，其最高置 1 位是 M13 即第 3 位。将“3”对应的二进制数存放到 D10 的低 3 位中。

当源操作数的第一个（即第 0 位）位元件为 1，则 D（·）中存放 0。当源操作数中无 1 时，出现运算错误。

若 n=0，程序不执行。n>8 时，出现运算错误。若 n=8，S（·）中位数为 $2^8=256$。

驱动输入为 OFF 时，不执行指令，上次编码输出保持不变。

若指令是连续执行型，则在各个扫描周期都执行，这是必须注意的。

（2）当 S（·）是字元件时，在其可读长度为 2^n 位中，最高置 1 的位被存放到目标 D（·）指定的元件中，D（·）中数值的范围由 n 确定。使用说明如图 6-48（b）所示，图中源字元件的可读长度为 $2^n=2^3=8$ 位，其最高置 1 位是第 3 位。将“3”位置数（二进制）存放到 D1 的低 3 位中。

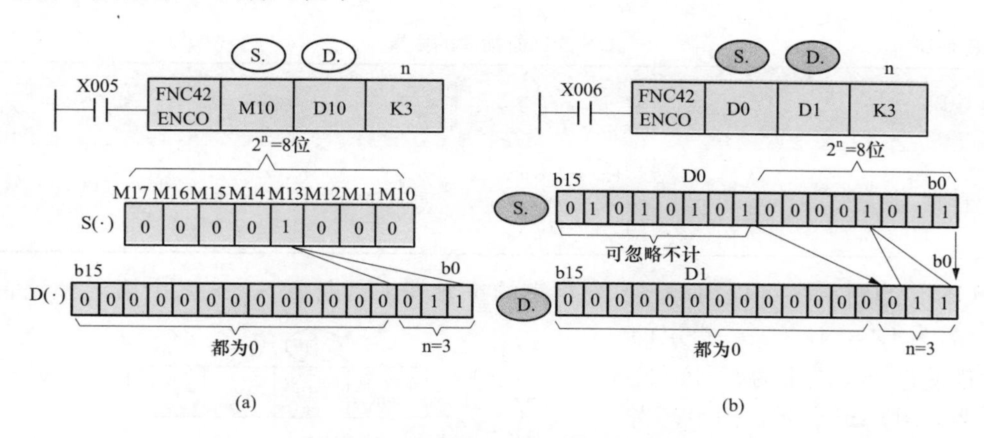

图 6-48　编码指令的使用说明

（a）S. 为位元件时，n≤8；（b）S. 为字元件时，n≤4

当源操作数的第一个（即第 0 位）位元件为 1，则 D（·）中存放 0。当源操作数中无 1 时，出现运算错误。

若 n=0，程序不执行。n 在 1～4 以外时，出现运算错误。若 n=4，S（·）的位数为 $2^4=16$。

驱动输入为 OFF 时，不执行指令，上次编码输出保持不变。

4. 求置 ON 位总合指令

该指令的名称、指令代码、助记符、操作数、程序步见表 6-25。

表 6-25　求置 ON 位总和指令的要素

指令名称	指令代码位数	助记符	操作数范围		程序步
			S（·）	D（·）	
求置 ON 位总和	FNC43（16/32）	SUM SUM（P）	K、H、KnX、KnY、KnM、KnS、T、C、D、V、Z	KnY、KnM、KnS、T、C、D、V、Z	SUM、SUMP…5 步 DSUM、DSUMP…9 步

求置 ON 位总和指令是将源操作数 S（·）指定元件中置 1 的总和存入目标操作数 D（·）中。使用说明如图 6-49。图中源元件 D0 中有九个位置为 1，当 X000 为 ON 时，

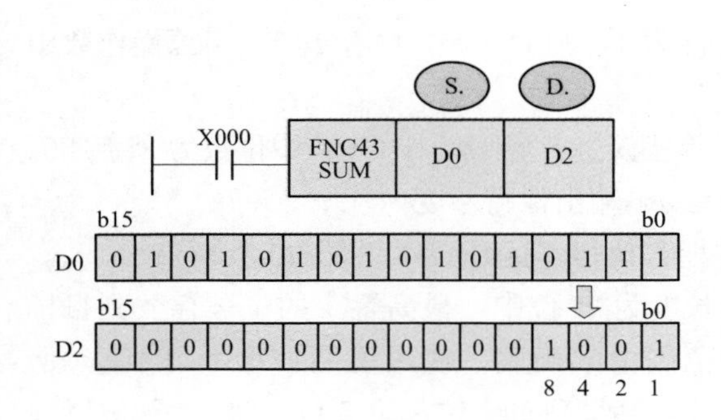

图 6-49 求置ON位总和指令的使用说明

将D0中置1总和9存入目元件D2中。若D0为0，则标志M8020动作。

若图6-49中使用的是DSUM或DSUMP指令，是将（D1，D0）中32位置1的位数之和写入D2，与此同时，D3全部为0。

5. ON位判断指令

该指令的名称、指令代码、助记符、操作数、程序步见表6-26。

表 6-26　ON位判断指令的要素

指令名称	指令代码位数	助记符	操作数范围			程序步
			S（·）	D（·）	n	
ON位判断	FNC44（16/32）	BON BON（P）	K、H、KnX、KnY、KnM、KnS、T、C、D、V、Z	Y、M、S	K、H n=0～15/16位指令 n=0～31/32位指令	BON，BONP…7步 DBON，DBONP…7步

ON位判断指令可以用D（·）指定的位元件来判断源S（·）中第n位是否为ON。若为ON，D（·）指定的位元件动作，反之则为OFF。使用说明如图6-50所示。图中，当X000为ON时，判断D10中第15位，若为1，则M0为ON，反之为OFF。X000变为OFF时，M0状态不变化。

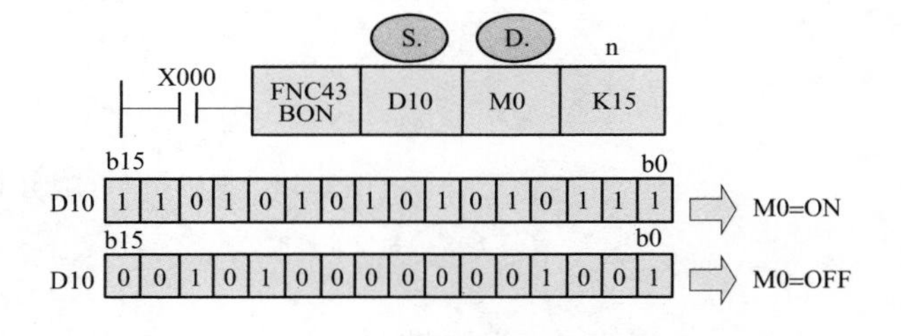

图 6-50 ON位判断指令的使用说明

执行的是16位指令时，n=0～15。执行的是32位指令时，n=0～31。

6. 平均值指令

该指令的名称、指令代码、助记符、操作数范围、程序步见表6-27。

表 6-27　平均值指令的要素

指令名称	指令代码位数	助记符	操作数范围			程序步
			S（·）	D（·）	n	
平均值	FNC45（16）	MEAN MEAN（P）	KnX、KnY、KnM、KnS、T、C、D	KnY、KnM、KnS、T、C、D、V、Z	K、H 1～64	MEAN，MEANP…7步 DMEAN，DMEANP…7步

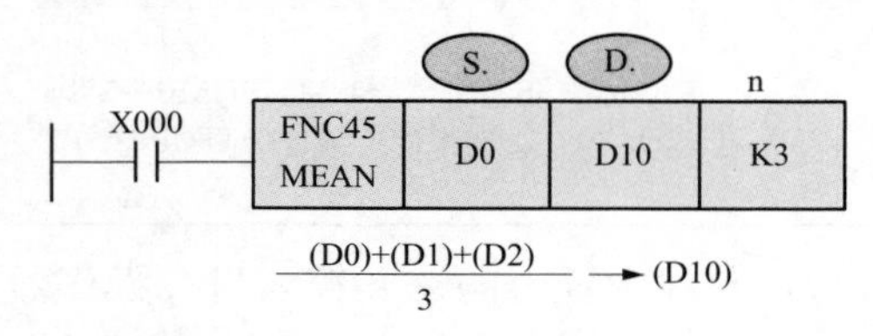

图 6-51 平均值指令的使用说明

平均值指令MEAN是将S（·）指定的n个（元件的）源操作数据的平均值（用n除代数和）存入目标操作数D（·）中，舍去余数。MEAN指令的说明如图6-51所示。

如 n 超出元件规定地址号范围时，n 值自动减小。n 在 1～64 以外时，会发生错误。

7. 标志置位和复位指令

该指令的名称、指令代码、助记符、操作数范围、程序步见表 6-28。

表 6-28　　标志置位和复位指令的要素

指令名称	指令代码位数	助记符	操作数范围			程序步
			S（·）	m	D（·）	
标志置位	FNC46（16）	ANS	T（T0～T199）	m=1～32 767（100 ms 单位）	S（S900～S999）	ANS…7 步
标志置位	FNC47（16）	ANR ANR（P）	—			ANR，ANRP…1 步

标志置位指令是驱动信号报警器 M8048 动作的方便指令，当执行条件为 ON 时，S（·）中定时器定时 m ms 后，D（·）指定的标志状态寄存器置位，同时 M8048 动作。使用说明如图 6-52（a）所示，若 X000 与 X0001 同时接通 1 s 以上，则 S900 被置位，同时 M8048 动作，定时器复位。以后即使 X000 或 X001 为 OFF，S900 置位的状态不变。若 X000 与 X001 同时接通不满 1 s 变为 OFF，则定时器复为，S900 不置位。

标志复位指令可将被置位的标志状态寄存器复位。使用说明如图 6-52（b）所示，当 X003 为 ON 时，如果有多个标志状态寄存器动作，则将动作的新地址号的标志状态复位。

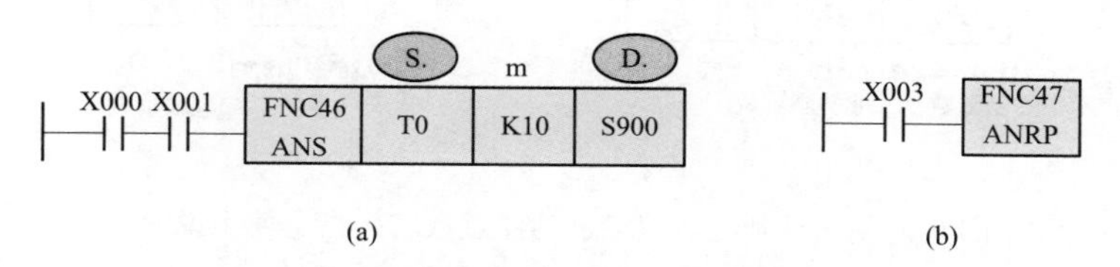

图 6-52　标志置位和复位指令使用说明

（a）标志置位指令的使用说明；（b）标志复位指令的使用说明

若采用连续型 ANR 指令，X003＝ON 不变下，则在每个扫描周期中按顺序对标志状态寄存器复位，直至 M8048＝OFF。请务必注意。

8. 二进制平方根指令

该指令的名称、指令代码、助记符、操作数范围、程序步见表 6-29。

表 6-29　　二进制平方根指令的要素

指令名称	指令代码位数	助记符	操作数范围		程序步
			S（·）	D（·）	
二进制平方根	FNC48（16/32）	SOR SOR（P）	K、H、D	D	SOR，SORP…5 步 DSOR，DSORP…9 步

该指令可用于计算二进制平方根。要求 S（·）中只能是正数，若为负数，错误标志 M8067 动作，指令不执行。使用说明如图 6-53 所示，计算结果舍去小

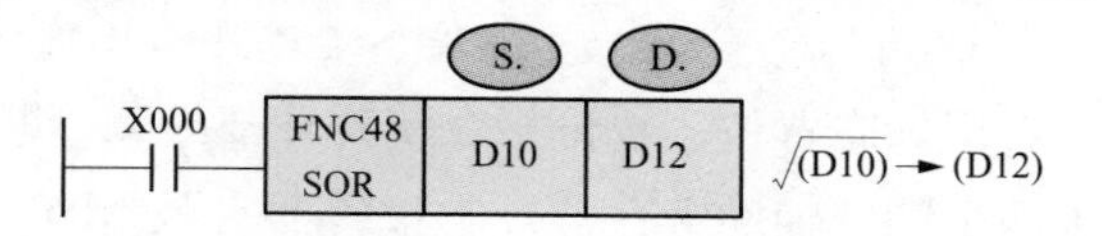

图 6-53　二进制平方根指令的使用说明

数取整。舍弃小数时，借位标志M8021为ON。如果计算为0，零标志M8020动作。

9. 二进制整数与二进制浮点数转换指令

该指令的名称、指令代码、助记符、操作数范围、程序步见表6-30。

表6-30 二进制整数与二进制浮点数转换指令的要素

指令名称	指令代码位数	助记符	操作数范围		程序步
			S（·）	D（·）	
二进制整数与二进制浮点数转换	FNC49（16/32）	FLT FLT（P）	D	D	FLT，FLTP…5步 DFLT，DFLTP…9步

该指令是二进制整数值与二进制浮点数的转换指令。常数K，H在各浮点计算指令中自动转换，在FLT指令中不做处理。

指令的使用说明如图6-54所示，该指令在M8023作用下可实现可逆转换。图6-54（a）是16位转换指令，若M8023＝OFF，当X000接通时，则将源元件D10中的16位二进制整数转换为二进制浮点数，存入目元件（D13，D12）中；图6-54（b）是32位指令，若M8023＝ON，则将源元件（D11，D10）中的二进制浮点数转换为32位二进制整数（小数点后的数舍去）。

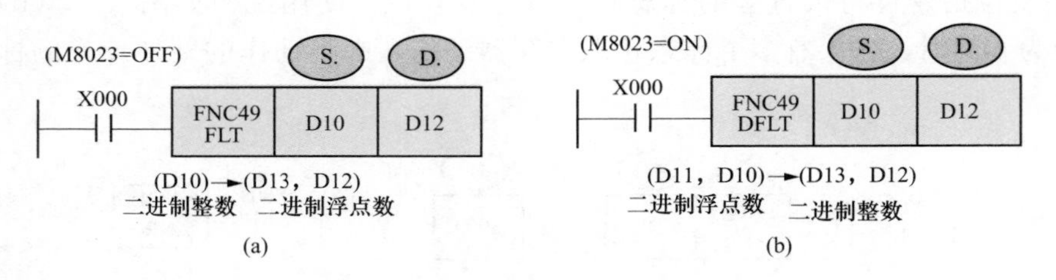

图6-54 二进制整数与二进制浮点数转换指令使用说明

（a）16位指令转换；（b）32位指令转换

6.5.2 数据处理类指令应用实例

1. 用解码指令实现单按钮分别控制五台电动机的起停按钮按数次，最后一次保持1 s以上后，则号码与次数相同的电动机运行，再按按钮，该电动机停止，五台电动机接于Y001～Y005。

梯形图如图6-55所示。输入电动机编号的按钮接于X000，电动机号数使用加1指令记录在K1M10中，解码指令DECO则将K1M10中的数据解读并令M0～M7中相应的位元件置1。M9及T0用于输入数字确认及停车复位控制。

例如，按钮连续按三次，最后一次保持1 s以上，则M10～M12中为$(011)_{BIN}$，通过译码，使M0～M7中相应的M3为1，则接于Y003上的电动机运行，再按一次X000，则M9为1，T0和M10～M12复位，电动机停车。

2. 用标志置位、复位指令实现外部故障诊断处理

用标志置位、复位指令实现外部故障诊断处理的程序如图6-56所示。该程序中采用了两个特殊辅助寄存器：①报警器有效M8049，若它被驱动，则可将S900～S999中的工作状态的最小地址号存放在特殊数据寄存器D8049内；②报警器动作M8048，若

M8049被驱动，状态S900～S999中任何一个动作，则M8048动作，并可驱动对应的故障显示。

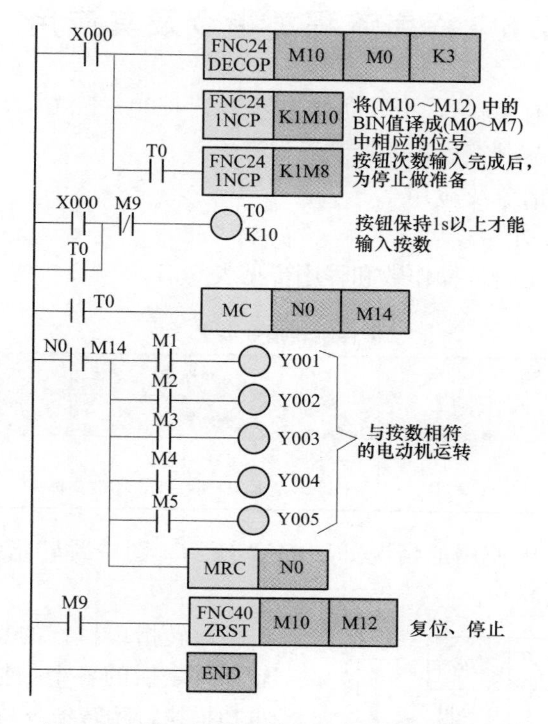

图6-55 单按钮控制五台电动机运行的梯形图

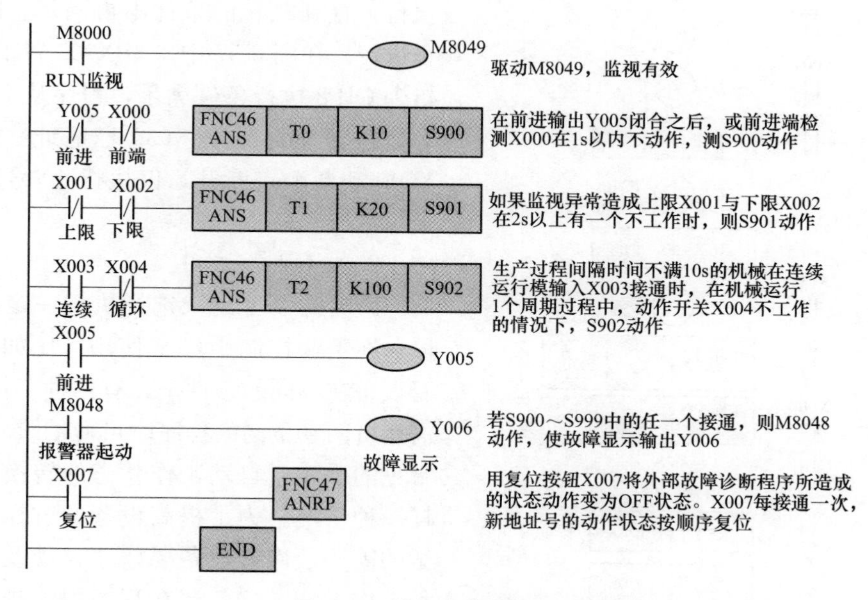

图6-56 外部故障处理梯形图

在程序中，对应多故障同时发生的情况采用监视 M8049，在清除 S900～S999 中动作的信号报警器最小地址号之后，可以知道下一个故障地址号。

6.6 程序流程类指令及其应用

程序流程类指令共有 10 条，指令功能编号为 FNC00～FNC09，它们在程序中条件执行与优先处理，主要与顺控程序的控制流程有关。

6.6.1 条件跳转指令及应用

1. 条件跳转指令说明

该指令的代码、助记符、操作数和程序步见表 6-31。

表 6-31 条件跳转指令要素

指令名称	指令代码位数	助记符	操作数	程序步
			D（·）	
条件跳转	FNC 00 （16）	CJ CJ（P）	P0～P127 P63 即是 END 所在步，不需要标记	CJ 和 CJ（P）～3 步 标号 P～1 步

跳转指令在梯形图中使用的情况如图 6-57 所示。图中跳转指针 P8、P9 分别对应 CJP8 及 CJP9 两条跳转指令。

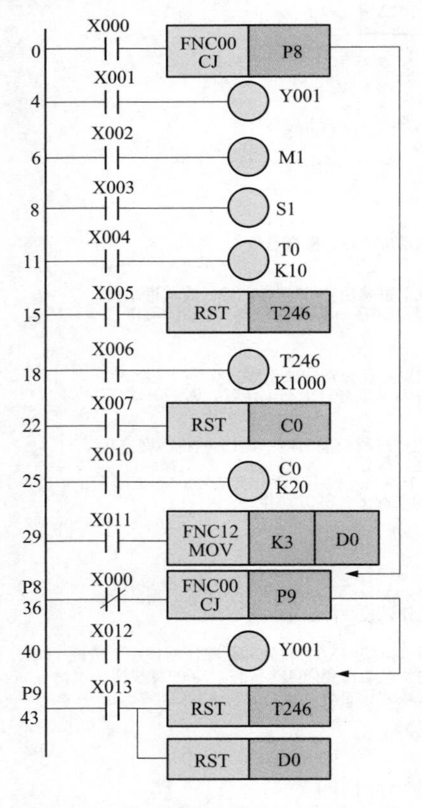

图 6-57 条件跳转指令使用说明

跳转指令执行的意义是在满足重要跳转条件之后的各个扫描周期中，PLC 将不再扫描执行跳转指令与跳转指针 Pn 之间的程序，即跳到以指针 Pn 为入口的程序段中执行。直到跳转的条件不再满足，跳转停止进行。在图 6-57 中，当 X000 置 1，跳转指令 CJP8 执行条件满足，程序从 CJP8 指令处跳转至标号 P8（36 号地址）处，因 X000 动断触点断开，仅执行 40 号地址的最后三行程序。

2. 跳转指令应用

跳转指令可用来选择执行一定的程序段，在工业控制中经常使用。比如，同一套设备在不同的条件下，有两种工作方式，需运行两套不同的程序时可使用跳转指令。常见的手动，自动工作状态的转换即是这样一种情况。为了提高设备的可靠性和调试的需要，许多设备要建立自动及手动两种工作方式。这就要在程序中编排两段程序，一段用于手动，一段用于自动。然后设立一个手动/自动转换开关对程序段进行选择。图 6-58 即为一段手动/自动程序选择的梯形图和指令表。图中输入继电器 X025 为手动/自动转换开关。当 X025 置 1 时，执行自动工作方式，置 0 时执行手动工作方式。

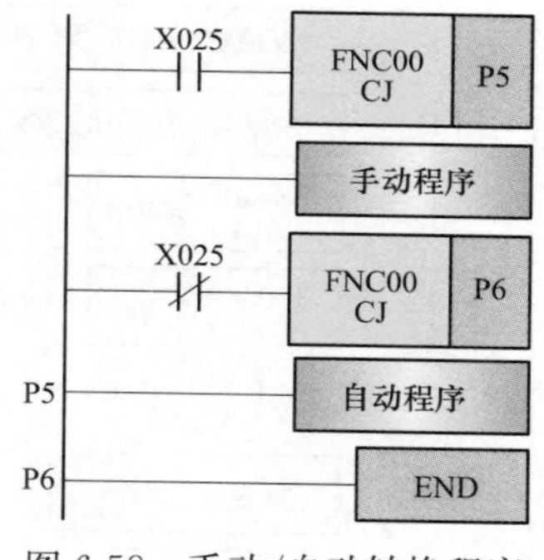

图 6-58　手动/自动转换程序

6.6.2　子程序指令及应用

1. 子程序指令说明

该指令的指令代码、助记符、操作数、程序步见表 6-32。

表 6-32　子程序指令使用要素

指令名称	指令代码	助记符	操作数 D（·）	程序步
子程序调用	FNC 01 （16）	CALL CALL（P）	指针 P0～P62，P64～P127 嵌套 5 级	3 步（指令标号）1 步
子程序返回	FNC 02	SRET	无可用软件	1 步

子程序是为一些特定的控制目的编制的相对独立的程序。为了区别于主程序，规定在程序编排时，将主程序排在前边，子程序排在后边，并以主程序结束指令 FEND（FNC06）将这两部分分开。

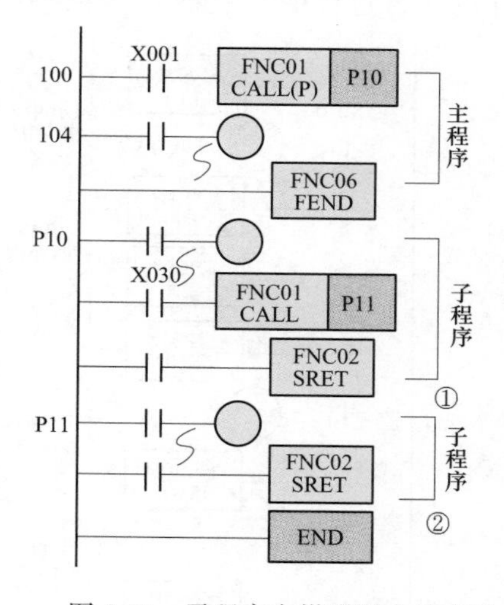

图 6-59　子程序在梯形图中的表示

子程序指令在梯形图中的表示如图 6-59 所示。图中，子程序调用指令 CALL 安排在主程序段中，X001 是子程序执行和条件，当 X001 置 1 时，执行指针标号为 P10 的子程序一次。子程序 P10 安排在主程序结束指令 FEND 之后，标号 P10 和子程序返回指令 SRET 之间的程序构成 P10 子程序的内容，当执行到返回指令 SRET①时，返回主程序。若主程序带有多个子程序或子程序中嵌套子程序时，子程序可依次列在主程序结束指令之后。并以不同的标号相区别。例如图 6-59 第一个子程序又嵌套第二个子程序，当第一个子程序执行中 X030 为 1 时，调用标号 P11 开始的第二个子程序，执行到 SRET②返回第一个子程序断点处继续执行。这样的子程序内调用指令可达 4 次，整个程序嵌套可多达 5 次。在编写调用子程序的指令时，标号需占一行。

2. 子程序指令应用

某化工反应装置完成多液体物料的化合工作，连续生产。使用可编程控制器完成物

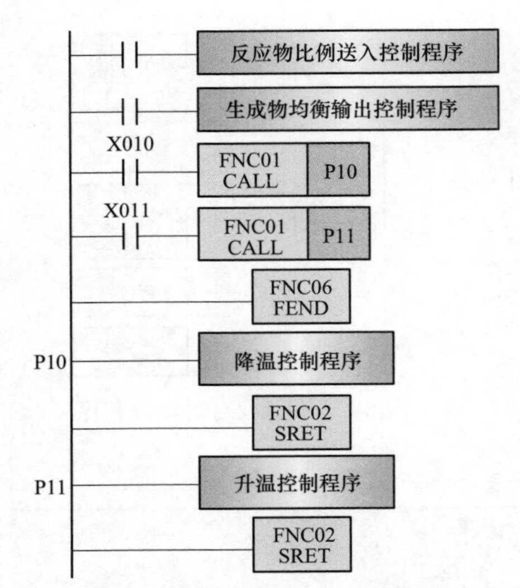

图 6-60 温度控制子程序结构图

料的比例投入及送出，并完成反应装置温度的控制工作。反应物料的比例投入根据装置内酸碱度经运算控制有关阀门的开起程度实现，反应物的送出以进入物料的量经计算控制出料阀门的开起程度实现，温度控制使用加温及降温设备。温度需维持在一个区间内。在设计程序的总体结构时，将运算为主的程序内容作为主程序；将加温及降温等逻辑控制为主的程序作为子程序。子程序的执行条件 X010 及 X011 为温度高限继电器及温度低限继电器。图 6-60 为该程序的示意图。

6.6.3 中断指令

该指令的指令代码、助记符、操作数、程序步见表 6-33。

表 6-33 中断指令使用要素

指令名称	指令代码	助记符	操作数	程序步
			D	
中断返回指令	FNC 03	IRET	无	1 步
允许中断指令	FNC 04	EI	无	1 步
禁止中断指令	FNC 05	DI	无	1 步

中断是计算机所特有的一种工作方式。指主程序的执行过程中，中断主程序的执行去执行中断子程序。和前面所谈到过的子程序一样，中断子程序也是为某些特定的控制功能而设定的。和普通子程序的不同点是，这些特定的控制功能都有一个共同的特点，即要求响应时间小于机器的中断源，FX_{2N}系列可编程控制器有 3 类中断源，输入中断、定时器和计数器中断。为了区别不同的中断及在程序中表明中断子程序的入口，规定了中断指针标号（在编写中断子程序的指令表时，标号需占 1 行）。FX_{2N}系列可编程控制器中断指针 I 的地址编号不可重复使用。

中断指令的梯形图表示如图 6-61 所示。从图中可以看出，中断程序作为一种子程序安排在主程序结束指令 FEND 之后。主程序允许中断指令 EI 及不允许中断指令 DI 间的一个区间表示可以开放中断的程序段。当主程序带有多个中断子程序时，中断标号和与其最近的一出中断返回指令构成一个中断子程序。FX_{2N}型可编程控制器可实现不多于 2 级的中断嵌套。

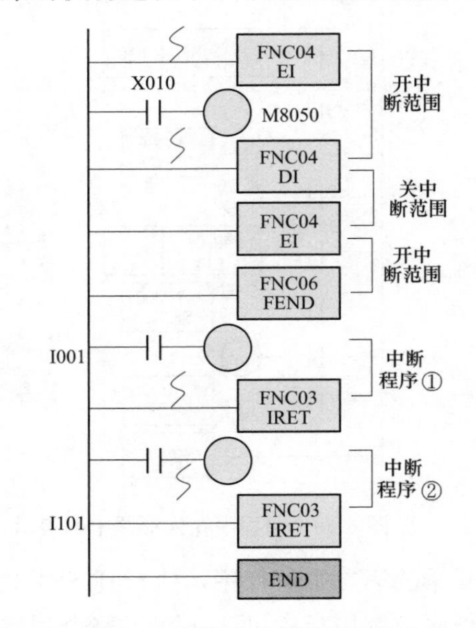

图 6-61 中断指令在梯形图中的表示

另外，一次中断请求，中断程序一般仅能执行一次。

6.6.4　程序循环指令

该指令的名称、指令代码、助记符、操作数、程序步见表6-34。

表6-34　　程序循环指令要素

指令名称	指令代码	助记符	操作数	程序步
			S	
循环开始指令	FNC 08（16）	FOR	K、H、KnX、KnY、KnM、KnS、T、C、D、V、Z	3步（嵌套5层）
循环结束指令	FNC 09	NEXT	无	1步

循环指令由FOR及NEXT两条指令构成，这两条指令总是成对出现的。如梯形图6-62所示。图中有3条FOR指令和3条NEXT指令相互对应，构成3层循环，这样的嵌套可达5层。在梯形图中相距最近的FOR指令和NEXT指令是1对，构成最内层循环①，其次是中间的1对指令构成中循环②，再就是最外层1对指令构成外循环③。每1层循环间包括了一定的程序，这就是所谓程序执行过程中需依一定的次数循环的部分。循环的次数由FOR指令的K值给出，K=1～32 767，若给定为−32 767～0时，作K=1处理。该程序中内层循环①程序是向数据存储器D100中加1，若循环值从输入端设定为4，它的中层②循环值D3中为3，最外层③循环值为4。循环嵌套程序的执行总是从最内层开始。以图6-62的程序为例，当程序执行到内循环程序段时优先向D100中加4次1，然后执行中层循环，中层循环要将内层循环的过程执行3次，执行完成后D100中的值为12。最后执行最外层循环，即将内层及中层循环再执行4次。从以上的分析可以看出，多层循环间的关系是循环次数相乘的关系，这样，本例中的加1指令在一个扫描周期中就要向数据存储器D100中加入48个1了。

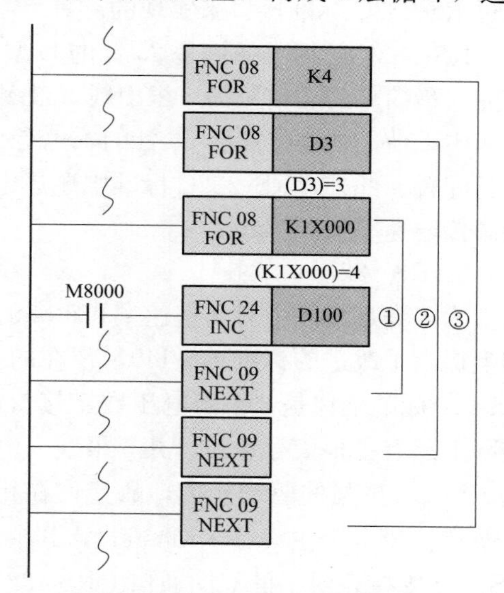

图6-62　循环指令使用说明

6.7　FX_{2N}系列PLC通信

6.7.1　数据通信的基本概念

无论是PLC还是计算机，都是一种数字设备，它们之间交换的信息都是由“0”和

"1"表示的数字信号。通常把具有一定的编码/格式和位长要求的数字信息称为数据信息。

数据通信就是将数据信息通过适当的传送线路从一台机器传送到另一台机器。这里的机器可以是计算机、PLC或是有数据通信功能的其他数字设备。

数据通信的任务是把地理位置不同的计算机和PLC及其他数字设备连接起来，高效率地完成数据的传送、信息交换和通信处理3项任务。

数据通信系统一般由传送设备、传送控制设备和传送协议及通信软件等组成。

6.7.2 常用通信接口

1. RS-232C

RS-232C（串行接口标准）是1969年由美国电子工业协会（Electronic Industries Association，EIA）所公布的串行通信接口标准。"RS"是英文"推荐标准"的缩写，"232"是标识号，"C"表示此标准修改的次数。它既是一种协议标准，又是一种电气标准，规定了终端和通信设备之间信息交换的方式和功能，PLC与计算机之间的通信就是通过RS-232C标准接口来实现的。

RS-232C的标准插件是25针的D型连接器，但是实际应用中并未将25个引脚全部用完，最简单的通信只需3根引线，最多的也不过用到22根。所以在计算机与PLC的通信中，使用的连接器有25针的，也有9针的。具体采用哪一种，用户可根据实际需要自行配置。此外，RS-232C标准中还规定最大传送距离为15 m（实际上可达约30 m），最高传输速率为20 kb/s。

2. RS-422

为了满足实际中对通信速率和距离的要求，美国EIA学会于1977年在RS-232C基础上提出了改进的标准RS-449，现在的RS-422和RS-485都是从RS-449派生出来的。RS-422标准全称是"平衡电压数字接口电路的电气特性"，它定义了接口电路的特性。实际上还有一根信号地线，共5根线。由于接收器采用高输入阻抗和具有发送驱动器比RS-232更强的驱动能力，故允许在相同传输线上连接多个接收节点，最多可接256个节点。即一个主设备（Master），其余为从设备（Slave），从设备之间不能通信，所以RS-422支持点对多的双向通信。RS-422的最大传输距离约为1 219 m，最大传输速率为10 Mb/s。其平衡双绞线的长度与传输速率成反比，在100 kb/s速率以下，才可能达到最大传输距离。只有在很短的距离下才能获得最高速率传输，一般100 m长的双绞线上所能获得的最大传输速率仅为1 Mb/s。

3. RS-485

为了扩展应用范围，EIA在RS-422的基础上制定了RS-485标准，增加了多点、双向通信能力。通常在要求通信距离为几十米至上千米时，广泛采用RS-485接收器。

RS-485的许多电气规定与RS-422相仿，如都是采用平衡传输方式、都需要在传输线上接终端电阻等。所不同的是，RS-422采用不可转换的单发送端，RS-485的发送端需要设置为发送模式，这使得RS-485可以使用双线模式实现真正的多点双向通信。

RS-485与RS-422一样，最大传输速率为10 Mb/s。当波特率为1 200 b/s时，最大传输距离理论上可达 15 km。理想情况下 RS-485 需要 2 个终端电阻，其阻值要求等于传输电缆的特性阻抗。在短距离传输时可不接，即一般在 300 m 以下不需终端电阻。

6.7.3　PLC 与计算机的通信

FX_{2N}系列 PLC 不能直接与计算机进行通信，因为 PLC 编程口的通信协议为 RS-422 或 RS-485，而计算机的串行口协议为 RS-232C，故必须进行协议转换。对于 FX_{2N}系列 PLC，可采用三菱公司提供的 SC-09 信号转换器来实现 RS-232C/RS-422/RS-485 协议信号的自动识别。

1. 通信协议

计算机与 PLC 数据交换和传输有 3 种形式：计算机从 PLC 中读数据、计算机向 PLC 写数据和 PLC 向计算机写数据。不论计算机和 PLC 之间交换和传输数据时用哪种数据交换形式，都按如图 6-63 所示的格式进行。

控制代码	PLC 站号	PLC 标识号	命令	报文等待时间	数据字符	校验和代码	控制代码 CR/LF

图 6-63　数据传输的基本格式

（1）控制代码。控制代码见表 6-35。PLC 接收到单独的控制代码 EOT（发送接收）和 CL（清除）时，将初始化传输过程，此时 PLC 不会作出响应。在以下几种情况时，PLC 将会初始化传输过程。电源接通、数据通信正常完成、接收到发送结束信号（EOT）或清除信号（CL）、接收到不能确认信号（NAK）、计算机发送命令报文后超过了超时检测时间。

表 6-35　　控制代码表

信　号	代　码	功能描述	信　号	代　码	功能描述
STX	02H	报文开始	LF	0AH	换行
ETX	03H	报文结束	CL	0CH	清除
EOT	04H	发送结束	CR	0DH	回车
ENQ	05H	请求	NAK	15H	不能确认
ACK	06H	确认	—	—	—

计算机使用 RS-485 接口时，在发出命令报文后，如果没有信号从 PLC 传输到计算机连接口，就会在计算机上产生帧错误信号，直至接收到来自 PLC 的报文开始（STX）、确认（ACK）和不能确认（NAK）信号之中的任何一个为止。检测到通信错误时，PLC 向计算机发送不能确认（NAK）信号。

（2）工作站号。工作站号决定计算机访问哪一台 PLC，同一网络中各 PLC 的站号不能重复，但不要求网络中各站的站号是连续的数字。在 FX_{2N}系列 PLC 中可用特殊数据寄存器 D8121 来设定站号，设定范围为 00H～0FH。

（3）PLC 标识。PLC 的标识号用于识别 PLC 网络中的 CPU，用两个 ASCII 字符来标识。例如，若 PLC 的标识号为十六进制数 FF，则 FF 对应的两个 ASCII 字符为 46H、46H。

（4）命令。计算机连接中的命令用于指定操作的类型，如读、写等。

（5）报文等待时间。报文等待时间是用于决定当 PLC 接收到计算机发送过来的数据后，需要等待的最少时间，然后才能向计算机发送数据。报文等待时间可以在0～1.5 ms之间设定，用ASCII码表示。

（6）数据字符。数据字符即所发送的数据报文信息，其字符个数由实际情况决定。

（7）校验和代码。校验和代码用来校验接收到的信息中数据是否正确。将报文的第一个控制代码与校验的代码之间所有字符的十六进制形式的ASCII码求和，再把和的最低十六进制数作为校验和代码，并且以ASCII码形式放在报文的末尾。

（8）控制代码。D8120的b15位设置“1”时，选择控制协议格式4，PLC在报文末尾加上控制代码CR/LF（回车、换行符）。

2. 计算机从PLC读数据

计算机从PLC读取数据的过程分为A、B、C三部分，如图6-64所示。下面以控制协议格式4为例，介绍计算机读取PLC数据的过程及数据传输格式。

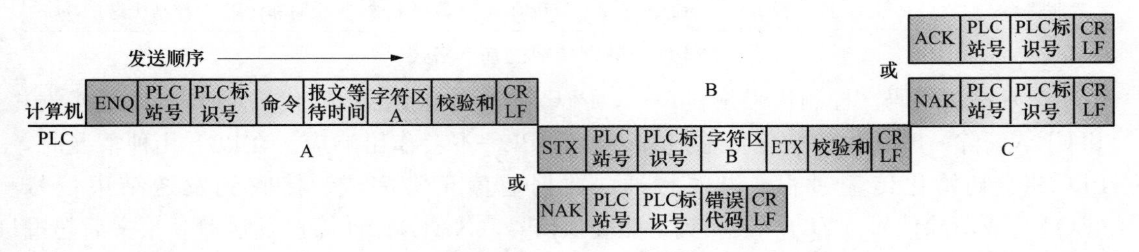

图6-64 计算机读取PLC数据的数据传输格式

（1）计算机向PLC发送读数据命令报文（A部分），以控制代码ENQ（请求）开始，后面是计算机要发送的数据，数据按从左向右的顺序发送。

（2）PLC接收到计算机的命令后，向计算机发送计算机要求读取的数据，该报文以控制代码STX开始（B部分）。

（3）计算机接收到从PLC中读取的数据后，向PLC发送确认报文，该报文以ACK开始（C部分），表示数据已收到。

（4）计算机向PLC发送读数据的命令有错误时，或通信过程中产生错误，PLC向计算机发送有错误代码的报文，即B部分以NAK开始的报文，通过错误代码告诉计算机产生通信错误可能的原因。

计算机接收到PLC发来的有错误的报文时，向PLC发送无法确认的报文，即C部分以NAK开始的报文。

3. 计算机向PLC写数据

计算机向PLC写数据的过程分为A、B两部分，如图6-65所示。

（1）计算机首先向PLC发送写数据命令（A部分）。

（2）PLC接收到写数据命令后，执行相应的操作，执行完成后向计算机发送确认信号（B部分以ACK开头的报文），表示写数据操作已完成。

（3）若计算机发送的写命令有错误或者在通信过程中出现了错误，PLC将向计算机发送B部分中以NAK开头的报文，通过错误代码告诉计算机产生通信错误的可能原因。

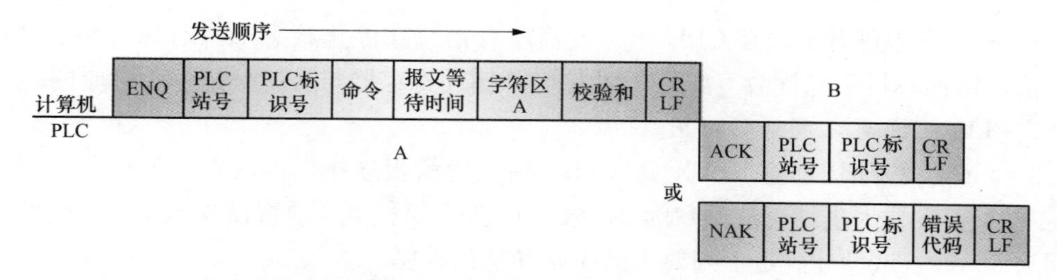

图 6-65　计算机向 PLC 写数据的数据传输格式

6.7.4　PLC 与 PLC 的通信

1. PLC 与 PLC 之间通信概述

对于多控制任务的复杂控制系统，多采用多台 PLC 连接通信来实现。这些 PLC 有各自不同的任务分配，进行各自的控制，同时它们之间又有相互联系，相互通信达到共同控制的目的。PLC 与 PLC 之间的通信，常称之为同位通信，又称之为 N：N 网络。FX_{2N}系列 PLC 与 PLC 之间的系统连接框图如图 6-66 所示。图中 PLC 与 PLC 之间使用 RS-485 通信用的 FX_{2N}-485-BD 功能扩展板或特殊适配器连接，可以通过简单的程序数据连接 2～8 台 PLC，这种连接又称为并联连接。在各站间，位软元件（0～64 点）和字软元件（4～8 点）被自动数据连接，通过分配到本站上的软元件，可以知道其他站的 ON/OFF 状态和数据寄存器数值。应注意的是在进行并联连接时，其内部的特殊辅助继电器不能作为其他用途。这种连接适用于生产线的分布控制和集中管理等场合。

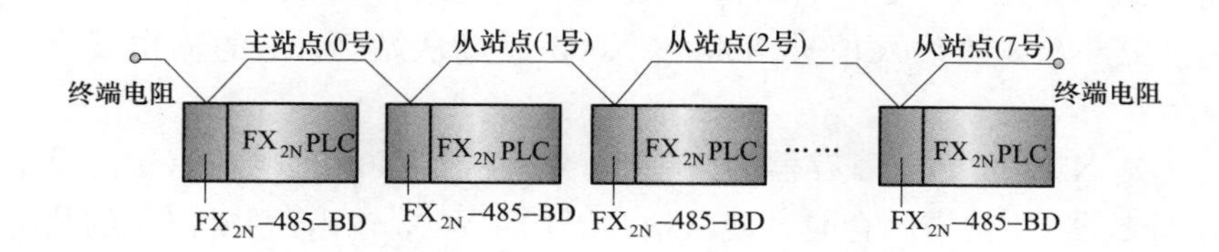

图 6-66　PLC 与 PLC 之间的系统连接框图

在图 6-66 中，0 号 PLC 称之为主站点，其余称之为从站点，它们之间的数据通信通过 FX_{2N}-485-BD 上的通信接口进行连接。

站点号的设定数据存放在特殊数据寄存器 D8176 中，主站点为 0，从站点为 1～7，站点的总数存放在 D8177 中。

N：N 网络通信中相关的标志与对应的辅助寄存器见表 6-36。

表 6-36　　N：N 网络通信中相关标志与对应辅助寄存器功能表

辅助继电器		特　性	功　能	影响站点
FX_{0N}/FX_{1S}	$FX_{1N}/FX_{2N}/FX_{2NC}$			
M8038	M8038	只读（R）	设置 N：N 网络参数	M（主）/L（从）
M504	M8183	只读（R）	当主站点有错误时，为 ON	L（从）
M505～M511	M8184～M8191	只读（R）	从站点产生错误时，为 ON	M（主）/L（从）
M503	M8191	只读（R）	与其他站点数据通信时，为 ON	M（主）/L（从）

从表 6-36 中可看出，在 CPU 出错或程序有错或在停止状态下，对每一站点处产生的通信，错误数目不能计数。此外，PLC 内部辅助寄存器与从站号是一一对应的。

2. PLC 与 PLC 之间通信应用

3 台 FX_{2N} 系列 PLC 采用 FX_{2N}-485-BD 内置通信板连接，构成 N：N 网络。要求将 FX_{2N}-80MT 设置为主站，从站数为 2，数据更新采用模式 1，重试次数为 3，公共暂停时间为 50 ms。试设计满足下列要求的主站和从站程序。

（1）主站 N0. 0 的控制要求。

1）将主站的输入信号 X000～X003 作为网络共享资源。

2）将从站 N0. 1 的输入信号 X000～X003 通过主站的输出端 Y014～Y017 输出。

3）将从站 N0. 2 的输入信号 X000～X003 通过主站的输出端 Y020～Y023 输出。

4）将数据寄存器 D1 的值，作为网络共享资源；当从站 N0. 1 的计数器 C1 接点闭合时，主站的输出端 Y005＝ON。

5）将数据寄存器 D2 的值，作为网络共享资源；当从站 N0. 2 的计数器 C2 接点闭合时，主站的输出端 Y006＝ON。

6）将数值 10 送入数据寄存器 D3 和 D0 中，作为网络共享资源。

（2）从站 N0. 1 的控制要求是首先进行站号的设置，然后完成以下控制任务。

1）将主站 N0. 0 的输入信号 X000～X003 通过主站 N0. 1 的输出端 Y010～Y013 输出。

2）将从站 N0. 1 的输入信号 X000～X003 作为网络共享资源。

3）将从站 N0. 2 的输入信号 X000～X003 通过从站 N0. 1 的输出端 Y020～Y023 输出。

4）将主站 N0. 0 的数据寄存器 D1 的值，作为从站 N0. 1 计数器 C1 的设定值；当从站 N0. 1 的计数器 C1 接点闭合时，使从站 N0. 1 的 Y005 输出，并将 C1 的状态作为网络共享资源。

5）当从站 N0. 2 的计数器 C2 接点闭合时，从站 N0. 1 的输出端 Y006＝ON。

6）将数值 10 送入数据寄存器 D10 中，作为网络共享资源。

7）将主站 N0. 0 数据寄存器 D0 的值和从站 N0. 2 数据寄存器 D20 的值相加结果存入从站 N0. 1 的数据寄存器 D11 中。

（3）从站 N0. 2 的控制要求是首先进行站号的设置，然后完成一些控制任务。

1）将主站 N0. 0 的输入信号 X000～X003 通过从站 N0. 2 的输出端 Y010～Y013 输出。

2）将从站 N0. 1 的输入信号 X000～X003 通过从站 N0. 2 的输出端 Y014～Y017 输出。

3）将从站 N0. 2 的输入信号 X000～X003 作为网络共享资源。

4）当从站 N0. 1 的计数器 C1 接点闭合时，从站 N0. 2 的输出端 Y005＝ON，

5）将主站 N0. 0 数据寄存器 D2 的值，作为从站 N0. 2 计数器 C2 的设定值；当从站 N0. 2 的计数器 C2 接点闭合时，使从站 N0. 2 的 Y006 输出，并将 C1 的状态作为网络共享资源。

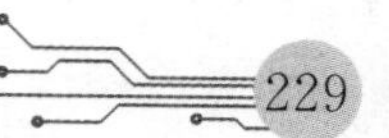

6）将数值 10 送入数据寄存器 D20 中，作为网络共享资源。

7）将主站 N0.0 的数据寄存器 D3 的值和从站 N0.1 数据寄存器 D10 的值相加结果存入从站 N0.2 的数据寄存器 D21 中。

在以上分析详列的基础上再分别完成该题的网络参数的设置、通信系统出现错误的提示、主站的控制程序和从站的控制程序。

（4）N∶N 网络通信参数的设置，主要由主站完成，不需要从站的参与，单站号的设置由每个站自己完成。本例中 N∶N 网络通信参数的设置，见表 6-37。对应的设置程序（写入 FX_{2N}-80MT 主站中）见图 6-67。

表 6-37　　通 信 参 数 设 置

寄存编号	主站 N0.0	从站 N0.1	从站 N0.2	说明
D8176	K0	K1	K2	PLC 站号的设置①
D8177	K2			从站的数量设置②
D8178	K1			数据的更新范围设置③
D8179	K3			网络中的通信重试次数④
D8180	K5			网络中的通信公共等待时间⑤

M8038

指令	源	目标	注释
FNC12 MOV	KO	D8176	KO→D8176，本站点设置为主站点
FNC12 MOV	K2	D8177	K3→D8177，从站点总数为2
FNC12 MOV	K1	D8178	K1→D8178，刷新范围设置为模式1
FNC12 MOV	K3	D8179	K3→D8179，重试次数设置为3
FNC12 MOV	K5	D8180	K6→D8180，通信超时设置为50ms

图 6-67　N∶N 网络参数设计程序

（5）通信系统的错误报警。由于 PLC 对本身的一些通信错误不能记录，因此该程序可写在主站和从站中，但不必要在每个站中都写入该程序。网络通信错误的报警程序如图 6-68所示。

（6）主站和从站的控制程序。主站 N0.0 的控制程序如图 6-69 所示。从站 N0.1 的控制程序如图 6-70 所示。从站 N0.2 的控制程序如图 6-71 所示。

触点	输出	注释
M8183	Y000	主站N0.0通信错误
M8184	Y001	主站N0.1通信错误
M8185	Y002	主站N0.2通信错误
M8191	Y003	网络通信指示

图 6-68　网络通信错误报警程序

6.7.5　PLC 与变频器的通信

变频调速具有调速平滑性好，效率高，调速范围大，精度高等优点，已在工业控制中得到广泛的应用。而作为调速器件的变频器主要有三种控制形式，第一种形式是通过本身的控制面板操作控制；第二种形式是通过接线端子实现外部控制，即分段调速控制；第三种形式是通过 PU 接口进行通信控制。采用 PLC 与变频器的组合控制，具有多种多样的 PLC 控制变频器方法，应用比较广泛的是 RS485 通信控制方式。此外，还有

PLC的模拟量信号控制变频器，RS485的Modbus-RTU通信方法控制变频器，PLC采用现场总线方式控制变频器等。

下面以三菱E700变频器与FX系列PLC的RS485无协议通信控制为例，简述PLC与变频器的通信控制。

1. 硬件组成

系统主要由1台FX系列PLC，1台FX_{2N}-485BD通信模块、1台FR-E700系列变频器构成。FX_{2N}-485BD通信模块安装在PLC上，变频器与FX_{2N}-485BD的通信由PU接口连接。有时会由于传送速度、距离而受到反射的影响，因此需要安装100Ω终端电阻，终端电阻只与离FX_{2N}-485BD通信模块最远的变频器连接。使用PU接口进行连接时不能安装终端电阻，只能使用分配器。

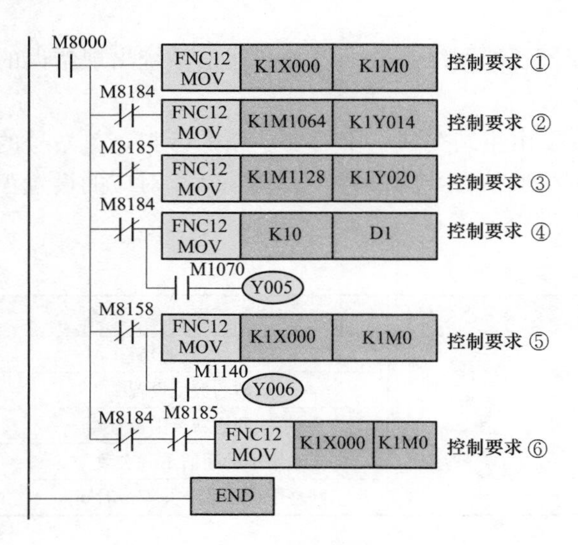

图6-69 主站控制程序

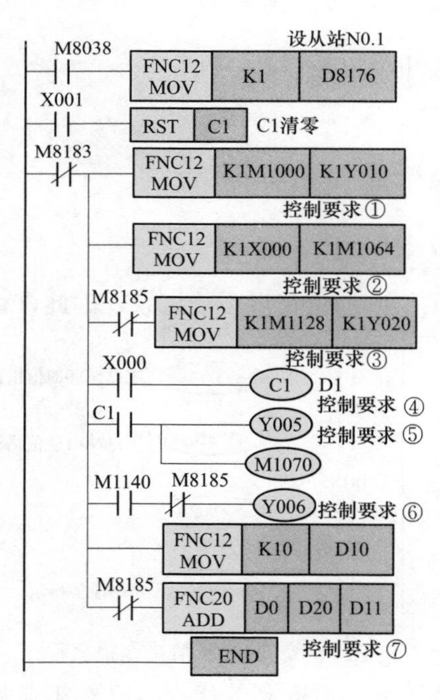

图6-70 从站N0.1控制程序

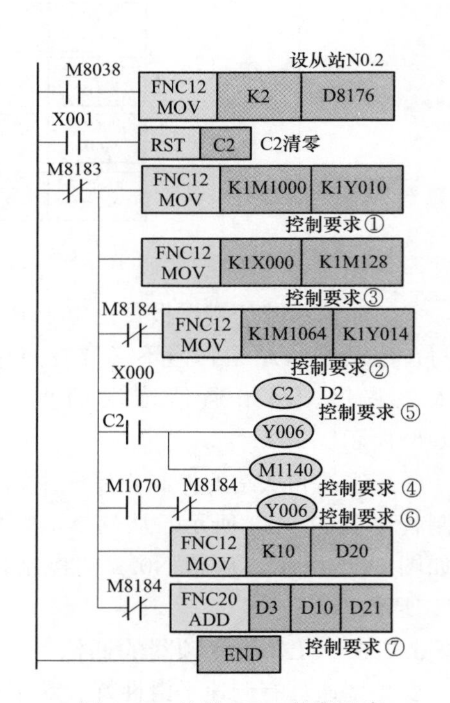

图6-71 从站N0.2控制程序

2. 控制指令

PLC与变频器进行的组合控制时，在PLC程序里，都有一段如图6-72所示的程序，该段程序解释如下。

（1）M8161。M8161是一个特殊辅助继电器，它决定了RS指令接收或传送缓冲区采用8bit还是16bit的通信模式。如果M8161线圈没有得电，为16 bit通信模式，如果M8161线圈得电，为8bit通信模式，一般设定为8 bit通信模式。

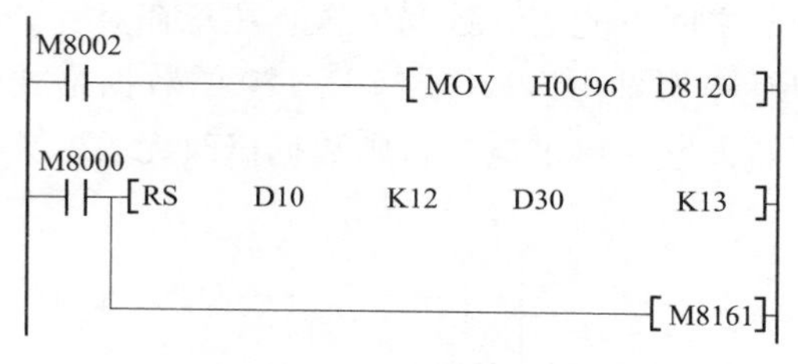

图6-72 控制指令程序段

（2）RS。是使用RS-232C及RS-485功能扩展板发送和接收串行数据的串行通信指令。指令格式如图6-73所示。

D0。发送数据的字节数（点数），可以用常数K直接指定字节数。

D500。接收数据的首地址。

D1。接收数据的字节数（点数），可以用常数K直接指定字节数。

接收、发送的数据格式是通过特殊数据寄存器D8120设定的，并要与变频器的数据格式类型完全对应。而且发送通信数据时要使用脉冲执行方式。

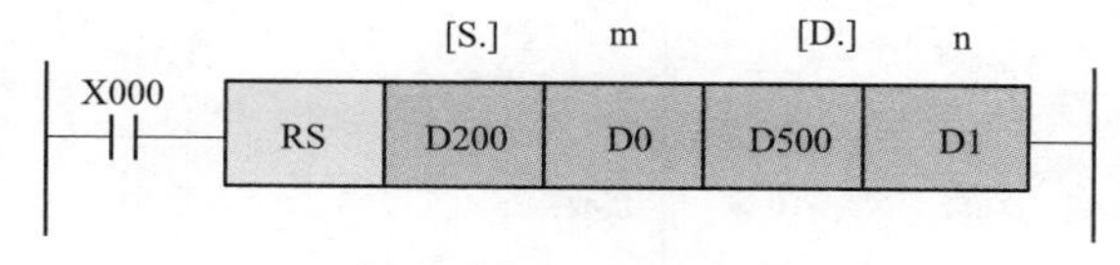

图6-73 RS指令格式

（3）D8120。是特殊数据寄存器，用来指定RS的数据格式。其数据格式包括数据长度、奇偶数、停止位、传送速率和校验等，它是以D8120的位组合来决定的。其数据设置见表6-38。

对于D8120的数据设置，一般只需对应设置b4～b7中的传送速率数据后，再把表中的二进制数转换为十六进制数即可。比如传送速率要求为9600 bit/s，即把b4～b7设置为1000，整个D8120的数据为D8120＝110 010 000 110（2）＝0C86（16）。

表6-38 **D8120数据设置**

b15	b14	b13	b12	b11	b10	b9	b8	b7	b6	b5	b4	b3	b2	b1	b0
0	0	0	0	1	1	0	0	1	0	0	1	0	1	1	0
使用RS指令必须设置为0				使用RS485BD时必须为1		无终止符	无起始符	19 200 bit/s传送速率				1位停止位	偶数		7位数据长

3. 发送、接收程序

图6-74所示是发送接收程序。在发送区域内，将要所发送的数据写入到D10～D19，图中略去了部分程序的内容。

当脉冲指令X000将M8122置位后，就开始发送从D10开始到D19的10个字节数的数据，发送完成后M8122自动复位。

当串口有数据接收时，接收区将数据存放在D30～D39的接收区域内，接收完成后M8123自动被置位，程序把D30～D39接收到的数据传送到D400～D409中保存，然后执行RSTM8123（复位M8123），等待接收新的数据。

需要注意的是，M8122和M8123分别是发送和接收特定的特殊辅助继电器，不能用其他的辅助继电器代替，M8122只能用脉冲指令驱动，数据发送完成后M8122会自动复位，不需要程序复位，否则程序会运行错误，不能通信。

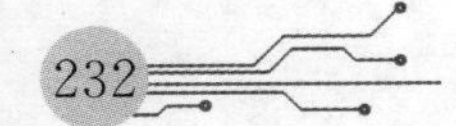

4. 变频器参数设置

PLC与变频器之间通信时，变频器必须进行通信参数初始化设定，否则PLC与变频器之间不能实现数据传送。注意在对变频器的参数进行设定时，不要通信连接（切断PLC电源即可），并要与D8120的数据格式类型完全对应，每次设定参数后，需要将变频器失电，再供电，否则数据修改无效，并且不能通信。

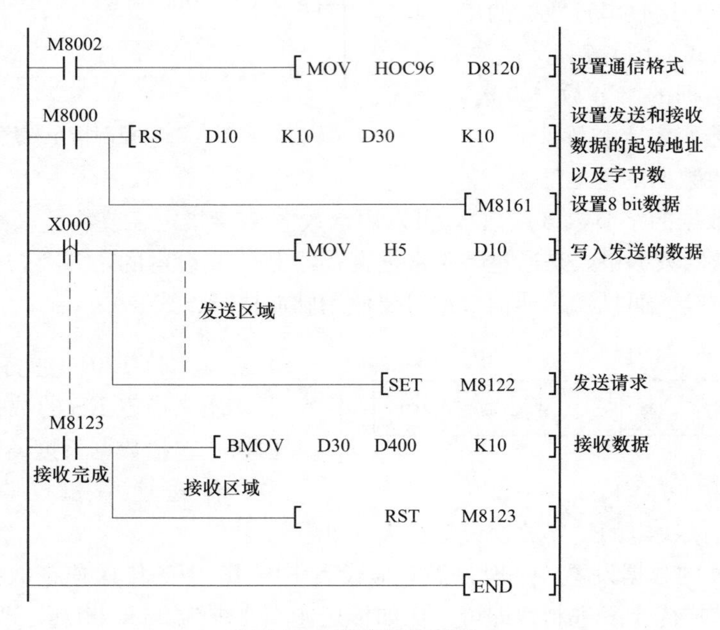

图6-74 发送接收程序

习 题 6

1. 什么是功能指令？有何作用？

2. 功能指令在梯形图中采用怎样的结构表达形式？有什么优点？

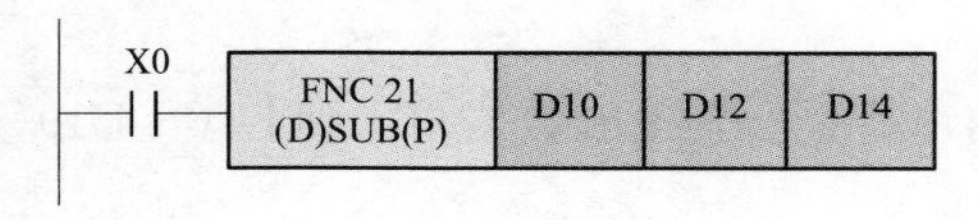

图6-75 功能指令表

3. 功能指令有哪些使用要素？叙述它们的使用意义？

4. 在图6-75所示的功能指令表示形式中，“X0”、“（D）”、“（P）”、“D10”、“D14”分别表示什么？该指令有什么功能？程序为几步？

5. 跳转发生后，CPU还是否对被跳转指令跨越的程序逐行扫描，逐行执行。被跨越的程序中的输出继电器、定时器及计数器的工作状态怎样？

6. 报时器有春冬季和夏季两套报时程序。请设计两种程序结构，安排这两套程序。

7. 试比较中断子程序和普通子程序的异同点。

8. FX_{2N}系列可编程控制有哪些中断源？如何使用？这些中断源所引出的中断在程序中如何表示？

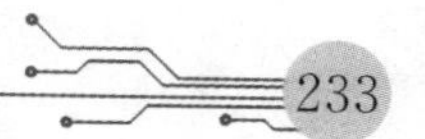

9. 某化工设备设有外应急信号，用以封锁全部输出口，以保证设备的安全。试用中断方法设计相关梯形图。

10. 设计一个时间中断子程序，每 20 ms 读取输入口 K2X000 数据一次，每 1 s 计算一次平均值，并送 D100 存储。

11. FX_{2N}系列 PLC 数据传送比较指令有哪些？简述这些指令的编号、功能、操作数范围等。

12. 用 CMP 指令实现下面功能，X000 为脉冲输入，当脉冲数大于 5 时，Y001 为 ON；反之，Y000 为 ON。编写此梯形图。

13. 三台电动机相隔 5 s 起动，各进行 10 s 停止，循环往复。使用传送比较指令完成控制要求。

14. 试用比较指令，设计一密码锁控制电路。密码锁为四键，若按 H65 正确后 2 s，开照明；按 H87 正确后 3 s，开空调。

15. 设计一台计时精确到 s 的闹钟，每天早上 6 点提醒你按时起床。

16. 用传送与比较指令作简易四层升降机的自动控制。要求：1、只有在升降机停止时，才能呼叫升降机；2、只能接收一层呼叫信号，先按者优先，后按者无效；3、上升或下降或停止，自动判别。

17. FX_{2N}系列 PLC 数据处理指令有哪几类？各类有几条指令？简述这些指令的编号、功能、操作数范围等。

18. 用拨动开关组成的二进制数输入与 BCD 码数字开关输入的 BCD 数字有什么区别？应注意哪些问题？

19. 试编写一个数字钟的程序。要求有 h、min、s 的输出显示，应有起动、清除功能。进一步可考虑时间调整功能。

20. 试用 SFTL 位左移指令构成移位寄存器，实现广告牌的闪耀控制。用 HL1～HL4 四灯分别照亮“欢迎光临”四个字。其控制流程要求见表 6-39。每步间隔 1 s。

表 6-39　　控制要求

步序	1	2	3	4	5	6	7	8
HL1	×				×		×	
HL2		×			×		×	
HL3			×		×		×	
HL4				×	×		×	

21. 如何用双按钮控制 5 台电动机的 ON/OFF。

22. 试用 DECO 指令实现某喷水池花式喷水控制。第一组喷嘴 4 s ⟶ 二组喷嘴2 s ⟶ 均停 1 s ⟶ 重复上述过程。

23. 用 PLC 对自动售汽水机进行控制，工作要求：

(1) 此售货机可投入 1 元、2 元硬币（即两枚 1 元硬币），投币口为 LS1，LS2。

(2) 当投入的硬币总值大于等于 5 元时，汽水指示灯 L1 亮，此时按下汽水按钮 SB，则汽水口 L2 出汽水 12 s 后自动停止。

(3) 不找钱，不结余，下一位投币又重新开始。

试设计I/O口并画出PLC的I/O接线图，编写其梯形图程序。

24. 六盏灯单通循环控制。

要求：按下起动信号X0，六盏灯（Y0～Y5）依次循环显示，每盏灯亮1 s时间。按下停止信号X1，灯全灭。试编写其梯形图程序。

25. FX系列PLC与计算机之间的通信若采用的是RS-232C标准，数据交换格式的通信协议是如何规定的?

26. 在FX_{2N}系列可编程控制器与计算机构成的串行通信系列中，在PLC中利用串行通讯指令RS将数据寄存器D20～D20的数据传送到计算机中，要求发送寄存器的数量设置为4个，当进行数据通信时，Y010＝ON。

27. 两台FX_{2N}系列可编程控制器，采用并行通信，要求价格从站的输入信号X000～X027传送到主站，当从站的这些信号全部为ON时，主站将数据寄存器D10～D20D的值传送给从站并保存在从站的数据寄存器D10～D20D中。通信方式采用标准模式。

28. 在由5台FX_{2N}系列可编程控制器构成的N∶N型网络中，试编写所有各站的输出信号Y000～Y007和数据寄存器D10～D20共享，各站都将这些信号保存在各自的辅助继电器（M）和数据寄存器（D）中的程序。

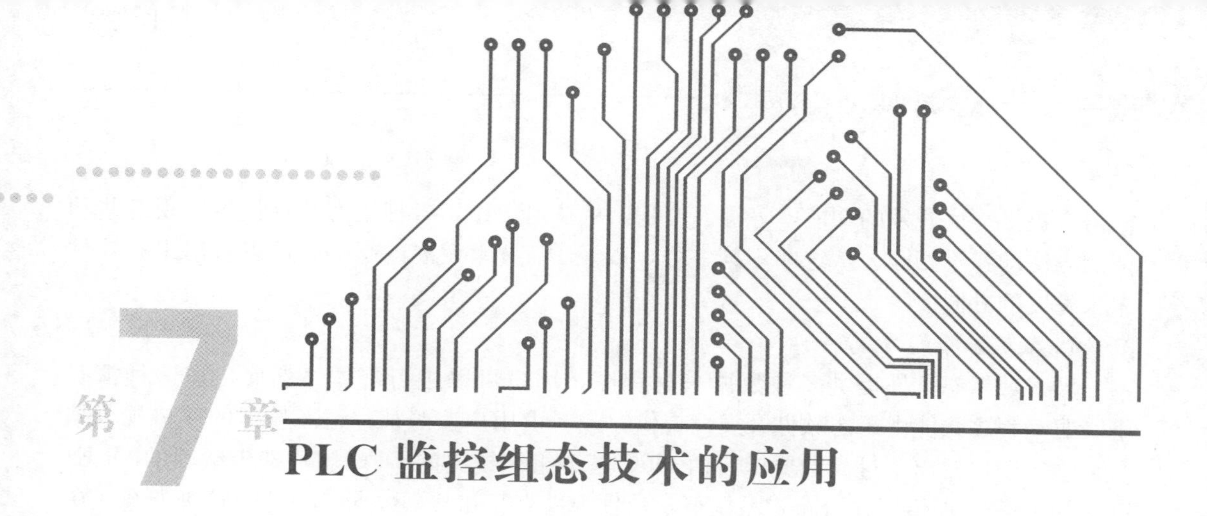

第7章 PLC监控组态技术的应用

7.1 概　　述

7.1.1 组态软件概述

组态软件产生的背景。“组态”（Configuration）的概念是伴随着集散型控制系统（Distributed Control System，DCS）的出现才开始被广大的生产过程自动化技术人员所熟知的。在工业控制技术的不断发展和应用过程中，PC（包括工控机）相比以前的专用系统具有的优势日趋明显。这些优势主要体现在：PC技术保持了较快的发展速度，各种相关技术已臻成熟；由PC构建的工业控制系统具有相对较低的拥有成本；PC的软件资源和硬件资丰富，软件之间的互操作性强；基于PC的控制系统易于学习和使用，可以容易地得到技术方面的支持。在PC技术向工业控制领域的渗透中，组态软件占据着非常特殊而且重要的地位。

组态软件是指一些数据采集与过程控制的专用软件，它们是在自动控制系统监控层一级的软件平台和开发环境，使用灵活的组态方式，为用户提供快速构建工业自动控制系统监控功能的、通用层次的软件工具。组态软件应该能支持各种工控设备和常见的通信协议，并且通常应提供分布式数据管理和网络功能。对应于原有的（人机接口软Human Machine Interface，HMI）的概念，组态软件应该是一个使用户能快速建立自己的HMI的软件工具，或开发环境。在组态软件出现之前，工控领域的用户通过手工或委托第三方编写HMI应用，开发时间长，效率低，可靠性差；或者购买专用的工控系统，通常是封闭的系统，选择余地小，往往不能满足需求，很难与外界进行数据交互，升级和增加功能都受到严重的限制。组态软件的出现，把用户从这些困境中解脱出来，可以利用组态软件的功能，构建一套最适合自己的应用系统。随着它的快速发展，实时数据库、实时控制、监视控制和数据采集软件（Supervisory Control and Data Acquisition，SCADA）、通信及联网、开放数据接口、对I/O设备的广泛支持已经成为它的主要内容，随着技术的发展，监控组态软件将会不断被赋予新的内容。

7.1.2 组态软件的功能特点及发展趋势

目前看到的所有组态软件都能完成类似的功能。比如，几乎所有运行于32位windows平台的组态软件都采用类似资源浏览器的窗口结构，并且对工业控制系统中的各种资源（设备、标签量、画面等）进行配置和编辑，都提供多种数据驱动程序，都使用脚本语言提供二次开发的功能，等等。但是，从技术上说，各种组态软件提供实现这些功能的方法却各不相同。从这些不同之处，以及PC技术发展的趋势，可以看出组态软件未来发展的方向。

1. 数据采集的方式

大多数组态软件提供多种数据采集程序，用户可以进行配置。然而，在这种情况下，驱动程序只能由组态软件开发商提供，或者由用户按照某种组态软件的接口规范编写，这为用户提出了过高的要求。由OPC基金组织提出的OPC规范基于微软的OLE/DCOM技术，提供了在分布式系统下，软件组件交互和共享数据的完整的解决方案。在支持OPC的系统中，数据的提供者作为服务器（Server），数据请求者作为客户（Client），服务器和客户之间通过DCOM接口进行通信，而无需知道对方内部实现的细节。由于COM技术是在二进制代码级实现的，所以服务器和客户可以由不同的厂商提供。在实际应用中，作为服务器的数据采集程序往往由硬件设备制造商随硬件提供，可以发挥硬件的全部功能，而作为客户的组态软件可以通过OPC与各厂家的驱动程序无缝连接，故从根本上解决了以前采用专用格式驱动程序总是滞后于硬件更新的问题。同时，组态软件同样可以作为服务器为其他的应用系统（如Mis等）提供数据。OPC现在已经得到了包括Interllution、Simens、GE、ABB等国外知名厂商的支持。随着支持OPC的组态软件和硬件设备的普及，使用OPC进行数据采集必将成为组态中更合理的选择。

2. 脚本的功能

脚本语言是扩充组态系统功能的重要手段。因此，大多数组态软件提供了脚本语言的支持。具体的实现方式可分为三种。一是内置的类C/Basic语言；二是采用微软的VBA的编程语言；三是有少数组态软件采用面向对象的脚本语言。类C/Basic语言要求用户使用类似高级语言的语句书写脚本，使用系统提供的函数调用组合完成各种系统功能。应该指明的是，多数采用这种方式的国内组态软件，对脚本的支持并不完善，许多组态软件只提供“if... then... else”的语句结构，不提供循环控制语句，为书写脚本程序带来了一定的困难。微软的VBA是一种相对完备的开发环境，采用VBA的组态软件通常使用微软的VBA环境和组件技术，把组态系统中的对象以组件方式实现，使用VBA的程序对这些对象进行访问。由于VisualBasic是解释执行的，所以VBA程序的一些语法错误可能到执行时才能发现。而面向对象的脚本语言提供了对象访问机制，对系统中的对象可以通过其属性和方法进行访问，比较容易学习、掌握和扩展，但实现比较复杂。

3. 组态环境的可扩展性

可扩展性为用户提供了在不改变原有系统的情况下，向系统内增加新功能的能力，这种增加的功能可能来自于组态软件开发商、第三方软件提供商或用户自身。增加功能最常用的手段是Activex组件的应用，目前还只有少数组态软件能提供完备的Activex组件引入功能及实现引入对象在脚本语言中的访问。

4. 组态软件的开放性

随着管理信息系统和计算机集成制造系统的普及，生产现场数据的应用已经不仅仅局限于数据采集和监控。在生产制造过程中，需要现场的大量数据进行流程分析和过程控制，以实现对生产流程的调整和优化。现有的组态软件对大部分这些方面需求还只能以报表的形式提供，或者通过ODBC将数据导出到外部数据库，以供其他的业务系统调用，在绝大多数情况下，仍然需要进行再开发才能实现。随着生产决策活动对信息需求的增加，可以预见，组态软件与管理信息系统或领导信息系统的集成必将更加紧密，并很可能以实现数据分析与决策功能的模块形式在组态软件中出现。

5. 对Internet的支持程度

现代企业的生产已经趋向国际化、分布式的生产方式。Internet将是实现分布式生产的基础。组态软件能否从原有的局域网运行方式跨越到支持Internet，是摆在所有组态软件开发商面前的一个重要课题。限于国内目前的网络基础设施和工业控制应用的程度，笔者认为，在较长时间内，以浏览器方式通过Internet对工业现场的监控，将会在大部分应用中停留于监视阶段，而实际控制功能的完成应该通过更稳定的技术，如专用的远程客户端、由专业开发商提供的Activex控件或Java技术实现。

6. 组态软件的控制功能

随着以工业PC为核心的自动控制集成系统技术的日趋完善和工程技术人员的使用组态软件水平的不断提高，用户对组态软件的要求已不像过去那样主要侧重于画面，而是要考虑一些实质性的应用功能，如软件PLC，先进过程控制策略等。

随着企业提出的高柔性、高效益的要求，以经典控制理论为基础的控制方案已经不能适应，以多变量预测控制为代表的先进控制策略的提出和成功应用之后，先进过程控制受到了过程工业界的普遍关注。先进过程控制（Advanced Process Control，APC）是指一类在动态环境中，基于模型、充分借助计算机能力，为工厂获得最大理论而实施的运行和控制策略。先进控制策略主要有，双重控制及阀位控制、纯滞后补偿控制、解耦控制、自适应控制、差拍控制、状态反馈控制、多变量预测控制、推理控制及软测量技术、智能控制（专家控制、模糊控制和神经网络控制）等，尤其智能控制已成为开发和应用的热点。目前，国内许多大企业纷纷投资，在装置自动化系统中实施先进控制。国外许多控制软件公司和DCS厂商都在竞相开发先进控制和优化控制的工程软件包。可以看出能嵌入先进控制和优化控制策略的组态软件必将受到用户的极大欢迎。

用户的需求促使技术不断进步，在组态软件上这种趋势体现得尤为明显。未来的组态软件将是提供更加强大的分布式环境下的组态功能、全面支持Activex、扩展能力强、支持OPC等工业标准、控制功能强、并能通过Internet进行访问的开放式系统。

7.1.3 “组态王6.53”软件的结构

“组态王6.53”软件由工程浏览器（TouchExplorer）、工程管理器（ProjManager）和画面运行系统（TouchVew）组成，如图7-1所示。

工程管理器。工程管理器用于新工程的创建和已有工程的管理，对已有工程进行搜索、添加、备份、恢复以及实现数据词典的导入和导出等功能。

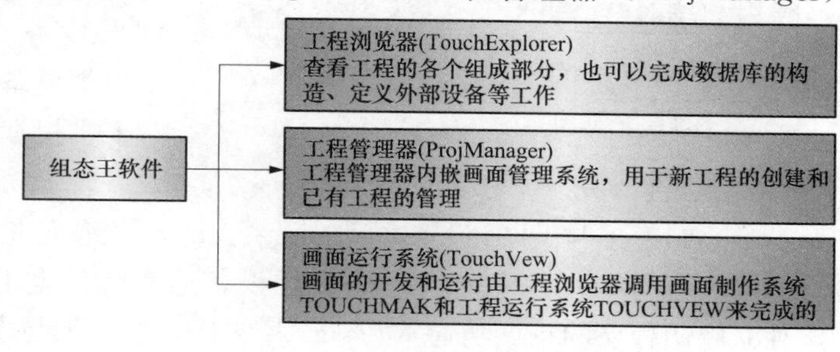

图7-1 组态王软件组成结构图

工程浏览器。工程浏览器是一个工程开发设计工具，用于创建监控画面、监控的设备及相关变量、动画连接、命令语言以及设定运行系统配置等的系统组态工具。

画面运行系统。工程运行界面，从采集设备中获得通信数据，并依据工程浏览器的动画设计显示动态画面，实现人与控制设备的交互操作。

7.1.4 组态王与I/O设备管理

组态王软件作为一个开放型的通用工业监控软件，支持与国内外常见的 PLC、智能模块、智能仪表、变频器、数据采集板卡等（如：西门子 PLC、莫迪康 PLC、欧姆龙 PLC、三菱 PLC、研华模块等等）通过常规通信接口（如串口方式、USB 接口方式、以太网、总线、GPRS 等）进行数据通信。组态王软件与 I/O 设备进行通信一般是通过调用 *.dll 动态库来实现的，不同的设备、协议对应不同的动态库。工程开发人员无须关心复杂的动态库代码及设备通信协议，只需使用组态王提供的设备定义向导，即可定义工程中使用的 I/O 设备，并通过变量的定义实现与 I/O 设备的关联，对用户来说既简单又方便。

组态王的设备管理结构列出已配置的与组态王通信的各种 I/O 设备名，每个设备名实际上是具体设备的逻辑名称（简称逻辑设备名，以此区别 I/O 设备生产厂家提供的实际设备名），每一个逻辑设备名对应一个相应的驱动程序，以此与实际设备相对应。组态王的设备管理增加了驱动设备的配置向导，工程人员只要按照配置向导的提示进行相应的参数设置，选择 I/O 设备的生产厂家、设备名称、通信方式，指定设备的逻辑名称和通信地址，则组态王自动完成驱动程序的起动和通信，不再需要工程人员人工进行。

1. 逻辑设备概念

组态王对设备的管理是通过对逻辑设备名的管理实现的，具体讲就是每一个实际 I/O 设备都必须在组态王中指定一个唯一的逻辑名称，此逻辑设备名就对应着该 I/O 设备的生产厂家、实际设备名称、设备通信方式、设备地址、与上位 PC 机的通信方式等信息内容。

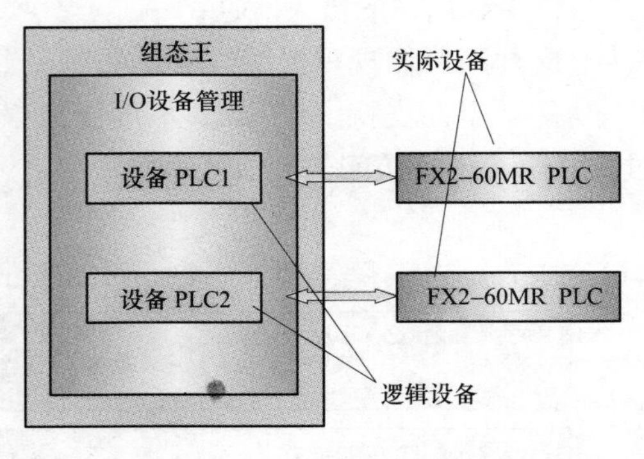

图 7-2 逻辑设备与实际设备

设有二台型号为三菱公司 FX2-60MR PLC 的作下位机控制工业生产现场，同时这两台 PLC 均要与装有组态王的上位机通信，则必须给两台 FX2-60MR PLC 指定不同的逻辑名，如图 7-2 所示。

组态王设备管理中的逻辑设备分为，DDE 设备、板卡类设备（即总线型设备）、串口类设备、人机界面卡、网络模块。工程人员根据自己的实际情况通过组态王的设备管理功能来配置定义这些逻辑设备。

（1）组态王与 DDE 设备之间的关系。DDE 设备是指与组态王进行 DDE 数据交换的 Windows 独立应用程序，因此，DDE 设备通常就代表了一个 Windows 独立应用程序，该独立应用程序的扩展名通常为 .EXE 文件，组态王与 DDE 设备之间通过 DDE 协议交换数据，如 EXCEL 是 Windows 的独立应用程序，当 EXCEL 与组态王交换数据时，就是采用DDE的通信方式进行。

(2) 组态王与板卡类设备之间的关系。板卡类逻辑设备实际上是组态王内嵌的板卡驱动程序的逻辑名称，内嵌的板卡驱动程序不是一个独立的Windows应用程序，而是以.DLL形式供组态王调用，这种内嵌的板卡驱动程序对应着实际插入计算机总线扩展槽中的I/O设备，因此，一个板卡逻辑设备也就代表了一个实际插入计算机总线扩展槽中的I/O板卡。

(3) 组态王与串口类设备之间的关系。串口类逻辑设备实际上是组态王内嵌的串口驱动程序的逻辑名称，内嵌的串口驱动程序不是一个独立的windows应用程序，而是以DLL形式供组态王调用，这种内嵌的串口驱动程序对应着实际与计算机串口相连的I/O设备，因此，一个串口逻辑设备也就代表了一个实际与计算机串口相连的I/O设备。

(4) 组态王与人机界面卡之间的关系。人机界面卡又可称为高速通信卡，它既不同于板卡，也不同于串口通信，它往往由硬件厂商提供，如西门子公司的S7-300用的MPI卡、莫迪康公司的SA85卡。通过人机界面卡可以使设备与计算机进行高速通信，这样不占用计算机本身所带RS232串口，因为这种人机界面卡一般插在计算机的ISA板槽上。

(5) 组态王与网络模块之间的关系。组态王利用以太网和TCP/IP协议可以与专用的网络通信模块进行连接，例如选用松下ET-LAN网络通信单元通过以太网与上位机相连，该单元和其他计算机上的组态王运行程序使用TCP/IP协议。

2. 组态王中变量、逻辑设备与实际设备的对应关系

在组态王中，具体I/O设备与逻辑设备名是一一对应的，有一个I/O设备就必须指定一个唯一的逻辑设备名，特别是设备型号完全相同的多台I/O设备，也要指定不同的逻辑设备名。

3. 组态王中I/O变量与逻辑设备间的对应关系

组态王中的I/O变量与具体I/O设备的数据交换就是通过逻辑设备名来实现的，当工程人员在组态王中定义I/O变量属性时，就要指定与该I/O变量进行数据交换的逻辑设备名。

4. 定义IO设备

在了解了组态王逻辑设备的概念后，工程人员可以轻松的在组态王中定义所需的设备了。进行I/O设备的配置时将弹出相应的配置向导页，使用这些配置向导页可以方便快捷地添加、配置、修改硬件设备。组态王提供大量不同类型的驱动程序，工程人员根据自己实际安装的I/O设备选择相应的驱动程序即可。

7.2 新 建 工 程

7.2.1 建立工程的一般过程

通常情况下，建立一个应用工程大致可分为以下几个步骤：

第一步，创建新工程。为工程创建一个目录用来存放与工程相关的文件。

第二步，定义硬件设备并添加工程变量。添加工程中需要的硬件设备和工程中使用的变量，包括内存变量和 I/O 变量。

第三步，制作图形画面并定义动画连接。按照实际工程的要求绘制监控画面并使静态画面随着过程控制对象产生动态效果。

第四步，编写命令语言。通过脚本程序的编写以完成较复杂的操作上位机控制。

第五步，进行运行系统的配置。对运行系统、报警、历史数据记录、网络、用户等进行设置，是系统完成用于现场前的必备工作。

第六步，保存工程并运行。完成以上步骤后，一个可以拿到现场运行的工程就制作完成了。

通过本章的学习，讲述建立一个反映车间的监控中心。监控中心从现场采集生产数据，以动画形式直观地显示在监控画面上。监控画面还将显示实时趋势和报警信息，并提供历史数据查询的功能，数据统计的报表，并完成简单的控制。将实时数据保存到关系数据库中，并进行数据库的查询。

7.2.2 工程管理器

组态王工程管理器是用来建立新工程的，对添加到工程管理器的工程做统一的管理。工程管理器的主要功能包括：新建、删除工程，对工程重命名，搜索组态王工程，修改工程属性，工程备份、恢复，数据词典的导入导出，切换到组态王开发或运行环境等。如果已经正确安装了“组态王 6.53”的话，可以通过以下方式起动工程管理器：点击“开始”→“程序”→“组态王 6.53”→“组态王 6.53”（或直接双击桌面上组态王的快捷方式），起动后的工程管理窗口如图 7-3 所示。

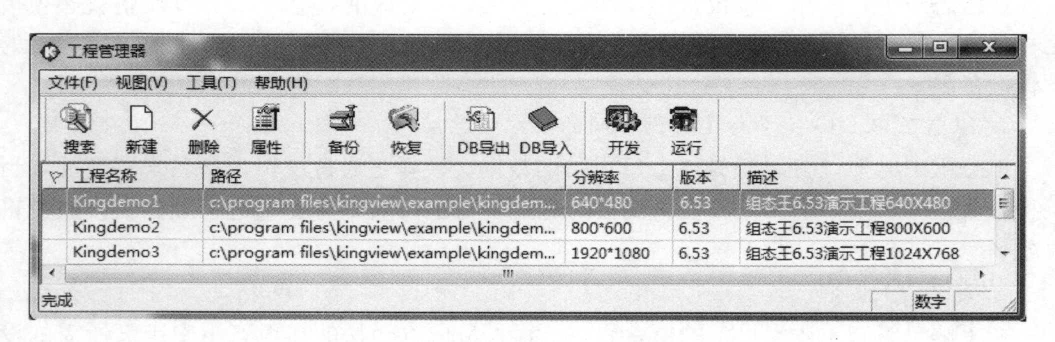

图 7-3 组态王工程管理器窗口

（1）搜索。单击此快捷键，在弹出的“浏览文件夹”对话框中选择某一驱动器或某一文件夹，系统将搜索指定目录下的组态王工程，并将搜索完毕的工程显示在工程列表区中。“搜索工程”是用来把计算机的某个路径下的所有的工程一起添加到组态王的工程管理器，它能够自动识别所选路径下的组态王工程，为我们一次添加多个工程提供了方便。点击“搜索”图标，弹出“浏览文件夹”。

（2）添加。选定要添加工程的路径，将要添加的工程添加到工程管理器中，方便工程的集中管理。执行工程浏览窗口“文件”菜单中的“添加”命令，可将保存在目录中指定的组态王工程添加到工程列表区中，以备对工程进行管理。

(3) 新建。单击此快捷键，弹出新建工程对话框建立组态王工程。单击工程管理器上的“新建”按钮，弹出“新建工程向导之一”对话框。

单击“下一步”按钮弹出“新建工程向导之二”对话框。

单击“浏览”按钮，选择新建工程所要存放的路径，输入工程名称及描述，单击“下一步”弹出“新建工程向导之三”对话框。

单击“完成”按钮会出现“是否将新建的工程设为组态王当前工程”的提示，单击“是”按钮。组态王的当前工程的意义是指直接进开发或运行所指定的工程。

开发，单击此快捷键可以直接进入组态王工程浏览器。

删除，在工程列表区中选择任一工程后，单击此快捷键删除选中的工程。

属性，在工程列表区中选择任一工程后，单击此快捷键弹出工程属性对话框。

备份，工程备份是在需要保留工程文件的时候，把组态王工程压缩成组态王自己的“.cmp”文件。备份的具体操作如下。单击“工程管理器”上的“备份”图标，弹出“备份工程”对话框，选择默认（不分卷），并单击“浏览”按钮，选择备份要存放的路径，给备份文件起个名字，单击“保存”按钮，再单击“确定”按钮开始备份，生成备份文件，备份完成。

恢复，单击此快捷键可将备份的工程文件恢复到工程列表区中。

DB 导出，利用此快捷键可将组态王工程数据词典中的变量导出到 Excel 表格中，用户可在 Excel 表格中查看或修改变量的属性。在工程列表区中选择任一工程后，单击此快捷键在弹出的“浏览文件夹”对话框中输入保存文件的名称，系统自动将选中工程的所有变量导出到 Excel 表格中。

DB 导入，利用此快捷键可将 Excel 表格中编辑好的数据或利用“DB 导出”命令导出的变量导入到组态王数据词典中。在工程列表区中选择任一工程后，单击此快捷键在弹出的“浏览文件夹”对话框中选择导入的文件名称，系统自动将 Excel 表格中的数据导入到组态王工程的数据词典中。

开发，在工程列表区中选择任一工程后，单击此快捷键进入工程的开发环境。

运行，在工程列表区中选择任一工程后，单击此快捷键进入工程的运行环境。

7.2.3　工程浏览器

工程浏览器是组态王 6.53 的集成开发环境。在这里可以看到工程的各个组成部分包括 Web、文件、数据库、设备、系统配置、SQL 访问管理器，它们以树型结构显示在工程浏览器窗口的左侧。工程浏览器的使用和 Windows 的资源管理器类似，如图 7-4 所示。工程浏览器由菜单栏、工具条、工程目录显示区、目录内容显示区、状态条组成。“工程目录显示区”以树形结构图显示大纲项节点，用户可以扩展或收缩工程浏览器中所列的大纲项。

工程加密，工程加密是为了保护工程文件不被其他人随意修改，只有设定密码的人或知道密码的人才可以对工程做编辑或修改。加密的步骤如下，选择“工具”菜单，选择“工程加密”选项，如图 7-5 所示。弹出“工程加密处理”对话框，即可设定密码。设置密码后，单击“确定”按钮，密码设定成功，如果退出开发系统，下次再进的时候就会提示要密码。注意，如果没有密码则无法进入开发系统，工程开发人员一定要牢记密码。

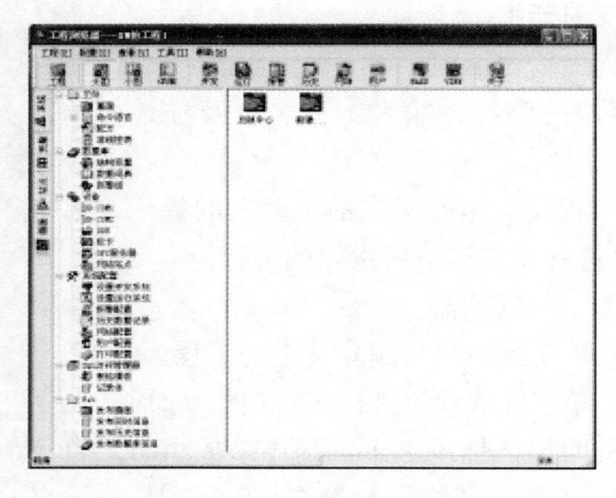

图 7-4　工程浏览器

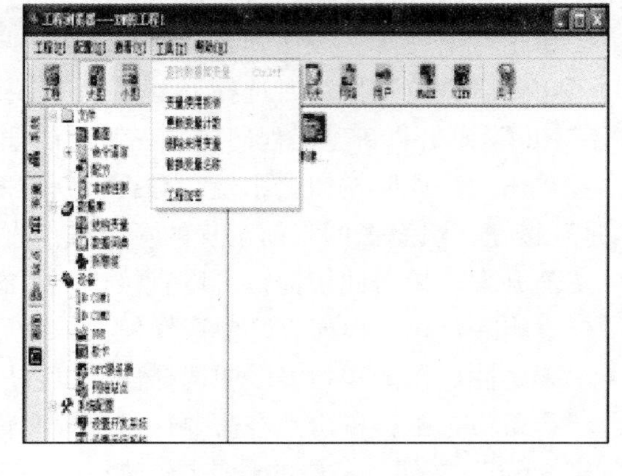

图 7-5　工程加密

7.2.4　定义外部设备和变量

1. 定义外部设备

组态王把那些需要与之交换数据的硬件设备或软件程序都作为外部设备使用。外部硬件设备通常包括 PLC、仪表、模块、变频器、板卡等。外部软件程序通常指包括 DDE、OPC 等服务程序。按照计算机和外部设备的通信连接方式，则分为串行通信（232/422/485）、以太网、专用通信卡（如 CP5611）等。在计算机和外部设备硬件连接好后，为了实现组态王和外部设备的实时数据通信，必须在组态王的开发环境中对外部设备和相关变量加以定义。为方便相关人员定义外部设备，组态王设计了“设备配置向导”引导开发者一步步完成设备的连接。这里以组态王软件和亚控公司自行设计的仿真 PLC（仿真程序）的通信为例来讲解在组态王中如何定义设备和相关变量（实际硬件设备和变量定义方式与其类似）。

（1）在组态王工程浏览器树型目录中，选择“设备”选项，在右边的工作区中出现了“新建”图标，双击此“新建”图标，弹出“设备配置向导”对话框。

（2）在上述对话框选择“亚控”提供的“仿真 PLC”的“串行”项后单击“下一步”按钮弹出对话框。

说明。“设备”下的子项中默认列出的项目表示组态王和外部设备几种常用的通信方式，如 COM1、COM2、DDE、板卡、OPC 服务器、网络站点，其中 COM1、COM2 表示组态王支持串口的通信方式，DDE 表示支持通过 DDE 数据传输标准进行数据通信，其他类似。

（3）为仿真 PLC 设备取名如 PLC1，单击“下一步”按钮弹出连接串口对话框。

（4）为设备选择连接的串口为 COM1，单击“下一步”按钮弹出设备地址对话框。

（5）在连接现场设备时，设备地址处填写的地址要和实际设备地址完全一致。此处填写设备地址为 0，单击“下一步”按钮，弹出通信参数对话框。

（6）设置通信故障恢复参数（一般情况下使用系统默认设置即可）。

1）尝试恢复间隔。当组态王和设备通信失败后，组态王将根据此处设定时间定期和设备尝试通信一次。

2）最长恢复时间。当组态王和设备通信失败后，超过此设定时间仍然和设备通信不上的，组态王将不再尝试和此设备进行通信，除非重新起动运行组态王。

3）动态优化。此项参数可以优化组态王的数据采集。如果选中动态优化选项的话，则以下任一条件满足时组态王将执行该设备的数据采集：当前显示画面上正在使用的变量；历史数据库正在使用的变量；报警记录正在使用的变量；命令语言中正在使用的变量，任一条件都不满足时将不采集。当动态优化项不选择时，组态王将按变量的采集频率周期性地执行数据采集任务。单击“下一步”按钮系统弹出信息总结对话框，如图 7-6 所示。

（7）请检查各项设置是否正确，确认无误后，单击“完成”按钮。

（8）双击 Com1 口，弹出串口通信参数设置对话框，如图 7-7 所示，由于我们定义的是一个仿真设备，所以串口通信参数可以不必设置，但在工程中连接实际的 I/O 设备时，必须对串口通信参数进行设置且设置项要与实际设备中的设置项完全一致（包括波特率、数据位、停止位、奇偶校验选项的设置），否则会导致通信失败。

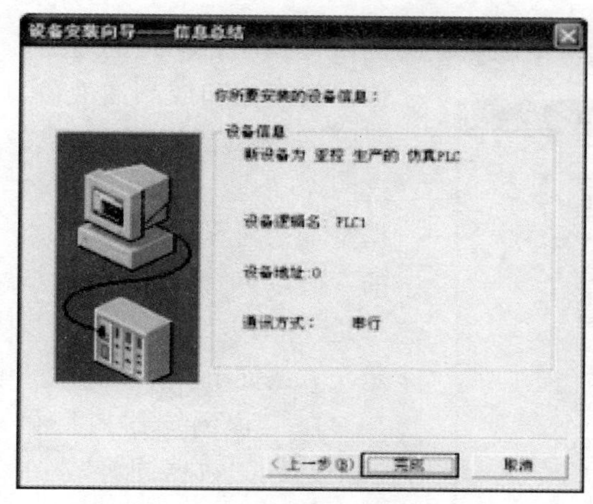

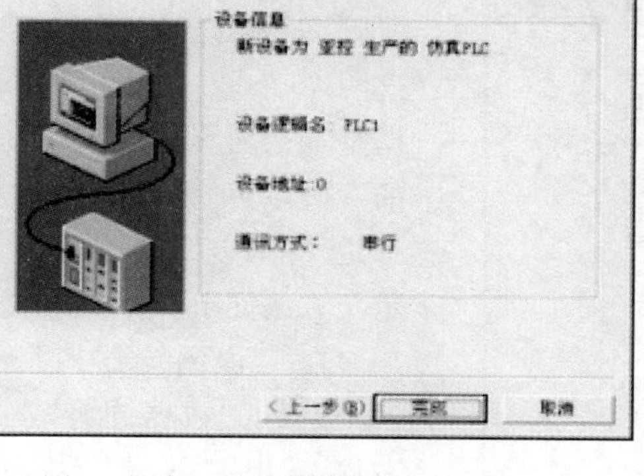

图 7-6　串口通信参数设置对话框（1）

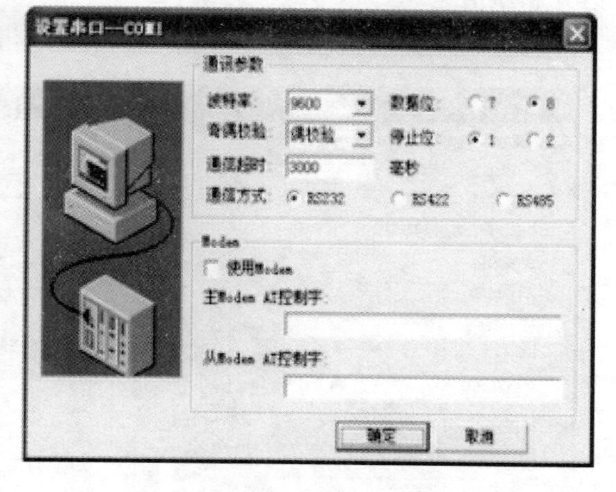

图 7-7　串口通信参数设置对话框（2）

2. 定义外部设备变量

在组态王工程浏览器中提供了“数据库”项供用户定义设备变量。数据库是“组态王软件”最核心的部分。在 TouchVew 运行时，工业现场的生产状况要以动画的形式反映在屏幕上，操作者在计算机前发布的指令也要迅速送达生产现场，所有这一切都是以实时数据库为核心，所以说数据库是联系上位机和下位机的桥梁。数据库中变量的集合形象地称为“数据词典”，数据词典记录了所有用户可使用的数据变量的详细信息。

数据词典中变量的类型。数据词典中存放的是应用工程中定义的变量以及系统变量。变量可以分为基本类型和特殊类型两大类，基本类型的变量又分为内存变量和 I/O 变量。“I/O 变量”指的是组态王与外部设备或其他应用程序交换的变量。这种数据交换是双向的、动态的，就是说在组态王系统运行过程中，每当 I/O 变量的值改变时，该值就会自动写入外部设备或远程应用程序；每当外部设备或远程应用程序中的值改变时，组态王系统中的变量值也会自动改变。所以，那些从下位机采集来的数据、发送给下位机的指令，比如反应罐液位、电源开关等变量，都需要设置成“I/O 变量”。那些不需要和外部设备或其他应用程序交换，只在组态王内使用的变量，比如计算过程的中间变量，就可以设置成“内存变量”。

基本类型的变量也可以按照数据类型分为离散型、实型、整型和字符串型。

（1）内存离散变量、I/O 离散变量。类似一般程序设计语言中的布尔（BOOL）变量，只有 0、1 两种取值，用于表示一些开关量。

（2）内存实型变量、I/O 实型变量。类似一般程序设计语言中的浮点型变量，用于表示浮点数据，取值范围 10E－38～10E＋38，有效值 7 位。

（3）内存整数变量、I/O 整数变量。类似一般程序设计语言中的有符号长整数型变量，用于表示带符号的整型数据，取值范围 2 147 483 648～2 147 483 647。

（4）内存字符串型变量、I/O 字符串型变量。类似一般程序设计语言中的字符串变量，可用于记录一些有特定含义的字符串，如名称、密码等，该类型变量可以进行比较运算和赋值运算。

对于将要建立的演示工程，需要从下位机采集原料油罐的液位、原料油罐的压力、催化剂液位和成品油液位，所以需要在数据库中定义这四个变量。因为这些数据是通过驱动程序采集来的，所以四个变量的类型都是 I/O 实型变量，变量定义方法如下。

在工程浏览器树型目录中选择“数据词典”，在右侧双击“新建”图标，弹出“定义”对话框，如图 7-8 所示。

在对话框中添加变量如下。

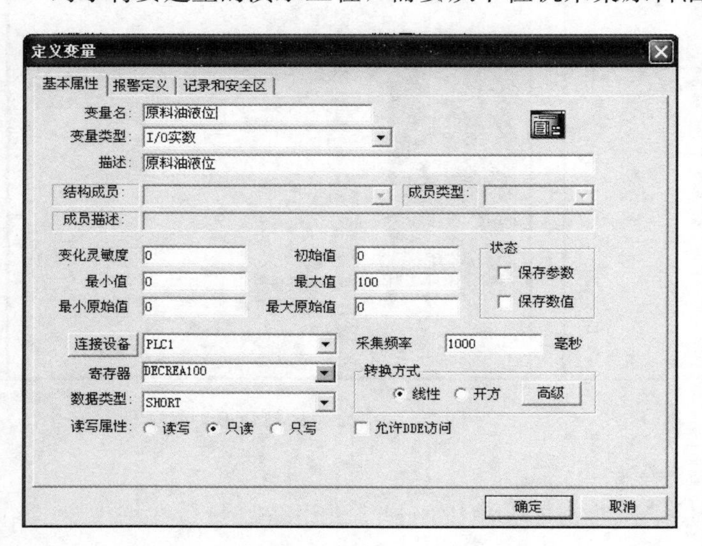

图 7-8　数据词典中变量属性对话框

变量名：原料油液位

变量类型：I/O 实数

变化灵敏度：0

初始值：0

最小值：0

最大值：100

最小原始值：0

最大原始值：100

转换方式：线性

连接设备：PLC1

寄存器：DECREA100

数据类型：SHORT

采集频率：1 000ms

读写属性：只读，设置完成后单击“确定”按钮用类似的方法建立另外三个变量：原料油罐压力、催化剂液位和成品油液位。

此外由于演示工程的需要还须建立三个离散型内存变量为：原料油出料阀、催化剂出料阀、成品油出料阀。

在该演示工程中使用的设备为上述建立的仿真PLC，仿真PLC提供四种类型的内部寄存器：INCREA、DECREA、RADOM、STATIC，寄存器INCREA、DECREA、RADOM、STATIC的编号从1-1 000，变量的数据类型均为整型（即SHORT）。

1）递增寄存器INCREA100变化范围0～100，表示该寄存器的值周而复始的由0递增到100。

2）递减寄存器DECREA100变化范围0～100，表示该寄存器的值周而复始的由100递减为0。

3）随机寄存器RADOM100变化范围0～100，表示该寄存器的值在0到100之间随机的变动。

4）静态寄存器STATIC100该寄存器变量是一个静态变量，可保存用户下发的数据，当用户写入数据后就保存下来，并可供用户读出。STATIC100表示该寄存器变量能够接收0－100之间的任意一个整数。

（5）变量基本属性说明。

1）变化灵敏度。数据类型为实数型或整数型时此项有效，只有当该数据变量的值变化幅度超过设置的“变化灵敏度”时，组态王才更新与之相连接的图素（默认为0）。

2）保存参数。选择此项后，在系统运行时，如果您修改了此变量的域值（可读可写型），系统将自动保存修改后的域值。当系统退出后再次起动时，变量的域值保持为最后一次修改的域值，无需用户再去重新设置。

3）保存数值。选择此项后，在系统运行时，当变量的值发生变化后，系统将自动保存该值。当系统退出后再次起动时，变量的值保持为最后一次变化的值。

4）最小原始值。针对I/O整型、实型变量，为组态王直接从外部设备中读取到的最小值。

5）最大原始值。针对I/O整型、实型变量，为组态王直接从外部设备中读取到的最大值。

6）最小值。用于在组态王中将读取到的原始值转化为具有实际工程意义的工程值，并在画面中显示，与最小原始值对应。

7）最大值。用于在组态王中将读取到的原始值转化为具有实际工程意义的工程值，并在画面中显示，与最大原始值对应。最小原始值、最大原始值和最小值、最大值这四个数值是用来确定原始值与工程值之间的转换比例（当最小值和最小原始值一样，最大值和最大原始值一样时，则组态王中显示的值和外部设备中对应寄存器的值一样）。原始值到工程值之间的转换方式有线性和平方根两种，线性方式是把最小原始值到最大原始值之间的原始值，线性转换到最小值至最大值之间。工程中比较常用的转换方式是线性转换。

8）数据类型。只对I/O类型的变量起作用，共有9种类型如下。

Bit：1位，0或1

Byte：8 位，1 个字节

Short：16 位，2 个字节

Ushort：16 位，2 个字节

BCD：16 位，2 个字节

Long：32 位，4 个字节

LongBCD：32 位，4 个字节

Float：32 位，4 个字节

String：128 个字符长度

7.3 创建组态画面

7.3.1 设计画面

1. 建立新的画面

（1）在工程浏览器左侧的“工程目录显示区”中选择“画面”选项，在右侧视图中双击“新建”图标，弹出新建画面对话框，如图 7-9 所示。

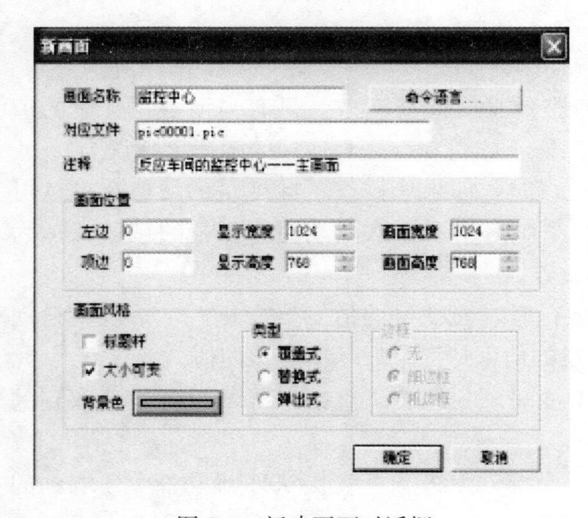

图 7-9 新建画面对话框

（2）新画面属性设置如下。

画面名称：监控中心

对应文件：pic00001. pic（自动生成，也可以用户自己定义）

注释：反应车间的监控中心——主画面

画面风格：覆盖式

画面位置：

左边：0

顶边：0

显示宽度：1024

显示高度：768

画面宽度：1024

画面高度：768

标题杆：无效

大小可变：有效

（3）在对话框中单击“确定”按钮组态王软件将按照您指定的风格产生出一幅名为“监控中心”的画面。

2. 使用工具箱

在画面中绘制各种图素。绘制图素的主要工具放置在图形编辑工具箱内。当画面打开时，工具箱自动显示。工具箱中的每个工具按钮都有“浮动提示”，帮助您了解工具的用途。

（1）如果工具箱没有出现，选择“工具”菜单中的“显示工具箱”选项或按F10键将其打开，工具箱中各种基本工具的使用方法和Windows中的“画笔”很类似，如图7-10所示。

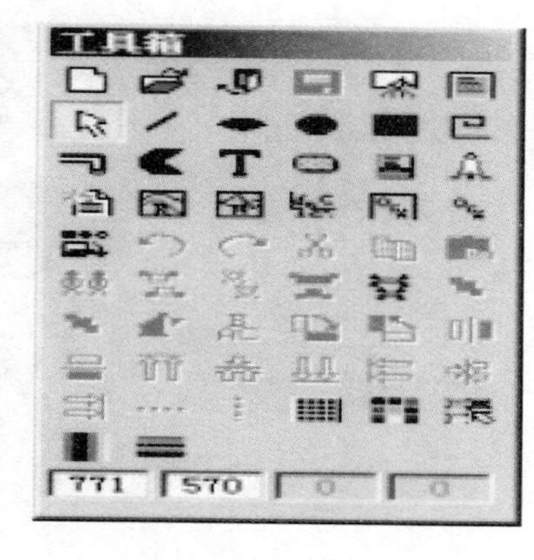

图7-10 工具箱

（2）在工具箱中单击文本工具T，在画面上输入文字“反应车间监控画面”。

（3）如果要改变文本的字体，颜色和字号，先选中文本对象，然后在工具箱内选择字体工具，在弹出的“字体”对话框中修改文本属性。

3. 使用调色板

选择“工具”菜单中的“显示调色板”选项，或在工具箱中选择按钮，弹出调色板画面。选中文本，在调色板上按下“对象选择按钮区”中“字符色”按钮然后在“选色区”选择某种颜色，则该文本就变为相应的颜色。

4. 使用图库管理器

选择“图库”菜单中的“打开图库”命令或按F2键打开图库管理器，如图7-11所示。

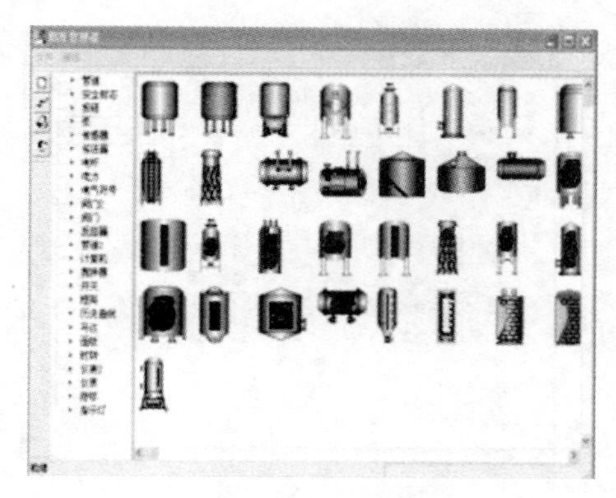
图7-11 库管理器

使用图库管理器降低了工程人员设计界面的难度，用户更加集中精力于维护数据库和增强软件内部的逻辑控制，缩短开发周期，同时用图库开发的软件将具有统一的外观，方便工程人员学习和掌握。另外利用图库的开放性，工程人员可以生成自己的图库元素。

（1）在图库管理器左侧图库名称列表中选择图库名称“反应器”，选中后双击鼠标，图库管理器自动关闭，在工程画面上鼠标位置出现一“∟”标志，在画面上单击鼠标，该图素就被放置在画面上作为原料油罐并拖动边框到适当的位置，改变其至适当的大小并利用T工具标注此罐为“原料油罐”。重复上述的操作，在图库管理器中选择不同的图素，分别作为催化剂罐和成品油罐，并分别标注为“催化剂罐”、“成品油罐”。

（2）继续生成画面，选择工具箱中的立体管道工具，在画面上鼠标图形变为“+”形状，在适当位置作为立体管道的起始位置，按住鼠标左键移动鼠标到结束位置后双击，则立体管道在画面上显示出来。如果立体管道需要拐弯，只需在折点出单击鼠标，然后继续移动鼠标，就可实现折线形式的立体管道绘制。

（3）选中所画的立体管道，在调色板上单击“对象选择按钮区”中“线条色”按钮，在“选色区”中选择某种颜色，则立体管道变为相应的颜色。选中立体管道，在立体管道上单击右键，在弹出的右键菜单中选择“管道宽度”选项来修改立体管道的宽度。

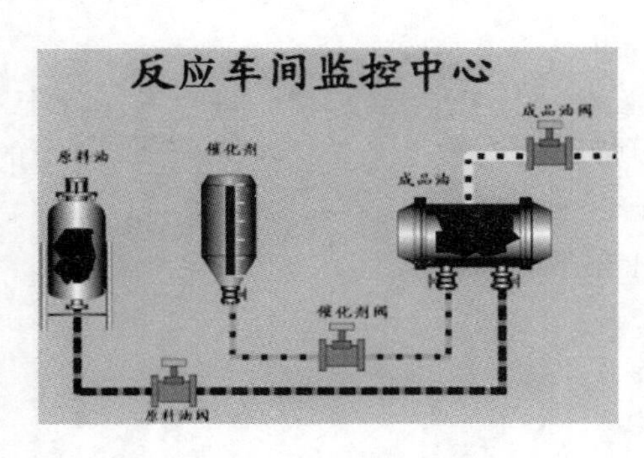

图 7-12 利用图库制作的“反应车间监控中心”画面

(4) 打开图库管理器，在阀门图库中选择图素，双击后在反应车间监控画面上单击鼠标，则该图素出现在相应的位置，移动到原料油罐和成品油罐之间的立体管道上，并拖动边框改变其大小，并在其旁边标注文本：“原料油出料阀”。重复以上的操作在画面上添加催化剂出料阀和成品油出料阀。最后生成的画面如图 7-12 所示的画面，执行“文件”菜单的“全部存”命令将所完成的画面进行保存。至此，一个简单的反应车间监控画面就建立起来了。

7.3.2 动画连接

1. 阀门动画设置

(1) 在画面上双击“原料油进料阀”图形，弹出该图库对象的动画连接对话框，如图 7-13 所示。对话框设置如下。

变量名（离散量）:\\本站点\原料油出料阀

关闭时颜色：红色

打开时颜色：绿色

(2) 单击“确定”按钮后原料油进料阀动画设置完毕，当系统进入运行环境时鼠标单击此阀门，其变成绿色，表示阀门已被打开，再次单击关闭阀门，从而达到了控制阀门的目的。

(3) 用同样方法设置催化剂出料阀和成品油出料阀的动画连接，连接变量分别为：“\\本站点\催化剂出料阀”和“\\本站点\成品油出料阀。”

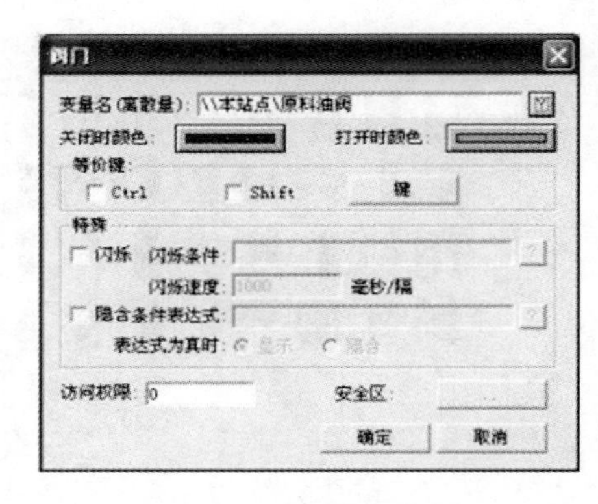

图 7-13 阀门动画设置

2. 液体流动动画设置

(1) 利用原料油阀来控制液体流动动画。

变量名：原料油阀

变量类型：内存离散型

当原料油阀＝1 时液体流动；当原料油阀＝0 时液体不流动

(2) 选择工具箱中的“立体管道”工具，在画面上画一管道。

(3) 在画面上双击管道弹出动画连接对话框，在对话框中选择“流动”选项，弹出管道流动连接设置对话框，如图 7-14 所示。对话框设置如下。

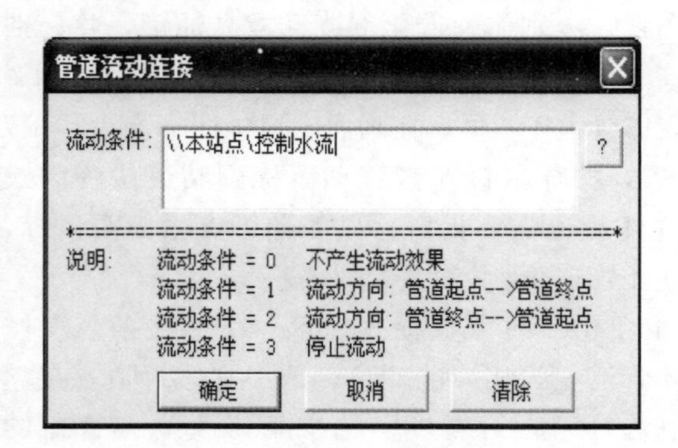

图 7-14 管道动画连接对话框

流动条件：\\本站点\原料油阀

单击“确定”按钮完成动画连接的设置。

（4）全部保存，切换到运行画面。单击“原料油阀”图标，可以看到管道中水流的效果，再单击“原料油阀”图标看到管道中无水流的效果。

用同样方法设置催化剂出料阀控制和成品油出料阀的动画连接，连接变量分别如下。

\\本站点\催化剂出料阀\\本站点\成品油出料阀

3. 动画属性的介绍

（1）隐含连接。隐含连接是使被连接对象根据条件表达式的值而显示或隐含。建立一个表示危险状态的红色的圆形指示灯和文本“液位过高”对象，使其能够在变量“液位”的值大于 100 时显示出来。双击红色的圆圈，在“动画连接”对话框中单击“隐含”按钮，弹出隐含连接对话框如图 7-15 输入显示或隐含的条件表达式，单击“?”可以查看已定义的变量名和变量域。当条件表达式值为 1（TRUE）时，被连接对象是显示还是隐含。用同样的方法设置文本对象。

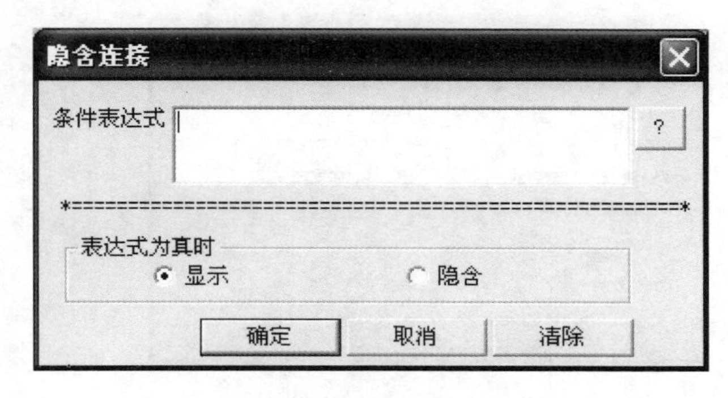

图 7-15　隐含连接对话框

（2）闪烁连接。闪烁连接是使被连接对象在条件表达式的值为真时闪烁。闪烁效果易于引起注意，故常用于出现非正常状态时的报警。

建立一个表示报警状态的红色圆形对象和文本“液位过高”对象，使其能够在变量“液位”的值大于 100 时闪烁。运行中当变量“液位”的值大于 100 时，红色对象开始闪烁。

闪烁连接的设置方法是：在“动画连接”对话框中单击“闪烁”按钮，弹出对话框。输入闪烁的条件表达式，当此条件表达式的值为真时，图形对象开始闪烁。表达式的值为假时闪烁自动停止。单击“?”按钮可以查看已定义的变量名和变量域。当满足条件表达式时，被连接对象闪烁，用同样的方法设置文本对象。

（3）缩放连接。缩放连接是使被连接对象的大小随连接表达式的值而变化，比如建立一个原料油液位计，用一矩形表示液位高低（将其设置“缩放连接”动画连接属性），以反映变量“液位”的变化。在“动画连接”对话框中单击“缩放连接”按钮，弹出对话框缩放连接，如图 7-16 所示。

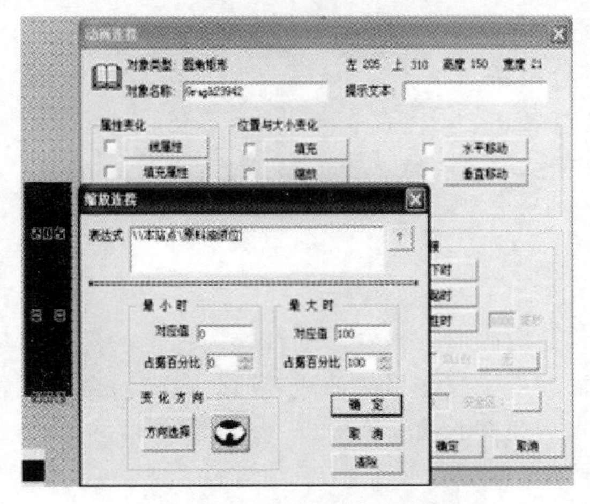

图 7-16　缩放连接对话框

在表达式编辑框内输入合法的连接表达式，单击“?”按钮可以查看已定义的变量名和变量域。

表达式:\\本站点\原料油液位

最小时：对应值0，占据百分比0。

最大时：对应值100，占据百分比100。

选择缩放变化的方向，变化方向共有五种，用“方向选择”按钮旁边的指示器来形象地表示。箭头是变化的方向，蓝点是参考点。单击“方向选择”按钮，可选择五种变化方向之一。单击“确定”按钮，并保存，切换到运行画面，可以看到原料油液位的缩放效果。

(4) 旋转连接。旋转连接是使对象在画面中的位置随连接表达式的值而旋转。比如建立了一个有指针仪表，以指针旋转的角度表示变量“泵速”的变化。在“动画连接”对话框中单击“旋转连接”按钮，弹出对话框如图7-17所示，在编辑框内输入合法的连接表达式，单击“?”按钮可以查看已定义的变量名和变量域。

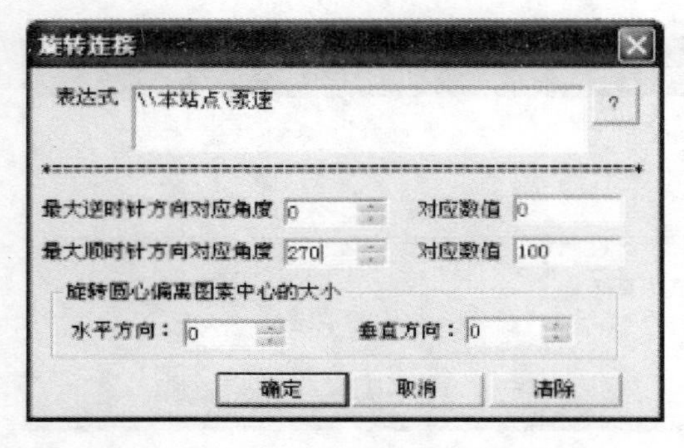

图7-17 旋转连接对话框

表达式:\\本站点\泵速

最大逆时针方向对应角度：0

对应值：0

最大顺时针方向对应角度：270°

对应值：100

单击“确定”按钮，并保存，切换到运行画面查看仪表的旋转情况。

(5) 水平滑动杆输入连接。图7-18建立一个用于改变变量“泵速”值的水平滑动杆。在“动画连接”对话框中单击“水平滑动杆输入”按钮，弹出对话框如图7-19所示，输入与图形对象相联系的变量，单击“?”可以查看已定义的变量名和变量域。

图7-18 水平滑动杆

变量名:\\本站点\泵速

移动距离：向左0向右100

对应值：最左边0最右边100

单击“确定”按钮，保存图像，切换到运行画面。当有滑动杆输入连接的图形对象被鼠标拖动时，与之连接的变量的值将会被改变。当变量的值改变时，图形对象的位置也会发生变化。用同样的方法可以设置垂直滑动杆的动画连接。

4. 点位图

准备一张图片。进入组态王开发系统，单击工具箱中“点位图”图标，移动鼠标，在画面上画出一个矩形方框，如图 7-20 所示，选中该点位图对象，单击鼠标右键，弹出浮动式菜单，选择“从文件中加载”命令即可将事先准备好的图片粘贴过来，如图 7-21 所示。

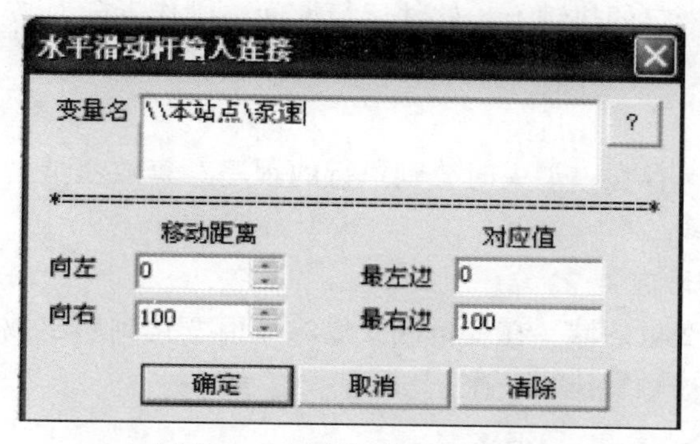

图 7-19　水平滑动杆输入对话框

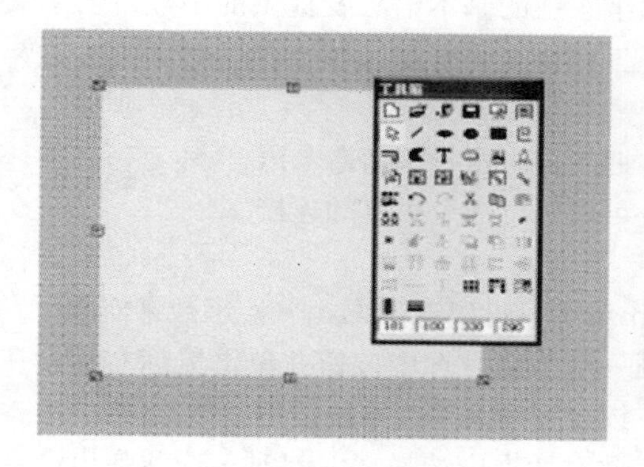

图 7-20　点位图的插入（一）

图 7-21　点位图的插入（二）

7.4　命　令　语　言

7.4.1　命令语言概述

组态王除了在定义动画连接时支持连接表达式，还允许用户编写命令语言来扩展应用程序的功能，极大地增强了应用程序的可用性。

命令语言的格式类似 C 语言的格式，工程人员可以利用其来增强应用程序的灵活性。组态王的命令语言编辑环境已经编好，用户只要按规范编写程序段即可，它包括应用程序命令语言、热键命令语言、事件命令语言、数据改变命令语言、自定义函数命令语言和画面命令语言等。

命令语言的句法和 C 语言非常类似，可以说是 C 的一个简化子集，具有完备的词法语法查错功能和丰富的运算符、数学函数、字符串函数、控件函数、SQL 函数和系统函数。各种命令语言通过“命令语言编辑器”编辑输入并进行语法检查，在运行系统中进行编译执行。

命令语言有六种形式，其区别在于命令语言执行的时机或条件不同。

1. 应用程序命令语言

可以在程序启动时、关闭时或在程序运行期间周期执行。如果希望周期执行，还需要指定时间间隔。

2. 热键命令语言

被链接到设计者指定的热键上，软件运行期间，操作者随时按下热键都可以起动这段命令语言程序。

3. 事件命令语言

规定在事件发生、存在、消失时分别执行的程序。离散变量名或表达式都可以作为事件。

4. 数据改变命令语言

只链接到变量或变量的域。在变量或变量的域值变化到超出数据字典中所定义的变化灵敏度时，它们就被触发执行一次。

5. 自定义函数命令语言

提供用户自定义函数功能。用户可以根据组态王的基本语法及提供的函数自己定义各种功能更强的函数，通过这些函数能够实现工程特殊的需要。

6. 画面、按钮命令语言

可以在画面显示时、隐含时或在画面存在期间定时执行画面命令语言。

在定义画面中的各种图形的动画连接时，可以进行命令语言的连接。

7. 退出系统

如何退出组态王运行系统，返回到 Windows 呢？可以通过 Exit（）函数来实现。

（1）选择工具箱中的▭工具，在画面上画一个按钮，选中按钮并单击鼠标右键，在弹出的下拉菜单中执行“字符串替换”命令，设置按钮文本为系统退出。

（2）双击按钮，弹出动画连接对话框，在此对话框中选择“弹起时”选项弹出命令语言编辑框，在编辑框中输入如下命令语言。

```
Exit(0);
```

（3）单击“确认”按钮关闭对话框，当系统进入运行状态时单击此按钮系统将退出组态王运行环境。

7.4.2 常用功能

1. 定义热键

在实际的工业现场，为了操作的需要可能需要定义一些热键，当某键被按下时使系统执行相应的控制命令。例如，当按下 F1 键时，使原料油出料阀被开起或关闭。这可以使用命令语言的一种热键命令语言来实现。

（1）在工程浏览器左侧的“工程目录显示区”内选择“命令语言”下的“热键命令语言”选项，双击“目录内容显示区”的新建图标弹出“热键命令语言”编辑对话框，如图 7-22 所示。

（2）对话框中单击“键”按钮，在弹出的“选择键”对话框中选择“F1”键后关闭对话框。

（3）在命令语言编辑区中输入如下命令语言：

```
if(\\本站点\原料油阀==1)
\\本站点\原料油阀=0;
```

else

\\本站点\原料油阀=1;

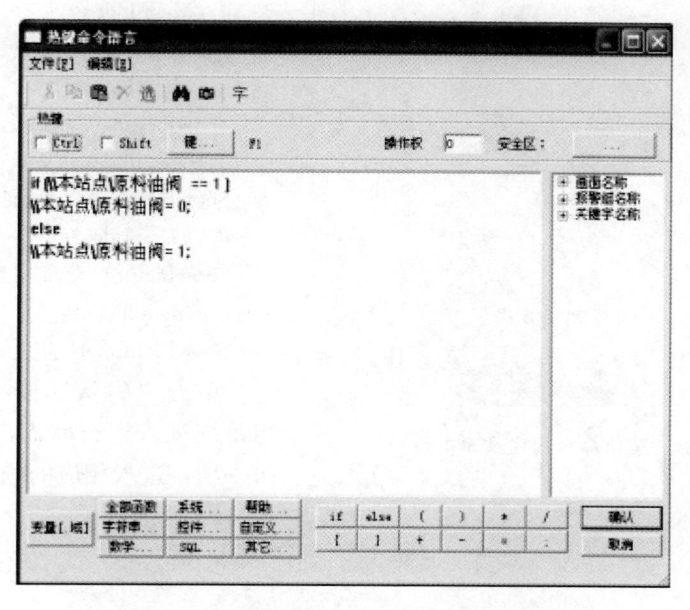

图 7-22 “热键命令命令语言”编辑对话框

(4) 单击“确认”按钮关闭对话框。当系统进入运行状态时，按下“F1”键执行上述命令语言。首先判断原料油出料阀的当前状态，如果是开起的则将其关闭，否则将其打开，从而实现了按钮开和关的切换功能。

2. 实现画面切换功能

利用系统提供的“菜单”工具和ShowPicture () 函数能够实现在主画面中切换到其他任一画面的功能。具体操作如下。

选择工具箱中的菜单工具，将鼠标放到监控画面的任一位置并按住鼠标左键绘制一个按钮大小的菜单对象，双击弹出菜单定义对话框，如图 7-23 所示。

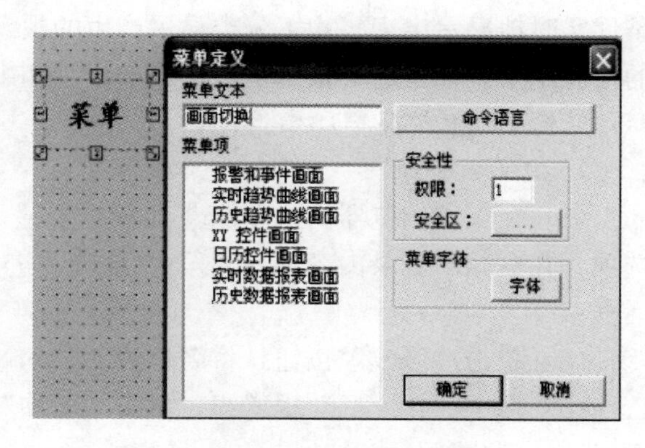

图 7-23 菜单定义对话框

“菜单项”的输入方法为，在“菜单项”编辑区中单击鼠标右键，在弹出的下拉菜单中执行“新建项”命令即可编辑菜单项。菜单项中的画面是在工程后面建立的。

菜单项输入完毕后单击“命令语言”按钮，弹出命令语言编辑框，如图 7-24 所示，在编辑框中输入如下命令语言。

if (MenuIndex==0)

ShowPicture (" 报警和事件画面");

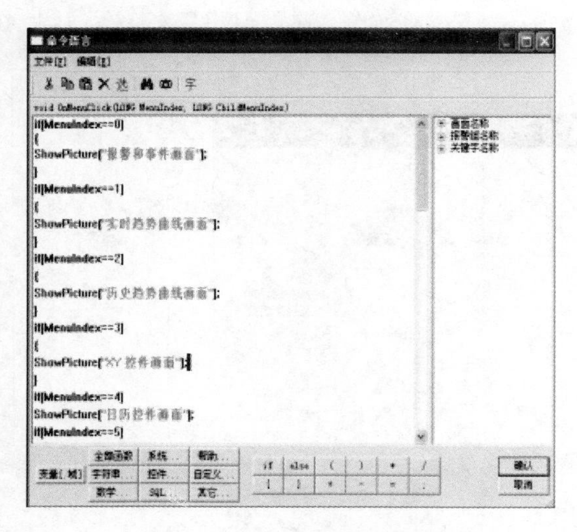

图 7-24 菜单命令语言编辑框

```
if (MenuIndex==1)
ShowPicture (" 实时趋势曲线画面");
if (MenuIndex==2)
ShowPicture (" 历史趋势曲线画面");
if (MenuIndex==3)
ShowPicture (" XY 控件画面");
if (MenuIndex==4)
ShowPicture (" 日历控件画面");
if (MenuIndex==5)
ShowPicture (" 实时数据报表画面");
if (MenuIndex==6)
ShowPicture (" 历史趋势曲线");
```

单击“确认”按钮关闭对话框，当系统进入运行状态时单击菜单中的每一项，进入相应的画面中。

7.5 报警和事件

为保证工业现场安全生产，报警和事件的产生和记录是必不可少的，“组态王”提供了强有力的报警和事件系统。组态王中的报警和事件主要包括变量报警事件、操作事件、用户登录事件和工作站事件。通过这些报警和事件用户可以方便地记录和查看系统的报警和各个工作站的运行情况。当报警和事件发生时，在报警窗中会按照设置的过滤条件实时地显示出来。为了分类显示产生的报警和事件，可以把报警和事件划分到不同的报警组中，在指定的报警窗口中显示报警和事件信息。

7.5.1 建立报警和事件窗口

1. 定义报警组

(1) 在工程浏览器窗口左侧“工程目录显示区”中选择“数据库”中的“报警组”选项，在右侧“目录内容显示区”中双击“进入报警组”图标弹出“报警组定义”对话框。

(2) 单击“修改”按钮，将名称为“RootNode”报警组改名为“化工厂”。

(3) 选中“化工厂”报警组，单击“增加”按钮增加此报警组的子报警组，名称为原料油、催化剂、成品油。

(4) 单击“确认”按钮关闭对话框，结束对报警组的设置，如图 7-25 所示。

报警组的划分以及报警组名称的设置是由用户根据实际情况指定。此处分为原料油、催化剂、成品油三个报警组。

2. 设置变量的报警属性

(1) 在数据词典中选择“原料油液位”变量，双击此变量，在弹出的“定义变量”对话框中切换到“报警定义”选项卡，如图 7-26 所示。对话框设置如下。

报警组名：化工厂；低：10 原料油液位过低；高：90 原料油液位过高；优先级：100

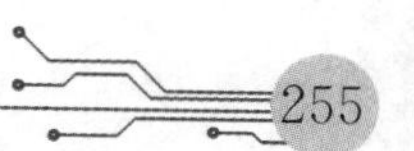

图 7-25 子报警组定义对话框

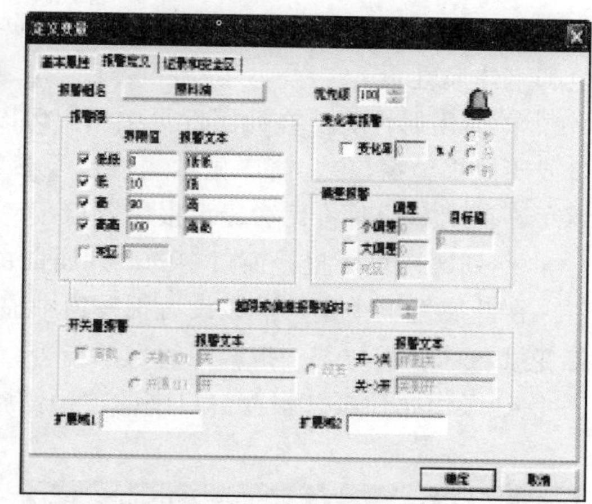

图 7-26 设置变量的报警属性

（2）设置完毕后单击“确定”按钮，系统进入运行状态时，当“原料油液位”的高度低于 10 或高于 90 时系统将产生报警，报警信息将显示在“化工厂”报警组中。

3. 建立报警窗口

报警窗口是用来显示“组态王”系统中发生的报警和事件信息，报警窗口分实时报警窗口和历史报警窗口。实时报警窗口主要显示当前系统中发生的实时报警信息和报警确认信息，一旦报警恢复后将从窗口中消失。历史报警窗口中显示系统发生的所有报警和事件信息，主要用于对报警和事件信息进行查询。

报警窗口建立过程如下。

（1）新建一画面，名称为报警和事件画面，类型为覆盖式。

（2）选择工具箱中的T工具，在画面上输入文字“报警和事件。”

（3）选择工具箱中的工具，在画面中绘制一报警窗口，如图 7-27 所示。

（4）双击“报警窗口”对象，弹出报警窗口配置对话框，如图 7-28 所示。

图 7-27 报警窗口

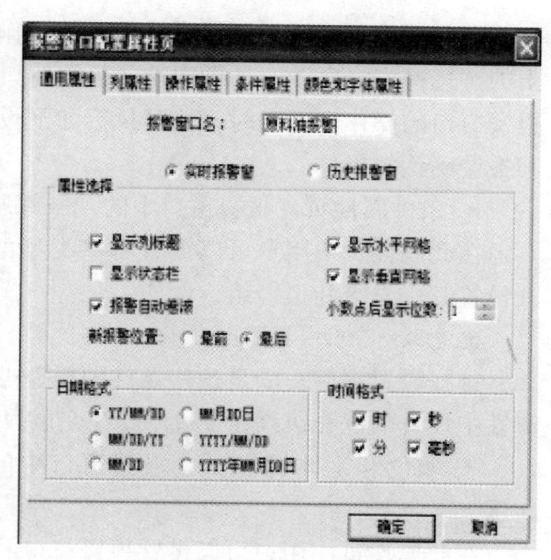

图 7-28 报警窗口通用对话框

报警窗口分为五个属性页：通用属性页、列属性页、操作属性页、条件属性页、颜色和字体属性页。

• 通用属性页。在此属性页中用户可以设置窗口的名称、窗口的类型（实时报警窗口或历史报警窗口）、窗口显示属性以及日期和时间显示格式等。报警窗口的名称必须填写，否则运行时将无法显示报警窗口。

• 列属性页。报警窗口中的“列属性页”对话框，如图 7-29 所示。

在此属性页中用户可以设置报警窗中显示的内容，包括报警日期时间显示与否、报警变量名称显示与否、报警限值显示与否、报警类型显示与否等。

• 操作属性页。报警窗口中的“操作属性页”对话框，如图 7-30 所示。

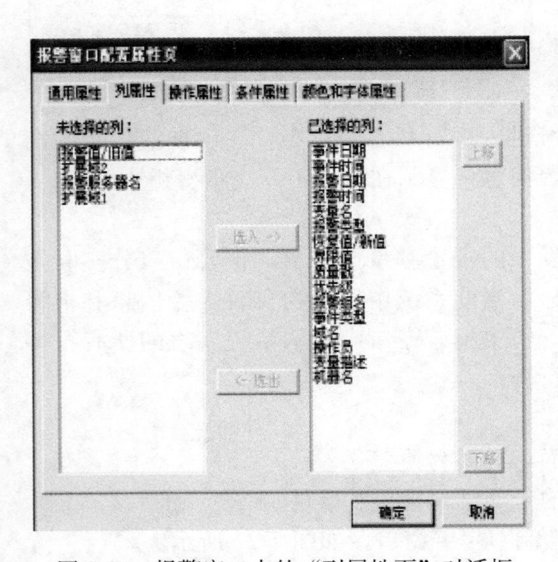

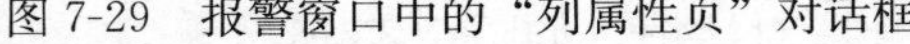

图 7-29 报警窗口中的“列属性页”对话框

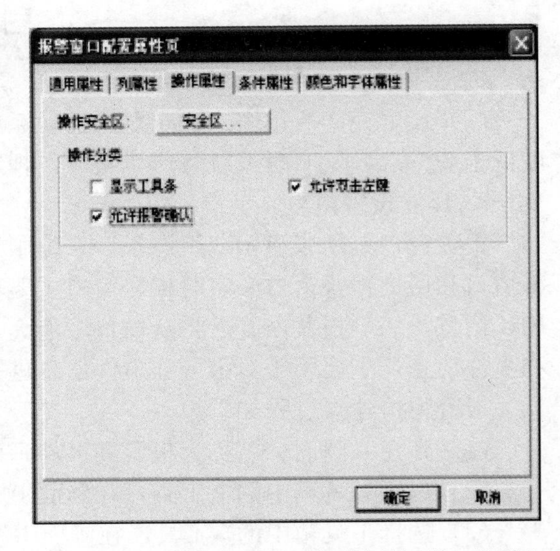

图 7-30 报警窗口中的“操作属性页”对话框

在此属性页中用户可以对操作者的操作权限进行设置。单击“安全区”按钮，在弹出的“选择安全区”对话框中选择报警窗口所在的安全区，只有登录用户的安全区包含报警窗口的操作安全区时，才可执行如下设置的操作，如双击左键操作、工具条的操作和报警确认的操作。

• 条件属性页。报警窗口中的“条件属性页”对话框，如图 7-31 所示。

在此属性页中用户可以设置哪些类型的报警或事件发生时才在此报警窗口中显示，并设置其优先级和报警组。例如：

优先级：999；报警组：化工厂

这样设置完后，满足这些条件的报警点信息会显示在此报警窗口中：①在变量报警属性中设置的优先级高于 999；②在变量报警属性中设置的报警组名为化工厂。

• 颜色和字体属性页：报警窗口中的“颜色和字体属性页”对话框，如图 7-32 所示。

在此属性页中用户可以设置报警窗口的各种颜色以及信息的显示颜色。例如：

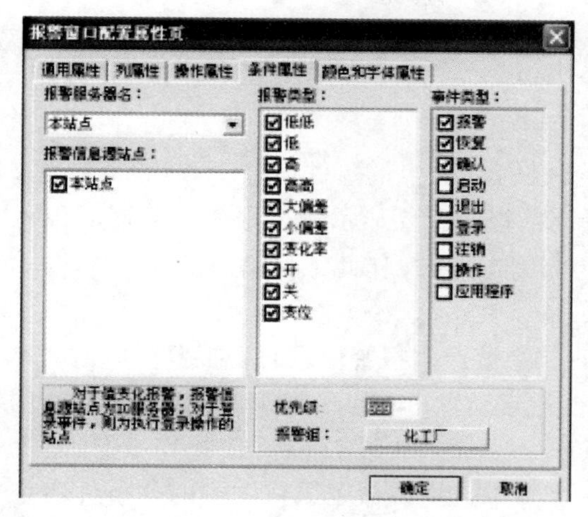

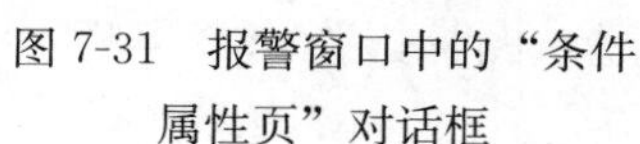

图7-31 报警窗口中的“条件属性页”对话框

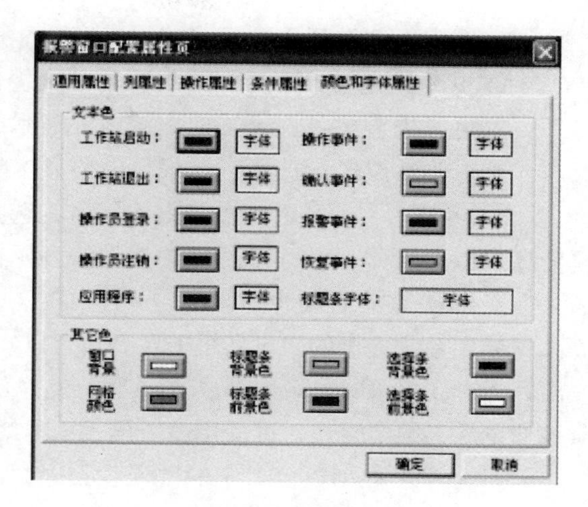

图7-32 报警窗口中“颜色和字体属性页”对话框

报警窗口的上述属性可由用户根据实际情况进行设置。

(5) 单击执行“文件”菜单中的“全部存”命令，保存用户所做的设置。

(6) 单击执行“文件”菜单中的“切换到VIEW”命令，进入运行系统。系统默认运行的画面可能不是用户刚刚编辑完成的“报警和事件画面”，可以通过运行界面中“画面”菜单中的“打开”命令将其打开后运行，如图7-33所示。

本站点

事件日期	事件时间	报警日期	报警时间	变量名	报警类型
---	---	08/01/15	15:40:05.750	催化剂温度	高
---	---	08/01/15	15:40:05.750	原料油压...	高高
---	---	08/01/15	15:40:05.750	成品油压力	高
---	---	08/01/15	15:40:04.728	原料油温度	高
---	---	08/01/15	15:39:56.897	原料油液位	高
---	---	08/01/15	15:39:40.403	成品油温度	低低

图7-33 运行中的报警窗口

4. 报警窗口的操作

当系统处于运行状态时，用户可以通过报警窗口上方的工具箱对报警信息进行操作，如图7-34所示。

图7-34 报警信息操作工具箱

☑报警确认：确认报警窗中当前选中的未经过确认的报警信息。

☒报警删除：删除报警窗中所有当前选中的报警信息。

更改报警类型：单击该按钮，在弹出的列表框中选择当前报警窗要显示的报警类型，选择完毕后，从当前开始，报警窗只显示符合选中报警类型的报警，但不影响其他类型报警信息的产生。

更改事件类型：选择当前报警窗要显示的事件类型。

更改优先级：选择当前报警窗的报警优先级。

更改报警组：选择当前报警窗要显示的报警组。

更改站点名：选择当前报警窗要显示哪个工作站站点的事件信息。

192.168.1.51 更改报警服务器名：选择当前报警窗要显示哪个报警服务器的报警信息。以上操作只有登录用户的权限符合操作权限时才可操作此工具箱。

5. 报警窗口自动弹出

使用系统提供的“$新报警”变量可以实现当系统产生报警信息时将报警窗口自动弹出，当有新报警时，系统提供的“$新报警”变量自动置1，但不会自动复位，因此使用该变量后必须要复位，可使用命令语言\\本站点\$新报警=0进行复位。操作步骤如下。

（1）在工程浏览窗口中的“工程目录显示区”中选择“命令语言”中的“事件命令语言”选项，在右侧“目录内容显示区”中双击“新建”图标，弹出“事件命令语言”编辑框，设置如图7-35所示。

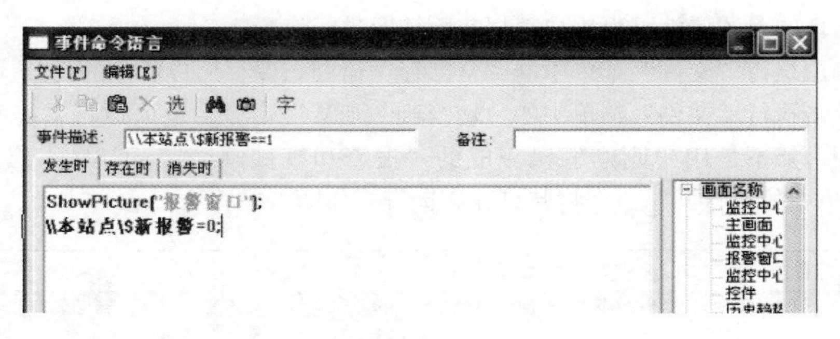

图7-35 事件命令语言编辑框

（2）单击“确认”按钮关闭编辑框。当系统有新报警产生时即可弹出报警窗口。

7.5.2 报警和事件的输出

对于系统中的报警和事件信息不仅可以输出到报警窗口中还可以输出到文件、数据库和打印机中。此功能可通过报警配置属性窗口来实现，配置过程如下。

在工程浏览器窗口左侧的“工程目录显示区”中双击“系统配置”中的“报警配置”选项，弹出“报警配置属性”对话框，如图7-36所示。

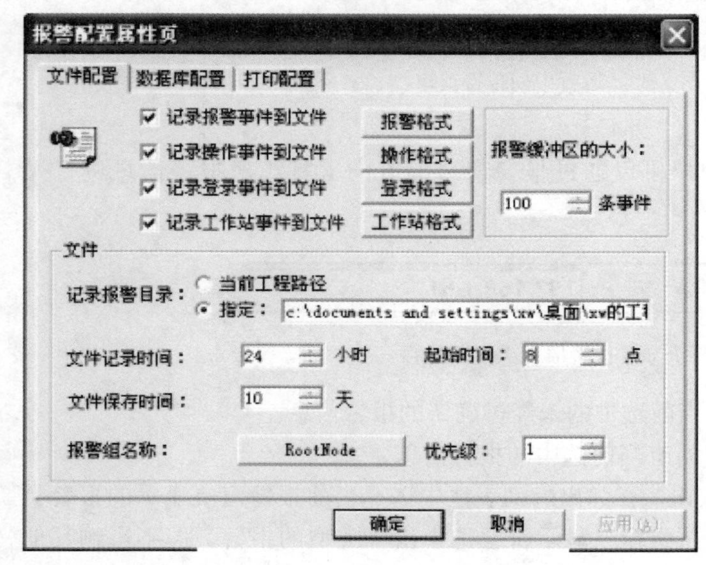

图7-36 报警配置属性页对话框

报警配置属性窗口分为三个属性页：文件配置页、数据库配置页、打印配置页。

• 文件配置页。在此属性页中用户可以设置将哪些报警和事件记录到文件中以及记录的格式、记录的目录、记录时间、记录哪些报警组的报警信息等。

• 数据库配置页。数据库配置页对话框，如图 7-37 所示。在此属性页对话框中用户可以设置将哪些报警和事件记录到数据库中以及记录的格式、数据源的选择、登录数据库时的用户名和密码等。

• 打印配置页。打印配置页对话框如图 7-38 所示。在此属性页对话框中用户可以设置将哪些报警和事件输出到打印机中以及打印的格式、打印机的端口号等。

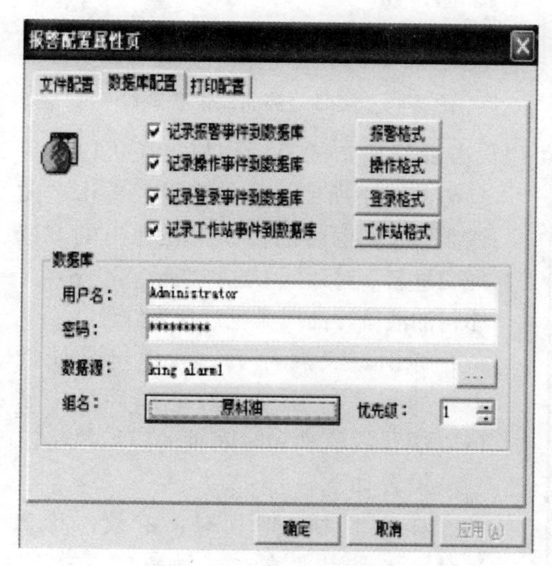

图 7-37　数据库配置页

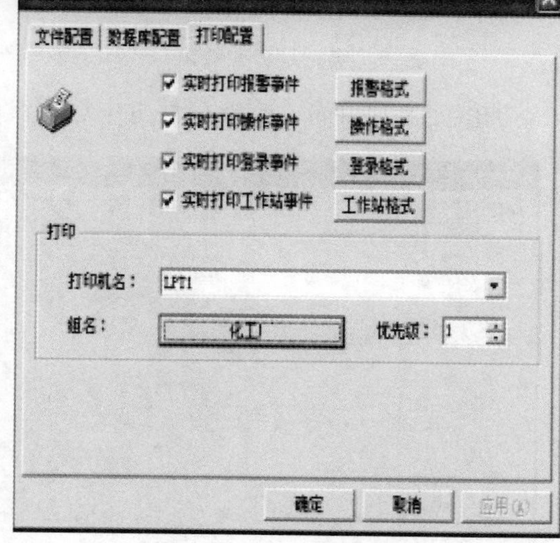

图 7-38　打印配置页

7.6　趋势曲线和报表系统

7.6.1　趋势曲线

趋势曲线用来反应变量随时间的变化情况。趋势曲线有两种：实时趋势曲线和历史趋势曲线。

1. 实时趋势曲线。实时趋势曲线定义过程如下：

（1）新建一画面，名称为“实时趋势曲线画面”。

（2）选择工具箱中的T工具，在画面上输入文字“实时趋势曲线”。

（3）选择工具箱中的▣工具，在画面上绘制一实时趋势曲线窗口，如图 7-39 所示。

双击“实时趋势曲线”对象，弹出“实时趋势曲线”设置对话框窗口，如图 7-40 所示。

实时趋势曲线设置窗口分为两个属性页：曲线定义属性页、标识定义属性页。

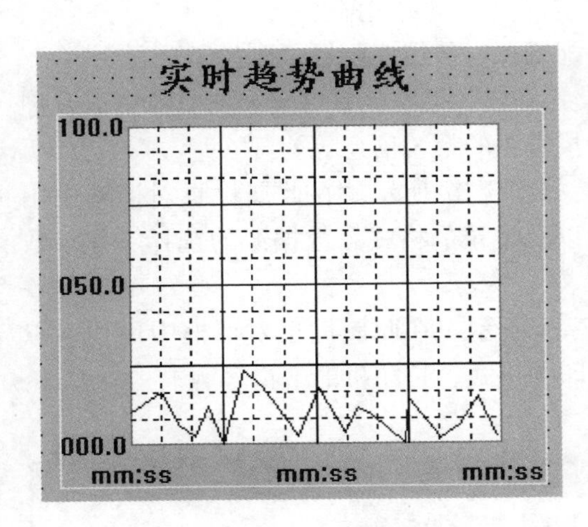

图 7-39　实时趋势曲线窗口

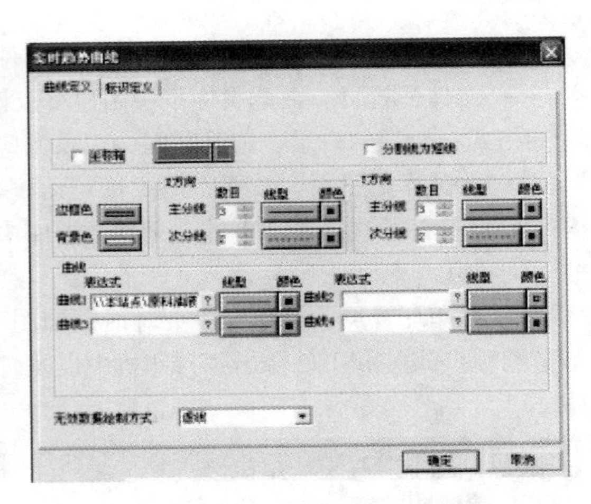

图 7-40　实时趋势曲线设置窗口

曲线定义属性页，在此属性页中您不仅可以设置曲线窗口的显示风格，还可以设置趋势曲线中所要显示的变量。单击“曲线 1”编辑框后的按钮，在弹出的“选择变量名”对话框中选择变量\\本站点\原料油液位，曲线颜色设置为红色。

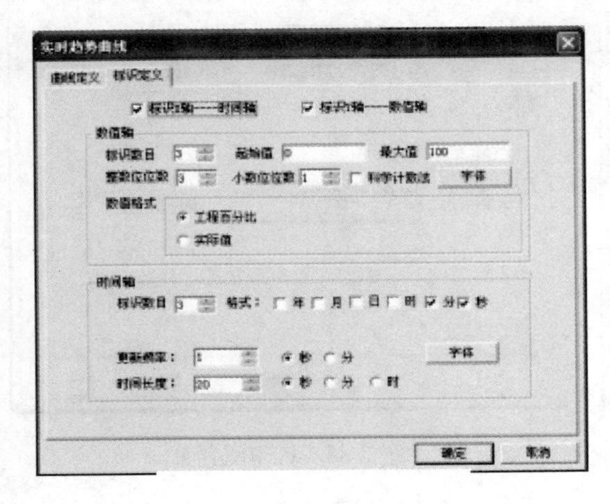

图 7-41　标识定义属性页

标识定义属性页，标识定义属性页，如图 7-41 所示。在此属性页中您可以设置数值轴和时间轴的显示风格。

设置如下。

标识 X 轴—时间轴：有效；标识 Y 轴—数据轴：有效；起始值：0；最大值：100

时间轴：分、秒有效；更新频率：1 秒；时间长度：30 秒

(4) 设置完毕后单击“确定”按钮关闭对话框。

(5) 执行“文件”菜单中的“全部存”命令，保存您所作的设置。

(6) 执行“文件”菜单中的“切换到 VIEW”命令，进入运行系统，通过运行界面中“画面”菜单中的“打开”命令将“实时趋势曲线画面”打开后可看到连接变量的实时趋势曲线，如图 7-42所示。

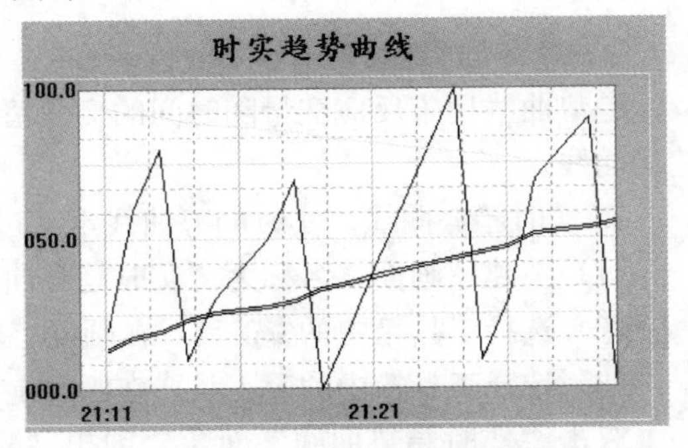

图 7-42　运行界面中的实时趋势曲线

2. 历史趋势曲线

组态王的历史趋势曲线可通过工具箱中的▦工具制作，与实时趋势曲线的制作方法类似，这里不再赘述，也可以通过控件形式制作。

组态王的历史趋势曲线以 Active X 控件形式提供的取组态王数据库中的数据绘制历史曲线和取 ODBC 数据库中的数据绘制曲线的工具。通过该控件，不但可以实现历史曲线的绘制，还可以实现 ODBC 数据库中数据记录的曲线绘制，而且在运行状态下，可以实现在线动态增加/删除/隐藏曲线、曲线图表的无级缩放、曲线的动态比较、曲线的打印等。该曲线控件最多可以绘制 16 条曲线。

（1）设置变量的记录属性。对于要以历史趋势曲线形式显示的变量，必须设置变量的记录属性，设置过程如下。

1）在工程浏览窗口左侧的“工程目录显示区”中选择“数据库”中的“数据词典”选项，在“数据词典”中选择“变量\\本站点\原料油液位”，双击此变量，在弹出的“定义变量”对话框中单击“记录和安全区”属性页，如图 7-43 所示。设置变量“\\本站点\原料油液位”的记录类型为数据变化记录，变化灵敏为 0。

2）设置完毕后单击“确定”按钮关闭对话框。

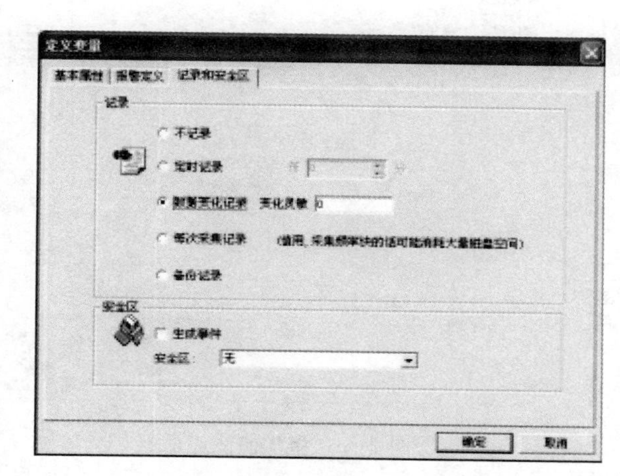

图 7-43　记录和安全区属性对话框

（2）定义历史数据文件的存储目录。

1）在工程浏览器窗口左侧的“工程目录显示区”中双击“系统配置”中的“历史数据记录”选项，弹出“历史记录配置”对话框。对话框设置如下。

运行时自动启动；有效数据文件记录时数：8 小时；记录开始时刻：0 点；数据保存天数：30 日；存储路径：当前工程路径

2）设置完毕后，单击“确定”按钮关闭对话框。当系统进入运行环境时“历史记录服务器”自动起动，将变量的历史数据以文件的形式存储到当前工程路径下。每个文件中保存了变量 8 小时的历史数据，这些文件将在当前工程路径下保存 30 天。

（3）创建历史曲线控件。历史趋势曲线创建过程如下。

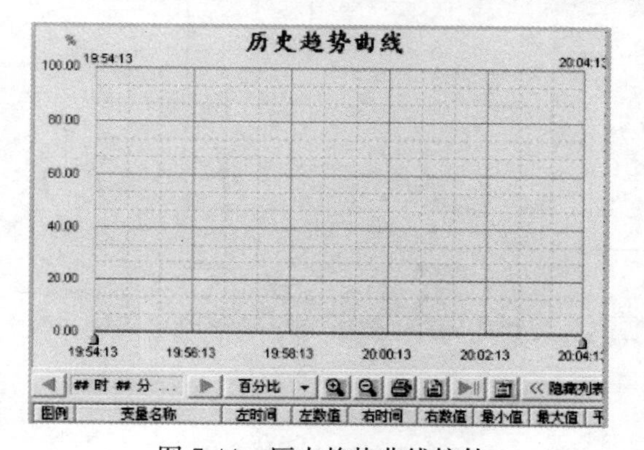

图 7-44　历史趋势曲线控件

1）新建一画面，名称为“历时趋势曲线。”

2）选择工具箱中的工具 T，在画面上输入文字“历史趋势曲线。”

3）选择工具箱中的工具 %，在画面中插入通用控件窗口中的“历史趋势曲线”控件，如图 7-44 所示。

选中此控件，单击鼠标右键在弹出的下拉菜单中执行“控件属性”命令，弹出控件属性对话框。历史趋势曲线属性窗口分为五个属性页：曲线属性页、坐标系属性页、预置打印选项属性页、报警区域选项属性页、游标配置选项属性页。

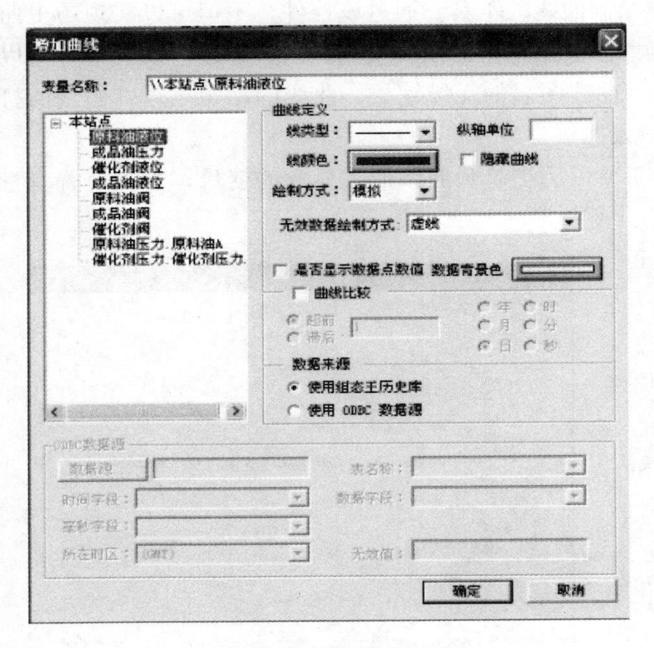

图 7-45　增加曲线对话框

在曲线属性页中用户可以利用“增加”按钮添加历史曲线变量，并设置曲线的采样间隔（即在历史曲线窗口中绘制一个点的时间间隔）。单击此属性页中的“增加”按钮弹出“增加曲线”对话框，如图 7-45 所示。

单击“本站点”左侧的“+”符号，系统将工程中所有设置了记录属性的变量显示出来，选择“原料油液位”变量后，此变量自动显示在“变量名称”后面的编辑框中。其他属性设置如下。

绘制方式：模拟数据来源。使用组态王数据库，单击“确定”按钮后关闭此窗口

分别根据实际情况进行配置坐标系属性页、预置打印选项属性页、报警区域选项属性页、游标配置选项属性页。

4）单击“确定”按钮完成历史曲线控件编辑工作。

5）执行“文件”菜单中的“全部存”命令，保存您所作的设置。

6）执行“文件”菜单中的“切换到 VIEW”命令，进入运行系统。系统默认运行的画面可能不是用户刚刚编辑完成的“历史趋势曲线画面”，可以通过运行界面中“画面”菜单中的“打开”命令将其打开后方可运行，如图 7-46 所示。

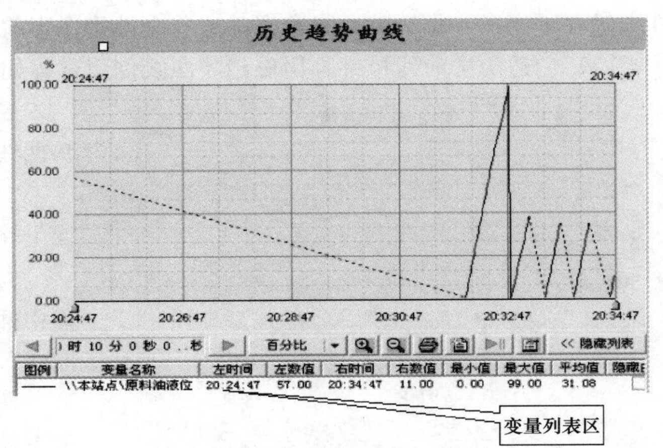

图 7-46　运行中的历史趋势曲线

变量列表区主要用于显示变量的信息，包括变量名称、变量的最大值、最小值、平均值以及动态显示/隐藏指定的曲线等。在变量列表区上单击右键弹出下拉菜单。通过此下拉菜单可对历史曲线窗口中的曲线进行编辑（增加或删除曲线）。

7.6.2　报表系统

数据报表是反应生产过程中的过程数据、运行状态

等，并对数据进行记录、统计的一种重要工具，是生产过程必不可少的一个重要环节。它既能反应系统实时的生产情况，又能对长期的生产过程数据进行统计、分析，使管理人员能够掌握和分析生产过程情况。组态王提供内嵌式报表系统，工程人员可以任意设置报表格式，对报表进行组态。组态王为工程人员提供了丰富的报表函数，实现各种运算、数据转换、统计分析、报表打印等。既可以制作实时报表又可以制作历史报表。另外，工程人员还可以制作各种报表模板，实现多次使用，以免重复工作。

1. 实时数据报表

（1）创建实时数据报表。实时数据报表创建过程如下。

1）新建一画面，名称为“实时数据报表画面”。

2）选择工具箱中的工具**T**，在画面上输入文字“实时数据报表”。

3）选择工具箱中的工具，在画面上绘制一实时数据报表窗口。

双击窗口的灰色部分，弹出“报表设计”对话框。对话框设置如下。报表控件名：Report1；行数：5；列数：5。

4）输入静态文字，选中 A1 到 J1 的单元格区域，执行“报表工具箱”中的“合并单元格”命令并在合并完成的单元格中输入“实时数据报表演示。”利用同样方法输入其他静态文字，如图 7-47 所示。

5）插入动态变量，合并 B2 和 C2 单元格，并在合并完成的单元格中输入：=\\本站点\＄日期。变量的输入可以利用“报表工具箱”中的“插入变量”按钮实现，利用同样方法输入其他动态变量，如图 7-48 所示。如果变量名前没有添加“=”符号的话此变量被当做静态文字来处理。

实时数据报表

	A	B	C	D	E
1	时实报表演示				
2	日期			时间	
3	原料油液位		米		
4					
5	成品油液位		米		
6				值班员	

图 7-47　实时数据报表静态文字输入

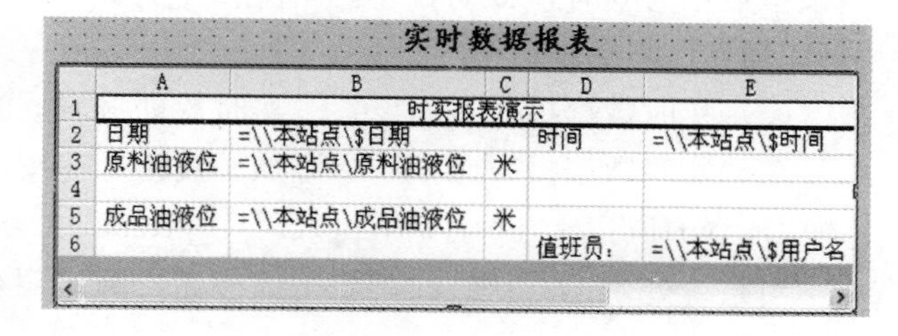

实时数据报表

	A	B	C	D	E
1	时实报表演示				
2	日期	=\\本站点\$日期		时间	=\\本站点\$时间
3	原料油液位	=\\本站点\原料油液位	米		
4					
5	成品油液位	=\\本站点\成品油液位	米		
6				值班员：	=\\本站点\$用户名

图 7-48　实时数据报表输入动态变量

6）执行“文件”菜单中的“全部存”命令，保存您所作的设置。

7）执行“文件”菜单中的“切换到 VIEW”命令，进入运行系统。系统默认运行的画面可能不是您刚刚编辑完成的“实时数据报表画面”，您可以通过运行界面中“画面”菜单中的“打开”命令将其打开后方可运行，如图 7-49 所示。

实时数据报表

时实报表演示				
日期	2008-1-15		时间	22:13:43
原料油液位	85.00	米		
成品油液位	58.00	米		
			值班员：	系统管理员

图 7-49　运行中的实时数据报表

（2）实时数据报表打印。

实时数据报表自动打印设置过程如下：

1）在“实时数据报表画面”中添加一按钮，按钮文本为“实时数据报表自动打印。”

2）在按钮的弹起事件中输入如下命令语言，如图 7-50 所示。

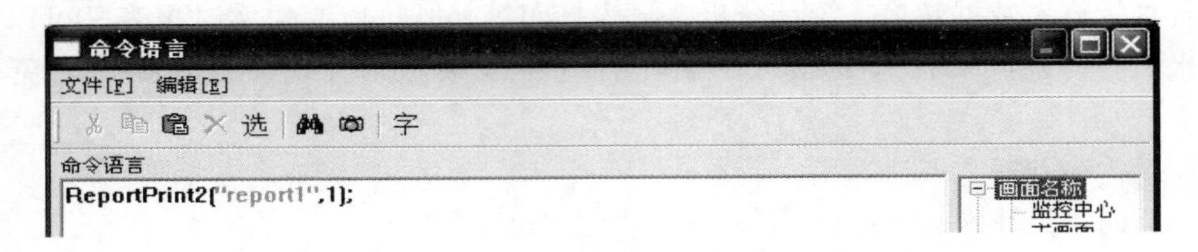

图 7-50 实时数据报表按钮的打印命令语言

3）单击“确认”按钮关闭命令语言编辑框。当系统处于运行状态时，单击此按钮数据报表将被打印出来。

ReportPrint2 函数为报表专用函数。将指定的报表输出到打印配置中指定的打印机上打印，语法使用格式如下：

ReportPrint2（String szRptName）

或者

ReportPrint2（String szRptName，EV _ LONG | EV _ ANALOG | EV _ DISC）

- 函数功能是将指定的报表输出到打印配置中指定的打印机上打印。
- szRptName 为要打印的报表名称。
- EV _ LONG | EV _ ANALOG | EV _ DISC 为整型、实型或离散型的一个参数，当该参数不为 0 时，自动打印，不弹出“打印属性”对话框。如果该参数为 0，则弹出“打印属性”对话框。

（3）实时数据报表页面设置。实时数据报表页面设置过程如下。

在“实时数据报表画面”中添加一按钮，在按钮的弹起事件中输入如下命令语言：

“ReportPageSetup（" Report1"）”（Report1 为要打印预览的报表名称）

当系统处于运行状态时，单击此按钮，弹出“页面设置”对话框，进行页面设置及打印处理。

（4）实时数据报表打印预览。实时数据报表打印预览设置过程如下。

在“实时数据报表画面”中添加一按钮，在按钮的弹起事件中输入如下命令语言

“ReportPrintsetup（“Report1”）”（Report1 为要打印预览的报表名称）

执行命令后系统会自动隐藏组态王的开发系统和运行系统窗口，并进入打印预览窗口。

2. 实时数据报表的存储

实现以当前时间作为文件名将实时数据报表保存到指定文件夹下的操作过程如下。

（1）在当前工程路径下建立一文件夹实时数据文件夹。

（2）在“实时数据报表画面”中添加一按钮，按钮文本为保存实时数据报表。

（3）在按钮的弹起事件中输入如下命令语言，输入后显示如图 7-51 所示。

```
string filename;
filename=InfoAppDir () +" \实时数据文件夹\" +
StrFromReal(\\本站点\$年，0," f") +
StrFromReal(\\本站点\$月，0," f") +
StrFromReal(\\本站点\$日，0," f") +
StrFromReal(\\本站点\$时，0," f") +
StrFromReal(\\本站点\$分，0," f") +
StrFromReal(\\本站点\$秒，0," f") +" .rtl";
ReportSaveAs (" Report1", filename);
/* 执行以上命令后报表保存为，工程当前路径\实时数据\YYMMDDHHMMSS.rtl，
/* YYMMDDHHMMSS.rtl是组态王的报表格式。
/* 要将报表保存为Excel的格式执行以下命令。
string FileName1;
FileName1=InfoAppDir () +" \实时数据\" +
StrFromReal(\\本站点\$年，0," f") +
StrFromReal(\\本站点\$月，0," f") +
StrFromReal(\\本站点\$日，0," f") +
StrFromReal(\\本站点\$时，0," f") +
StrFromReal(\\本站点\$分，0," f") +
StrFromReal(\\本站点\$秒，0，f") +" .xls";
ReportSaveAs (" Report1", FileName1);
/* 执行以上命令后报表保存为，工程当前路径\实时数据\YYMMDDHHMMSS.xls
/* YYMMDDHHMMSS.xls是Excel的格式。
```

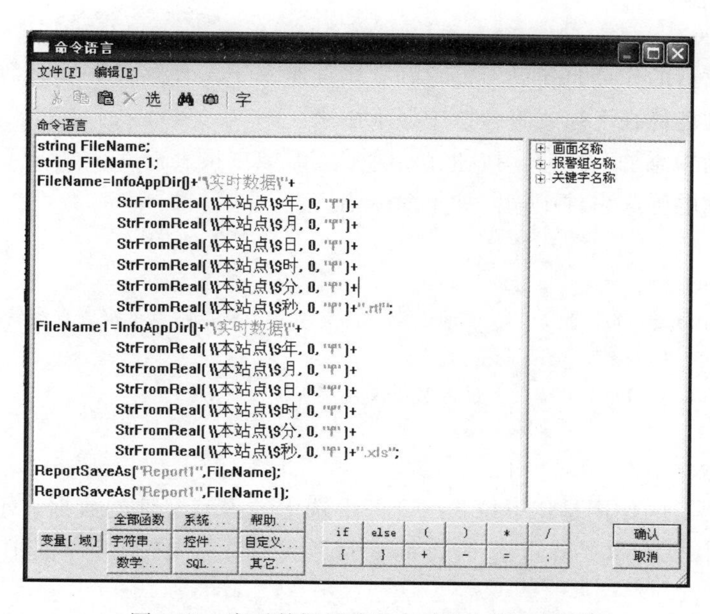

图7-51　实时数据报表的存储命令语言对话框

（4）单击“确认”按钮关闭命令语言编辑框。当系统处于运行状态时，单击此按钮数据报表将以当前时间作为文件名保存实时数据报表。

3. 实时数据报表的查询

利用系统提供的命令语言可将实时数据报表以当前时间作为文件名保存在指定的文件夹中，对于已经保存到文件夹中的报表文件如何在组态王中进行查询呢？下面将介绍一下实时数据报表的查询过程。

利用组态王提供的下拉式组合框与一报表窗口控件可以实现上述功能。

（1）在工程浏览器窗口的数据词典中定义一个内存字符串变量，变量名：报表查询变量；变量类型：内存字符串；初始值：空。

（2）新建一画面，名称为实时数据报表查询画面。

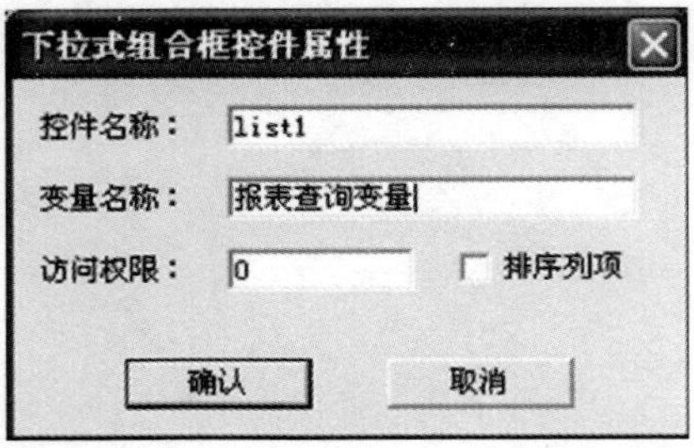

下拉式组合框控件属性
控件名称： list1
变量名称： 报表查询变量
访问权限： 0　排序列项
确认　取消

图 7-52　实时数据报表查询控件属性设置

（3）选择工具箱中的T工具，在画面上输入文字“实时数据报表查询”。

（4）选择工具箱中的工具，在画面上绘制一实时数据报表窗口，控件名称为“Report2”。

（5）选择工具箱中的工具，在画面上插入一“下拉式组合框”控件，控件属性设置如图 7-52 所示。

（6）在画面中单击鼠标右键，在画面属性的命令语言中输入如下命令语言：

```
string filename;
filename=InfoAppDir () +" \实时数据文件夹\ *.rtl";
listClear (" List1");
ListLoadFileName (" List1", filename);
```

上述命令语言的作用是将已经保存到“当前组态王工程路径下实时数据文件夹”中的实时报表文件名称在下拉式组合框中显示出来。

（7）在画面中添加一按钮，按钮文本为“实时数据报表查询。”

（8）在按钮的弹起事件中输入如下命令语言：

```
string filename1;
string filename2;
filename1=InfoAppDir () +" \实时数据文件夹\" +\\本站点\报表查询变量;
ReportLoad (" Report2", filename1);
filename2=InfoAppDir () +" \实时数据文件夹\ *.rtl";
listClear (" List1");
ListLoadFileName (" List1", filename2);
```

上述命令语言的作用是将下拉式组合框中选中的报表文件的数据显示在 Report2 报表窗口中，其中“\\本站点\报表查询变量”保存了下拉式组合框中选中的报表文件名。

（9）设置完毕后单击“文件”菜单中的“全部存”命令，保存您所作的设置。

（10）单击“文件”菜单中的“切换到 VIEW”命令，运行此画面。当您单击下拉式组合框控件时保存在指定路径下的报表文件全部显示出来，选择任一报表文件名，单击“实时数据报表查询”按钮后此报表文件中的数据会在报表窗口中显示出来，从而达到了实时数据报表查询的目的。

4. *历史数据报表*

创建历史数据报表，历史数据报表创建过程如下。

（1）新建一画面，名称为“历史数据报表画面”。

（2）选择工具箱中的 工具，在画面上输入文字“历史数据报表。”

（3）选择工具箱中的 工具，在画面上绘制一历史数据报表窗口，控件名称为“Report5”，并设计表格，如图 7-53 所示。

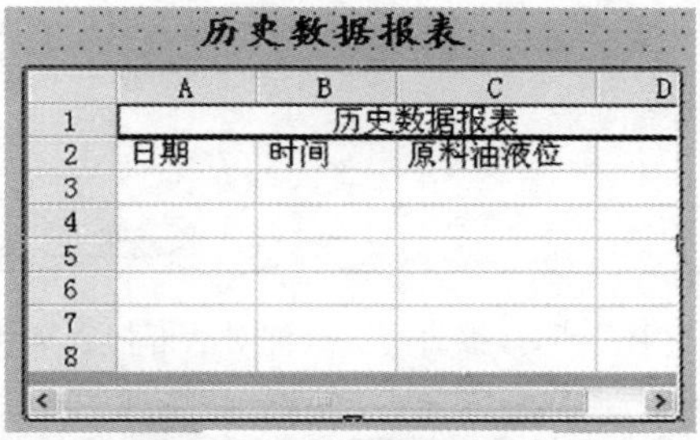

图 7-53　历史数据报表窗口

利用组态王提供的 ReportSetHistData2 函数可从组态王记录的历史库中按指定的起始时间和时间间隔查询指定变量的数据，设置过程如下。

1）在画面中添加一按钮，按钮文本为“历史数据报表查询。”

2）在按钮的弹起事件中输入如下命令语言。

ReportSetHistData2（2，1）。

3）设置完毕后执行“文件”菜单中的“全部存”命令，保存您所作的设置。

4）执行“文件”菜单中的“切换到 VIEW”命令，运行此画面。单击“历史数据报表查询”按钮，弹出报表历史查询对话框，如图 7-54 所示。

报表历史查询对话框分三个属性页：报表属性页、时间属性页、变量属性页。

报表历史查询对话框页：在报表属性页中您可以设置报表查询的显示格式，此属性页设置如图 7-54 所示。

时间属性页，在时间属性页中您可以设置查询的起止时间以及查询的时间间隔，如图 7-55 所示。

变量属性页，在变量属性页中您可以选择欲查询历史数据的变量，如图 7-56 所示。

5）设置完毕后单击“确定”按钮，原料油液位变量的历史数据即可显示在历史数据报表控件中，从而达到了历史数据查询的目的，如图 7-57 所示。

5. *历史数据报表的其他应用*

（1）1 分钟数据报表演示。利用报表窗口工具结合组态王提供的命令语言可实现一个 1 分钟的数据报表，设置过程如下。

1）新建一画面，名称为“1 分钟数据报表画面”。

2）选择工具箱中的 工具，在画面上输入文字“1 分钟数据报表”。

3）选择工具箱中的 工具，在画面上绘制一报表窗口（64 行 5 列），控件名称为“Report6，”并设计表格。

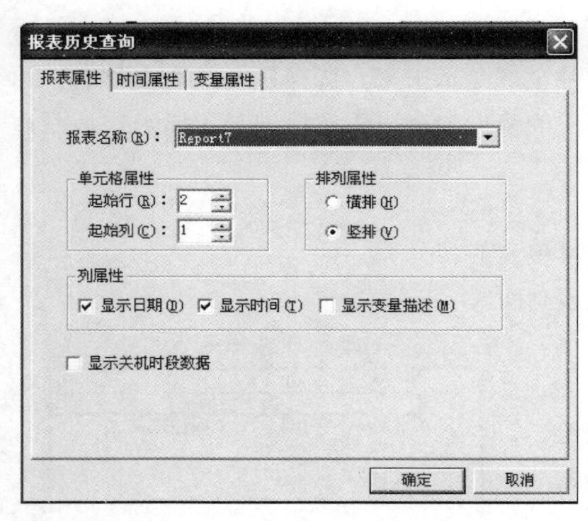

图 7-54　报表历史查询对话框报表属性页

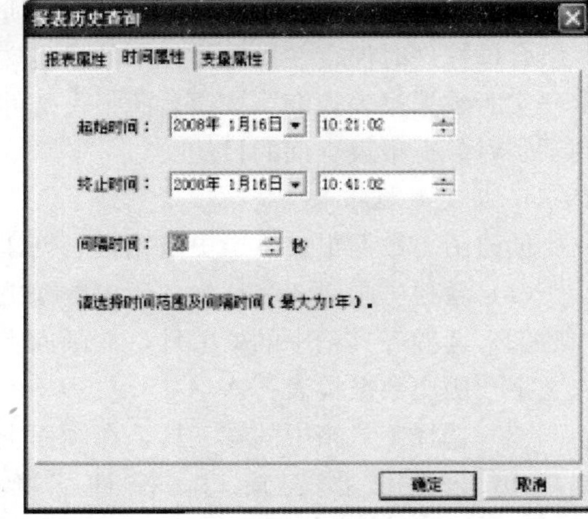

图 7-55　报表历史查询对话框时间属性页

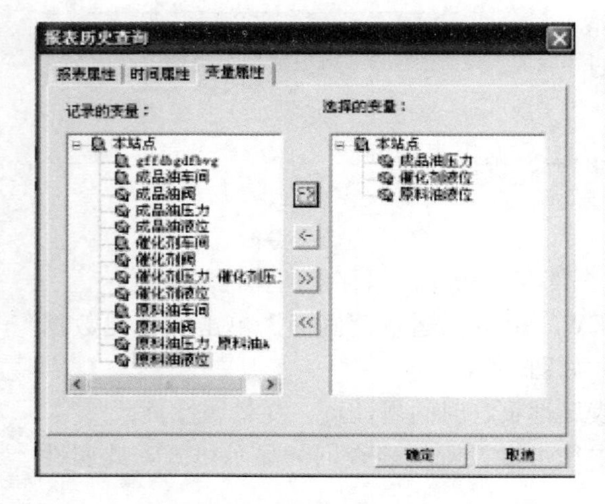

图 7-56　报表历史查询对话框变量属性页

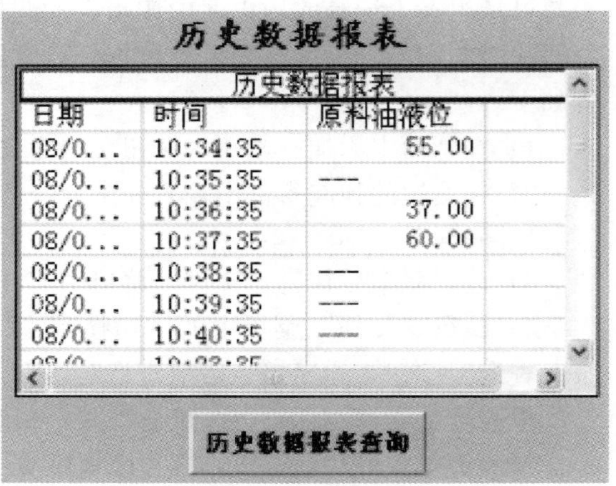

图 7-57　运行后历史数据查询报表

4）在工程浏览器窗口左侧“工程目录显示区”中选择“命令语言”中的“数据改变命令语言”选项，在右侧“目录内容显示区”中双击“新建”图标，在弹出的编辑框中输入如下脚本语言。

当系统变量“\\本站点\＄秒”变化时，执行该脚本程序。

```
long row;
row=\\本站点\＄秒+4;
ReportSetCellString（" Report6"，2，2，\\本站点\＄日期）;
ReportSetCellString（" Report6"，row，1，\\本站点\＄时间）;
ReportSetCellValue（" Report6"，row，2，\\本站点\原料油液位）;
ReportSetCellValue（" Report6"，row，3，\\本站点\催化剂液位）;
ReportSetCellValue（" Report6"，row，4，\\本站点\成品油液位）;
If（row==4）
ReportSetCellString2（" Report6"，5，1，63，5，""）;
```

上述命令语言的作用是将“\\本站点\原料油液位”、“\\本站点\催化剂液位”和“\\本站点\成品油液位”变量每秒钟的数据自动写入报表控件中。

5）设置完毕后单击“文件”菜单中的“全部存”命令，保存您所作的设置。

一分钟数据报表

日期	2008-1-16		
时间	原料油液位	催化剂液位	成品油液位
12:29:00	97.00	98.00	52.00
12:29:01	99.00	100.00	51.00
12:29:02	0.00	1.00	50.00
12:29:03	2.00	3.00	49.00

图 7-58　1 分钟数据报表运行画面

6）执行“文件”菜单中的“切换到 VIEW”命令，运行此画面。系统自动将数据写入报表控件中，如图 7-58 所示。

（2）时报表。时报表的制作与一分钟报表类似，每小时记录一次数据，只是在数据改变命令语言中当系统变量“\\本站点\$秒”变化时改为系统变量“\\本站点\$时”变化，其中行数为 24 小时再加上表头的 3 行共 27 行。在数据改变命令语言中写入如图 7-59 所示的报表数据改变命令语言。

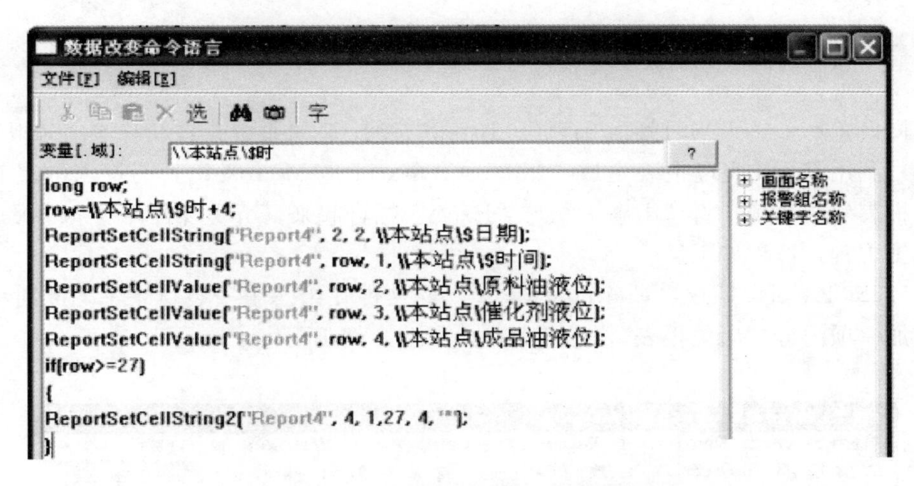

图 7-59　时报表数据改变命令语言

写入的程序为：

```
long row;
row=\\本站点\$时+4;
ReportSetCellString（" Report4"，2，2，\\本站点\$日期）;
ReportSetCellString（" Report4"，row，1，\\本站点\$时间）;
ReportSetCellValue（" Report4"，row，2，\\本站点\原料油液位）;
ReportSetCellValue（" Report4"，row，3，\\本站点\催化剂液位）;
ReportSetCellValue（" Report4"，row，4，\\本站点\成品油液位）;
if（row>=27）
{
ReportSetCellString2（" Report4"，4，1，27，4，""）;
}
```

设置完毕后单击“文件”菜单中的“全部存”命令，保存您所作的设置。单击“文件”菜单中的“切换到 VIEW”命令，运行此画面，系统自动将数据写入报表控件中。

时报表的自动打印。时报表一般要求每班（8小时）打印一张，要设置为自动打印（8点、16点、0点），可利用三个事件（当系统变量\\本站点\$时==8；系统变量\\本站点\$时==16；系统变量\\本站点\$时==0）时去执行一条打印时报表的命令。即在事件命令语言中当上述3个事件发生时执行以下命令语言。

ReportPrint2（" Report4"，0）；

如图7-60所示。

图7-60 时报表的自动打印事件命令语言对话框

这样设置后，每天当时间为8：00、16：00、0：00时系统会自动答应出时报表。

（3）利用Excel实现报表生成。Microsoft Excel是Microsoft公司推出的具有强大功能的报表生成系统，将“组态王”与“Excel”结合起来，可实现各种复杂的报表，运行组态王工程，过程如下。

1）起动Excel，打开“kingreport. xls”，此文件在组态王安装目录下，此时菜单中自动增加一项内容“历史报表”，点此菜单，如图7-61所示。

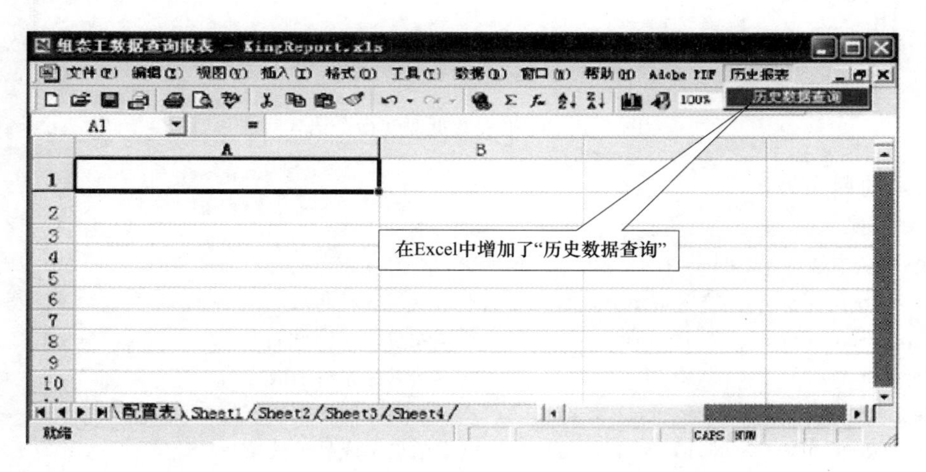

图7-61 打开“kingreport. xls”文件

2）继续单击菜单“历史数据查询”，则会弹出“查询参数设置”对话框，如图7-62所示。

根据弹出的“查询参数设置”对话框进行设置，查询参数设置完毕后，单击“检索数据”按钮，执行后，数据填充到kingreport. xls表的sheet1中，如图7-63所示。

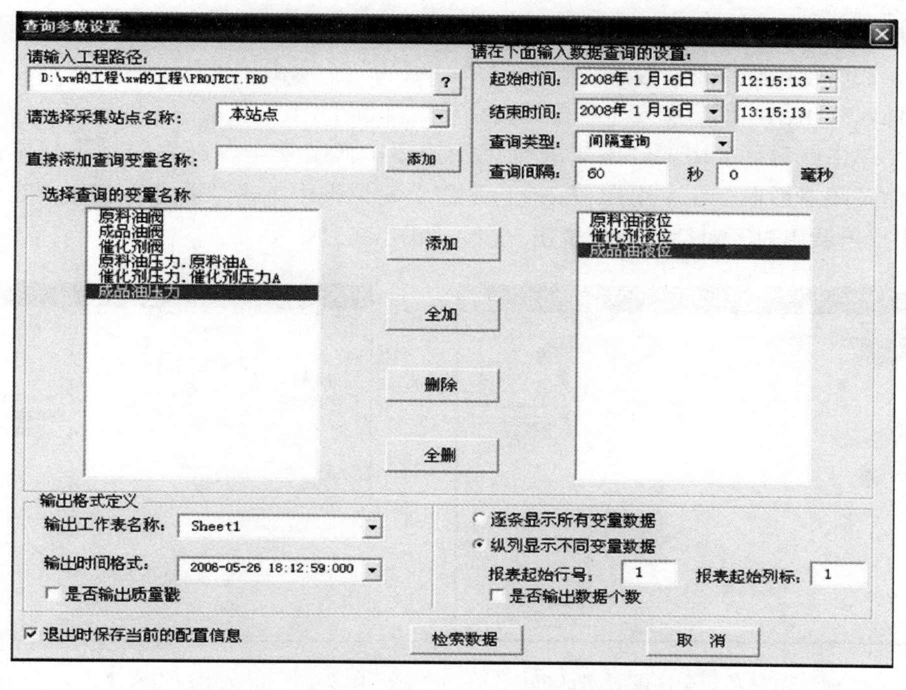

图 7-62 kingreport. xls 表中历史数据查询参数设置对话框

组态王数据查询报表 - KingReport.xls

	A	B	C	D	E	F
1		原料油液位	催化剂液位	成品油液位		
2	时间	数据值	数据值	数据值		
3	2008-01-16 12:12:13	57	58	72		
4	2008-01-16 12:12:23	57	58	72		
5	2008-01-16 12:12:33	57	58	72		
6	2008-01-16 12:12:43	57	58	72		

图 7-63 kingreport. xls 表中历史数据查询结果

7.7 用户管理权限与系统安全

在组态王系统中，为了保证运行系统的安全运行，对画面上的图形对象设置了访问权限，同时给操作者分配了访问优先级和安全区，只有操作者的优先级大于对象的优先级且操作者的安全区在对象的安全区内时才可访问，否则不能访问画面中的图形对象。

7.7.1 设置用户的安全区与权限

优先级分 1～999 级，1 级最低 999 级最高。每个操作者的优先级别只有一个。系统安全区共有 64 个，用户在进行配置时。每个用户可选择除“无”以外的多个安全区，即一个用户可有多个安全区权限。用户安全区及权限设置过程如下。

（1）在工程浏览器窗口左侧“工程目录显示区”中双击“系统配置”中的“用户配置”选项，弹出创建用户和安全区配置对话框，如图 7-64 所示。

（2）单击此对话框中的“编辑安全区”按钮，弹出安全区配置对话框。单击“确认”按钮关闭对话框，在“用户和安全区配置”对话框中单击“新建”按钮，在弹出的“定义用户组和用户”对话框中配置用户组，如图 7-65 所示。

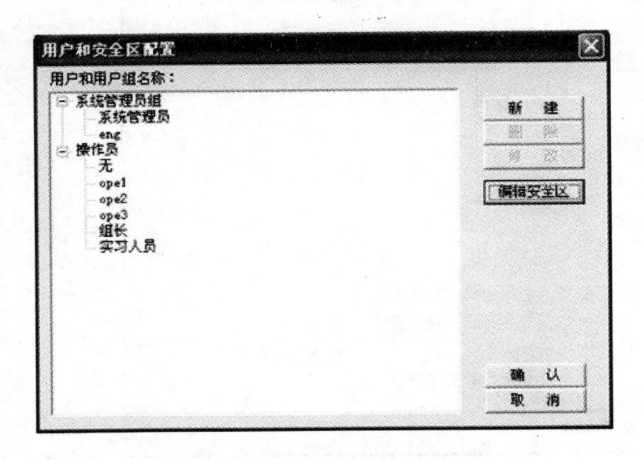

图 7-64　用户和安全区配置对话框

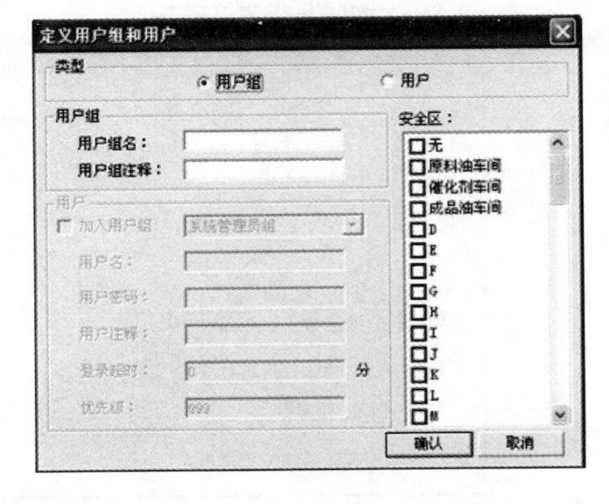

图 7-65　定义用户组和用户对话框配置用

（3）单击“确认”按钮关闭对话框，回到“用户和安全区配置”对话框后再次单击“新建”按钮，在弹出的“定义用户组和用户”对话框中配置用户。

（4）利用同样方法再建立两个操作员用户，用户属性设置如下所示。

操作员 1，类型：用户；加入用户组：反应车间用户组；用户名：操作员 1；用户密码：operater1；用户注释：具有一般权限；登录超时：5；优先级：50；安全区：反应车间。

操作员 2，类型：用户；加入用户组：反应车间用户组；用户名：操作员 2；用户密码：operater2；用户注释：具有一般权限；登录超时：5；优先级：150；安全区：无。

（5）单击“确认”按钮关闭定义用户对话框，用户安全区及权限设置完毕。

7.7.2　设置图形对象的安全区与权限

与用户一样图形对象同样具有 1～999 个优先级别和 64 个安全区，在前面编辑的“监控中心”画面中设置的“退出”按钮，其功能是退出组态王运行环境。而对一个实际的系统来说，可能不是每个登录用户都有权利使用此按钮，只有上述建立的反应车间用户组中的“管理员”登录时可以按此按钮退出运行环境，反应车间用户组的“操作员”登录时就不可操作此按钮。其对象安全属性设置过程如下。

（1）在工程浏览窗口中打开“监控中心”画面，双击画面中的“系统退出”按钮，在弹出的“动画连接”对话框中设置按钮的优先级：100，安全区：反应车间。

（2）单击“确定”按钮关闭此对话框，按钮对象的安全区与权限设置完毕。

（3）执行“文件”菜单中的“全部存”命令，保存您所作的修改。

（4）执行“文件”菜单中的“切换到 VIEW”命令，进入运行系统，运行“监控中心”画面。在运行环境界面中单击“特殊”菜单中的“登录开”命令，弹出“登录”对话框。

当以上述所建的“管理员”登录时，画面中的“系统退出”按钮为可编辑状态，单击此按钮退出组态王运行系统。当分别以“操作员1”和“操作员2”登录时，“系统退出”按钮为不可操作状态，此时按钮是不能操作的。这是因为对“操作员1”来说，他的操作安全区包含了按钮对象的安全区（即：反应车间安全区），但是权限小于按钮对象的权限（按钮权限为100，操作员1的权限为50）。对于“操作员2”来说，他的操作权限虽然大于按钮对象的权限（按钮权限为100，操作员2的权限为150）但是安全区没有包含按钮对象的安全区，所以这两个用户登录后都不能操作按钮。

7.7.3 用户操作双重验证

为了加强运行系统的安全性，组态王运行系统还提供用户操作双重验证功能。在运行过程中，当用户希望进行一项操作时（如按钮或开关的分闸或合闸），为防止误操作，需要进行双重认证。即在身份认证对话框中，既要输入操作者的名称和密码，又要输入监控者的姓名和密码，两者验证无误时方可操作。实现双重验证通过调用 PowerCheck-User（）函数实现，函数具体使用方法如下，在操作按钮或其他操作前先执行下列命令。

```
PowerCheckUser("OperatorName","MonitorName");
"OperatorName":数据词典中的“$用户名”
"MonitorName":数据词典中的“$用户名”
```

运行时执行该函数后，弹出身份验证对话框。

在“操作员”用户栏中将默认显示当前登录的用户；在“监督员”栏中将默认的显示上次登录的用户。可通过下拉框选择已经在组态王中定义的用户。对于操作员和监督员，不能以相同的用户名称进行登录。当单击“确定”按钮时，如果用户的名称，以及用户的密码完全正确，将完成此次的用户验证，完成用户验证后才能进行操作。

7.7.4 系统安全

安全保护是应用系统不可忽视的问题，对于可能有不同类型的用户共同使用的大型复杂应用，必须解决好授权与安全性的问题，系统必须能够依据用户的使用权限允许或禁止其对系统进行操作。组态王提供一个强有力的先进的基于用户的安全管理系统。在“组态王”系统中，在开发系统里可以对工程进行加密。打开工程时只有输入密码正确才能进入该工程的开发系统。

1. 对工程进行加密

为了防止其他人员对工程进行修改，在组态王开发系统中可以分别对多个工程进行加密。当进入一个有密码的工程时，必须正确输入密码方可进入开发系统，否则不能打开该工程进行修改，从而实现了组态王开发系统的安全管理。

新建组态王工程，首次进入组态王浏览器，系统默认没有密码，可直接进入组态王开发系统。如果要对该工程的开发系统进行加密，执行工程浏览器中“工具\工程加密”命令。弹出“工程加密处理”对话框，以进行加密。

2. 去除工程加密

如果想取消对工程的加密，在打开该工程后，单击“工具\工程加密”，弹出“工程加密处理”对话框，将密码设为空，单击确定按钮后系统将取消对工程的加密。单击取消按钮放弃对工程加密的取消操作。注意：如果用户丢失工程密码，将无法打开组态王工程进行修改，请小心妥善保存密码！

3. 禁止退出运用程序

双击“工程浏览器”中左边的“系统配置\设置运行系统”，弹出“运行系统设置”对话框如图 7-66 所示，“运行系统设置”对话框分三个属性页，即“系统运行外观”、“主画面配置”和“特殊”。在“特殊”属性页如图 7-67 所示里进行设置“禁止退出运行环境”。

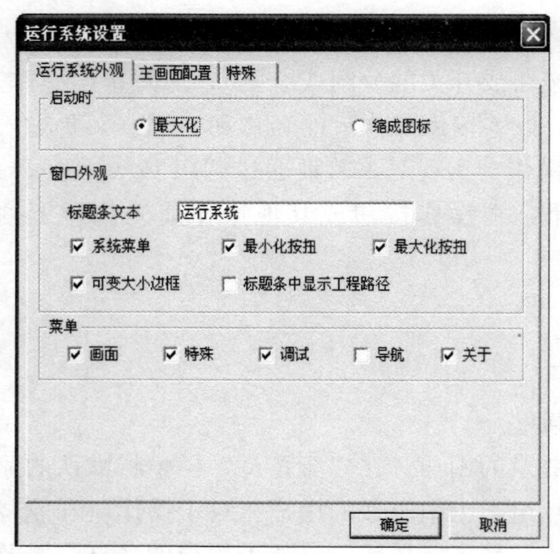

图 7-66 “运行系统设置”属性页对话框

运行系统设置
运行系统外观 | 主画面配置 | 特殊
运行系统基准频率 300 毫秒
时间变量更新频率 300 毫秒
通讯失败时显示上一次的有效值
禁止退出运行环境
禁止任务切换（CTRL+ESC）
禁止ALT键
使用虚拟键盘
点击触敏对象时有声音提示
支持多屏显示
写变量时变化触发
只写变量启动时下发一次
报警确认默认状态为已确认
结构变量采集使用专用的打包模式
确定 取消

图 7-67 “特殊”属性页设置对话框

习 题 7

1. 建立应用工程的一般过程？
2. 述说实时趋势曲线、历史趋势曲线、实时报警和历史报警的制作？
3. 述说组态王与数据库的连接？
4. 试对“正反运转传送器运送块状物料”进行动画设计。
5. 在数据词典中定义以下变量，并都连接到亚控仿真 PLC 上见表 7-1。

表 7-1 数 据 变 量

序号	位号	设备名称	用途	原始信号类型		工程量
1	M1	A 泵	A 液体输送	交流接触器	DO	NC
2	M2	B 泵	B 液体输送	交流接触器	DO	NC
3	FT101	流量计	A 液体流量	4-20mA	AI	100M3/h
4	FT102	流量计	B 液体流量	4-20mA	AI	100M3/h
5	FV101	电动调节阀	A 液体流量控制	4-20mA	AO	100%

续表

序号	位号	设备名称	用途	原始信号类型		工程量
6	FV102	电动调节阀	B 液体流量控制	4-20mA	AO	100%
7	M3	搅拌电动机	A、B 液体混合	交流接触器	DO	NC
8	TT101	热电阻	混合液体温度测量	Pt100	AI	250℃
9	LT101	液位变送器	混合液体高度测量	4-20mA	AI	100%
10	FV103	电磁阀	混合液体输出控制	交流接触器	DO	NC
11	PT101	压力变送器	混合液体反应罐压力测量	4-20mA	AI	10kPa

6. 试对图 7-68 所示的进料系统进行组态设计。

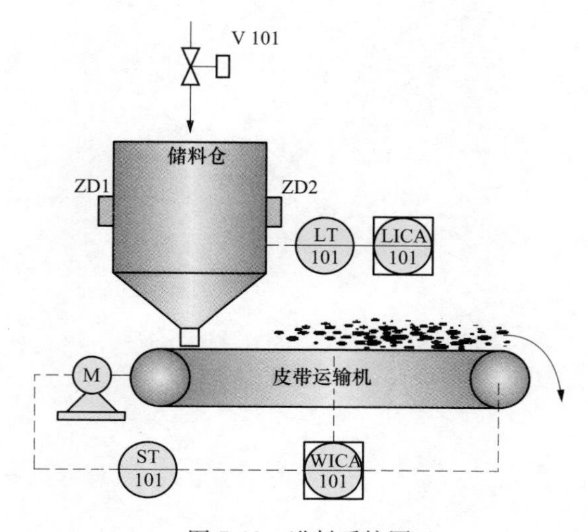

图 7-68　进料系统图

7. 在画面上用棒图显示变量“混合液体温度 TT101”、“混合液体液位 LT101”和“混合液体压力 PT103”的值的变化。